有水气藏动态分析与评价技术

李保柱　李　勇　焦玉卫　夏　静　张　晶　著

石油工業出版社

内 容 提 要

本书在调研大量国内外文献的基础上，综合多年来的研究成果，介绍了有水气藏动态储量计算、气水两相流试井理论与方法、产水气井产能预测及气井水侵模式与预防，重点介绍了基于产能不稳定分析方法进行有水气藏的水侵动态识别与预警模型。

本书可供从事油气勘探开发工作的科研和生产技术人员及高等院校相关专业师生参考使用。

图书在版编目(CIP)数据

有水气藏动态分析与评价技术/李保柱等著．—北京：石油工业出版社，2019.12

ISBN 978－7－5183－3765－1

Ⅰ．①有… Ⅱ．①李… Ⅲ．①气藏动态－动态分析
Ⅳ．①TE33

中国版本图书馆CIP数据核字(2019)第272285号

出版发行：石油工业出版社
(北京安定门外安华里2区1号 100011)
网 址：www.petropub.com
编辑部：(010)64523543 图书营销中心：(010)64523633

经 销：全国新华书店

印 刷：北京中石油彩色印刷有限责任公司

2020年2月第1版 2020年2月第1次印刷
787×1092毫米 开本：1/16 印张：16.25
字数：390千字

定价：140.00元

序

中国天然气资源丰富,类型多样,多数为不同活跃程度有水气藏,其中边底水活跃的气藏占一半以上。根据中国500多个已投产气藏的不完全统计,水驱气藏占80%以上,而且大部分气蔵已经进入带水开发阶段。水体侵入气藏对开发具有较大影响,一方面水体可成为驱动能量,另一方面也会沿着高渗透带、大裂缝发生水窜,储层中形成封闭气,提高废弃压力,从而大幅降低最终采收率。同时气藏产水会导致气井举升难度增加,提高开采成本。这一现象在四川盆地、塔里木盆地尤为突出。国内外有水气藏开发经验表明,合理利用边底水的驱替能量,避免边底水过早侵入气藏,延长气藏的无水采气期,将会大幅度提高水驱气藏的采收率。因此,从水驱气藏水侵机理出发,在早期及时准确核实储量、识别水侵,判断水侵模式,预测水侵动态,合理标定产能,对有水气藏进行系统深入的动态分析与评价是高效开发有水气藏的核心工作。

本书作者长期从事气田开发研究,理论基础扎实,长期扎根第一线,将大量研究成果、开发实践、经验教训集结成书。在水侵理论机理研究基础上,结合国内外大量有水气藏开发实例,利用塔里木克拉2、迪那2、牙哈等典型气藏多年实际生产动态数据,从有水气藏动态储量计算及气水两相试井技术入手,针对治理水侵的超前需求,重点介绍了有水气藏水侵动态识别及预警技术,明确水侵活跃性影响因素,继而介绍了优化有水气藏单井产能技术,水侵后治理技术等,在有水气藏开发理论、气藏工程方法、提高采收率技术领域取得了重大突破。通过现场10余年技术应用表明,在有水气藏水侵理论与水侵预警技术指导下,以克拉2为代表的一批典型活跃水驱气藏达到了延缓见水、均衡开发、有效防水治水的目的,开发效果显著。

此书集先进理念、专项理论、创新技术为一体,实用性强,操作简捷,并配有实例分析与计算应用,对理论研究人员及现场技术人员均有切实的指导意义,可作为气田开发设计及动态分析的参考书籍。相信此书的出版将会加深对有水气藏开发规律的理解,普遍提高有水气藏开发水平。

2020年1月1日

前　　言

国家发展和改革委员会于2017年公布的《石油发展“十三五”规划》和《天然气发展“十三五”规划》指出:“十三五”时期我国石油需求仍将稳步增长,但增速进一步放缓,石油在一次能源消费结构中的占比保持基本稳定;能源结构调整进入油气替代煤炭、非化石能源替代化石能源的更替期,应大力提高天然气消费比例。

其中,《天然气发展“十三五”规划》还提出,2020年国内天然气综合保供能力达到$3600\times10^8m^3$以上。其中,常规天然气“十三五”时期新增探明地质储量$3\times10^{12}m^3$,到2020年累计探明地质储量$16\times10^{12}m^3$;页岩气“十三五”期间新增探明地质储量$1\times10^{12}m^3$,到2020年累计探明地质储量超过$1.5\times10^{12}m^3$。“十三五”时期天然气供应将以立足国内为主,加大国内资源勘探开发投入,不断夯实资源基础,增加有效供应,构筑多元化,资源供应格局,引进境外天然气,确保供气安全。

由于资源现状不同,我国目前开发的大多数气藏都属于水体能量不同的水驱气藏,其中四川气田尤为突出。根据不完全统计,已投入开发的73个气田,水驱气田占总数的85%,且气水同产井数超过44%。一方面水驱气藏的资源量十分巨大,具有较高的开采价值:另一方面受气藏水体大小和气水分布差异性的影响,不同类型水体对气藏开发方式及气藏采收率的影响程度不同,边底水不活跃的气藏对其影响较小,边底水活跃的气藏造成水体突进过快,严重的会导致气井水淹进而严重影响气井生产。有水气藏开发相对定容封闭气藏而言更加复杂,目前对于有水气藏气井不稳定渗流理论及产能评价的研究还不太完善。

本书在调研大量国内外文献的基础上,主要基于综合课题组10多年来对国内有水气藏开发及调整过程的研究认识完成。第1章介绍了水侵气藏的水侵机理、生产动态特征与开发规律,介绍了动态分析与评价技术的研究进展。第2章首先归纳总结了前人对水侵气藏的动态储量评价方法,并提出了有水气藏基于产量不稳定分析及物质平衡方法,定量评价动态储量及水体大小的方法。第3章建立了有水气藏解析试井及数值试井分析方法,提出了通过动态追踪试井技术评价有水气藏储层参数及边水距离的动态变化,为有水气藏合理开发技术政策的制定提供了指导。第4章是本书的核心部分,重点介绍了基于产量不稳定分析方法进行有水气藏的水侵动态识别与预警技术，该技术可将水淹气井的生产阶段划分为三个阶段——未水侵阶段、水侵初期阶段及水侵中后期阶段，而通过识别曲线可以提前识别气井所处的生产阶段并提前预警水侵，并综合该分析结果，利用模糊评判及灰色评价对有水气藏的所有气井见水顺序进行定量评价，为气井合理配产提供了依据。第5章介绍了超高压有水气藏考虑储层应力敏感性及水侵耦合情况下的产能评价方法，分析了气井的产能变化规律及影响因素，综述了目前有水气藏合理产能评价方法，其中水锥极限产量法介绍了当前国内外9种评价方法。第6章首先介绍了异常高压有水气藏的水侵模式，总结了不同水侵模式下的开发特征，通过数值模拟方法，研究实际边底水气藏的水侵量、水侵动态及水侵规律，提出了不同水侵模式下边底水气藏有效控水技术对策。第7章对国内外典型边底水气藏的地质及生产动态特征进行了总结，以供读者参考。

本书由李保柱、李勇、焦玉卫、夏静、张晶、王琦等编写，各章具体编写分工如下：第1章由夏静、谭柱编写；第2章由李勇、焦玉卫编写；第3章由张晶、王琦编写；第4章由李勇编写；第5章由张晶、王代刚、于清艳编写；第6章由焦玉卫、李保柱编写；第7章由李保柱、夏静编写。

限于笔者水平，书中难免有不妥之处，敬请读者批评指正。

目　　录

第1章 概 述

气藏开采主要依靠天然气自身弹性能量,常规无水气藏一般采收率较高,可达60%以上,但有水气藏常常伴有水侵现象。在开采过程中,随着地层压力下降,地层水侵入气层,渗流过程中出现气水两相流。水侵大大降低了气相渗透率,气体渗流阻力随之增加,同时出现绕流、卡断等现象,造成部分气体被封闭无法采出,严重影响采收率。

本章针对有水气藏类型、气藏出水类型、有水气藏水侵机理、有水气藏开发特征、有水气藏动态分析与评价技术研究进展进行了概述,有利于快速了解有水气藏的基本情况。

1.1 有水气藏类型

有水气藏指带有边水、底水、层间水等的气藏。这类气藏在统一的水动力系统中同时存在天然气和水,且气藏与周围的水体(边水或底水)之间有着良好的连通关系,在气藏开采中水体会逐渐侵入气藏内部,补充天然气驱动能量的同时增加了气体流动阻力,造成气井水淹。

按照水驱能量的强弱,有水气藏可以分为弹性水驱气藏和刚性水驱气藏。水驱能量强弱可由水驱指数判断:弹性水驱气藏水驱指数小于0.5,驱动特征以气驱为主,水体为具有封闭性的有限水体;刚性水驱气藏水驱指数大于0.5,驱动以水驱为主,为无限水体。气藏边、底水与圈闭以外地层水或地面露头连通。

根据气藏中气水分布关系,有水气藏主要可以分为边水气藏和底水气藏。根据储层类型,有水气藏还可以分为砂岩有水气藏和碳酸盐岩有水气藏。根据储集流动空间又可以进一步分为孔隙型、裂缝—孔隙型、裂缝—孔洞型、缝洞型等多种有水气藏。

根据成因和压力系统,有水气藏还可以分为正常压力系统水驱气藏、异常高压水驱气藏和异常低压水驱气藏。其中,正常压力有水气藏和异常高压有水气藏比较常见。

1.2 地层水类型

气藏在开发过程中,气层压力的下降导致边底水不断侵入气藏内部,在裂缝等高渗透通道的沟通作用下,边、底水会直接快速窜入井底,导致气井产量急剧下降,严重影响气井生产效果,降低气藏采收率,对生产危害很大[1]。由于气藏类型、驱动方式和储层物性等方面的差异性,产出水的来源及机理千差万别。因此,弄清产出水来源及水侵机理是优化气藏开发方式、提高开发效果的重要基础。

根据水的来源,气井产出水可分为气藏内部水、气藏外部水以及在钻井和开发过程中的作业施工用水[2],详细分类见表1.1。

表 1.1 气井产出水水源分类

地层水		作业施工用水
气藏内部水	气藏外部水	钻井施工用水
凝析水	底水	
可动水	边水	措施用水
夹层水(封存水)	上下层管外窜入水	

1.2.1 凝析水

凝析水是地层水存在于天然气中的部分,在地层条件下呈气相,随天然气流入井筒,由于热损失,温度沿井筒下降,变成液态水[3]。理论上讲,凝析水应为纯净水,不含矿物质。由于水蒸气在井筒附近地层中发生凝析时,可能与地层中的残余地层水发生混合,因而当产出水主要为凝析水时,产出流体往往具有一定的矿化度,但远小于地层水的矿化度。

凝析水日产水量小,产水稳定,产水受生产制度的影响非常弱[4],可以通过定性和定量两种方法判断是否为凝析水。定性方法通过矿化度判断:凝析水的矿化度及氯离子质量浓度较低,氯离子质量浓度小于 100mg/L 时产出水一般为凝析水;氯离子质量浓度为 100 ~ 1000mg/L时产出水为混合水(既有凝析水,也有气层中的液态水);氯离子质量浓度大于 1000mg/L 时产出水主要是气层中的液态水。由于每个气藏的储层性质、流体性质、开采条件不同,氯离子含量达到何值时才表明地层中有液态水产出,没有一个统一的标准,因此这种方法只能给出一个可能的判断。

定量分析利用 Mcketta - Wehe 图版(图 1.1)、Wichert 图版(图 1.2)或天然气含水量的计算公式[5-6],对比标准状况下单位体积气体在地面和地层条件下的水蒸气含量,通过二者的差值得到采出单位体积气体时伴随采出的凝析水量,将计算结果与单井实际采出每立方米气体时的含水量进行比较,可以确定产出水是否仅为凝析水。

凝析水一般投产即产出,即气井投产后便有凝析水产出。但生产过程中,水气比稳定,低于饱和凝析水体积分数,其累计产水—累计产气特征曲线近似呈直线,无上翘特征。

1.2.2 可动水

可动水指在一定压差下地层孔隙中可以流动的地层水,如图 1.3 所示。气藏开发过程中受到岩石变形、水的膨胀以及压差的综合作用,束缚水转化为可动水进入流动通道并伴随气体产出。

束缚水对中高渗透气藏和低渗透气藏的影响不同。一般来说,中高渗透气藏的束缚水饱和度较低,束缚水产出量很少,对生产影响较小,可以忽略。低渗透气藏由于其原始束缚水饱和度较高,随着地层压力降低而产出的束缚水量较大,需要引起足够的关注。地层是否存在可动水可以借助核磁共振实验,通过确定岩心可动流体 T_2 截止值,进而计算得到岩心束缚水饱和度[7-12];同时利用岩心毛细管力实验建立束缚水饱和度与孔隙度/渗透率的关系式,计算出测井孔隙度/渗透率所对应的束缚水饱和度曲线,将束缚水饱和度曲线与测井解释得到的含水饱和度曲线进行对比,若曲线出现分异现象,说明存在可动水。

文献调研显示[13-15]:可动水饱和度临界值为 6%,可动水饱和度低于 6% 时,气井不产水;可动水饱和度在 6% ~8% 时,气井产少量水;可动水饱和度在 8% ~11% 时,气井大量产水;可动水饱和度大于 11% 时,气井严重产水。

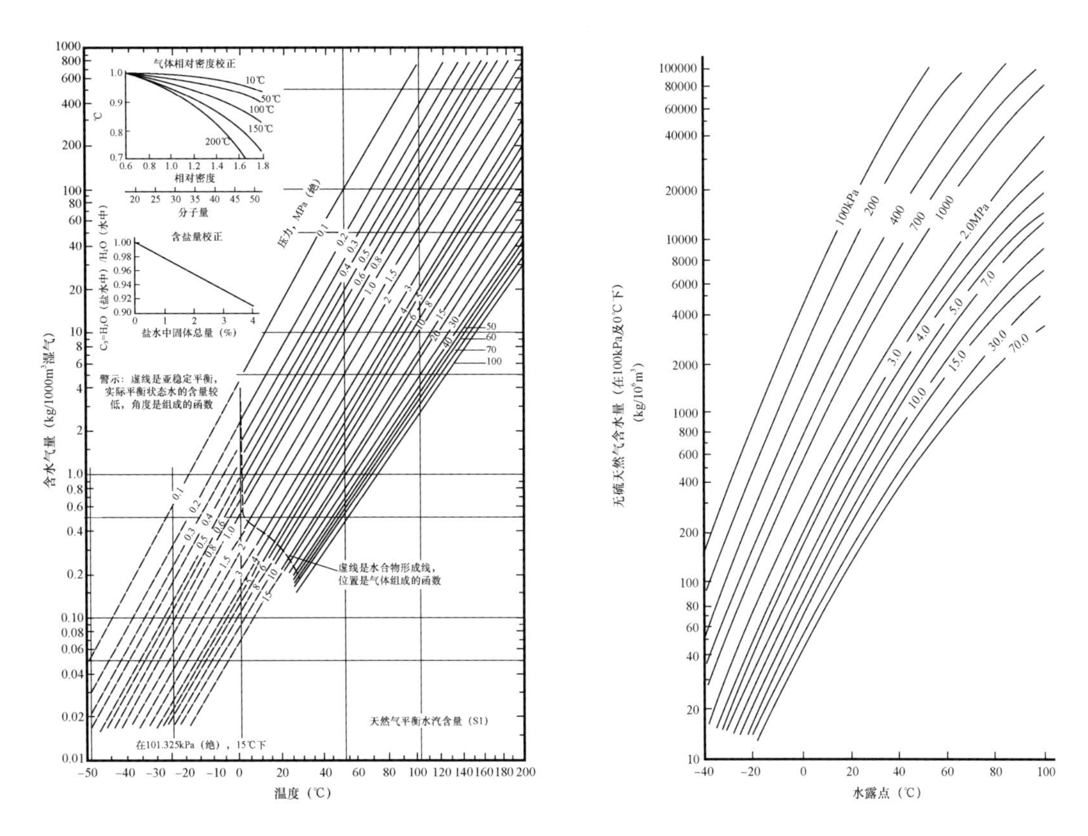

图 1.1　Mcketta - Wehe 天然气含水量主算图版

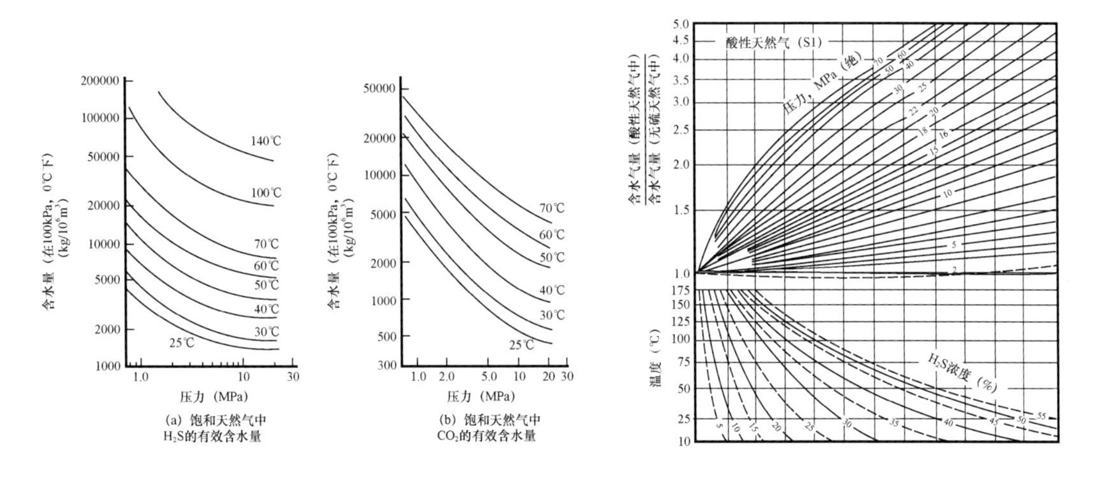

图 1.2　Wichert 天然气含水量辅算图版

低渗透气藏可动水饱和度较高时投产即产水，且产水量会长时间保持平稳，表现出气水同出现象。

1.2.3　夹层水

夹层水存在于气层之间的高含水薄层（或封存水），更多出现在气水分离不彻底的碎屑岩储层中，在压差驱动下，夹层水将被激活而产出，如图 1.4 所示。

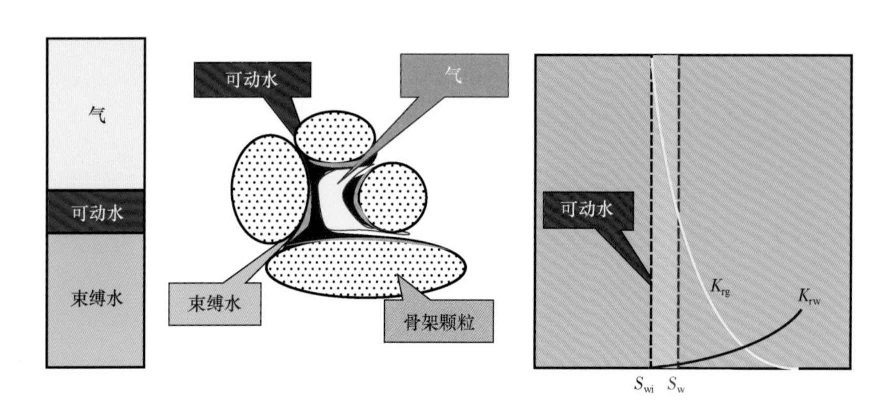

图 1.3　可动水示意图

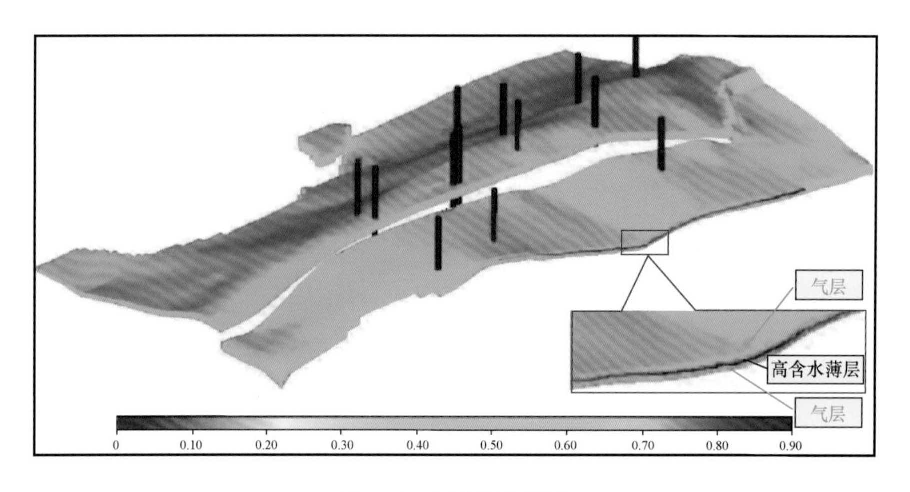

图 1.4　夹层水示意图

夹层水通常以两种形式存在：一种是高渗透高含水层，该层含水饱和度高，但水体连通范围不大，渗透性较好，当存在较小驱动压差时，该层水体就可以被激活流动；另一种是低渗透高含水层，这种夹层水体含水饱和度高且与封闭水体连通，渗透性低，必须在较大的驱动压差下水体才能被激活流动。夹层水容易在气水分离不彻底、气水互层的气水过渡带中形成。

夹层水的产出没有无水采气期，开井就会出水。生产水气比高于凝析水水气比，在一段时期内，水气比相对稳定，增长不明显。但对于水体延伸较远的夹层水，因其水体较多，水气比相对增加。

夹层水产出，具有明显的“气大水大、气小水小”的特点[16]。

1.2.4　边底水

边底水是指位于气藏构造边部或者底部较大规模的天然水体。开采过程中，边底水会沿着渗流通道侵入井底而产出。当生产层段靠近边底水时，气井生产一段时间后，产出水量增大，同时日产气量、井口压力会明显下降，这就是通常说的水侵现象。与束缚水产出相比，边底水的侵入更为容易。

边水气藏水侵与储层渗流介质展布特征密切相关，具体表现为气井出水特征同储层相对高渗透带的展布有关。如对于裂缝性储层，水侵方式多为舌进侵入方式，如图 1.5 所示。

似均质底水气藏，底水侵入以水锥为主（图 1.6）。底水锥进出水气井的产出水表现为产出水中的氯离子含量缓慢上升。在氯离子含量较低的阶段，气井开关井会造成氯离子含量波动，并伴有一段时间的无水采气期，但氯离子含量整体仍呈上升趋势。

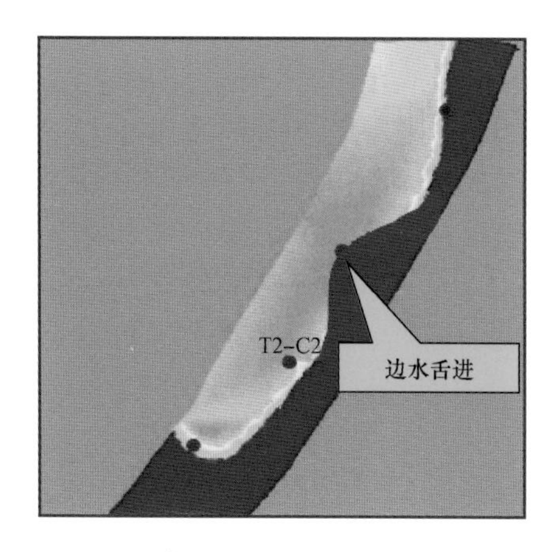

图 1.5　似均质边水气藏舌进示意图

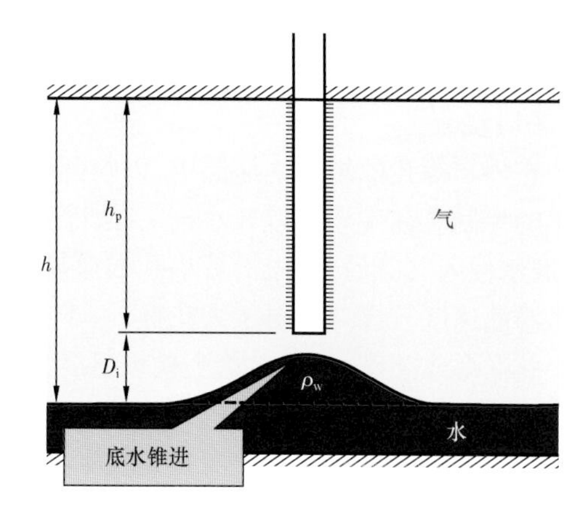

图 1.6　似均质底水气藏水侵示意图

1.2.5　上、下层水

上、下层水指气层上、下部存在的水体，该部分水体与气层互不连通，一般由稳定的隔层隔开。在气层进行压裂施工时，人工裂缝可能压开隔层，上、下层水因而进入气层导致气井产水，上、下层水水窜时突然大量见水。如果产气层上下紧邻水层，结合地层水类型分析、工程测井监测资料来判断是否固井管外窜或者措施工艺水窜。

1.2.6　工业用水

钻井、完井及压裂等增产措施过程中会使大量工业用水渗入地层。增产措施结束后一段时间内或者气井投产初期，工业用水被逐渐排出。当产出水以入井液为主时，由于入井液液量有限，气井产水特征表现为随着生产进行产水量不断减少。生产一段时间后，水气比、产气量和产水量都趋于稳定，表明此时压裂液已经完全排出。

由于地层水类型、储层类型、储层物性特征、完井方式、生产制度各有差异，气井出水类型、产水动态千差万别。不同气藏之间、同一气藏不同开发层组之间、同一开发层组内的井与井之间、同一气井的不同开采阶段，其主要出水水源都可能存在差异，井口产出水可能同时来自多种水源[19]。根据对出水机理、水源类型及对应出水特征的分析，综合水样分析、测井解释、产出剖面测试、出水特征与水气比变化特征等，可以识别气井出水水源。

1.3　有水气藏水侵机理

边底水侵入储层后，因为储层孔隙介质多为亲水性，渗流通道对水分子的作用力主要表现为吸引，对烃类气体分子表现出排斥。同时，由于水分子之间存在作用力很强的氢键，在孔隙喉道中，一旦有水分子通过，其他水分子在氢键的牵引力下，源源不断地通过孔隙喉道并逐渐将其占据。所以，水比天然气更容易通过渗流通道。

气藏发生水侵，使气井停喷压力升高，而气井过早停喷关井增大开发成本，同时降低气藏采收率。水侵机理可以从微观和宏观两方面进行阐述。

1.3.1 水侵微观机理

通过微观渗流模型模拟气藏水侵微观机理,发现水侵导致的绕流、卡断和盲端封闭是影响气藏采收率的三种主要因素。

(1)绕流。

在砂岩等孔隙结构的储层中,以粒间孔为主的储层,天然气的渗流能力主要受喉道分布和大小的控制。在生产压差较小时,毛细管力成为气水渗流的主要动力。由于储层岩石亲水,边、底水侵入气藏后,首先沿着小孔喉渗流并逐渐完全占据小孔隙和小喉道。相反,在大孔喉中水渗流速度较慢。相对于大孔喉,由于小孔喉中气体的体积较小,气体将会很快被驱出,水在小孔喉形成突破后,将沿着小孔喉道绕流,并将大孔道中的气封闭起来,形成封闭气。在生产压差较大时,惯性力在水气渗流过程中起主要作用,其渗流机理正好与毛细管力作用时相反。水体将沿着大孔喉道渗流并先发生突破,形成绕流,从而将小孔喉中的气体封闭起来,形成封闭气。

在裂缝型碳酸盐岩气藏或低渗透砂岩气藏中,裂缝可能较发育,由于裂缝具有很高的导流能力。无论生产压差高或低,水都会首先侵入较大裂缝,从而将孔隙和微裂缝中的气体封闭起来。其封闭气的渗流机理与较大压差下孔隙模型的机理正好相同。

孔隙型储层生产压差较小时的绕流现象如图 1.7 所示,裂缝型储层绕流现象如图 1.8 所示。绕流是造成气藏采收率较低的主要原因之一。

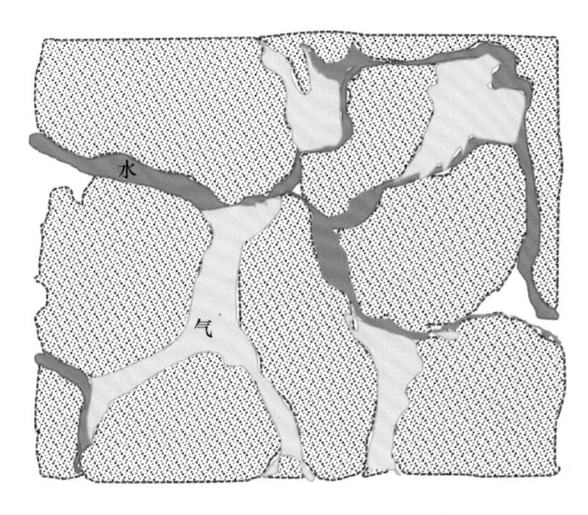

图 1.7 孔隙型储层绕流现象

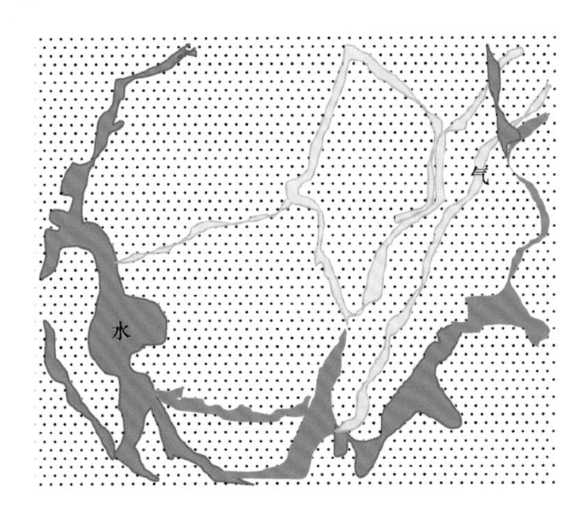

图 1.8 裂缝型储层绕流现象

(2)卡断。

气藏发生水侵后,随着开发继续进行,孔隙内含水饱和度进一步增加。由于岩石普遍亲水,水会首先沿着孔喉表面流动而形成水膜并逐渐加厚,直至气体由连续相发展为不连续相,气体被卡断形成气泡。

当这些气泡通过细小的孔隙喉道时,由于贾敏效应,孔隙和喉道的半径差使得气泡两端产生阻力,导致通过半径较小喉道的气体必须拉长并改变形状,并表现为进喉道困难、出喉道也困难的现象。当气泡经过喉道时,发生“收缩—变形—膨胀”的过程,从而使得气流进一步被卡断。

通过上述作用,卡断的气泡将被滞留在孔道中央,如图 1.9 所示。卡断也是造成气藏采收率较低的主要原因之一。

(3)盲端封闭。

在多孔介质中,存在一定数量的孔隙盲端。即使地层不具有亲水性,孔隙盲端中储存的气体通常也无法采出,当流动通道中的气体压力高于孔隙中的气体压力时,气体更无法采出。

对于边底水气藏,该类孔隙形成的封闭气体体积往往高于没有边底水的气藏。由于有边底水供给能量,边底水气藏渗流通道上的压力往往高于其盲端孔隙中的压力,相对于没有边底水的气藏,表现出地层压力升高,盲端中气体将会受到压缩而进一步向孔隙末端收缩。没有边底水的气藏则恰好相反,随着气藏开发,渗流通道的压力降低,盲端孔隙中的气体将发生膨胀从而采出。

盲端封闭现象如图 1. 10 所示,盲端封闭也是造成气藏采收率较低的原因之一。

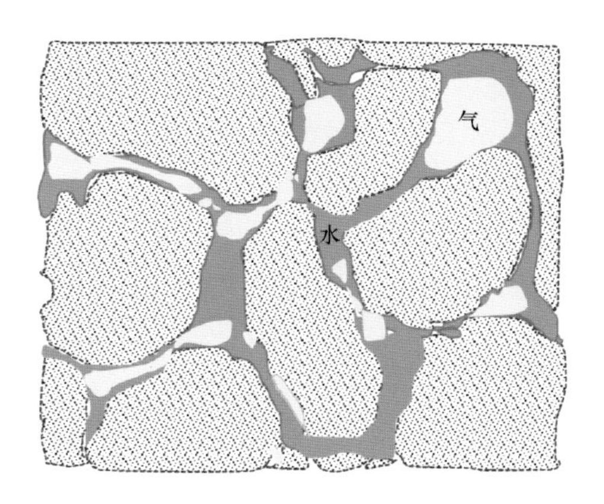

图 1.9　卡断现象

图 1. 10　盲端封闭现象

1. 3. 2　水侵宏观机理

宏观上造成气藏水侵的主要因素包括生产压差和储层非均质性。生产压差越大、储层非均质性越强,水侵越严重,气藏的开发效果越差。相对于油藏,气井井底附近的压力梯度明显更高,故生产压差对气藏开发效果的影响要大于油藏。天然气流度大,对储层物性的要求相对于油来说要低得多,所以储层非均质性对气藏开发效果的影响要明显小于油藏。

实验模拟显示,对于均质砂岩气藏,主要存在两种水侵方式:底水锥进和边水舌进。

(1)底水锥进。

在垂向平面上,由于势梯度的存在,气水接触面会发生变形,沿井轴方向的势梯度达到最大,气水接触面变形也达到最大,界面锥状体随之形成。锥体的上升速度取决于该点的势梯度和岩石垂向渗透率。锥体的高度取决于水气密度引起的重力差与垂向压力梯度两者之间的平衡。

对于底水气藏,底水锥进分为稳定和不稳定两种。当重力差大于压力梯度,气井产量小于临界产量时,水锥为稳定的锥状体,其锥体高度保持稳定,如图 1. 11 所示。当重力差小于压力梯度,气井产量大于临界产量时,水锥则为不稳定状态,其锥体高度将逐渐拉伸增高,如图 1. 12 所示。

当水锥顶部到达井底后,气井开始产水。当地层压力较小,且气流量不足以将水携带到地面时,水将滞留在井底并形成积液,最终导致停产;当井底流动压力足够将水举升到地面时,由于水逐渐占据了储层渗流通道,将气藏剩余气体封闭在储层内,也将导致气井产量大幅降低。

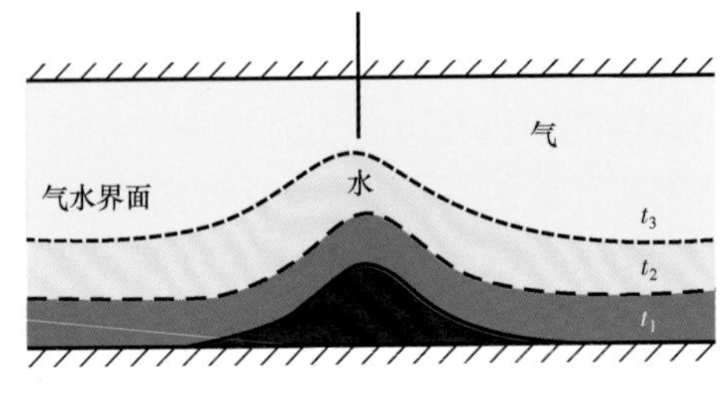

图 1.11 稳定水锥体

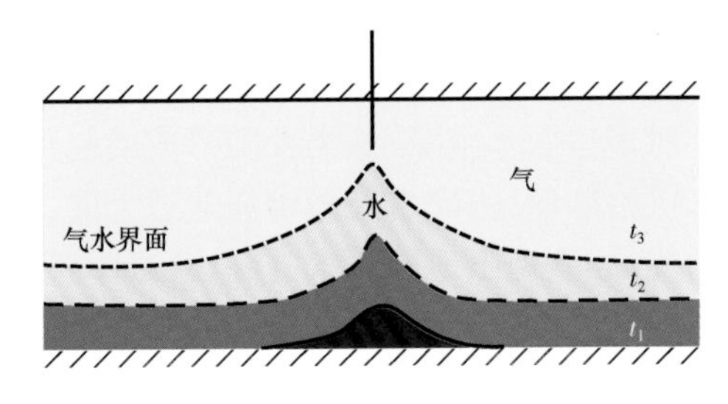

图 1.12 不稳定水锥体

(2)边水舌进。

气藏开发过程中,边水将在生产压差的作用下侧向推进。由于气田布井先后或产量大小差异,导致气藏出现平面不均衡开采,从而引起流线局部密集。边水在侧向推进过程中,将沿流线密集方向局部突进,在二维平面上水侵通道图形似"舌"状,如图 1.13 所示。

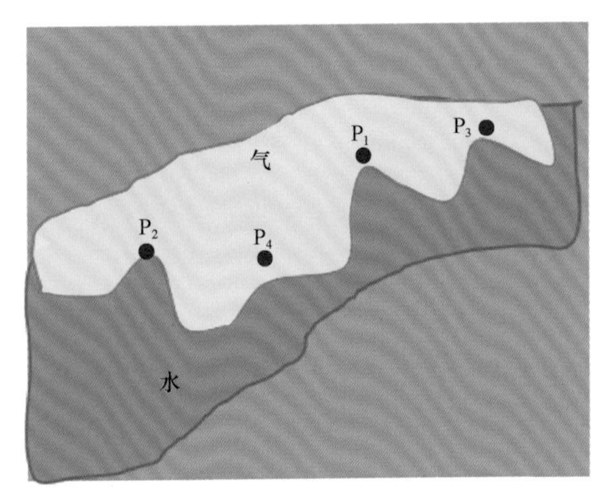

图 1.13 边水舌进

储层非均质性是造成水侵的另一个重要原因,对于非均质性的影响,可以从纵向和平面两个方面来讨论。

① 纵向非均质性影响。

地层纵向上非均质性的差异表现在层内和层间两个方面。造成层内非均质性的主要因素是层内沉积韵律和层内发育的小夹层,造成层间非均质性的主要原因是不同层的地层系数的差异。

a. 层内非均质性。

韵律类型决定储层岩石骨架颗粒的排列方式,从而形成纵向上的非均质性,最终导致水侵路径的不同,这种情况对于边水气藏来说更为明显。

对于正韵律沉积的边水气藏,其储层下部渗透率普遍偏好,相对其他层段为高渗透层。由于重力作用,在边水进入气藏后,首先沿气藏中下部水侵,随着开发进行,气藏下部水淹程度较上部水淹程度日益增强。正韵律水侵示意图如图 1.14 所示。

对于反韵律沉积的边水气藏,其边水的水侵通道受渗透率和重力同时控制,故其水侵路径取决于渗透率和重力控制的强弱。若纵向渗透率级差大,渗透率起主要作用,则气藏上部水侵强于下部。若纵向渗透率级差小,重力起主要作用,则气藏下部水侵强于上部。总体上,反韵律储层发生的水侵危害弱于正韵律储层。反韵律水侵示意图如图 1.15 所示。

b. 层间非均质性。

受控于不同层地层系数的差异,造成层间非均质性。地层系数越大的地层,气量越大、压力传播越快,从而边底水越容易沿着该储层推进,形成水侵。

层间压差容易造成层间窜流。相对于块状气藏,层状气藏在纵向上往往出现气水互层,层与层之间多被泥岩隔开。层与层之间存在明显的渗透率差异,渗透率相差可达数倍甚至数十倍。开采过程中,往往选择性开采,但却增加了开发小层与未开发小层之间的层间压差。当隔层较薄，同时层间压差大于水通过隔层的临界流动压差时，则将发生层间窜流。层间压差造成层间水窜示意图如图1.16所示。

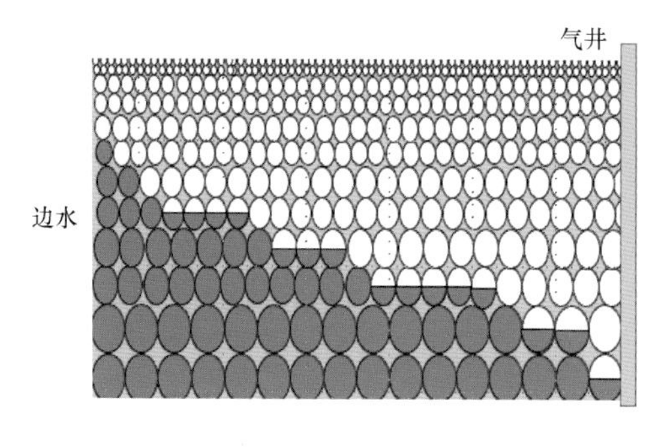

图1.14　正韵律水侵示意图

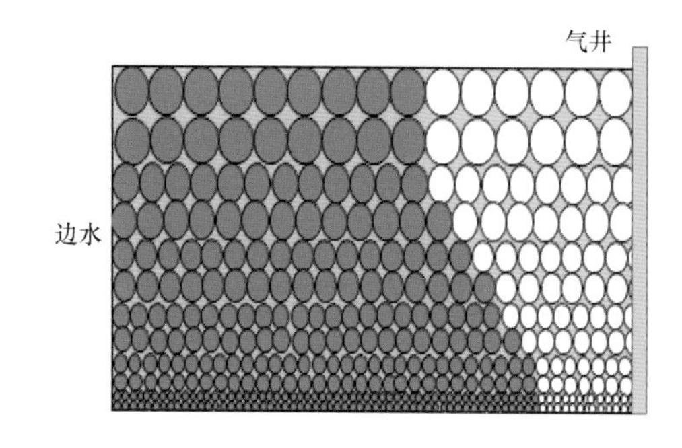

图1.15　反韵律水侵示意图

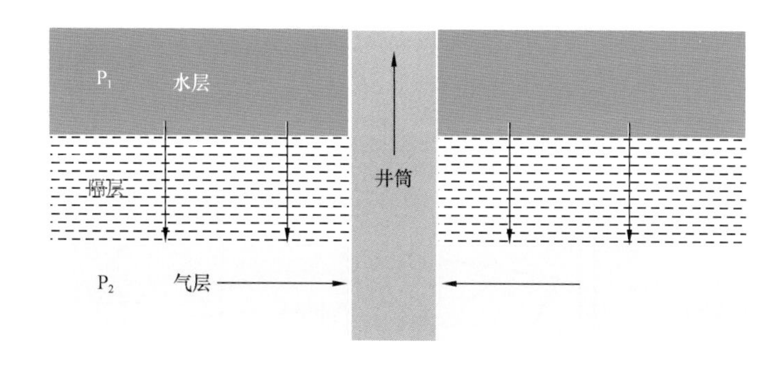

图1.16　层间压差造成层间水窜示意图

② 平面非均质性影响。

平面非均质性包括由沉积相形成的各向异性，以及天然裂缝和人工裂缝造成的各向异性。

a. 平面沉积微相不同导致水侵的宏观机理不同。

沉积微相是控制气水平面运动规律的根本地质因素。砂岩储层中，同一沉积微相中，无论砂体长轴方向是否和物源方向一致，其高渗透带的方向多与砂体的长轴方向平行，所以一般情况下，沿砂岩的长轴方向容易形成边水突进。

不同沉积微相，由于物性上存在明显差异而使边、底水在水侵过程中出现方向上的差异。如在河流相中，水侵总是优先顺着河道相的延伸方向，而天然堤和决口扇等孔渗较差的微相中往往不易发生水侵，从而导致地层水沿着高渗透条带突破后，将储层进行区块分割，形成独立的压降漏斗。

b. 裂缝导致水侵的宏观机理不同。

裂缝相对于基质具有明显的渗流优势，所以裂缝展布直接决定水侵形式和方向。当气藏开采时，裂缝将压力降迅速传到其连通的各个部位。裂缝永远是气藏中压力最低的部位，是渗流的主要通道。当裂缝与边、底水连通，一旦发生水侵，地层水将沿裂缝快速到达井底，降低基质或者低渗透区域向井底补给的能力，地层能量将被主要用于地层水在储层中的流动，大大降低了采收率。

对于边水气藏来说，裂缝对水侵的影响主要表现在平面上，其形式为边水沿着裂缝发育带形成水窜。该类水侵一般较弱，随水侵距离延长，其水侵影响程度逐渐减小。如果为封闭有限水体，甚至出现水侵后期水气比下降的情况。

对于底水气藏来说，裂缝水窜主要存在四种形式，分别为水锥型、纵窜型、横侵型和纵窜横侵型。

水锥型：井下存在大量微细裂缝且成网状分布，宏观呈现水锥推进，类似均质地层的水锥，但本质上有所区别。试井解释呈明显的双重介质特征，其不存在稳定的水锥体。

纵窜型：当气井位于高角度裂缝区域，甚至有大裂缝与井底直接相连，底水沿高角度裂缝直接窜入井筒，致使短期内气井水淹停喷。

横侵型：储层水平裂缝较纵向裂缝明显发育，底水在侵入纵向上运动受阻，逐渐在水平方向上向低压处运移，之后在气井远端进入水平裂缝，从而表现出横侵。此种类型水侵与边水气藏地层水水侵的现象相似，但其造成的影响要明显强于边水水侵。

纵窜横侵型：储层在纵向和水平方向明显发育裂缝，底水首先沿着高角度裂缝往上纵窜，继而沿水平裂缝横侵，水平面上形成大面积水侵。该类气藏开采过程中，平面上易出现多个水侵中心点，并随着开发不断扩散。此类型水侵危害极大，易造成气田大面积水淹并停喷。

对于断裂、裂缝或大孔道高渗透层控制的产气层，底水气藏水窜表现为三种模式[17]，如图1.17所示。

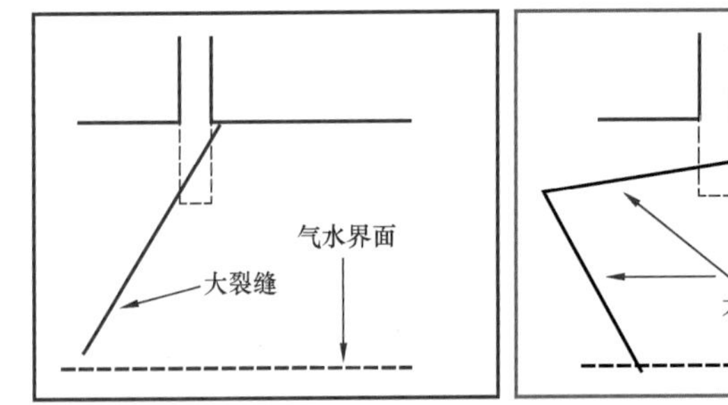

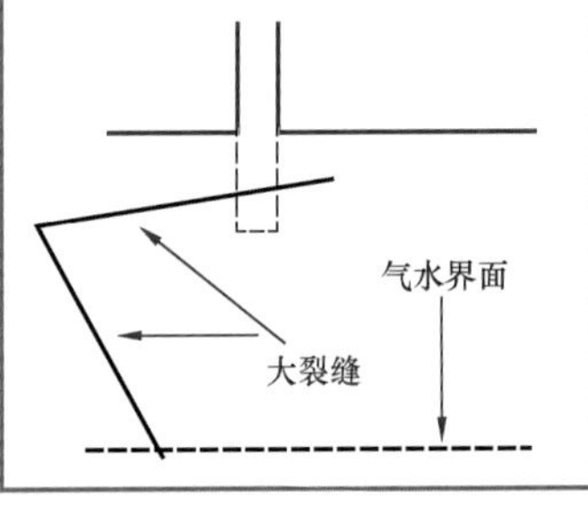

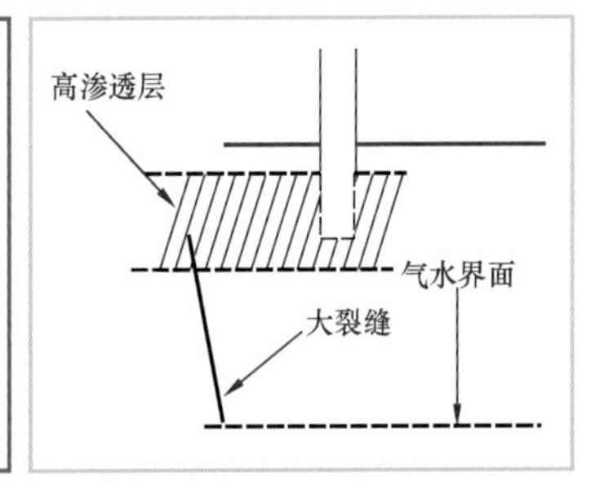

图1.17 断裂、裂缝或大孔道高渗透层控制的产气层底水上升模式图

地层水沿裂缝/断裂通道直接或间接进入井底的出水气井特征：井底有明显的裂缝或者断裂通道显示，如断层解释有二、三级断层，测井、岩心、试井等资料显示有明显的裂缝发育，钻井时有放空、井喷和井漏等现象发生。此类井无水采气期长短与井底距气水界面的距离、断裂裂缝发育带距井筒的距离以及采气强度等因素有关。气井见水后产水量大且迅速上升，产水量一般在50m^3/d以上，出水后难以控制，措施效果不明显[18]。

在裂缝—孔隙型或非均质性强的有水气藏中，由于孔隙层段在纵向上的层位性和横向上的差异性，在一定地质构造条件下，气藏局部地区可能形成裂缝—孔隙层段较发育的地带或者高渗透条带。气藏开采过程中，底水优先进入断裂/大裂缝，然后沿着高渗透带横向水侵，导致气井出水。随着气藏开采，地层压力不断下降，地层水沿着渗透率高的区域或高渗透带横向推进，周边气井水侵时间由外向内按时间顺序排列，横向水侵明显。此类出水井的明显特征：历次产气剖面测试均有高含水层段的出水层位，饱和度测井的水淹层位均与储层高渗透条带分布对应，气井横向水侵类似于不同层段气水同时开采的气井，气井出水后产水量一般比较稳定。

边底水水侵气井的生产特点：有长短不一的无水采气期；生产水气比高于凝析水水气比，在一段时期内，水气比相对稳定，没有大的增长；边底水侵入后产水上升迅速，产水量大、产水情况难以控制；对气井危害大，严重影响气藏采收率、产量和开采效益。

1.4 有水气藏开发特征

通过对国内外 26 个水侵气藏开发状况进行调研发现，气藏平均采收率为 73%，如图 1.18 所示。其中，ELK－POC 气藏由于采取了排水、避水、防水等措施，采收率高达 92%；RED OAK 气藏由于未进行有效治水，其采收率只有 31%。对水侵治理的好坏直接影响气藏采收率的高低。

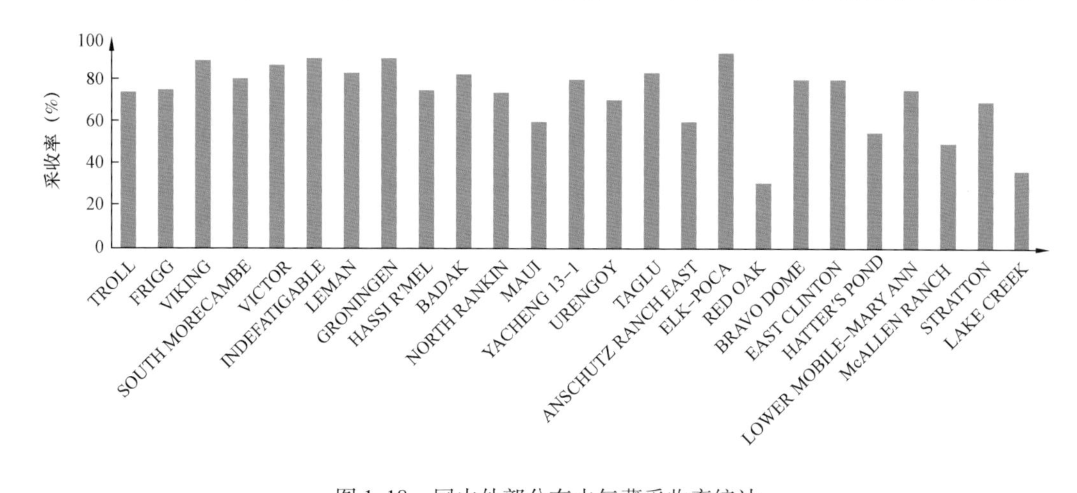

图 1.18 国内外部分有水气藏采收率统计

通过对有水气藏动态特征总结发现，不同水体的气藏在开采过程中展现出了不同的水侵动态特征。在水侵气藏研究过程中，常用水驱驱动指数 WDI 衡量水驱强弱，其具体表达式为

$$\mathrm{WDI}=\frac{W_e}{G_p \times B_g + W_p \times B_w} \tag{1.1}$$

式中 W_e——水侵量；

G_p——气累计产量；

B_g——气体体积系数；

B_w——水体积系数；

W_p——累计产水量。

通常定义：强弹性水驱，WDI≥0.3；中弹性水驱，0.1≤WDI<0.3；弱弹性水驱，WDI<0.1。

为更加清楚地描述水侵气藏动态特征，将弱弹性水驱气藏划归到弱水体水驱气藏，将中弹性和强弹性水驱气藏划为强水体水驱气藏，并以此为标准对国内外有水气藏的水侵动态特征进行总结。

1.4.1 弱水体水驱气藏水侵动态特征

研究表明，弱水体气藏由于水体能量较弱，无法为地层水的侵入提供充足的能量，所以即使储层非均质性较强且以较高的采气速度进行开发，也较少出现极端水侵现象。

就整个气田而言，气井发生水侵的顺序在时间上具有明显的先后性，在空间上具有明显的方向性。对于弱边水气藏，边水沿着渗流通道，以近似活塞驱的方式前进，水驱前缘垂直于水体方向，较少出现水窜等现象。例如中国西部某弱边水驱动气藏，边水位于气藏北部，在北区

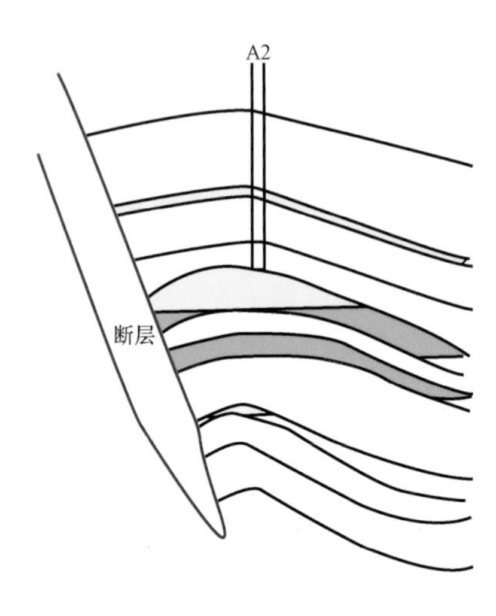

图 1.19　A2 井构造剖面示意图

气井已基本水侵的情况下，南区气井依然未见水侵现象。

就单口气井而言，即使以较高的采气速度开采，依然可以保持长时间的无水采气期，且无水采收率明显高于强水驱气藏，通常在投产后较长时间内不产水，产水量呈缓慢上升的特点。以西湖凹陷某断块背斜水驱凝析气藏为例，其储层示意图如图 1.19 所示，气柱高度约为 52m，水体倍数为 6 倍，储层物性表现出高孔隙度高渗透率特点，A2 井位于构造高点，于 2005 年投产，其无水采气期长达 8 年，该气藏无水采收率高达 56%。水侵初期，水气比保持稳定，地层压降曲线有微弱上翘；水侵后期，产气量逐渐降低，产水量缓慢升高。气田开发初期，水气比维持在凝析水气比附近；气田开发后期，气井见水后，水气比逐渐上升，气田生产动态曲线如图 1.20 所示。

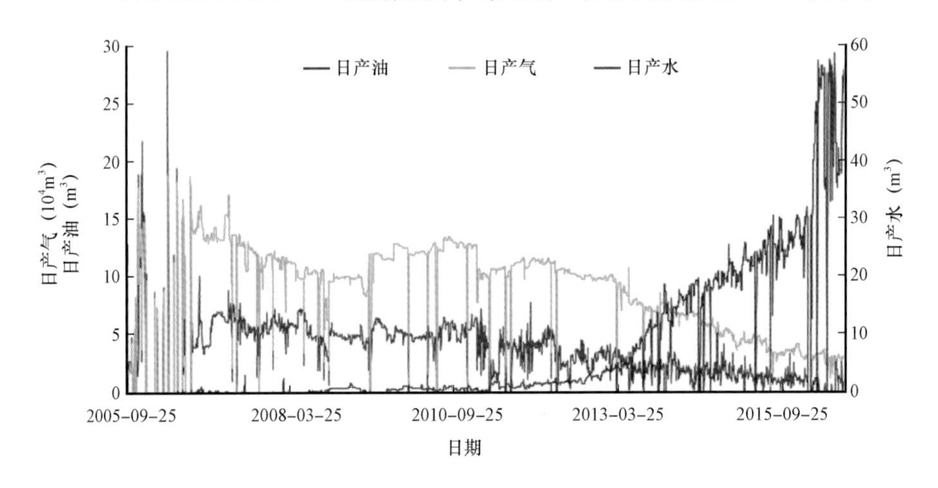

图 1.20　气田生产动态曲线

1.4.2　强水体水驱气藏水侵动态特征

(1)强边水水驱气藏。

在强边水气藏开采过程中，强水体为边水沿高渗透通道快速突破至井底提供了充足能量，从而形成了与弱水体气藏不一样的水侵动态。水体大小、储层气柱高度、气藏采气速度等因素都对水侵动态有较大影响。水体越大，气柱高度越低，气藏开采速度越高，则无水采气期时间越短，采收率越低。

强边水气藏的见水规律与储层非均质性展布特征密切相关，气井的见水顺序主要沿高渗透通道延展，水驱前缘方向受高渗透通道控制，不再垂直于水体方向，最终沿高渗透通道形成水封气区域，导致气藏采收率降低。水侵初期，产气量保持平稳，甚至上升；水侵后期，产气量呈断崖式下跌，产水量呈尖峰状，先急剧上升，造成气井产气能力下降，携液能力变差，进而产水量又急剧下跌，最终停产关井。

Rio Vista 气田位于美国加利福尼亚州南部的 Sacramento 盆地南部，为断块圈闭气藏，1936 年发现并投产，气田内部断层极度发育，储层非均性强，物性复杂，孔隙度较高(20% ~34%)，由于存在裂缝等原因，渗透率变化范围大（5～5000mD）。该气藏于1936年投产，之后通过大量布井提高产量，到1945年时共有115口井投入生产，日产气量高达$1238\times10^4m^3$。气藏西北方向有强水体，加上部分井位于气水过渡带，气藏在投入开发初期就开始产水，受制于当时技术条件未采取有效治水措施。1956年，在停止大量部署新井后，日产气量迅速降低，已投产的井大面积发生暴性水淹，截至2006年共完钻135口井，67口井因水淹而报废。该气田生产情况如图1.21所示。

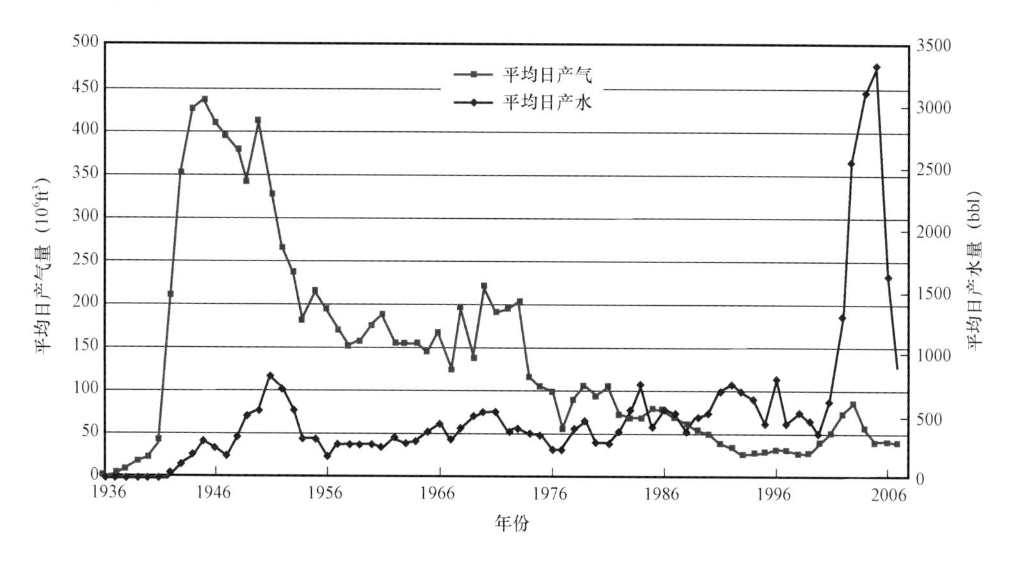

图1.21　Rio Vista气田生产动态曲线

（2）强底水水驱气藏。

强底水气藏水侵特征主要受水体大小、垂向渗透率、采气速度以及隔夹层等因素影响。在气藏开发过程中，底水锥进导致水侵，降低采收率是不可避免的，但其水侵动态与强边水水驱气藏、弱水体水驱气藏又有明显区别。

强底水气藏的无水采气期主要由垂向渗透率决定，时间一般较短。由于垂向渗透率在平面分布的差异性，见水过程没有明显的方向性，总体上避水高度较高的气井，见水时间相对较晚。隔夹层的存在，使产水曲线波动较大，较少出现断崖式下跌的情况，产气曲线在见水后会逐渐下跌，总体上见水快，水气比上升迅速。

Kay bob气田位于加拿大阿尔伯塔省，天然气储量$1042\times10^8m^3$，是典型的强底水凝析气藏，其构造剖面图如图1.22所示。由于强底水为气藏的持续开采提供能量补充和控水得当，截至2009年，该气藏的采收率已经达到69.28%。气藏开采过程中，构造低部位以及渗透率较高的井通常较早见水，如图1.23所示。气藏开采经历了上产、回注稳产以及产量递减三个阶段，整个开采过程中，单井见水时间小于6个月。稳产期间，现场持续采用天然气回注的方式开采凝析油，

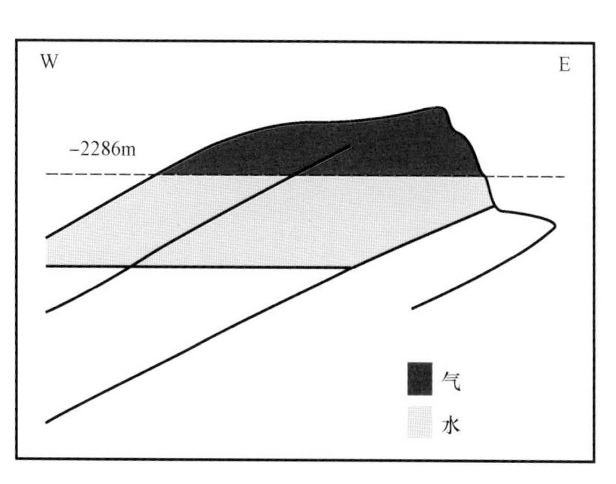

图1.22　Kay bob气田构造剖面图

同时也抑制了底水的锥进，这是水气比较为稳定的主要原因。1990 年停止回注天然气后，底水加速锥进，产水量迅速上升，水气比急剧升高，产气量快速下降，衰竭开采期间日产量年递减率为 13.83%（图 1.24、图 1.25）。

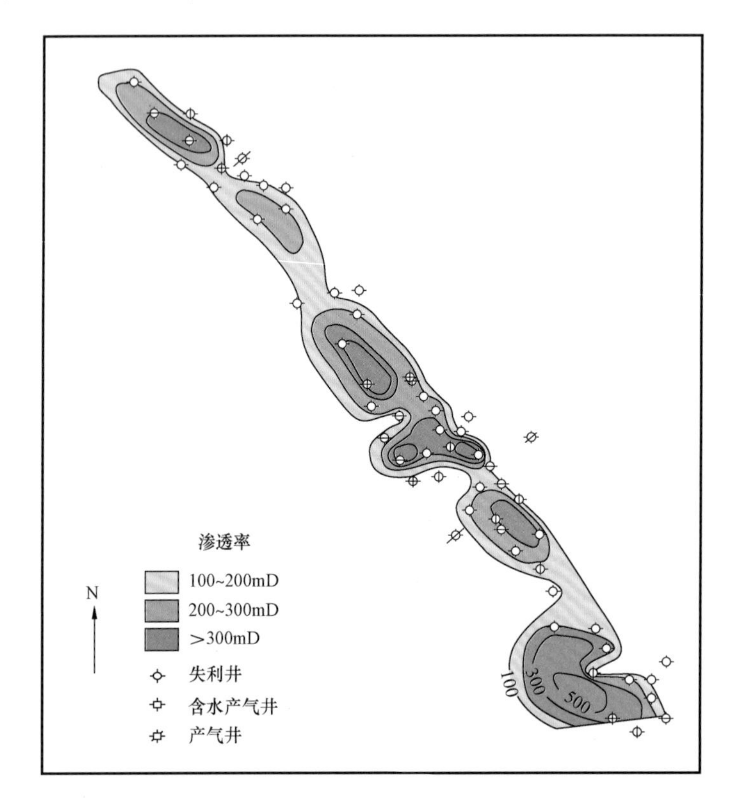

图 1.23　Kay bob 气田构造剖面图

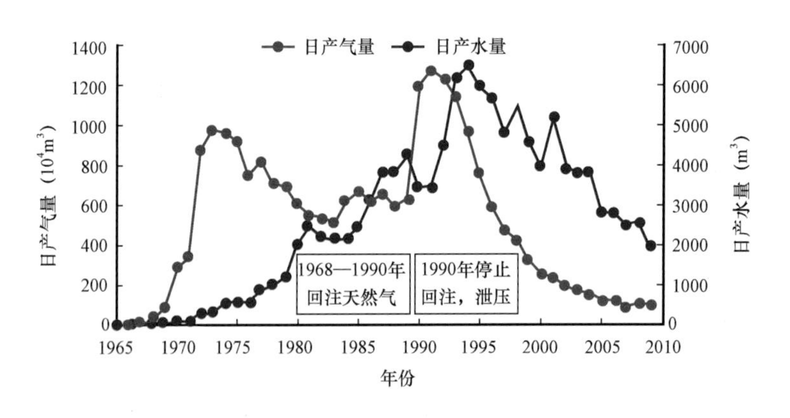

图 1.24　Kay bob 气田生产动态曲线

若气藏内部垂向渗透率高，且不发育大的隔夹层以阻挡水锥，强底水，水侵将对气藏的开发造成致命性的伤害，底水的快速侵入，将使气田产气量大幅下降，甚至报废。例如位于挪威和英国交界处的 Frigg 气田，储层厚度为 167m，孔隙度 23%，渗透率高达 1300mD，底水水体能量强。气藏于 1977 年投入开发后，日产气量迅速上升至 $4800\times10^4m^3$，高速开发带来的后果就是底水快速锥进。1986 年，底水首先在区块南部突破至井底，之后气井大面积见水，产气量断崖式下降。至 1990 年，日产气量只有 $850\times10^4m^3$，相对于见水前下降了 83%，如图 1.26 所示。在之后的开发过程中，产气量一直维持在较低水平，强底水水侵给开发带来了巨大的困难。

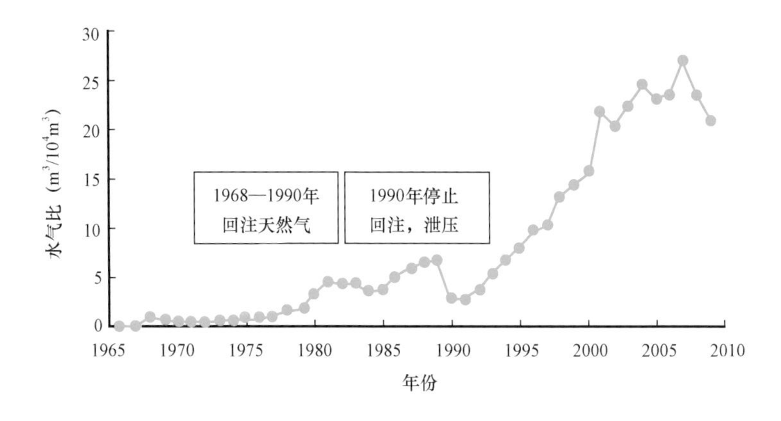

图 1.25　Kay bob 气田水气比曲线

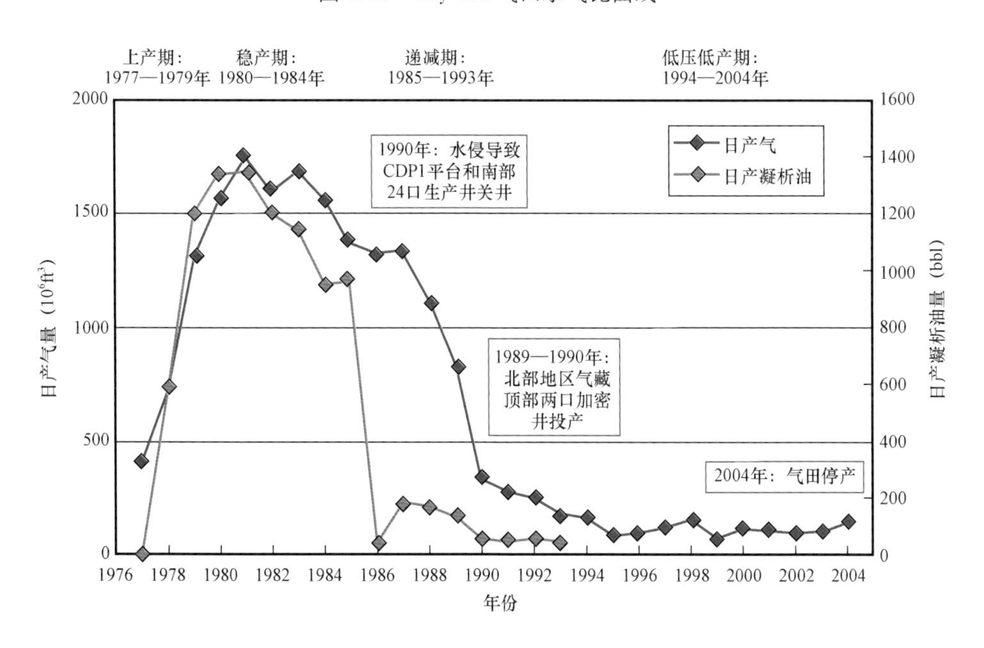

图 1.26　Frigg 气田产气曲线

1.4.3　有水气藏开发动态特征

与无水气藏相比，有水气藏在开发过程中呈现出以下特征：采气速度较低，气井见水后产量迅速递减、水气比上升明显，一次采收率偏低[20]。

(1)采气速度降低。

单井控制储量一定的条件下，提高气田开采速度，生产压差增加，势必加快边底水的推进。值得注意的是，气井产量对地层出水非常敏感，即使出水量很小，生产压差也会大幅度上升，边、底水选择性突进会分割气藏，降低储量动用程度；地层水到达井底后，井筒出现两相流，气井产气量下降，影响气井的稳产。因此应选择合理的采气速度，尽最大可能减缓边底水推进，延长稳产时间，最终达到均衡开采的目的。

气藏见水后，侵入水优先流入高渗透条带、裂缝、微裂缝等，降低了气体的流动能力以及补给能力，气体流动通道被地层水部分甚至全部占据，气井产能迅速下降，气田提前进入递减期，采气速度不断降低。

塔里木盆地白垩系克拉2气田，见水前采气速度达到4.2%，开采速度过高加剧了边底水沿断裂、高渗透条带突进，边部井陆续见水关井，为了防止高部位井底水锥进，气藏的采气速度降到2.5%，延缓了地层水侵速度。

四川盆地威远震旦系气藏，出水前采气速度为3.2%，出水后气井产气量降低，虽然采取了增加补充井、排水采气、降压技术等多种技术措施，但气藏的采气速度也只有1%，采气速度大大降低。

(2)气井见水后产气量递减大。

边、底水气藏开发过程中，气藏水侵与气井见水是不可避免的。水侵后地层气相相对渗透率降低，有效产出井段减少。地层水到井筒后，如果气井产量大，气体流速足够高，井筒内形成雾状流，水滴分散在气体中被气体携带到地面，少部分液体滞留在油管或套管中；如果油管尺寸较大或井口压力较高，这些高产井也会产生积液。

随着生产的进行，气井产量开始递减，井筒中气体流速逐步降低，气体携液能力下降，液体在井筒内形成段塞流，最后在井底形成积液，导致气井产量下降，甚至停产。

以克拉2气田KL205井及KL2-13井为例说明见水对产能的影响。两口井均为库车坳陷北部克拉苏构造带、KL2号构造西高点的开发井，2004年投产，到2012年KL205井未见水，而KL2-13井已经见水。对2口井分别进行了产能测试，产能解释结果见表1.2，其对应的IPR曲线如图1.27和图1.28所示。由结果可见，见水对KL2-13井产能影响较大，导致该井无阻流量较投产初期大幅度降低。

表1.2　KL205井与KL2-13井产能测试结果

井号	测试阶段	产能方程	无阻流量($10^4m^3/d$)	降低幅度(%)
KL205井未见水	投产初期	$\psi_R-\psi_{wf}=6.98\times10^{16}q+1.34\times10^{14}q^2$	945.28	
	目前实测	$\psi_R-\psi_{wf}=4.89\times10^{16}q+2.16\times10^{14}q^2$	624.74	33.91
KL2-13井已见水	投产初期	$\psi_R-\psi_{wf}=1.20\times10^{17}q+2.85\times10^{13}q^2$	1140.27	
	目前实测	$\psi_R-\psi_{wf}=1.06\times10^{17}q+9.49\times10^{13}q^2$	302.75	73.45

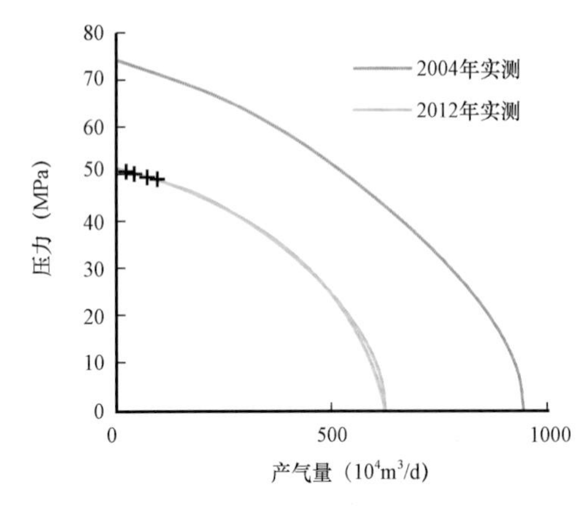

图1.27　KL205井产能测试IPR变化

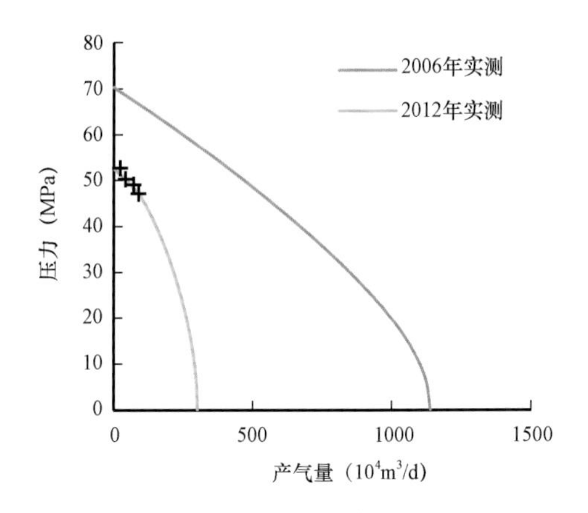

图1.28　KL2-13井产能测试IPR变化

气田生产井普遍见水后，开采便进入递减期。威远震旦系气藏开发10年后，5口井相继见水，见水井产量大幅度下降，见表1.3。随后10年间，虽然大批量增加生产井以弥补产能损失，生产井由见水前的35口增加到65口，但仍无法弥补出水井、水淹井所造成的产能递减，气田年产量由1977年的$11\times10^8m^3$下降到1984年的$3.16\times10^8m^3$。

表1.3 1973年威远震旦系气藏见水井产量下降情况

井号	威23井	威34井	威40井	威39井	威61井
出水前产气量($10^4m^3/d$)	69.7	31.4	77.2	64.4	23.1
出水后产气量($10^4m^3/d$)	41.7	20.0	50.1	31.1	16.5
产量下降幅度(%)	40.17	36.31	35.10	51.71	28.57

宋家场气田见水后，日产气量由1980年的$110\times10^4m^3$下降到1990年的$13.8\times10^4m^3$，采气速度由11%下降到1%左右，日产水量却由$14m^3$上升到$240m^3$。

(3)水气比上升明显。

气藏产水后，产气量下降，产水量上升，气田的综合水气比呈上升趋势。

例如涩北气田，从2006年开始至2016年期间各区块水气比从$0.18m^3/10^4m^3$上升到$2.88m^3/10^4m^3$，如图1.29所示。

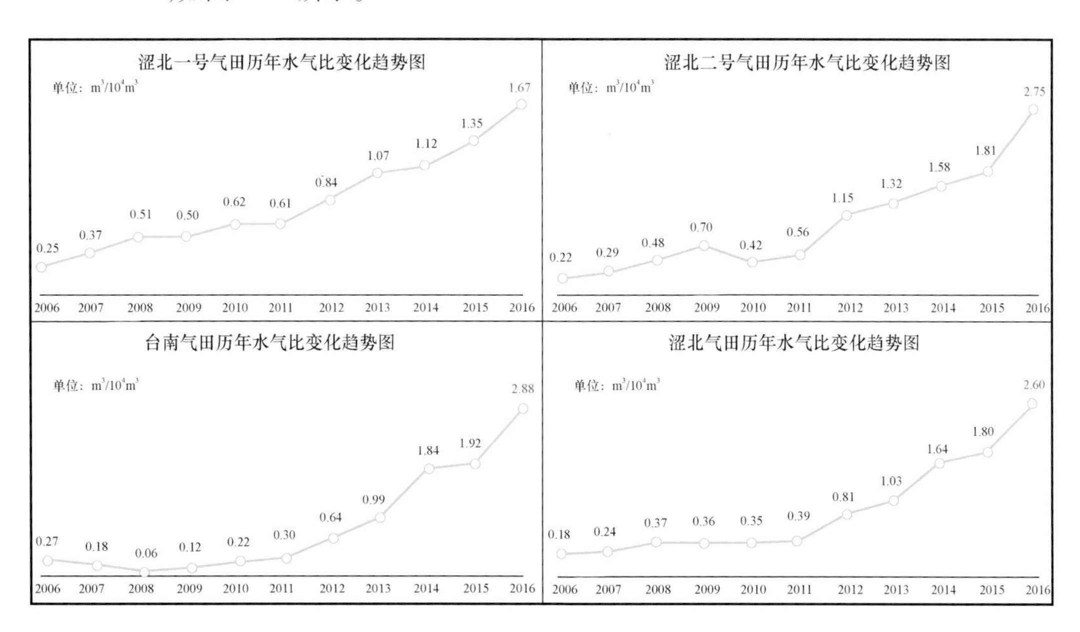

图1.29 涩北气田各区块2006—2016年水气比变化规律

当气井产水量较小或产气量波动较频繁时，有时从产水量上看变化不大，需要观察水气比的变化才能判断气藏的产水趋势。如威远震旦系气藏，1985年到1994年期间，年产水量约$50\times10^4m^3$，变化并不明显(图1.30)，但同期水气比的上升却非常明显，1994年之后该气藏地层水上升趋势加快。

气井水气比变化特征在一定程度上反映了储层物性展布特征，水气比上升越快，表明储层非均质性越强，反之表明储层较均质[18]。威远气藏威45井储层中等裂缝及其大裂缝分布集中，形成裂缝型高渗透带，裂缝渗透率是基质渗透率的107倍，水气比呈指数上升趋势；池34

井、池 61 井储层微细网状缝发育分布较均匀，与基质组成相对均质储层，试井解释综合渗透率为基质渗透率的 7.8 倍，水气比呈较平缓的线性上升趋势，如图 1.31 所示。

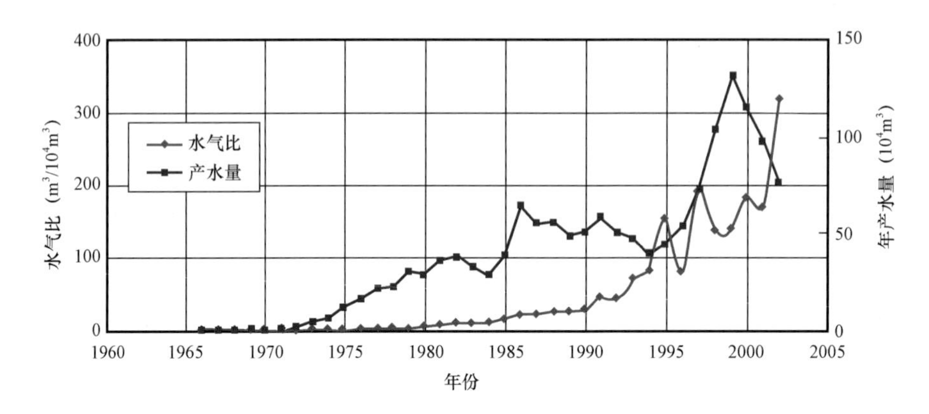

图 1.30　威远震旦系气田产水量与水气比趋势对比

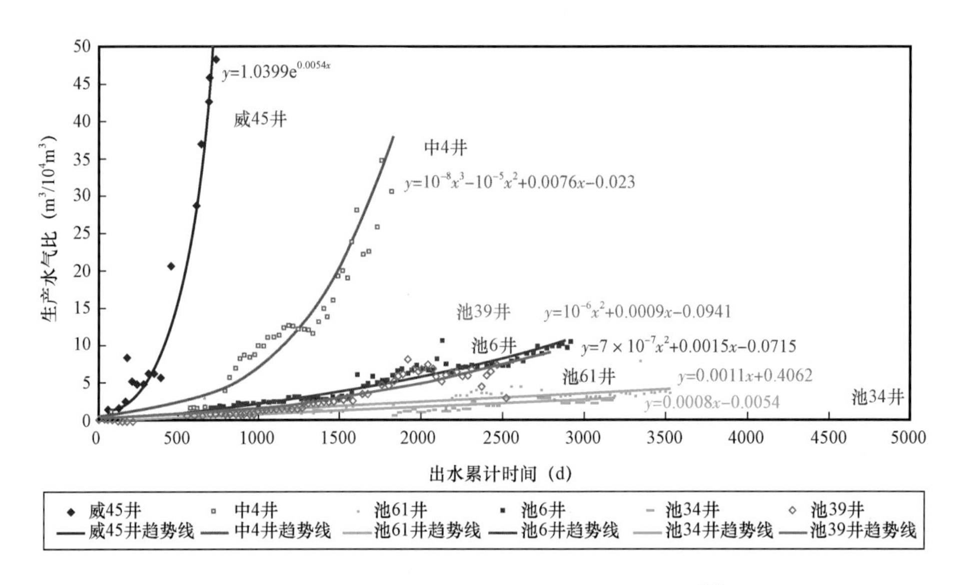

图 1.31　威远气藏气井水气比随时间变化规律[18]

（4）一次采收率偏低。

开发水驱气藏时，由于多方面综合因素的影响，导致水在纵向和横向上不均匀推进，使气藏发生水淹。一般水驱气田的采收率为 10% ~80%，活跃水驱气田的采收率一般为 40% ~62%，个别气田的采收率低于 10%。根据田信义对四川 169 个气藏按标定预测采收率进行统计，弱弹性水驱气藏采收率为 85.1%，中弹性水驱气藏为 75.4%，强弹性水驱气藏为 57.2%。

影响水驱气田采收率的因素包括两方面：一是不可控制因素，如水、气和岩石的物理性质，储层的非均质性以及岩性等地质因素；另一个是可控制因素，包括开采方式和采气工艺等因素，其中较重要的是采气速度。美国托德亨特斯湖为砂岩断块气田，由于被断层分割成只有 0.6km^2 的小断块，开采初期就高速采气，结果水沿断层带窜入气井，不到一个月就水淹停产，采收率只有百分之几；加拿大海狸河气田的采收率只有 17%；原苏联克拉斯诺达尔气区的水驱气藏采收率只有 15%。

一般边水气藏采气速度稍高（8% ~10%），特别是后期，加速降压采气可提高最终采收率。底水气藏，开采速度必须控制，如乌克蒂尔气田，采气速度为3.8%，采收率达90%；卡布南气田，采气速度为4%，采收率达80%以上。对底水气藏原则上要求均匀布井，便于均衡降压采气，防止底水锥进，如乌克蒂尔气田，根据水的活跃程度分为四个区开采，在底水活跃的构造轴部及北高点上，均匀布井；同时对不同井配产不同，实现均匀采气，未出现底水锥进现象。

1.5 动态分析与评价技术研究进展

气田开发动态分析指气田开发过程中，利用生产数据及监测资料综合分析地下气、水的运移规律及其变化，评价开发方案及有关措施的实施效果，预测气田开发效果，为调整挖潜提供依据。

气藏动态分析的主要内容包括气藏储量动用、驱动类型、产能变化和措施效果分析。在有水气藏动态分析中，随着开发深入，边、底水侵入不可避免，形成两相流，降低了气相渗透率，对气藏的动态储量、产能都有很大影响，因此水侵量的计算与水侵预测必须贯穿整个动态分析[21-23]。

气藏动态分析方法灵活多样，常用的有理论分析法、经验分析法、模拟分析法、系统分析法、类比分析法等，可以多种方法综合采用，相互弥补、相互映衬。下面简要介绍有水气藏动态分析的主要内容及方法技术。

1.5.1 储层岩石及流体参数

储层岩石及流体的分析评价是气藏动态分析的基础，有水气藏应重点进行水体大小及分布、气水关系、储层裂缝及高渗透带分布、气水渗吸排驱相渗特征等分析。分析评价这些参数的主要方法包括测井解释、岩心及流体室内实验、地层测试分析等。

1.5.2 气藏储量

气藏储量包括静态地质储量和动态地质储量。计算静态地质储量的方法主要为容积法，通过估算气藏中烃类气体所占据的岩石孔隙体积来计算。对于有水气藏，储层的总体积完全由储层顶部构造参数及气水界面的位置决定，有水气藏气水界面尤其是低渗透有水气藏的气水界面，由于毛细管力的作用形成一定高度的气水过渡带，对储量计算结果影响很大。例如塔里木油田的克深气藏，考虑约100m气水过渡带时计算的地质储量比使用统一自由水界面计算的地质储量少$483 \times 10^8 m^3$。

气藏投入开发以后，根据气藏的生产数据，采用物质平衡、产量不稳定分析等动态方法计算得到的地质储量称之为动态地质储量。一般认为，在采出程度达到10%以上，计算结果是可靠的。当动态地质储量与静态地质储量差别很大时，应对静态地质储量进行复核再认识。对于水驱气藏计算时必须对水侵的影响进行必要的修正，水侵会引起p/Z曲线的上翘，导致计算结果偏大。

1.5.3 产能变化规律

利用气井稳定试井、修正等时试井等资料，可建立气井产能方程，并计算气井的绝对无阻流量，从而确定气井的产能。产能方程有二项式和指数式两种形式，压力可以采用压力、压力平方及拟压力三种形式。

对于无水气藏，气井 IPR 曲线随着地层压力的下降，大致呈“同心圆”趋势有规律的变化；对于有水气藏，地层出水后气井产能方程会发生较大变化，二项式系数 A、B 增大，无阻流量降低程度加大，若发生水锥，则变化更大。对于地层已出水的气井，若已知产水范围及相应的气相渗透率，可根据气井试井解释相对渗透率及表皮系数的变化来计算产水时的稳定产能方程系数及无阻流量，为气井产水后的合理配产及动态预测提供依据[24]。

1.5.4 气藏水侵诊断

水驱气藏气井出水后，再采取调整工作制度或排水采气工艺措施，尽量维持较长时期的带水生产，这种开发治水的手段是不得已而为之，开发效果与经济效益皆不佳。随着技术方法的进步，工程师已经能够通过计算机辅助实现水侵诊断与预报，从而能采取更为积极的措施避免或者延缓气田见水。水侵诊断与预测方法包括传统的物质平衡方法、追踪试井叠合分析方法和产量不稳定分析方法。

(1)传统诊断方法。

采用传统的物质平衡方法进行水侵诊断时，水驱气藏的压降曲线表现出后期向上偏离直线关系的趋势，水侵强度越大，偏离越明显(图 1.32)，根据实测生产数据绘制 $p/Z—G_p$ 的关系图，由直线或曲线的形状可识别早期水侵。值得注意的是：一方面，这种传统的水侵诊断方式对于非均质性强、侵入的地层水快速被采出的情况会得到一条类似定容封闭气藏的直线，导致误判；另一方面，物质平衡方程中采用的是全气藏平均地层压力，对于各井区水侵强度差异大的气藏，气藏压力差别也较大，传统的物质平衡方法只能作为参考。

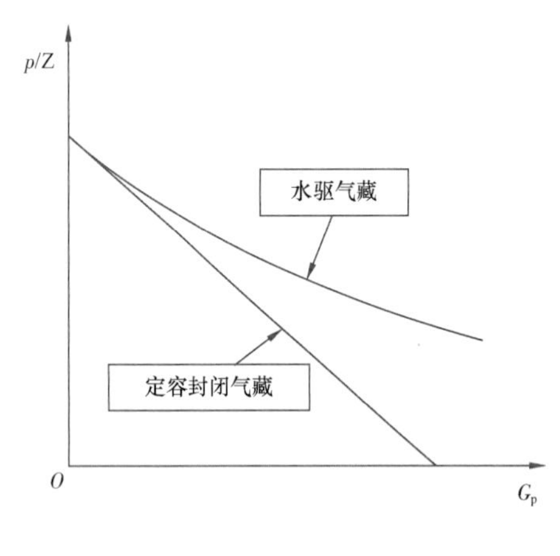

图 1.32　气藏压降示意图

(2)追踪试井诊断方法。

根据试井理论，气藏边水推进形式可以近似为局部单向均匀推进的方式，若把此问题归结为无限大地层中存在线性不连续边界的问题，则局部单方向均匀水侵在压力恢复双对数曲线上有一定的特征反映[25]。

由于地层水的黏度比气体黏度大得多，而气区气相相对渗透率和水区水相相对渗透率的差异不如气水黏度差异大，因此，水区流度与气区流度的比值通常小于 1，天然线性水边界在压力恢复试井曲线上的特征反映与断层影响在压力恢复试井曲线上的反映很相似，都是压力恢复导数曲线后期会上翘[26-27]。因此，可将同一气井在不同时期的压力恢复试井曲线进行叠合追踪分析，作为预测气井见水及水侵动态的方法，如图 1.33 所示。图中 Y 井解释边界距离逐渐变小，很可能反映了边水逐渐推进的情况，但该方法目前只适用于边水气藏。

(3)产量不稳定分析方法。

近年来，产量不稳定分析方法得到快速发展。对于有水气藏来说，气井未产水—产水阶段，其生产动态曲线在 Agarwal - Gardner 流动物质平衡曲线及 Blasingame 图版上都有一定的反映，根据生产动态曲线的形态，可以较为准确地识别气井水侵阶段[28]，如图 1.34 所示。

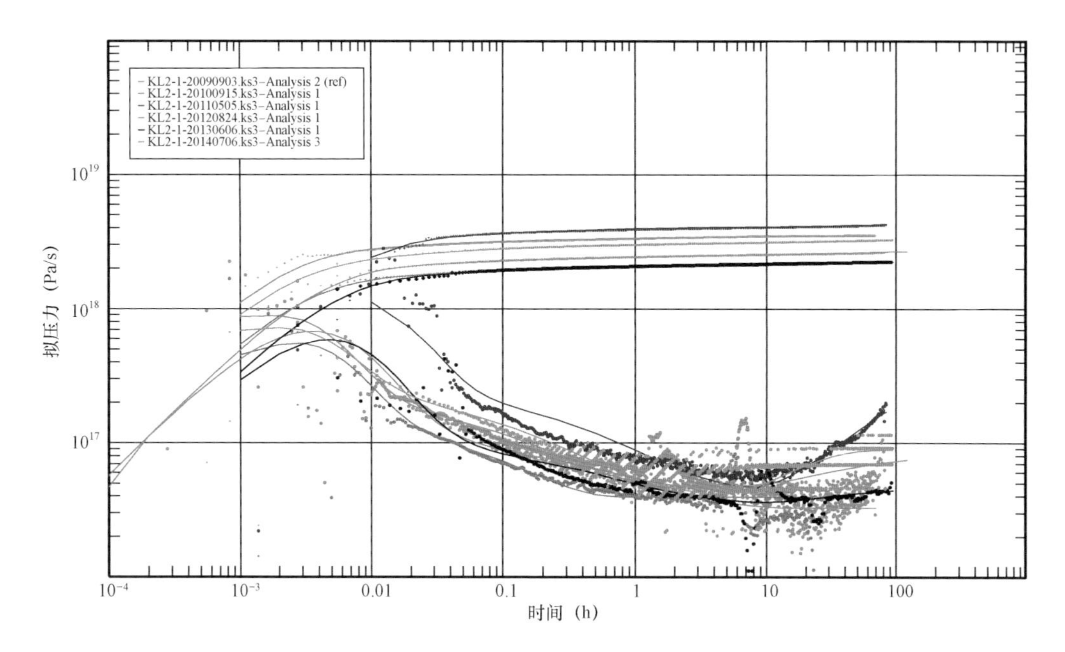

图 1.33 Y 井 6 次压力恢复测试双对数曲线对比

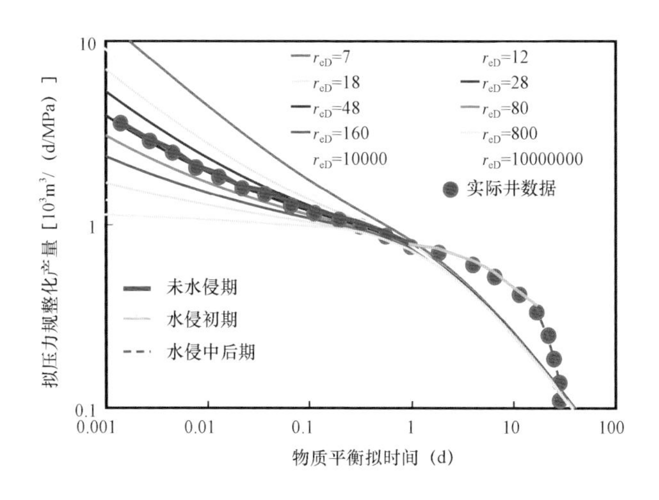

图 1.34 Blasingame 典型曲线水侵诊断

参 考 文 献

[1] 李士伦,王鸣华,何江川,等.气田与凝析气田开发[M].北京:石油工业出版社,2004.

[2] 张丽囡,李笑萍,赵春森,等.气井产出水的来源及地下相态的判断[J].大庆石油学院学报,1993,17(2):107-111.

[3] 李士伦.天然气工程[M].北京:石油工业出版社,2000.

[4] 庞河清,匡建超,罗桂滨,等.川西新场气田须二气藏水体动态分布与水化学特征[J].天然气地球科学,2012,23(1):190-197.

[5] 宁英男,张海燕,周贵江.天然气含水量图数学模拟与程序[J].石油与天然气化工,2000,17(2):206-209.

[6] 诸林,白剑,王治红.天然气含水量的公式化计算方法[J].天然气工业,2003,23(3):118-120.

[7] 李久娣,胡科.DH 气藏残余气饱和度实验研究[J].西南石油大学学报(自然科学版),2014,

36(1):107 - 112.
[8] 付大其,朱华银,刘义成,等. 低渗气层岩石孔隙中可动水实验[J]. 大庆石油学院学报,2008,32(5):23 - 26.
[9] 周德志. 束缚水饱和度与临界水饱和度关系的研究[J]. 油气地质与采收率,2006,3(6):81 - 83.
[10] 郭平,黄伟岗,姜贻伟,等. 致密气藏束缚与可动水研究[J]. 天然气工业,2006. 26(1):99 - 101.
[11] 孙军昌,杨正明,刘学伟,等. 核磁共振技术在油气储层润湿性评价中的应用综述[J]. 科技导报,2012,30(7):65 - 71.
[12] 付金华,石玉江. 利用核磁测井精细评价低渗透砂岩气层[J]. 天然气工业,2002,22(6):39 - 42.
[13] 赵杰. 姜亦忠,王伟男,等. 用核磁共振技术确定岩石孔隙结构的实验研究[J]. 测井技术,2003,27(3):185 - 188.
[14] 高瑞民. 核磁共振测试天然气可动气体饱和度[J]. 天然气工业,2006,26(6):33 - 35.
[15] 高树生,熊伟,钟兵,等. 川中须家河组低渗砂岩气藏渗流规律及开发机理研究[M]. 北京:石油工业出版社,2011.
[16] 孙亮. 新场须五气藏地层产水特征分析[D],成都:成都理工大学,2015.
[17] 张数球. 四川地区水驱气藏开发探讨[J]. 中外能源,2009,14(4):43 - 47.
[18] 何晓东. 边水气藏水侵特征识别及机理初探[J]. 天然气工业,2006,26(3):87 - 89.
[19] 于希南,宋健兴,高修钦,等. 气井出水水源识别的思路与方法[J]. 试验研究,2012,31(8):21 - 22.
[20] 王怒涛. 实用气藏动态分析方法[M]. 北京:石油工业出版社,2011.
[21] 李海平. 气藏工程手册[M]. 北京:石油工业出版社,2016.
[22] 李治平. 气藏动态分析与预测方法[M]. 北京:石油工业出版社,2002.
[23] 彭彩珍. 边底水气藏提高采收率技术与实例分析[M]. 北京:石油工业出版社.
[24] 李宏清,赵正社,郝玉鸿. 产水气井产能方程及无阻流量的变化规律研究[J]. 试采技术,2005,126(1).
[25] Henderson G D,Danesh A,TehraniD H. Effect of positiverate sensitivity and nertia on gas condensate relative permeability at high velocity[J]. Petroleum Geoscience,2001,7(1):45 - 50.
[26] RobertM ott,Andrew Cable,M ike Spearing. M easurem ents and sim ulation of inertial and high capillary number flow phenomena in gas - condensate relative permeability[J]. SPE paper 62932. In:The SPE Annual Technical Conference and Exhibition held in Dallas,Texas,USA,2000 - 10 - 01 - 04,2000:2 - 4.
[27] Gringarten A C,A l - Lam k i A,Daungkaew S,M ott R. W ell test analysis in gas - condensate reservoirs [J]. SPE Paper 62920. In:The SPE Annual Technical Conference and Exhibition,Dallas,Texas,USA,2000 - 10 - 01 - 04,2000:7 - 12.
[28] 李勇. 有水气藏单井水侵阶段划分新方法[J]. 天然气地球科学,2015,26(10):1951 - 1955.

第 2 章　有水气藏动态储量计算

目前对于气藏的动态储量计算方法主要有弹性二相法、压力恢复法、物质平衡法及不稳定分析法等[1]，本章将分别介绍这些动态储量评价方法，特别对适用于产水气藏的方法进行了阐述和应用。

2.1　弹性二相法

弹性二相法适用于封闭弹性气驱小型气藏。一口气井以稳定产量生产，当井的压降漏斗到达气藏边界即进入拟稳态阶段[2]，井底压力随时间变化特点是 $\mathrm{d}p_{\mathrm{wf}}{}^2/\mathrm{d}t = \mathrm{const}$，即 p_{wf}^2与 t 的关系为线性关系，因此，可用下列线性关系式来描述[3]：

$$p_{\mathrm{wf}}^2 = \alpha_{\mathrm{g}} - \beta_{\mathrm{g}} t \tag{2.1}$$

式中　p_{wf}——井底流动压力，MPa；

α_{g}——弹性二相阶段直线延伸至纵坐标轴的截距；

β_{g}——直线斜率（$\beta_{\mathrm{g}} = \tan\alpha$）；

t——生产时间。

p_{wf}^2与 t 的关系曲线如图 2.1 所示。

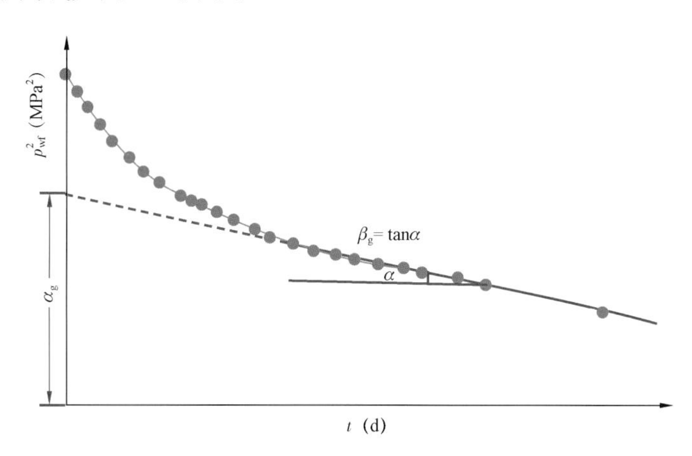

图 2.1　弹性二相法压力降落曲线

图中弹性二相阶段直线段的截距和斜率可通过下式计算：

$$\alpha_{\mathrm{g}} = p_{\mathrm{i}}^2 - \frac{4.24 \times 10^4 q \cdot \bar{\mu} \cdot \bar{z} \cdot T \cdot p_{\mathrm{s}}}{K \cdot h \cdot T_{\mathrm{s}}}\left(\lg \frac{A}{C_{\mathrm{A}} r_{\mathrm{w}}^2} + 0.351 + 0.87 S_{\mathrm{a}}\right) \tag{2.2}$$

$$\beta_{\mathrm{g}} = \frac{2 \times 10^{-4} q \cdot p_{\mathrm{i}}}{G_{\mathrm{R}} \cdot C_{\mathrm{t}}^*} \tag{2.3}$$

用拟压力 $\psi(p)$整理时，则

$$\psi(p_{wf}) = \alpha_{\psi} - \beta_{\psi} \cdot t \tag{2.4}$$

$$\alpha_{\psi} = \psi(p_i) - \frac{4.24 \times 10^4 q \cdot \bar{\mu} \cdot \bar{z} \cdot T \cdot p_s}{K \cdot h \cdot T_s}\left(\lg \frac{A}{C_A r_w^2} + 0.351 + 0.87 S_a\right) \tag{2.5}$$

$$\beta_{\psi} = \frac{2 \times 10^{-4} q \cdot p_i}{G_r \cdot C_t^* \ (\mu_g \cdot z)_i} \tag{2.6}$$

$$C_t^* = C_g + \frac{C_w S_{wi} + C_f}{1 - S_{wi}} \tag{2.7}$$

其中拟压力由 Alhussaing 和 Ramey 定义为

$$\Psi = 2\int_{p_0}^{p} \frac{p}{\mu z} \mathrm{d}p$$

式中 p_i——原始平均地层压力，MPa；

q——气井稳定生产产量，$10^4 m^3/d$；

$\bar{\mu}$——平均压力下地层气黏度，mPa · s；

$\bar{z}$——平均压力下地层气体压缩因子；

T——平均地层温度，K；

T_s——标准温度，K；

p_s——标准压力，MPa；

h——储层有效厚度，m；

K——储层渗透率，mD；

C_A——Dietz 形状系数；

r_w——井筒半径，m；

S_a——拟表皮系数；

C_g、C_w、C_f、C_t^*——分别为气体、地层水、岩石和含气孔隙综合压缩系数，MPa^{-1}；

S_{wi}——束缚水饱和度。

整理得到弹性二相法计算动态储量的关系式：

$$G = G_p + \frac{2 \times 10^{-4} q \cdot p_i}{\beta_g \cdot C_t^*} \text{或} G = G_p + \frac{2 \times 10^{-4} q \cdot p_i}{\beta_{\psi} \cdot C_t^* (\mu_{gi} \cdot z_i)} \tag{2.8}$$

$$S_a = S + D_t \cdot q_i \tag{2.9}$$

式中 G——地质储量，$10^8 m^3$；

G_p——测试生产前累计采出气量，$10^8 m^3$；

p_i——原始平均地层压力，MPa；

q——气井稳定生产产量，$10^4 m^3/d$；

C_t^*——含气孔隙综合压缩系数，MPa^{-1}；

μ_{gi}——原始平均地层压力下的气体黏度，mPa · s；

z_i——原始地层压力下的气体压缩因子；

S、S_a——表皮系数、拟表皮系数；

D_t——湍流系数，$(10^4 m^3/d)^{-1}$。

2.2 压力恢复及压差法

与弹性二相法相比,关井压力恢复法应用更为普遍。而关井压力恢复法也只适用于封闭无水气藏。当气井稳定生产,达到拟稳定状态后,关井测压力随时间的恢复曲线。该压力恢复曲线用扩展 Muskat 法关系式进行整理为[4]

$$\lg(\bar{p}_R^2 - p_{wf}^2) = a - b\Delta t \tag{2.10}$$

式中 $\bar{p}_R$——关井恢复压力稳定后平均地层压力,MPa;

p_{wf}——关井后恢复的井底压力,MPa;

Δt——关井后恢复的时间,h;

a——直线交于纵轴的截距;

b——直线的斜率。

$$a = \lg\left(\frac{3.0946 \times 10^4 q\bar{\mu}\,\bar{z}Tp_s}{KhT_s}\right) \tag{2.11}$$

$$b = \frac{2.295 \times 10^{-2}K}{\phi\bar{\mu}_g C_t r_e^2} \tag{2.12}$$

用拟压力 $\psi(p)$ 表示,则为

$$\lg[\psi(\bar{p}_R) - \psi(p_{wf})] = a_\varphi - b_\varphi\Delta t \tag{2.13}$$

其中

$$a_\varphi = \lg\left(\frac{3.0946 \times 10^4 qTp_s}{KhT_s}\right) \tag{2.14}$$

$$b_\varphi = \frac{2.295 \times 10^{-2}K}{\phi\bar{\mu}_g C_t r_e^2} \tag{2.15}$$

$$C_t = C_t^* S_{gi} = C_g S_{gi} + C_w S_{wi} + C_f \tag{2.16}$$

式中 q——气井稳定生产产量,$10^4 m^3/d$;

T——平均地层温度,K;

T_s——标准温度,K;

p_s——标准压力,MPa;

K——储层有效渗透率,mD;

h——储层有效厚度,m;

ϕ——有效孔隙度;

$\bar{\mu}_g$——平均压力下地层气黏度,mPa·s;

C_t——综合压缩系数,MPa^{-1};

C_t^*——含气孔隙综合压缩系数,MPa^{-1};

C_g——气体压缩系数,MPa^{-1};

C_f——地层岩石有效压缩系数,MPa^{-1};

S_{gi}——原始含气饱和度；

S_{wi}——束缚水饱和度。

对于定容封闭气藏，其地质储量关系式为

$$G = \frac{2232q \cdot \bar{p}_R}{10^a bC_t^*} \text{或} G = \frac{2232q \cdot \bar{p}_R}{10^{a_\varphi} b_\varphi C_t^* \bar{\mu}_g \bar{z}} \tag{2.17}$$

式中 G——地质储量，$10^8 m^3$；

q——气井稳定生产产量，$10^4 m^3/d$；

$\bar{p}_R$——关井恢复压力稳定后平均地层压力，MPa；

$\bar{\mu}_g$——平均地层压力下地层气黏度，mPa · s；

$\bar{z}$——平均地层压力下气体压缩因子。

2.3 水侵气藏物质平衡方程分析方法

2.3.1 考虑应力敏感及水侵的物质平衡方程

(1)物质平衡方程通式。

对于埋藏较深的高压气藏，在其投产后，随着天然气的采出，气藏压力不断下降，必将引起天然气的膨胀、储层的压实、岩石颗粒的弹性膨胀和地层束缚水的弹性膨胀等作用，同时有周围泥岩的膨胀和有限边水的弹性膨胀所引起的水侵。这几部分驱动能量的综合作用，就是高压气藏开发的主要动力，膨胀作用所占据气藏的有效孔隙体积，应当等于气藏累计产出天然气的地下体积。据此假设条件与分析可得，高压气藏物质平衡方程通式为[5]

$$G_p B_g = G(B_g - B_{gi}) + GB_{gi}\left(\frac{C_w S_{wi} + C_f}{1 - S_{wi}}\right)\Delta p + W_e - W_p B_w \tag{2.18}$$

式中 G_p——测试生产前累计采出气量，m^3；

B_g——压力为 p 时天然气的体积系数，m^3/m^3；

G——地质储量，m^3；

B_{gi}——原始压力条件下天然气的体积系数，m^3/m^3；

C_w——地层水压缩系数，MPa^{-1}；

C_f——地层岩石有效压缩系数，MPa^{-1}；

S_{wi}——束缚水饱和度；

W_e——水侵体积，m^3；

W_p——产水体积，m^3；

B_w——压力为 p 时水的体积系数，m^3/m^3。

在此基础上，1998 年由 Fetkovich 给出的高压气藏物质平衡方程表达式为[6]

$$\frac{p}{z}\left[1 - \bar{C}_e(p)(p_i - p)\right] = \frac{p_i}{z_i} - \frac{p_i}{z_i}\frac{1}{G}\left[G_p - G_{inj} + W_p R_{sw} + \frac{5.615}{B_g}(W_p B_w - W_{inj} B_w - W_e)\right] \tag{2.19}$$

式中 z——气体压缩因子；

p_i——地层压力，MPa；

z_i——原始压力下天然气压缩因子；

G_{inj}——注气体积，m^3；

R_{sw}——压力为 p 时溶解气水比，m^3/m^3；

W_{inj}——注水体积，m^3。

其定义有效压缩系数函数 $\overline{C}_e(p)$ 为

$$\overline{C}_e(p) = \frac{\overline{C}_w S_{wi} + \overline{C}_f}{1 - S_{wi}} \tag{2.20}$$

（2）封闭气藏。

对于定容封闭气藏，即没有边底水产出，也没有气水注入储层的气藏，其物质平衡方程表达式为

$$\frac{p}{z}\left[1 - \overline{C}_e(p)(p_i - p)\right] = \frac{p_i}{z_i}\left(1 - \frac{G_p}{G}\right) \tag{2.21}$$

该物质平衡方程是基于总压缩系数的概念［如$\overline{C}_e(p)$］，此概念有助于更好地描述主要由孔隙和束缚水压缩系数引起的高压气藏的开发动态特征。方程（2.21）是目前描述封闭高压气藏动态较通用的模型。

首先应用方程（2.21）来研究 p/Z—G_p 之间的近似关系。第一步先分离方程（2.21）中 $\overline{C}_e(p)$ 函数，得出$\overline{C}_e(p)(p_i - p)$、$\overline{C}_e(p)$的表达式：

$$\overline{C}_e(p)(p_i - p) = 1 - \frac{p_i/z_i}{p/z}\left(1 - \frac{G_p}{G}\right) \tag{2.22}$$

$$\overline{C}_e(p) = \left[1 - \frac{p_i/z_i}{p/z}\left(1 - \frac{G_p}{G}\right)\right]\frac{1}{p_i - p} \tag{2.23}$$

Fetkovich 等人用式（2.22）和式（2.23）作为对比函数，与方程（2.19）得出的结果进行对比。分析认为，方程（2.22）中$\overline{C}_e(p)(p_i - p)$的变化特征是研究的一个关键点，而且特别指出的是分析 $\overline{C}_e(p)(p_i - p)$ 与 G_p 的关系。提出如下近似模型来描述二者的特征关系：

$$\overline{C}_e(p)(p_i - p) \approx \omega G_p \tag{2.24}$$

根据假设，方程（2.24）中 G_p 与 $\overline{C}_e(p)(p_i - p)$ 呈线性关系，需使用气藏动态数据验证方程（2.24）的正确性。

以下通过两个实例来进行验证。第一个实例是某国内干气气藏的模拟结果，$C_f(p)$ 方程采用干气气田应力敏感实验结果（图 2.2），模拟过程中采用干气气田实际地质模型及生产数据，不考虑水体因素的影响。第二个实例为美国得克萨斯州南部的 Anderson “L”高压气藏的实际参数。

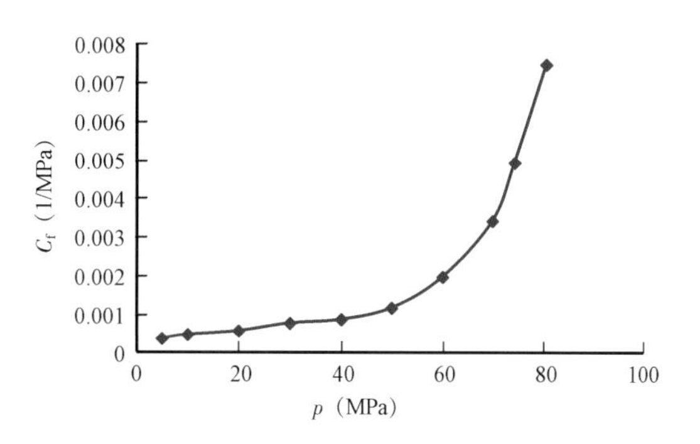

图 2.2　国内某气田岩石压缩系数实验曲线

图 2.3 为国内干气气藏的$\overline{C}_e(p)(p_i - p)$与 G_p/G 在线性及双对数坐标下的关系图，图中

可以看出数据点表现出明显的线性趋势，在衰竭开发初期这一趋势也更为明显。图 2.4 为 Anderson“L”气藏的计算结果，可以看出其具有相似的近似关系式。

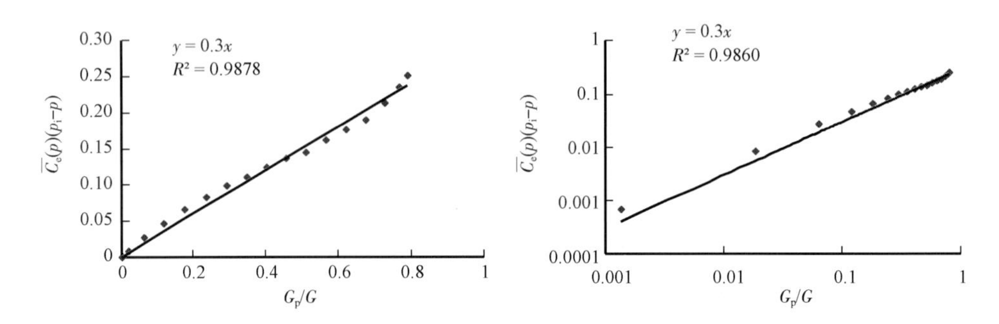

图 2.3　国内某封闭气藏模拟$\overline{C}_e(p)(p_i-p)$与 G_p/G 的关系图

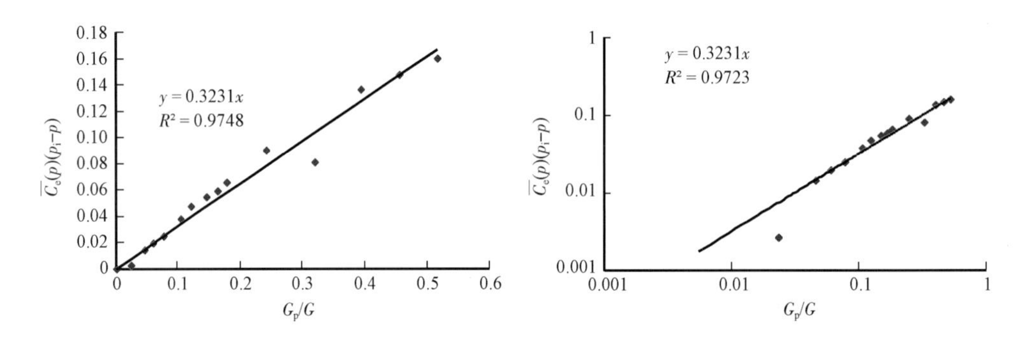

图 2.4　Anderson“L”气藏$\overline{C}_e(p)(p_i-\mathrm{p})$与 G_p/G 的关系图

事实上，考虑到数据点的数量较少，实测数据点也具有一定的误差，上图中呈现出相关性已是较为理想的结果，因此建立如式(2.24)的线性关系式是可行的。方程(2.24)是研究的中间步骤，下一步研究分析物质平衡方程右边项乘数 $1/[1-\overline{C}_e(p)(p_i-p)]$ 的特征。针对此问题提出以下的近似：

$$1/[1-\overline{C}_e(p)(p_i-p)] \approx 1+\xi G_p \tag{2.25}$$

根据级数近似表达式，得到：

$$1/[1-\overline{C}_e(p)(p_i-p)] \approx 1+1-\overline{C}_e(p)(p_i-p) \quad 0 \leqslant \overline{C}_e(p)(p_i-p) < 1 \tag{2.26}$$

将$\overline{C}_e(p)(p_i-p) \approx \omega G_p$ 代入方程(2.26)的右边项得到：

$$1/[1-\overline{C}_e(p)(p_i-p)] \approx 1+\omega G_p \quad 0 \leqslant \omega G_p < 1 \tag{2.27}$$

对比方程(2.25)和方程(2.27)，看出两个表达式完全一致，即 $\omega \equiv \xi$，这一结果直接证明了方程(2.24)所定义的概念模型。图 2.5 表明了 $1/[1-\overline{C}_e(p)(p_i-p)]$与 G_p/G 在笛卡尔坐标系中的线性关系与所提出的模型极为吻合，对比结果表明方程(2.25)可以用作方程$1/[1-\overline{C}_e(p)(p_i-p)]$的近似模型。

解方程(2.21)得出 $1/[1-\overline{C}_e(p)(p_i-p)]$方程的表达式：

$$1/[1-\overline{C}_e(p)(p_i-p)] = \frac{1}{\dfrac{p_i/z_i}{p/z}\left(1-\dfrac{G_p}{G}\right)} \tag{2.28}$$

由此也可以得出考虑随压力变化的孔隙体积压缩系数(不考虑水侵)的高压封闭干气气藏物质平衡方程近似关系式。

将方程(2.21)除以$[1-\overline{C}_e(p)(p_i-p)]$项,得到物质平衡方程的另一形式:

$$\frac{p}{z}=\frac{p_i}{z_i}\left(1-\frac{G_p}{G}\right)\frac{1}{1-\overline{C}_e(p)(p_i-p)} \tag{2.29}$$

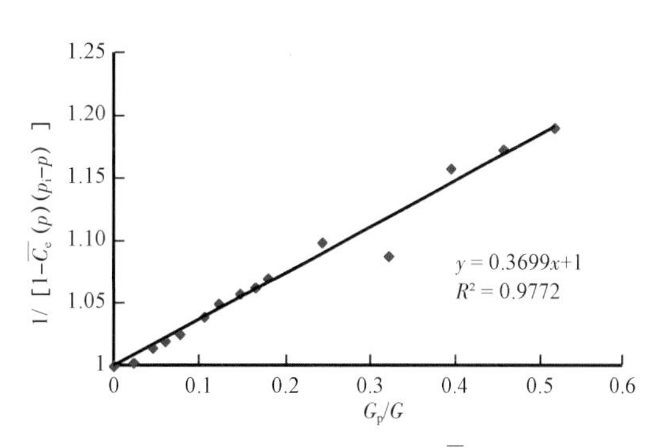

图2.5 Anderson“L”气藏$1/[1-\overline{C}_e(p)(p_i-p)]$与$G_p/G$关系特征

方程(2.27)代入方程(2.29)得到

$$\frac{p}{z}\approx\frac{p_i}{z_i}\left(1-\frac{G_p}{G}\right)(1-\omega G_p) \tag{2.30}$$

展开方程(2.30)的右边项便得到

$$\frac{p}{z}\approx\frac{p_i}{z_i}\left[1-\left(\frac{1}{G}-\omega\right)G_p-\frac{\omega}{G}G_p^2\right] \tag{2.31}$$

或采用简化符号,方程(2.31)改写为

$$\frac{p/z}{p_i/z_i}\approx 1-\alpha G_p-\beta {G_p}^2 \tag{2.32}$$

其中系数α、β表达式分别是

$$\alpha=\left(\frac{1}{G}-\omega\right) \tag{2.33}$$

$$\beta=\frac{\omega}{G} \tag{2.34}$$

研究认为ω方程式是唯一的,并且可以近似为常数或者$G_p(G_p/G)$的线性方程。此结论为物质平衡二项式和三项式方程[7]的建立奠定了基础。

假设$\omega-G_p$为线性关系:

$$\omega=a-bG_p \tag{2.35}$$

方程(2.35)代入方程(2.30)得到

$$\frac{p}{z}=\frac{p_i}{z_i}\left(1-\frac{G_p}{G}\right)[1+(a-bG_p)G_p] \tag{2.36}$$

展开右边项

$$\frac{p/z}{p_i/z_i}=1-\left(\frac{1}{G}-a\right)G_p-\left(\frac{a}{G}+b\right)G_p^2+\frac{b}{G}G_p^3 \tag{2.37}$$

方程(2.37)可以改写为

$$\frac{p/z}{p_i/z_i}=1-\hat{a}G_p-\hat{b}G_p^2+\hat{c}G_p^3 \tag{2.38}$$

其中系数定义为

$$\hat{a} = \left(\frac{1}{G} - a\right) \tag{2.39a}$$

$$\hat{b} = \left(\frac{a}{G} + b\right) \tag{2.39b}$$

$$\hat{c} = \frac{b}{G} \tag{2.39c}$$

式(2.38)即是物质平衡三项式表达式,此表达形式还需深入论证,其在稳定性方面不如二项式表达式。

(3)水侵气藏。

岩石弹性能量、水侵能量同样可以用近似关系式来描述,建立综合考虑岩石弹性及水侵作用的物质平衡方程。将描述岩石弹性能量及水侵影响用一个综合参数表示,令:

$$\overline{C}_{e}(p)\Delta p = \frac{\overline{C}_{w}S_{wi} + \overline{C}_{f}}{(1 - S_{wi})}\Delta p = \omega G_{p} \tag{2.40}$$

$$\frac{W_{e} - W_{p}B_{w}}{GB_{gi}} = \delta G_{p} \tag{2.41}$$

$$\omega + \delta = \lambda \tag{2.42}$$

式(2.18)可简化为

$$\frac{p}{z}(1 - \lambda G_{p}) = \frac{p_{i}}{z_{i}}\left(1 - \frac{G_{p}}{G}\right) \tag{2.43}$$

$$\frac{p/z}{p_{i}/z_{i}} = \frac{1}{1 - \lambda G_{p}}\left(1 - \frac{G_{p}}{G}\right) \tag{2.44}$$

当仅考虑水侵能量时:

$$\delta G_{p} = \frac{W_{e} - W_{p}B_{w}}{GB_{gi}} = 1 - \frac{p_{i}/z_{i}}{p/z}\left(1 - \frac{G_{p}}{G}\right) \tag{2.45}$$

根据模拟结果得到如图 2.6 的$(W_{e} - W_{p}B_{w})/GB_{gi}$与$G_{p}/G$的对应关系,与描述岩石弹性能量的方法类似,水侵能量也可以用G_{p}/G的线性关系来表示。因此,如式(2.24)的假设也是合理可行的。

在式(2.45)基础上,分离δ得

$$\delta = \frac{1}{G_{p}} - \frac{p_{i}/z_{i}}{p/z}\left(\frac{1}{G_{p}} - \frac{1}{G}\right) \tag{2.46}$$

根据模拟结果同样可以得到δ与G_{p}/G的相关性,如图 2.7 所示,δ也可以近似为常数进行储量计算。在物质平衡式(2.32)中,系数α、β分别是

$$\alpha = \left(\frac{1}{G} - \delta\right) \tag{2.47}$$

$$\beta = \frac{\delta}{G} \tag{2.48}$$

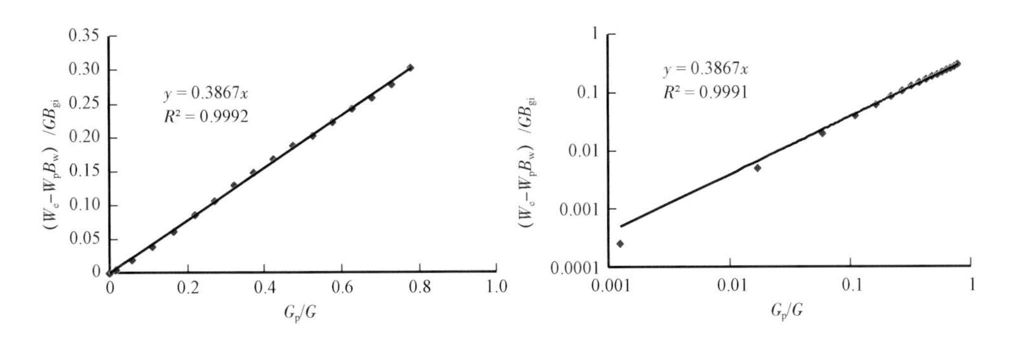

图 2.6　不考虑岩石弹性能量干气气藏模拟$(W_e - W_pB_w)/GB_{gi}$与G_p/G的关系

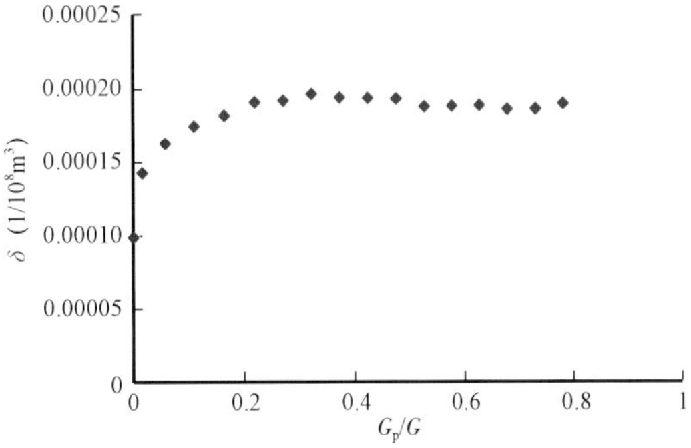

对于水驱气藏，当水体能量较小时，该物质平衡方程精确度比较高。由于物质平衡方程向二项式形式转化过程中存在近似误差，当水侵能量较大时要考虑避免采用级数展开的方法，而是直接对式(2.44)运用数学方法进行非线性方程的求解，比如采用最小二乘法编写相应的计算程序对参数p_D及G_p进行曲线回归，得到参数λ、G的值。

图 2.7　不考虑岩石弹性能量干气气藏模拟δ与G_p/G的关系

2.3.2　计算实例

(1)封闭高压气藏。

美国得克萨斯州南部的安德森“L”气藏[8](Anderson“L”)，埋藏深度 3403.7m，原始地层压力 65.548MPa，气体原始偏差系数 1.44，气藏温度 130℃，含水饱和度 35%，岩石压缩系数 $2.176\times10^{-3}MPa^{-1}$，容积法计算储量 $19.64\times10^8m^3$。气藏生产参数见表 2.1。

表 2.1　Anderson“L”气藏生产数据

p(MPa)	z	$G_p(10^8m^3)$
65.548	1.440	0
64.066	1.418	0.1111
61.846	1.387	0.4650
59.260	1.344	0.9134
57.447	1.316	1.2064
55.220	1.282	1.5584
52.421	1.239	2.1345
51.063	1.218	2.4775
48.277	1.176	2.9759
46.340	1.147	3.3297
45.057	1.127	3.6215

续表

p(MPa)	z	G_p($10^8 m^3$)
39.741	1.048	4.8882
32.860	0.977	6.4819
29.613	0.928	7.9697
25.855	0.891	9.2218
22.387	0.854	10.4262

首先做出 p_D 与 G_p 的关系曲线如图 2.8 所示，回归得到二项式系数 $\alpha = 3.1285 \times 10^{-2}$，$\beta = 8.596 \times 10^{-1}$，根据式(2.36)、式(2.37)可求得地质储量 $G = 20.21 \times 10^8 m^3$，$\omega = 1.8187 \times 10^{-2}$，得到二项式物质平衡方程见式(2.49)，根据此关系式还可以对压力、产量的变化趋势进行预测。

$$p_D = 1 - \left(\frac{1}{20.21} - 1.8187 \times 10^{-2}\right) G_p - \frac{1.8187 \times 10^{-2}}{20.21} G_p^{\ 2} \tag{2.49}$$

(2)高压水侵气藏。

克拉 2 气田为典型异常高压水侵气藏[9-10]，相关生产参数见表 2.2，上节中提到对于水侵气藏采用级数近似简化物质平衡方程的二项式方法误差较大，推荐直接采用求解多元非线性方程组的方法求取未知参数。如对式(2.44)用最小二乘法回归参数 λ、G，如图 2.9 所示，结果为 $\lambda = 3.3951 \times 10^{-4}$，$G = 1859.8 \times 10^8 m^3$，所得二项式物质平衡方程见式(2.50)。

表 2.2　克拉 2 气田实际生产参数

p(MPa)	z	G_p($10^8 m^3$)	W_p($10^4 m^3$)
74.114	1.4487	0	0
73.760	1.4444	14.227	0
73.310	1.4389	22.715	0
73.290	1.4387	34.610	0.02
72.220	1.4257	72.903	0.08
71.190	1.4134	92.392	0.16
68.070	1.3771	175.890	0.27
67.230	1.3676	193.150	0.46
64.780	1.3404	265.855	0.88
62.490	1.3157	312.710	1.29
59.860	1.2884	380.450	1.71
58.758	1.2772	425.703	2.12
56.796	1.2578	486.609	2.54
55.877	1.2489	519.201	2.95
54.441	1.2352	568.684	3.37
53.895	1.2301	589.966	3.78

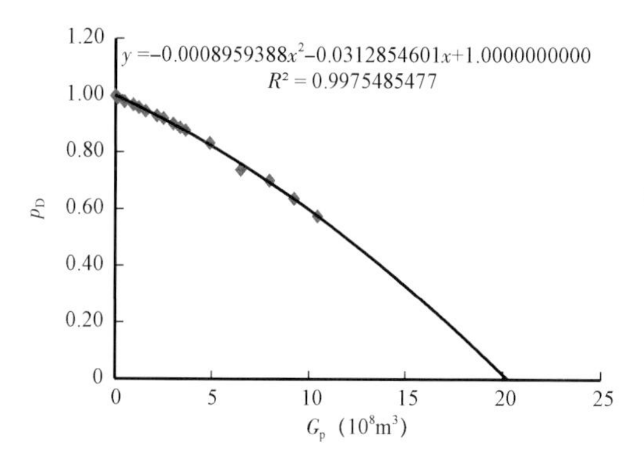

图 2.8 安德森“L”气藏 p_D 与 G_p 关系曲线

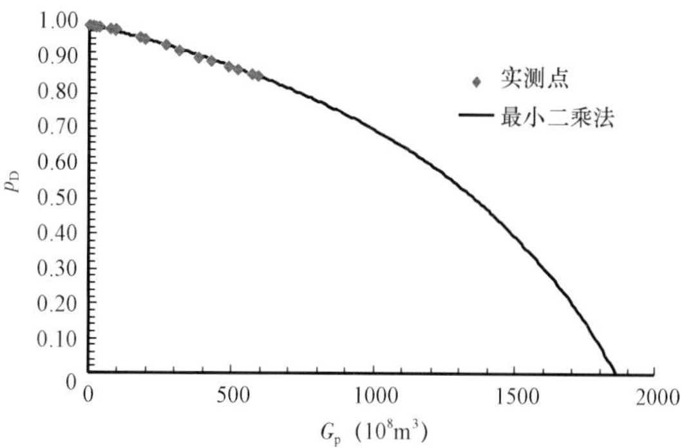

图 2.9 克拉 2 气田无量纲压力 p_D 与 G_p 关系曲线

拟合所得二项式物质平衡方程：

$$p_D = \frac{1}{1 - 3.3951 \times 10^{-4} G_p}\left(1 - \frac{G_p}{1859.8}\right) \tag{2.50}$$

根据储量计算结果可以计算出累计产量所对应的岩石及束缚水驱动指数、水侵指数、天然气弹性驱动指数。

由于综合参数 λG_p 表达式中岩石弹性与水侵是相互影响的，采用不同的储层压缩系数值则会取得不同的驱动指数分析结果。以克拉 2 气田为例，首先根据克拉 2 气田岩石应力敏感曲线对驱动指数进行分析(图 2.10)。实验结果表明岩石压缩系数相对较大，见表 2.3，根据实验结果计算，当 2011 年 9 月储层压力下降到 53.895MPa 时，岩石及束缚水弹性驱动指数达到 0.0482，相应水驱指数为 0.1521，累计水侵量为 $7687.34 \times 10^4 m^3$ (图 2.11)，水体储量 $177718 \times 10^4 m^3$，有效水体倍数为 3.5 左右。

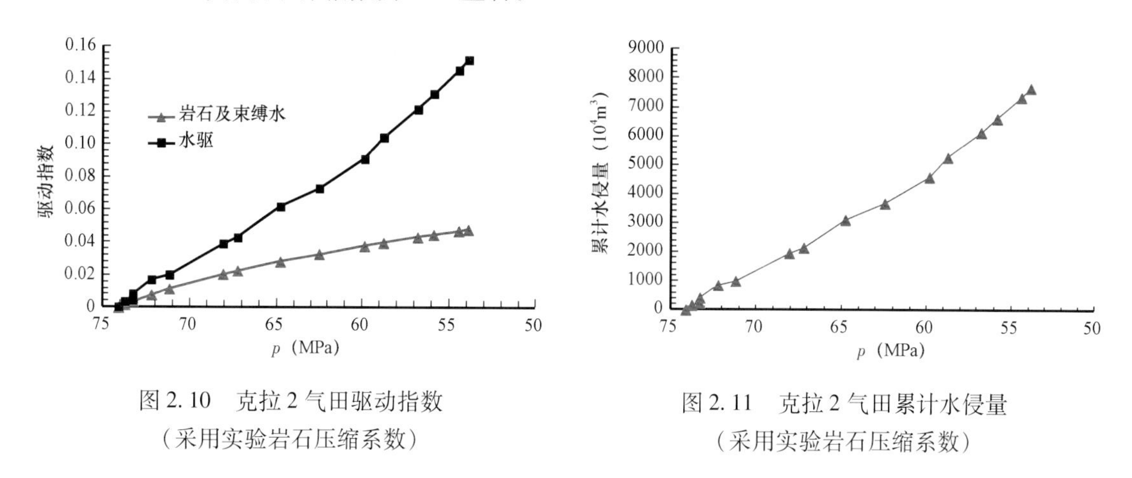

图 2.10 克拉 2 气田驱动指数（采用实验岩石压缩系数）

图 2.11 克拉 2 气田累计水侵量（采用实验岩石压缩系数）

(3) 单井动态储量。

由于不需要首先计算水侵量，以上方法同样可以方便地应用于单井动态储量的计算，计算时所需的参数是单井静压、累计产气量以及相应的偏差系数。以 KL2－4 井为例，相关生产参数见表 2.4，图 2.12 为二项式方法得到的物质平衡曲线，得到单井动态储量为 $220.9 \times 10^8 m^3$，图 2.13 为通过最小二乘法得到的物质平衡曲线，动态储量为 $147.67 \times 10^8 m^3$，所得无量纲压力与累计产量表达式如下：

$$p_D = \frac{1}{1 - 5.455 \times 10^{-3} G_p}\left(1 - \frac{G_p}{147.67}\right) \tag{2.51}$$

表 2.3　克拉 2 气田物质平衡计算（采用实验岩石压缩系数）

p(MPa)	λG_p	ωG_p	δG_p	W_e($10^4 m^3$)	W($10^4 m^3$)	M($10^4 m^3$)	C_f(1/MPa)	C_e(1/MPa)
74. 114	0	0	0	0			0. 00318	0. 00457
73. 760	0. 0048	0. 0016	0. 0032	164. 06	126624	2. 51	0. 00312	0. 00448
73. 310	0. 0077	0. 0035	0. 0042	212. 20	73624	1. 46	0. 00304	0. 00437
73. 290	0. 0118	0. 0036	0. 0082	412. 03	139617	2. 76	0. 00303	0. 00437
72. 220	0. 0248	0. 0078	0. 0169	855. 45	132415	2. 62	0. 00286	0. 00413
71. 190	0. 0314	0. 0115	0. 0199	1005. 04	105355	2. 09	0. 00271	0. 00393
68. 070	0. 0597	0. 0207	0. 0390	1971. 65	112598	2. 23	0. 00235	0. 00342
67. 230	0. 0656	0. 0228	0. 0428	2160. 65	111403	2. 20	0. 00227	0. 00331
64. 780	0. 0903	0. 0284	0. 0618	3125. 01	127746	2. 53	0. 00207	0. 00305
62. 490	0. 1062	0. 0331	0. 0731	3692. 76	128260	2. 54	0. 00193	0. 00285
59. 860	0. 1292	0. 0381	0. 0911	4605. 05	137654	2. 72	0. 00180	0. 00267
58. 758	0. 1445	0. 0400	0. 1045	5281. 82	149472	2. 96	0. 00175	0. 00261
56. 796	0. 1652	0. 0434	0. 1218	6154. 91	159433	3. 16	0. 00168	0. 00251
55. 877	0. 1763	0. 0450	0. 1313	6636. 19	165483	3. 28	0. 00165	0. 00247
54. 441	0. 1931	0. 0473	0. 1457	7366. 21	173743	3. 44	0. 00161	0. 00241
53. 895	0. 2003	0. 0482	0. 1521	7687. 34	177718	3. 52	0. 00159	0. 00238

表 2.4　KL2 -4 井生产参数

p(MPa)	z	G_p($10^8 m^3$)
74. 330	1. 4514	0
74. 230	1. 4502	0
73. 900	1. 4461	0. 737
72. 280	1. 4265	14. 955
67. 690	1. 3728	26. 757
67. 300	1. 3684	30. 269
61. 950	1. 3100	42. 936
60. 950	1. 2996	45. 604
59. 890	1. 2887	49. 237
59. 680	1. 2866	50. 258
57. 640	1. 2661	55. 840
55. 758	1. 2477	65. 579

由动态储量计算结果看出其水侵指数比较大，考虑岩石压缩系数随压力变化的条件下，该井水驱指数达到0. 3，累计水侵量1239. 2 $\times 10^4 m^3$，该井对应水体储量为2. 9 $\times 10^8 m^3$，水体倍数为5. 01。

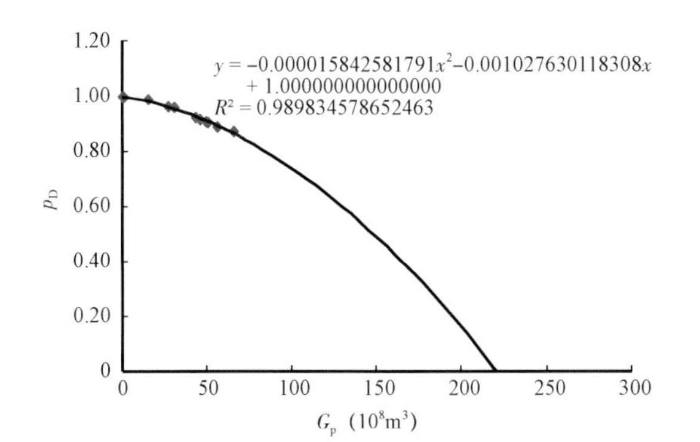

图 2.12　KL2 - 4 井二项式物质平衡分析

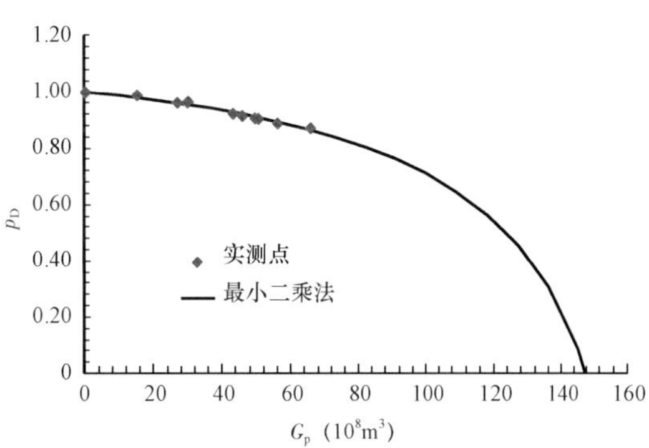

图 2.13　KL2 - 4 井最小二乘法物质平衡分析

2.4　产量不稳定分析法

产量不稳定分析法，也称为现代产量递减分析法、现代生产动态分析法等。之所以称为现代产量递减分析方法，是因为该方法是源于 Arps 递减分析方法。根据其起源可以进一步分为传统产量递减分析方法和现代产量不稳定分析方法[11-12]。传统产量递减分析方法主要以 Arps 递减分析为代表；传统产量递减分析和现代产量递减分析方法的中间过渡阶段为 Fetkovich 典型曲线分析方法；而现代产量不稳定分析方法则以 Blasingame 典型曲线法、Agarwal - Gardner 典型曲线法、流动物质平衡方法(Flowing Material Balance)及数值模型求解方法等为代表。

2.4.1　传统产量递减分析法

由于目前产量递减分析方法主要采用 Arps 递减分析方法[13]，故这里主要以 Arps 递减为例进行说明。Arps 递减主要包括指数递减、调和递减和双曲递减三种类型，它是通过在半对数坐标上画出产量与时间的关系以及在普通坐标上画出产量和累计产量的关系来求得可采储量及预测未来产量的方法，如图 2.14 所示。Arps 递减公式为

$$q(t) = \frac{q_i}{[1 + bD_i t]^{\frac{1}{b}}} \tag{2.52}$$

式中　D_i——递减率；

q_i——初始产量；

b——一个在 0 到 1 之间变化的系数，决定了递减的类型，$b = 0$ 时为指数递减，$b = 1$ 为调和递减，$0 < b < 1$ 为双曲递减。

指数递减形式为

$$q(t) = q_i e^{-D_i t} \tag{2.53}$$

调和递减形式为

$$q(t) = \frac{q_i}{1 + D_i t} \tag{2.54}$$

指数递减形式比较简单，而且其估计的可采储量相对保守，在实际递减分析中应用较多。

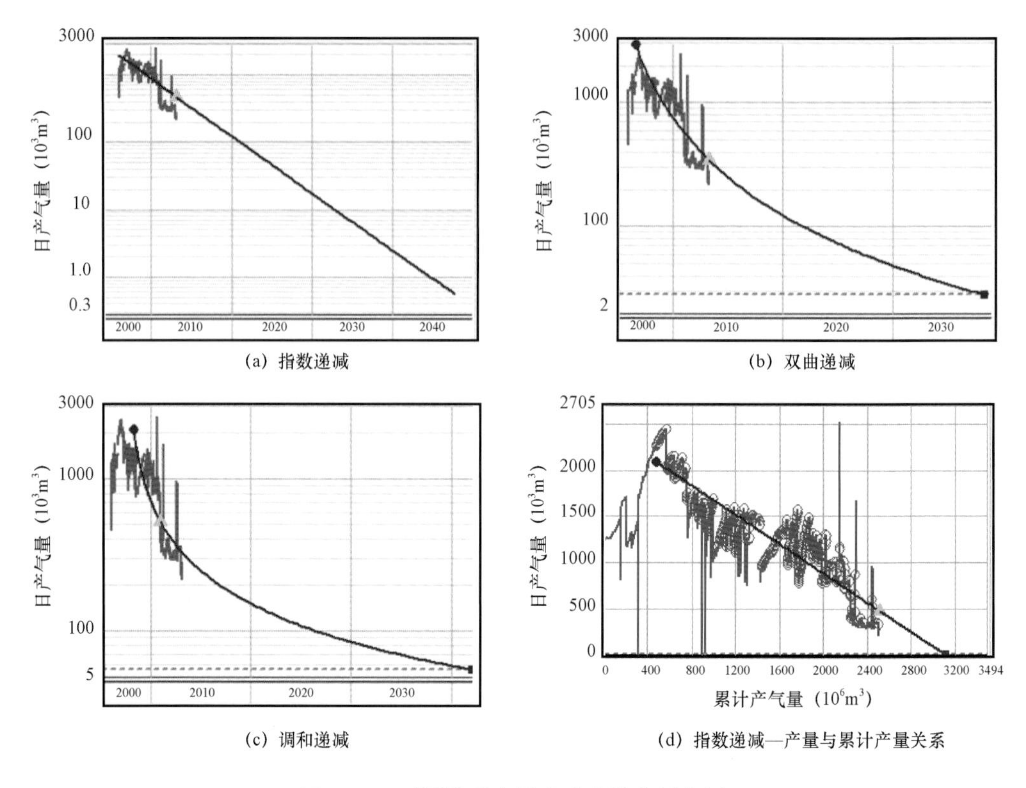

图 2.14　不同类型产量递减曲线分析实例

但在实际应用中发现，双曲递减计算结果更准确。根据 Arps 递减方法目前衍生出多种递减分析方法，如气水比与累计产量的递减关系等，方法与 Arps 递减类似。

传统产量递减方法适用于各种开采情况，在许多情况下可以给出相对可靠的结果：通过拟合历史产量数据等来预测未来生产情况，计算出气藏或单井的可采储量，通过标定采收率反算动态储量等。但同时该方法也存在缺陷，主要是方法中完全未考虑流动压力数据的影响，只能假定油藏按照目前的开采情况继续生产，无法反映井的工作制度改变或对井进行措施改造等情况对生产的影响。同时，该方法不能处理生产井还处于不稳态流动阶段的情况。

2.4.2　Fetkovich 典型曲线法

Fetkovich 方法[14]实现了常规 Arps 递减向现代产量递减曲线方法的过渡。1973 年，Fetkovich 结合物质平衡方程原理和 Arps 递减方法，首先提出了采用典型曲线进行分析的产量递减分析的方法。最初，该方法假设生产井定流动压力生产，采用 Fetkovich 方法分析时只输入产量数据即可。Fetkovich 典型曲线由两段组成，分别是前段不稳定流动段和后期的边界控制流动段（图 2.15）。

Fetkovich 方法因为在后期边界控制流动段采用了 Arps 递减方法，因此其应用也同样受到类似 Arps 方法的限制：(1)考虑井底压力为常数，实际情况无法实现。Fetkovich 建议如果生产过程中压力均匀一致的降落，在应用时可以采用压差规整后的产量，即原来的产量变为 $q/\Delta p$。(2)井状态保持不变，如表皮系数一直不变。(3)研究井的泄气半径不变，如该井周围干扰井的生产也必须稳定。另外，Fetkovich 方法与 Arps 递减方法一样只能计算可采储量，可以通过气藏或井的废弃压力反算动态储量。但 Fetkovich 典型曲线可以通过实际井的曲线识别

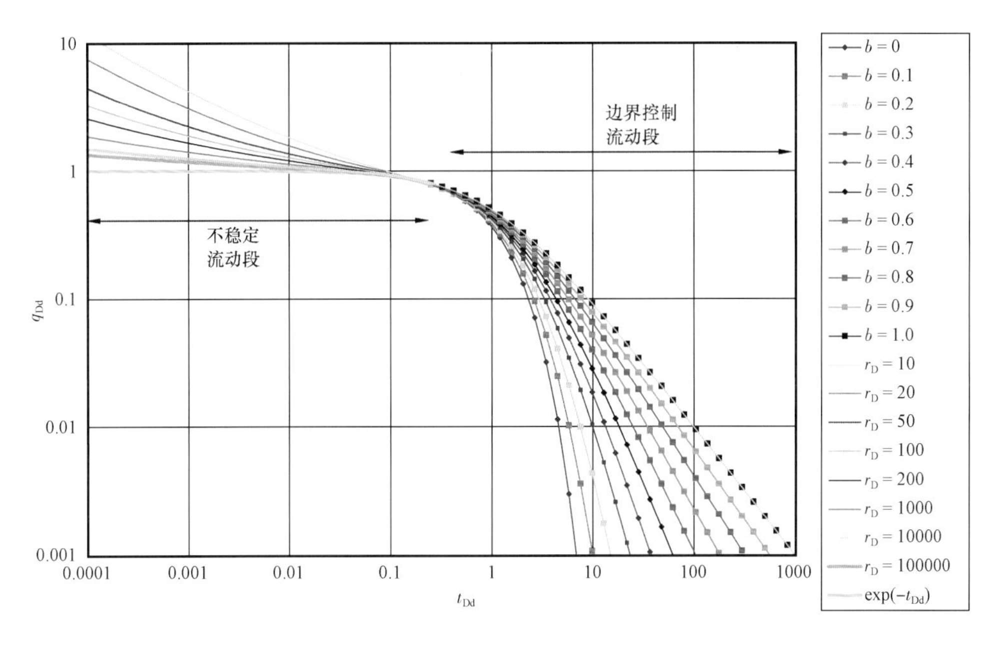

图 2.15　Fetkovich 典型曲线

出井是处于无限大气藏非稳定流动阶段还是已经进入边界控制流动阶段。Fetkovich 典型曲线的提出为现代产量递减分析方法开辟了道路。

2.4.3　现代产量递减分析方法

现代产量递减分析方法主要通过典型曲线的拟合来计算地层相关参数及计算动态储量，并根据单井的废弃压力评价可采储量。现代产量递减曲线分析法以 Blasingame[15-16] 典型曲线方法为主要代表，后来进一步发展出了 Agarwal - Gardner[17] 典型曲线法、NPI 法、流动物质平衡法[18]、解析模型法及数值模型法等多种方法。典型曲线分析方法主要包括压力规整化后产量特征曲线（或产量规整化后压力典型曲线）、压力规整化产量积分典型曲线和规整化产量积分导数典型曲线三种类型。对于规整化产量典型曲线，其规整化产量定义为

$$q_n = \frac{q}{p_i - p_{wf}} \tag{2.55}$$

而对于气藏来说，由于气体压缩系数随压力变化较大，因此需要采用拟时间来消除这种影响。拟时间的定义为

$$t_{ca} = \frac{(\mu C_t)}{q} \int_0^t \frac{q\mathrm{d}t}{\bar{\mu}\overline{C_t}} \tag{2.56}$$

其中 $\bar{\mu}$、$\overline{C_t}$ 分别对应平均油藏压力时的气体黏度和综合压缩系数。

Blasingame 法、Agarwal - Gardner 法及 NPI 典型曲线法的评价曲线[19] 主要分为三段：第一段为不稳定流动段，代表流体还处于无限大气藏流动阶段，该阶段的特征曲线主要是无量纲井筒半径（r_{eD}）的函数，通过该段曲线可以获得近井的相关信息，如有效渗透率和表皮系数等；第二段为过渡段，是不稳定流动段向边界控制流动段过渡部分，由于该段流动期较短，一般研究中不作分析；第三部分为边界控制流动段，也就是拟稳态流动段，通过该段分析可以求得动态

储量以及泄气半径的参数。图2.16所示为Blasingame典型曲线,图中将整个典型曲线划分为两段,在边界控制流动阶段无量纲产量(q_{Dd})典型曲线均汇集于斜率为-1的直线。

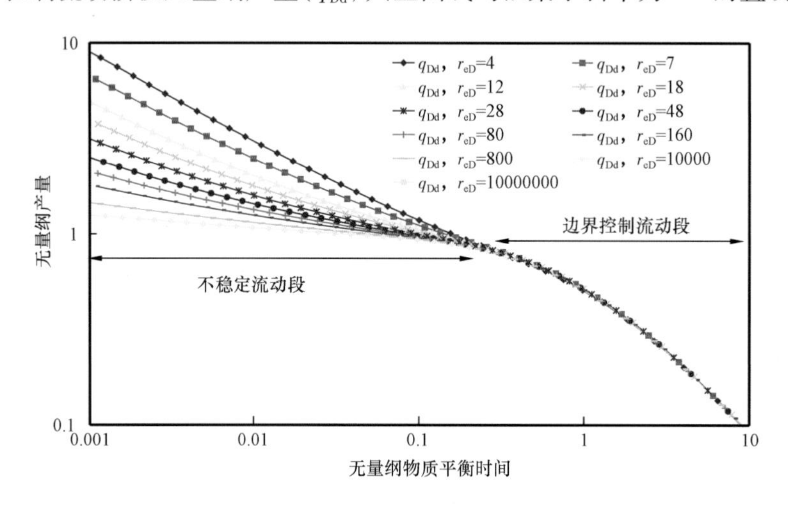

图2.16 Blansingame典型曲线

如果生产井已经进入边界控制流动阶段,不同现代产量递减方法计算的动态储量结果相差不大,但是如果评价井尚未进入拟稳态流动段,则该井的动态储量计算会有较大误差,此时不适合用该方法评价动态储量。

以Blasingame典型曲线法为代表的产量不稳定分析法是以气藏或气井试采、生产过程中的压力和产量动态数据为依据,结合静态地质资料认识,对该井储层进行评价,评价参数主要包括储层渗透率、表皮系数、动态储量和泄气半径等。产量不稳定分析法综合考虑了井投产后产量与压力的关系,分析过程中首先采用Fetkovich、Blasingame和Agarwal-Gardner等典型曲线方法和流动物质平衡方法进行初步分析,然后采用单井解析或数值模型法对整个井生产历史进行拟合,从而对参数进行评价。单井解析模型拟合即采用单井径向流模型、复合气藏模型和多层气藏模型等不同类型气藏解析模型,在定产量的情况下拟合单井流压数据,或定井底流压的情况下拟合产量数据;单井数值模型法同解析模型法类似,但可以考虑多相流等复杂流体以及复杂边界条件,通过建立数值模型来完成对模型内所有单井生产历史的拟合,从而实现对储层参数及动态储量的评价(图2.17)。

需要注意的是,虽然在现代产量递减分析中,已经可以用流动压力取代地层静压进行单井动态储量计算及分析,但是并不代表在分析时可以忽略静压测试数据,尤其对有水气藏来说,静压的拟合也是非常重要的。

另外,产量不稳定分析法的典型曲线拟合不仅可用来计算油气藏相关参数,同时还在以下方面具有一定的诊断作用,如识别表皮损害/井壁伤害、判断产能和井动态储量变化、识别井筒积液、判断是否有外界压力补充、识别井间干扰等诊断功能。图2.18为通过Blasingame产量不稳定分析曲线进行井生产动态诊断。若气井实际生产数据后期遵循斜率为-1的红色直线段,则可判断出该井目前没有外部水体能量补充;若气井实际生产数据明显向上偏离斜率为-1的直线段,表明气井存在水体能量补充;若气井实际生产数据明显向下偏离斜率为-1的直线段,表明气井可能产水或存在井筒积液等问题。通过产量不稳定分析典型曲线进行气井水侵判断与识别的方法将在第4章进行详细介绍。

为了评价物质平衡法与产量不稳定分析法对于有水气藏动态储量评价的适用性,基于国

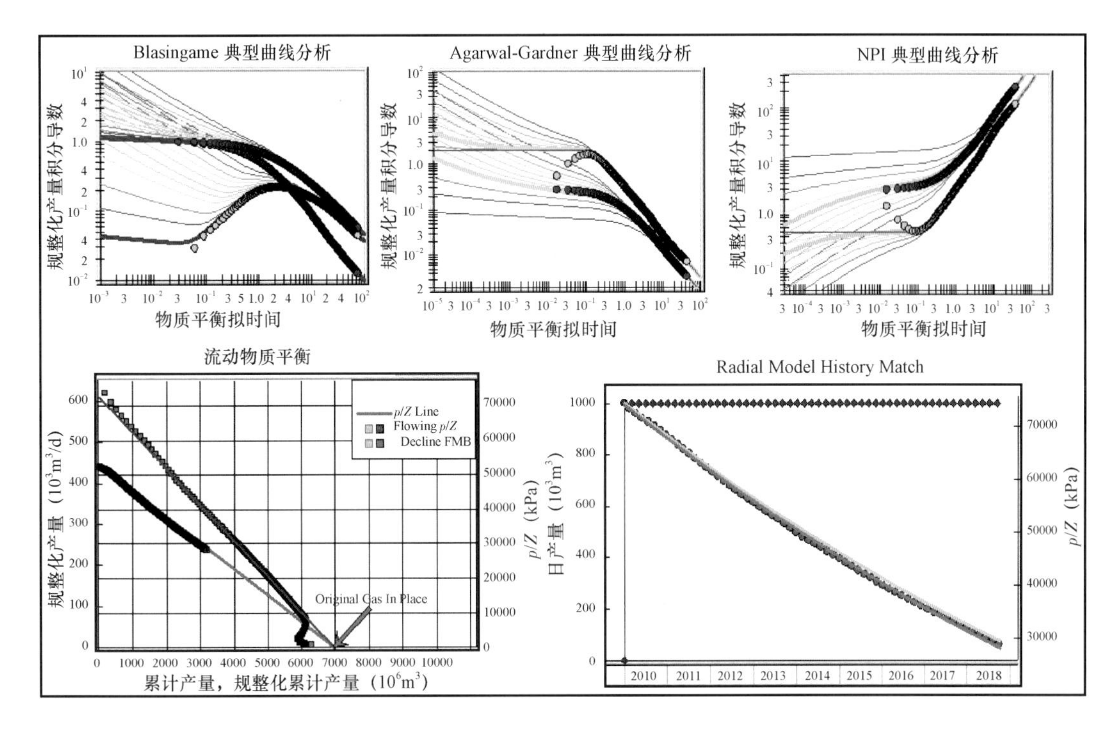

图 2.17　产量不稳定分析法进行储层参数及动态储量评价

内某异常高压有水气藏的储层特征，建立了单井数值模型。图 2.19 为该模型的初始压力分布图，模型网格 X、Y、Z 方向网格数为 $50\times50\times40$，原始地层压力 74.35MPa，模型气储量为 $69.01\times10^8\text{m}^3$。数模模型的基础参数及物质平衡法采用参数见表 2.5。

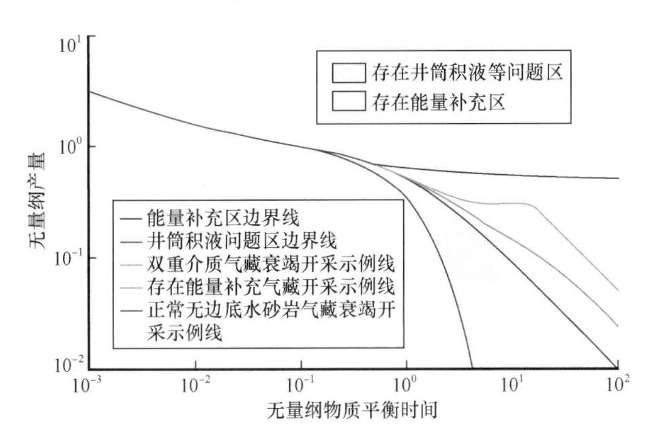

图 2.18　产量不稳定分析曲线的生产动态诊断作用

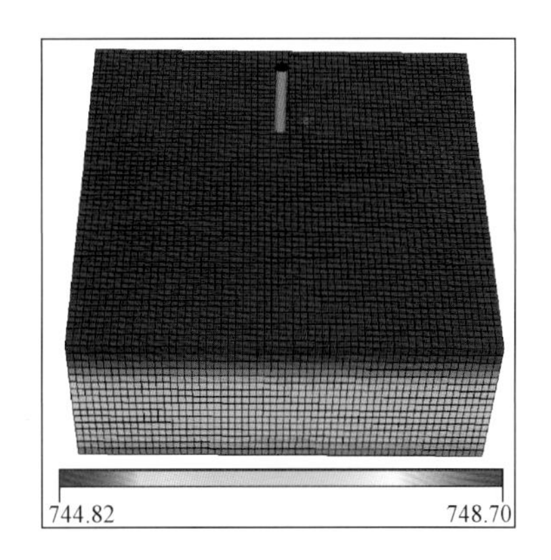

图 2.19　数值模拟模型网格及初始压力分布图

在此模型基础上，建立了考虑气藏不存在水体及应力敏感情况、气藏没有水体但有应力敏感情况、气藏有水体但无应力敏感情况以及气藏同时受水体及应力敏感影响共四种情况下数值模拟模型。采用考虑水体与应力敏感的异常高压有水气藏物质平衡方程方法及不考虑水体与应力敏感的产量不稳定分析方法进行了动态储量评价。即物质平衡方法考虑了水体及应力敏感的影响，但产量不稳定分析法未考虑水体及应力敏感的影响。评价结果见表 2.6。在气藏无水体及应力敏感情况下，两种方法评价结果较为准确，与气藏数值模拟模型实际储量相当。当考虑有水体情况下，产量不稳定分析法计算结果明显偏大。这是因为在进行产量不稳定分析评价的时候，忽略了水体规模的影响。因此不论气藏是否有水，物质平衡方法评价的结果均较可靠。由此可见，如果产量不稳定分析方法忽略了实际气藏中水体和应力敏感的影响，会导致评价结果错误。

表 2.5 动态储量计算及数模模型基本参数

p_i——气藏原始地层压力，MPa	74.35
T_i——气藏原始温度，K	373.15
B_{wi}——气藏原始压力 p_i 下水的体积系数，m^3/m^3	1.00358
C_w——气藏和供水区的地层水压缩系数，MPa^{-1}	0.000327
C_{pi}——气藏初始岩石孔隙压缩系数，MPa^{-1}	0.00357
S_{wi}——气藏束缚水饱和度	0.32
S_{gi}——气藏原始含气饱和度	0.68
Dep——气藏埋藏深度，m	3750
K——气藏区域储层及供水区储层渗透率，mD	30
Φ_w——供水区孔隙度	0.129
μ_w——供水区地层水黏度，mPa·s	0.3857

表 2.6 动态储量计算及数模模型基本参数

序号	机理模型条件		物质平衡方程($10^8 m^3$)	产量不稳定分析法($10^8 m^3$)
1	不考虑水体及应力敏感		69.0	68.3
2	不考虑水体，考虑应力敏感		69.5	58
3	考虑水体，不考虑应力敏感	3 倍水体	69.3	114
		5 倍水体	68.2	157
4	考虑水体和应力敏感	3 倍水体	68.5	83
		5 倍水体	67.8	105

产量不稳定分析法作为一种较新的动态储量评价方法，从 20 世纪 80 年代开始大发展，目前已经成了一种主流的动态储量评价方法。该方法由于采用日常的产量数据及流压数据（可以由油压或套压折算为流压）进行动态储量评价，无须额外测试任何数据，所以被广泛应用。因此，可以采用该方法对气田内所有气井的动态储量进行评价。但是，该方法对于有水气藏的评价，目前仍存在一定问题。多数研究者采用该方法进行动态储量评价时，由于无法区分气储量和水体体积，导致评价的动态储量明显大于实际情况。为了克服现有技术所存在的问题，可以将气井的日产量、压力数据作为基础数据，通过气井水侵阶段识别与划分并结合产量不稳定分析方法进行动态储量及水体大小的定量评价。具体包括如下几个步骤：

步骤一：采用气井水侵诊断曲线进行有水气藏气井的水侵阶段识别与划分，划分气井的生产阶段[20]，可包含三个生产阶段：未水侵期即气相弹性膨胀阶段，水侵初期即水体能量补充阶段，水侵中后期即气井见水前后生产阶段（水侵阶段划分方法具体内容见第 4 章）；

步骤二：基于气井未水侵期的生产数据，采于产量不稳定分析方法进行气井动态储量的评价，确定气井所控制的气储量；

步骤三：基于对气藏的静态描述（如测井解释等）及动态描述（如试井解释等）认识，评价气藏的水体产能指数；

步骤四：基于水体产能指数评价结果，在不调整“步骤二”中所评价的气储量前提下，主要以流动物质平衡方法为主、Blasingame 等其他方法为辅，采用产量不稳定分析方法，通过调整水体大小实现气井水侵初期阶段的生产动态数据的拟合，从而确定有水气藏或气井的水体体积大小。

该方法“步骤三”中水体产能指数可以通过公式(2.57)进行计算：

$$J = \frac{K_{aq} h}{267\mu_{w}\left(\ln\frac{r_{aq}}{r_{e}} - \frac{3}{4}\right)} \tag{2.57}$$

式中 J——水体产能指数，$(m^3/d)/kPa$；

K_{aq}——水体的渗透率，mD；

h——储层厚度，m；

μ_{w}——水的黏度，mPa · s；

r_{aq}——水体半径，m；

r_{e}——气藏半径，m。

该方法主要是基于解析法的产量不稳定分析法进行单井动态储量的评价。而目前数值法的产量不稳定分析法可以通过增加数值水体来表征天然水体对气藏开发的影响，同时数值法中还可以考虑井间干扰、多相流及复杂边界等复杂情况。但由于有水气藏全气藏的数值模型需要考虑气藏储层物性变化，当储层非均质性较强时，模型无法准确反映储层特征，并且数值模型运算速度较慢，因此目前应用时仍具有一定局限性。

2.4.4 有水气藏动态储量评价实例

(1)解析法评价单井动态储量实例。

以塔里木油田某有水气藏一口气井为例，介绍 2.4.4 节中解析产量不稳定分析方法在动态储量及水体大小评价过程中的具体应用。对应该方法中的“步骤一”，通过水侵诊断曲线对该气井的水侵阶段进行划分，如图 2.20 所示，可以将气井的整个生产历史划分为三个阶段：未水侵期、水侵初期及水侵中后期。

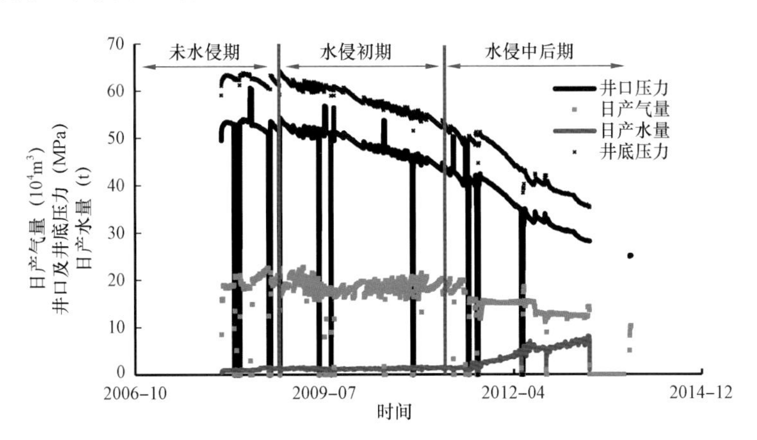

图 2.20 有水气藏气井实际生产动态数据和基于水侵诊断曲线对该井水侵阶段的划分结果

根据该方法“步骤二”,对该井未水侵阶段的生产动态数据采用产量不稳定分析方法进行动态储量评价。图2.21、图2.22分别展示了采用产量不稳定分析方法中的Blasingame方法及流动物质平衡方法评价动态储量的评价结果,两种方法评价结果一致,动态储量为 $29.9 \times 10^8 m^3$。

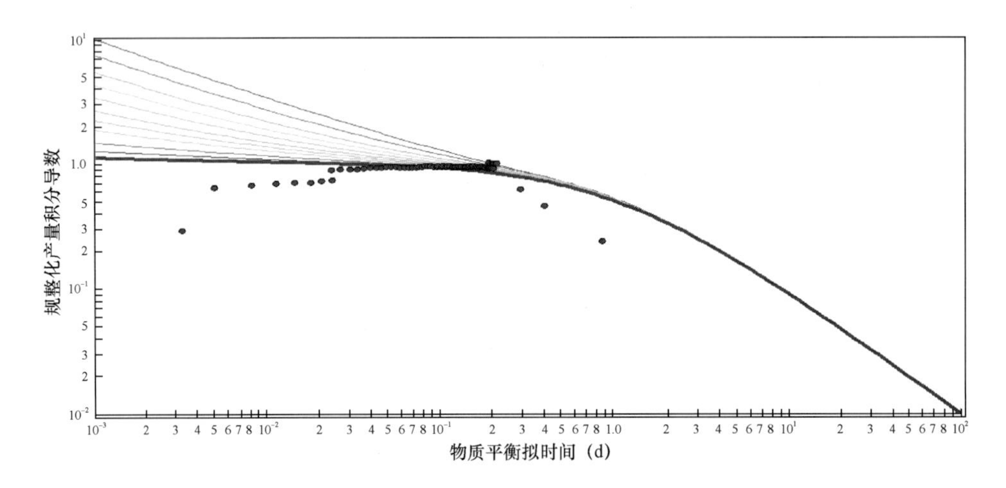

图2.21　基于未水侵阶段生产动态数据采用Blasingame方法评价有水气藏某气井动态储量

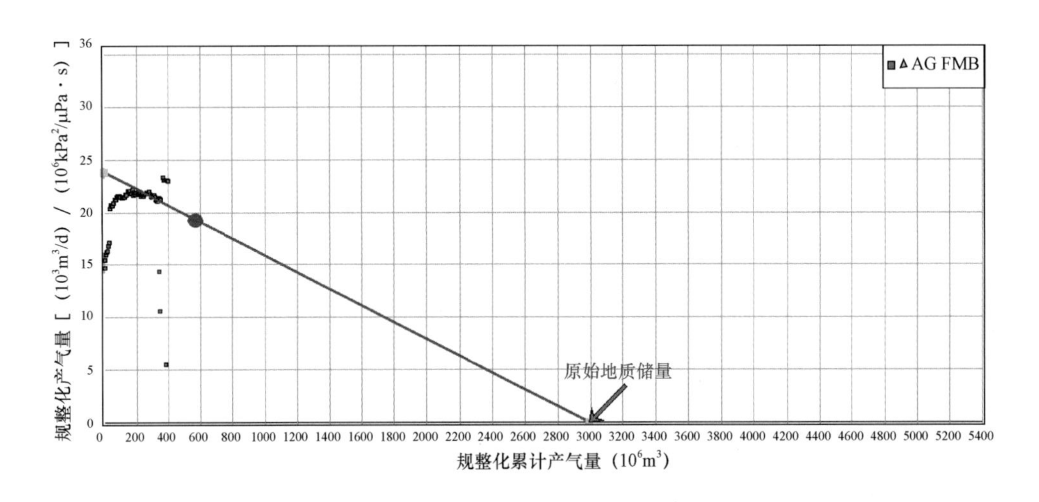

图2.22　基于未水侵阶段生产动态数据采用流动物质平衡方法评价有水气藏某气井动态储量

基于该井测井及试井认识,水体渗透率评价为25mD,储层厚度50m,水的黏度为0.345mPa·s,水体与气藏半径比为5。由此利用公式(2.57)计算水侵产能指数为59.9(m^3/d)/KPa。

最后,采用本方法“步骤四”的产量不稳定分析方法中的流动物质平衡方法和Blasingame方法进行该气井的水体大小的评价。此时需要拟合的数据不仅仅是气井初期投产未水侵的生产数据,还包括水侵初期生产阶段的动态数据。图2.23和图2.24为基于“步骤二”评价的 $29.9 \times 10^8 m^3$ 气的动态储量对该气井未水侵期及水侵初期的生产动态数据的拟合情况。由图可以看出,早期未水侵期结果拟合较好,但水侵初期的生产动态数据明显偏离了图2.23中的流动物质平衡的初期直线段以及图2.24中的Blasingame典型曲线后期斜率为-1的直线段,反映出水侵初期生产动态明显受到了水体能量补充的影响。因此,需要增加水体来实现整体数据的拟合。

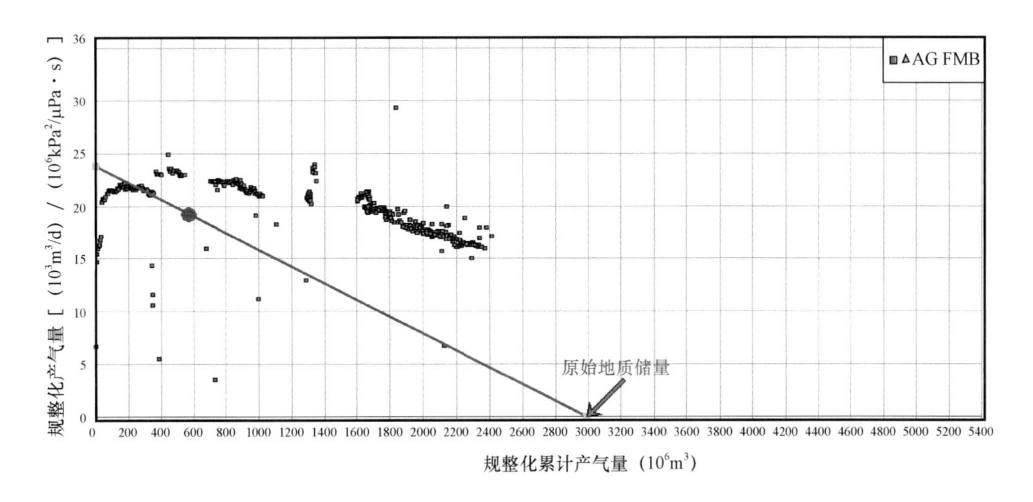

图 2.23　未考虑水体影响情况下采用流动物质平衡方法评价 H 气井动态储量(未水侵期 + 水侵初期阶段)

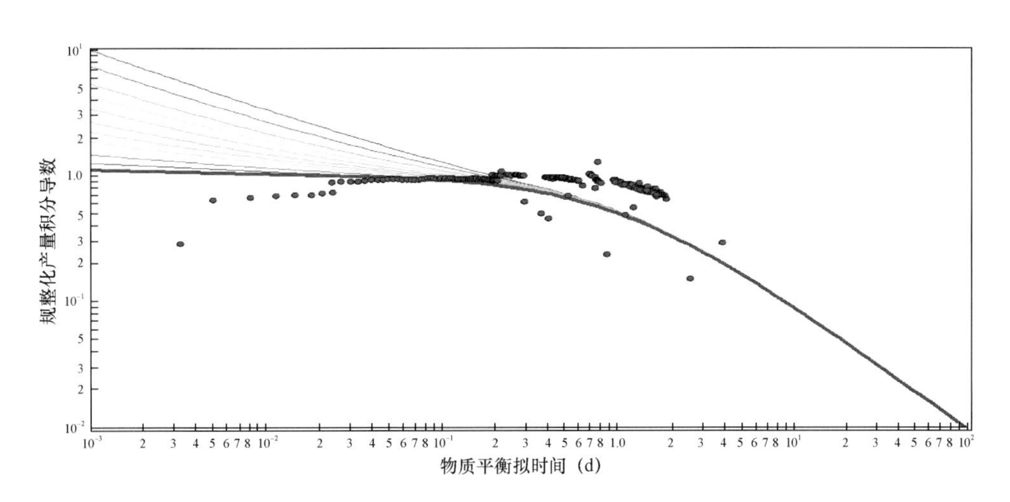

图 2.24　未考虑水体影响情况下采用 Blasingame 方法评价 H 气井动态储量(未水侵期 + 水侵初期阶段)

图 2.25 和图 2.26 为考虑水体能量补充后对该井的未水侵期及水侵初期生产动态数据拟合的结果。由图可以看出,水体能量补充后实现了该井未水侵期及水侵初期生产数据较好的拟合。评价的水体大小为 $57346\times10^4m^3$,水体体积是气藏体积的 73 倍,水体能量非常强,开发过程中需要尽可能采用低压差生产,避免过早见水。

由该实例可见这种基于生产动态数据的水侵识别方法及产量不稳定分析方法相结合的有水气藏动态储量及水体大小定量评价的新方法评价结果可靠,预测准确率高。利用该方法对有水气藏动态储量及水体大小的定量评价,可以指导气井措施及调整部署,大大提高有水气藏的开发效果。

通过结合气井未水侵期阶段生产数据及水侵初期阶段生产数据分别拟合不考虑水侵的 Blasingame 典型曲线图版和考虑非稳态边水驱的 Blasingame 典型曲线图版,可以实现对边水气藏气井动态储量以及水体能量大小的评价,具体包括如下三个步骤:

第 1 步:根据气井实际生产数据情况划分气井的生产阶段:未水侵期、水侵初期、水侵中后期三个生产阶段,具体划分如图 2.27 所示;

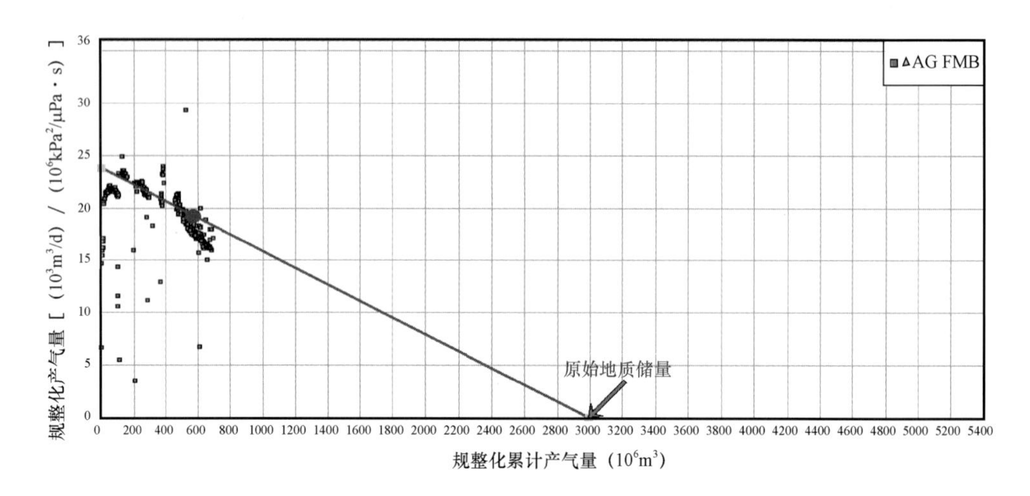

图 2.25　考虑水体影响情况下采用流动物质平衡方法对有水气藏气井动态储量及水体大小的评价结果（未水侵期＋水侵初期阶段）

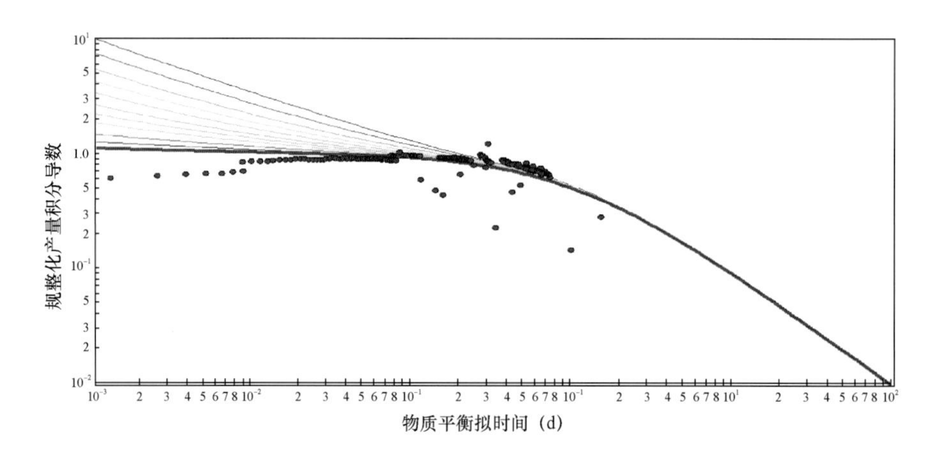

图 2.26　考虑水体影响情况下采用 Blasingame 方法对有水气藏某气井动态储量及水体大小的评价结果（未水侵期＋水侵初期阶段）

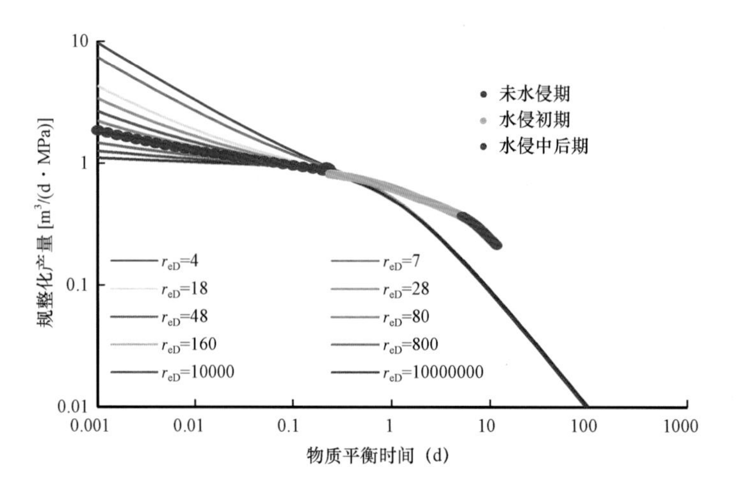

图 2.27　Blasingame 水侵阶段划分

第 2 步：基于气井未水侵期的生产动态数据，拟合不考虑水侵影响的 Blasingame 典型曲线图版，确定无量纲井控半径，且根据移动量，可计算得单井动态储量等储层参数。

第 3 步：无量纲井控半径 r_{eD} 确定后，基于气井水侵初期的生产动态数据，拟合考虑非稳态水侵影响的 Blasingame 典型曲线图版，可确定水气流度比的大小。水气流度比一般设定在 0～10的范围内，当水气流度比较大时，则水体能量较充足，压力波传播到气水界面以后，水驱前缘前进较快，水体较快突破气井，气井见水较早；当水气流度比较小时，则水体能量一般，在强非均质储层中，水驱前缘也移动较慢，且指进现象较弱。可见水气流度比的大小决定了水体的驱动能量和指进等现象的强弱，可以指导气井下一步的开发部署。如果水体的黏度已知的话，就可以确定水体的渗透率大小。

（2）数值法动态储量评价实例。

在这里，简单地介绍一下采用数值法进行有水气藏动态储量评价的方法。首先确定数值模型的区域，从复杂有水气藏的构造图中划分数值模型模拟区域，生成 Delaunay 三角形网格，然后在三角形网格中加入井位和断层，其中断层数据需要综合地震和地质的识别结果及试井解释的断层封闭性结果。网格建立后，根据需要将有效厚度及孔隙度等静态数据和相对渗透率、应力敏感数据、高压物性参数及边底水水体参数等岩石和流体数据加入模型中，建立数值模型（图 2.28）。然后，在该模型的基础上加入各生产井、注入井的产量及压力生产动态数据，通过对每口井压力和产量历史的拟合，实现对动态储量的评价。

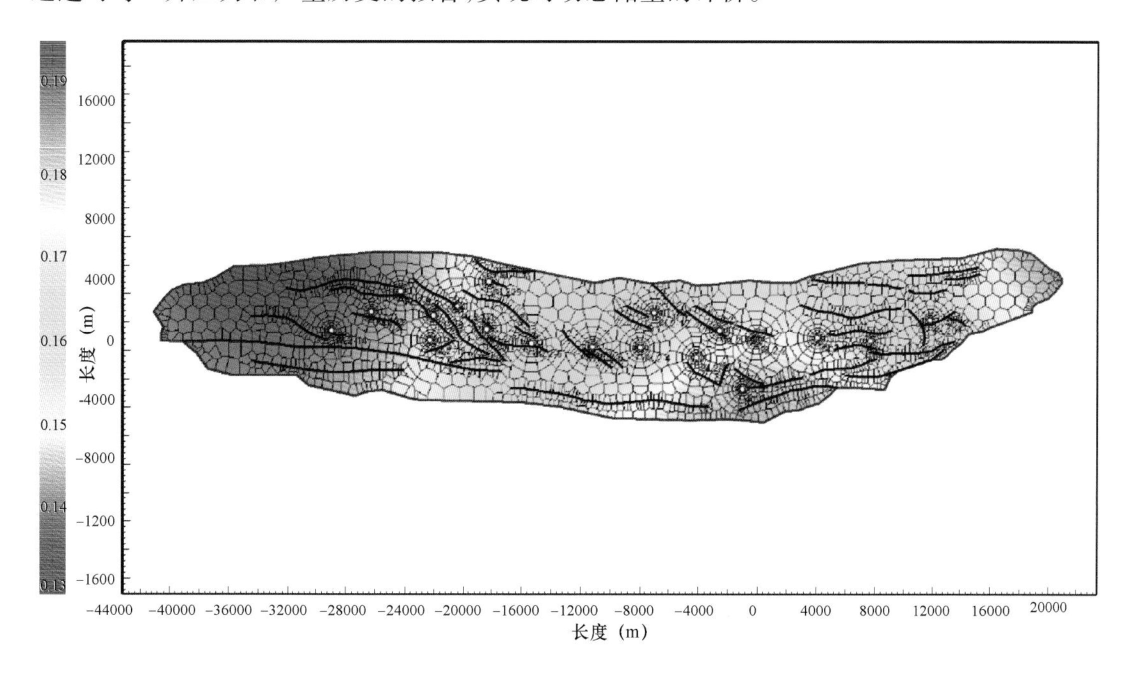

图 2.28　有水气藏数值产量不稳定分析模型的孔隙度分布图

通过对单井压力及产量史的拟合进行动态储量评价的同时，还可以进行有水气藏储层参数的评价，如图 2.29 所示为该有水气藏不同时刻的气相相对渗透率分布图。由该图可以看出，气藏衰竭开发后，东西两侧受边水推进影响较大，气相相对渗透率明显降低，生产中应注意见水风险。

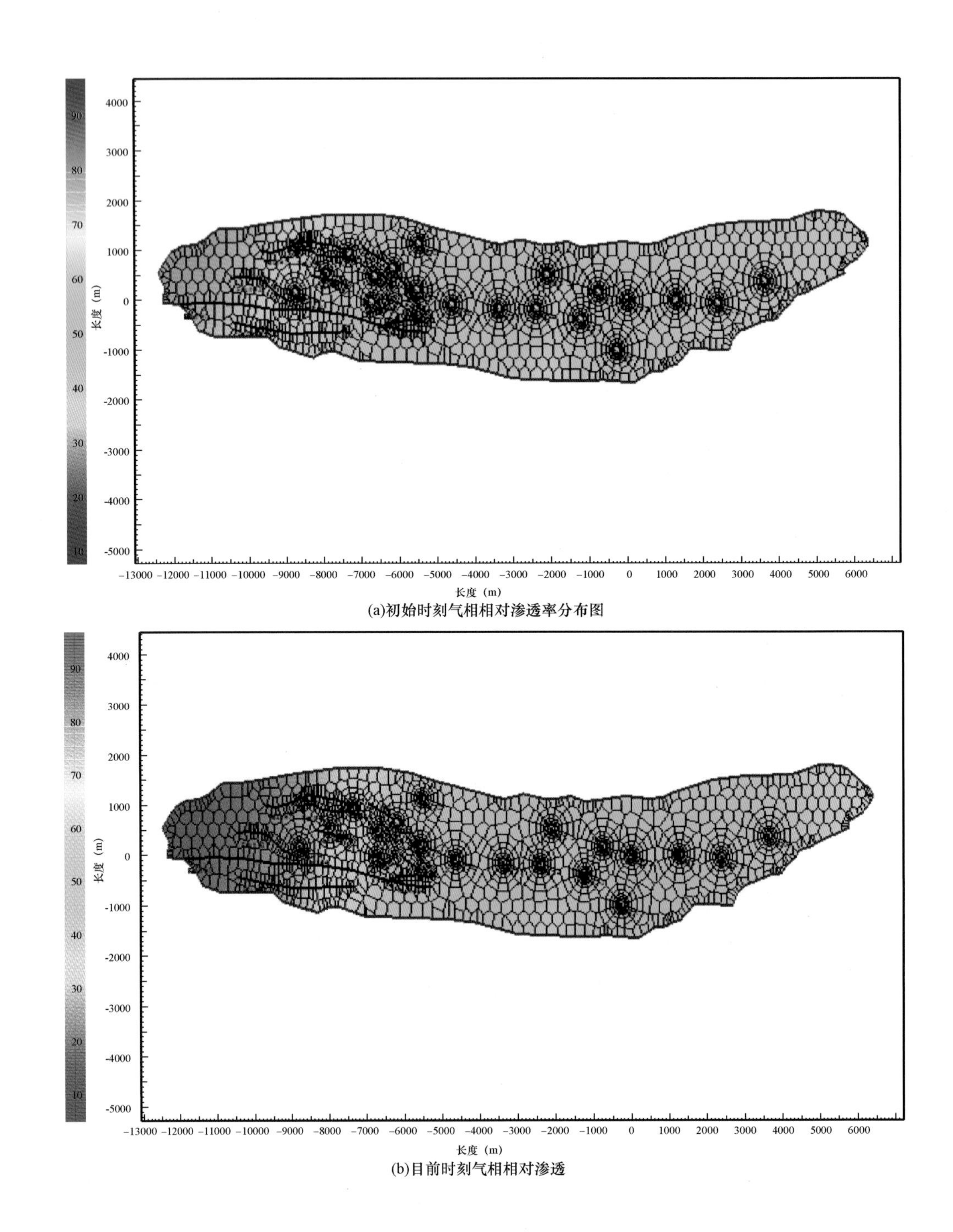

图 2.29　有水气藏数值产量不稳定分析模型初始气相相对渗透率及目前时刻气相相对渗透率分布图

2.5　动态储量评价影响因素分析

在进行有水气藏动态储量评价过程中，主要采用两种评价方法：物质平衡法和产量不稳定分析法。下面分别介绍这两种方法的影响因素。

2.5.1 物质平衡法影响因素

物质平衡法主要依靠测试的静压数据及产量数据进行动态储量的评价。其中静压数据一般多是采用高精度的测压仪器测量，进行物质平衡分析时一般采用多口气井相同时刻静压测试数据的平均值进行评价。如果静压测试数据少的话，可能会用一口气井的静压数据点代表全气藏的压力，这样就存在静压数据是否具有代表性的问题。如果静压数据代表性差，势必会导致动态储量评价存在一定的偏差。因此，在进行物质平衡分析时，如果压力数据点较少，可以把全气藏当成一个气区进行动态储量评价；如果压力数据点较多，不同平面位置均有压力测试数据，可以对全气藏进行分区，从而实现分区动态储量的评价。分区物质平衡分析势必会减小静压测试数据代表性差所带来的影响，使得评价结果更加准确。

对于有水气藏来说，水体的大小是一个重要的不确定性参数。而在物质平衡分析中，水体的大小对气藏动态储量评价的结果影响较大。图 2.30 为国内某有水气藏在不同水体大小情况下评价的气藏动态储量的结果图。图 2.31 为该气藏水体倍数为 4 倍时气藏压力及累计产气量的拟合结果。由评价结果可以看出，水体大小不同对该气藏的动态储量评价结果有较大的影响。而对不同大小的水体来说，使用不同的储量规模都可以实现该气藏压力及产量的拟合，因此如何正确区分气藏的储量及水的体积，是目前有水气藏物质平衡分析对于有水气藏评价过程中存在的难题。

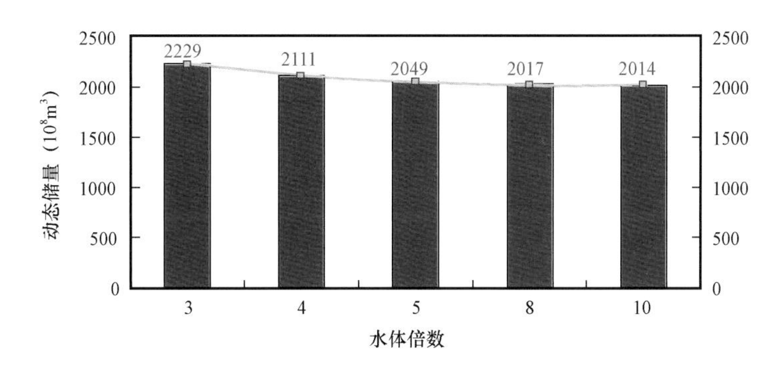

图 2.30　国内某有水气藏不同水体大小情况下的动态储量评价结果

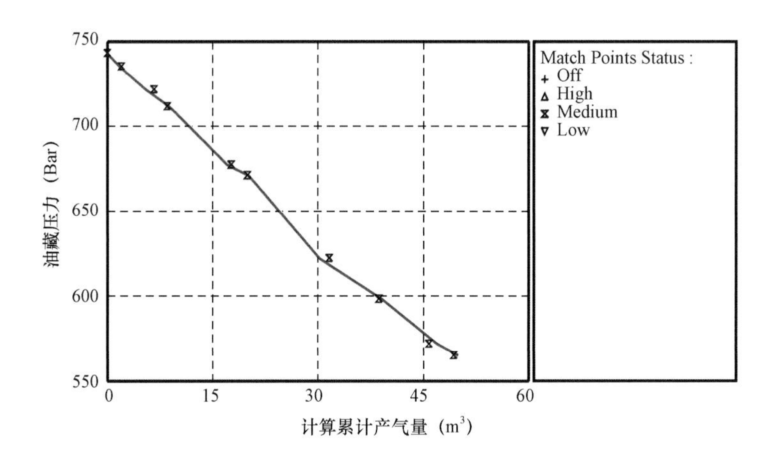

图 2.31　国内某有水气藏 4 倍水体大小情况下的压力及累计产气量拟合结果

2.5.2 产量不稳定分析法影响因素

对于产量不稳定分析法来说，虽然生产数据很容易获得且数据量较多，但是操作过程中经常存在一些问题或者改变工作制度等并没有被记录等情况（如补孔、换油管、换泵及井筒积液等），从而导致数据品质差。如果未提前发现数据质量问题，解释人员就很容易误认为这是油气藏问题复杂造成的而不是生产操作问题造成的。例如，井筒积液问题很容易被误认为是井间干扰造成的。采用产量不稳定分析之前，应该对数据质量进行仔细检查。当数据质量有问题时，分析人员的经验与水平就变得非常重要，他需要过滤掉质量差的数据，然后采用剩下真正可以反映油气藏情况的数据进行分析。盲目采用产量不稳定分析法进行储层参数评价而忽略数据质量问题，将会得到错误的解释结果。一个没有区分这些数据问题经验的分析人员所解释的结果在数学上看起来是正确的，但实际上因为采用了“错误的数据”而导致解释结果彻底错误。

当初步完成产量不稳定分析的时候，分析人员必须要回头检查解释结果和模型参数是否有意义。这是分析的最后一步而且一定不能省略。虽然经常在分析之前都会将不一致的数据进行识别并剔除，但是许多问题经常都是在解释完后才变得明显且容易发现。例如流动物质平衡曲线（p/Z 曲线）斜率的改变就是单井控制储量发生变化的反映（图 2.32）。

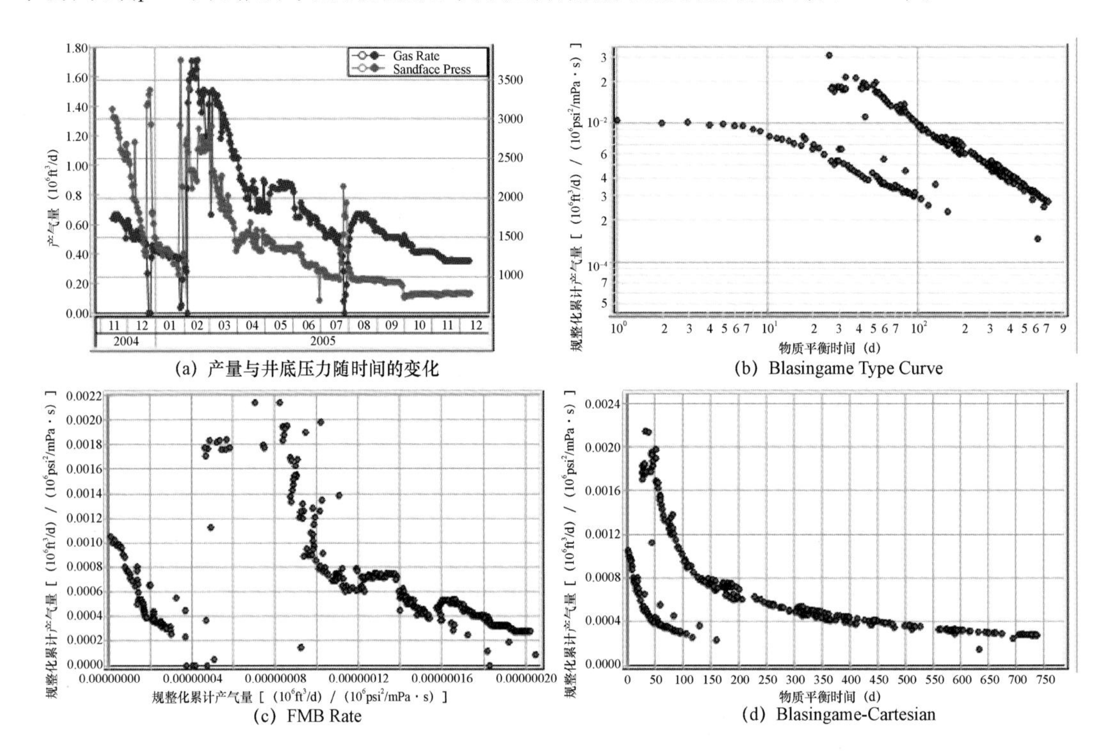

图 2.32 产量不稳定分析诊断曲线

另外，产量不稳定分析的典型曲线方法也有其自身的缺点，因为典型曲线法都是采用双对数坐标，在图形上必然导致后期的生产数据受到压缩。而普通笛卡尔坐标系统的数据则不会受此影响。流动物质平衡方法类似于常规物质平衡方法，将压力规整化后的产量和压力规整化后的累计产量数据绘制在笛卡尔坐标系中，直线与规整化累计产量轴相交点对应动态储量值。由于其采用笛卡尔坐标系数，因此在计算动储量上其比特征曲线法更具有优势。

通过建立数值模拟概念模型，采用数值模拟得到的压力及产量数据进行产量不稳定分析，来研究不同参数对产量不稳定分析动态储量评价结果的影响。见表2.7，原始地层压力对动态储量评价结果影响最大，其次为含气饱和度、压缩系数，其他参数如孔隙度、气层厚度对动态储量结果没有影响，仅影响等效泄气半径。由结果可以看出原始地层压力测试资料对动态储量评价的重要性。

表2.7　产量不稳定分析评价参数对动态储量结果的定量影响

参数	与实际值相比浮动比例(%)	动态储量评价偏差(%)	备注
地层压缩系数	-10	3.72	
	-5	1.84	
	5	-1.75	
	10	-3.45	
原始地层压力	2	7.50	由于生产压差较小，地层压力若减小后小于最高井底流压，曲线形态变化较大，无法进行动态储量评价
	4	16.34	
	7	25.22	
	10	37.89	
原始地层温度	-10	2.40	
	-5	1.17	
	5	-1.11	
	10	-2.19	
孔隙度	-10、-5、5、10	0	对储量无影响，仅影响泄气半径
初始含气饱和度	-10	-4.37	
	-5	-2.12	
	5	2.01	
	10	3.90	
气层厚度	-10、-5、5、10	0	对储量无影响，仅影响泄气半径
偏差因子	-10	2.59	这里是对偏差因子随压力变化趋势整体乘以浮动比例变化
	-5	1.69	
	5	-1.15	
	10	-1.73	

参考文献

[1] 袁士义，叶继根，孙志道. 凝析气藏高效开发理论与实践[M]. 北京：石油工业出版社，2003.

[2] 郝玉鸿，许敏，徐小蓉. 正确计算低渗透气藏的动态储量[J]. 石油勘探与开发. 2002，29(05)：66-68.

[3] 郝玉鸿. 气井工作制度对弹性二相法计算动态储量的影响[J]. 天然气工业. 1998，18(5)86-87.

[4] 王怒涛，黄炳光，陈军. 压力恢复法与压差曲线法结合计算气井动态储量[J]. 大庆石油地质与开发. 2008，27(6)：43-45.

[5] Yuwei Jiao，Jing Xia. New Material Balance Analysis Method For Abnormally High-Pressured Gas-Hydrocarbon Reservoir With Water Influx[J]. INT. J. HYDROGEN ENERGY. 2017，42：18718-18727.

[6] Fetkovich MJ，Reese DE，Whitson CH. Application of a general material balances for high-pressure gas reservoirs[R]. SPE-22921-PA. 1991.

[7] Gonzales FE, Blasingame TA. A quadratic cumulative production model for the material balance of an abnormally pressured gas reservoir[R]. SPE – 114044 – MS. 2008.

[8] Duggan JO. The anderson "L" – an abnormally pressured gas reservoir in South Texas[R]. SPE – 2938 – PA. 1972.

[9] Yang SL, Wang XQ, Feng JL, et al. Test and study of the rock pressure sensitivity for Kela – 2 gas reservoir in Tarim basin[J]. Pet Sci 2004;1(4):11.

[10] Li BZ, Zhu ZQ, Xia J, et al. Development techniques for abnormal high – pressure gas fields and condensate gas fields in Tarim basin[J]. Pet Exp Dev 2009;36(3):392.

[11] 李勇,李保柱. 产量递减曲线分析[M]. 北京:石油工业出版社. 2015.

[12] 朱斌,熊燕莉. 气井控制储量计算方法评价[J]. 天然气勘探与开发. 2011,34(01):13 – 21.

[13] Arps J J. Analysis of decline curves[J]. Trans, AIME, 1945, 160:228 – 247.

[14] Fetkovich M J. Decline curve analysis using type curves[J]. JPT, 1980:1065 – 1077.

[15] Blasingame T A, McCray T L, Lee W J. Decline Curve Analysis for Variable Pressure Drop/Variable Flowrate Systems[R]. SPE21513, 1991.

[16] Blasingame T A, Johnston J L, Lee W J. Type – Curve Analysis Using the Pressure Integral Method[R]. SPE18799, 1989.

[17] Agarwal R G, Gardner D C, Kleinsteiber S W, etal. Analyzing Well Production Data Using Combined Type Curve and Decline Curve Concepts[R]. SPE57916, 1998.

[18] Mattar L, McNeil R. The flowing gas material balance[J]. JCPT, 1998, 37(2):37 – 42.

[19] Anderson D M, Stotts G W J, Mattar L, et al. Production Data Analysis – Challenges, Pitfalls, Diagnostics[R]. SPE102048, 2006.

[20] 李勇,李保柱. 现代产量递减分析在凝析气田动态分析中的应用[J]. 天然气工业. 2009,20(2):304 – 308.

第3章　气水两相流试井理论与方法

试井分析是认识油气藏渗流特征,评价井及油气藏产能的重要手段[1-4]。本章从基础理论出发,分别介绍了试井解析模型和数值模型在有水气藏试井分析中的模型建立、公式推导及方程求解等,并结合现场实例对有水气藏的试井曲线特征进行了分析评价。

3.1　有水气藏试井解释理论模型

渗流力学是研究流体在多孔介质中流动规律的一门学科,目前求解油、气、水等流体渗流微分方程的数学方法主要有分离变量法、积分变换法、源函数与格林函数法、拉普拉斯变换法等。拉普拉斯变换法是求解偏微分方程的一种经典方法,在求解试井解释模型的强有力工具,同时也在实际生产过程中得到了充分的验证,但该方法一个致命的弱点就是无法描述复杂结构井的渗流问题,也无法描述不规则边界的气藏渗流问题。针对水平井、斜井、大位移井、多分支井的渗流问题,都是利用 Green 函数和源函数法求解[5]。但是,在将 Green 函数和源函数法应用到试井领域后呈现出一种现象,即只讨论 Green 函数和源函数法在水平井中的应用,而相对忽略了其在直井中的应用,对顶、底定压边界气藏的研究就更少。

点源函数的思想起源于19世纪下半叶的热传导理论。在油气藏工程中,Hnatush 等人曾经应用 Green 函数方法解决了带型区域边水不稳定漏失问题,而 Nisle 在研究部分射开井的压力恢复特征时应用了热传导理论中关于点源函数的研究结果。Gringarten 和 Ramey 对于点源函数方法有过详细的总结和推广,其论文对研究油气藏不稳定压力动态分析产生了深远的影响。但该方法存在明显的不足,其获得的是实空间积分形式的解析解,进行数值积分既耗时,并且求解精度也无法保证。此外,实空间解析解无法考虑井筒储集效应和定压生产等情形,因此无法满足实际应用的要求。

众所周知,利用 Green 函数求解具有源汇项的非齐次边界条件和初始条件的不稳定渗流问题时,主要困难在于如何寻找给定条件下的格林函数。本章从渗流微分方程出发,利用微元法建立了气藏渗流微分方程,然后利用 δ 函数的性质建立了瞬时点源的渗流微分方程,利用 Lord Kelvin 点源解以及镜像反映等方法推导出了瞬时点源渗流数学模型的基本解,利用 Green 函数和源函数的思想,通过积分的方法获得了均质气藏中直井的井底压力动态响应数学模型,同时利用拉氏变换、Stehfest 数值反演、叠加原理等理论求解了上述理论模型的解,并且在计算过程中考虑了表皮效应和井筒储存效应的影响;利用 Muskat 方法考虑了径向封闭边界和定压边界对压力动态的影响[6]。

3.1.1　有水气藏试井理论模型的建立

(1)渗流微分方程的建立。

使用 Ω 表示均质各向同性气藏渗流区域;R 为该区的一个子区间;B 为该区间的外边

界；$V(M,t)$表示流体的渗流速度；$f(M,t)$表示从 R 中注入或采出的流体速度。由质量守恒可知：

总的质量变化 = 流入的流体质量 - 流出的流体质量 - 采出的流体质量

进而得到式(3.1)：

$$\frac{\partial}{\partial t}\int_R \rho\phi \mathrm{d}m = -\int_R \rho Vn\mathrm{d}m - \int_R f(M,t)\mathrm{d}m \tag{3.1}$$

式中　ρ——流体密度；

ϕ——孔隙体积；

n——气体摩尔量。

通过对方程(3.1)中的表面积分进行分离变量从而得到

$$\frac{\partial}{\partial t}(\rho\phi) = -\nabla(\rho V) - f \qquad (M,t) \in D \tag{3.2}$$

假设：气藏中渗透率、孔隙度、流体流速均为常数，且忽略重力、毛细管力的影响，气藏中流体为牛顿流体且气藏中温度恒定，满足达西定律。由达西定律可得到流体流速的表达式：

$$V = -\frac{K}{\mu}\nabla p \tag{3.3}$$

式中　K——渗透率；

μ——流体黏度。

方程(3.2)左边项可简化为

$$\frac{\partial}{\partial t}(\rho\phi) = \rho\frac{\partial\phi}{\partial t} + \phi\frac{\partial\rho}{\partial t} = \rho\frac{\partial\phi}{\partial p}\frac{\partial p}{\partial t} + \phi\frac{\partial\rho}{\partial p}\frac{\partial p}{\partial t}$$

由流体压缩系数 C 和岩石压缩系数 C_m 的定义可知

$$C = -\frac{1}{\rho}\frac{\partial\rho}{\partial p} \qquad\qquad C_m = -\frac{1}{\phi}\frac{\partial\phi}{\partial p}$$

则总的压缩系数为

$$C_t = C_m + C$$

代入方程(3.2)可得扩散方程为

$$\phi C_t\frac{\partial p}{\partial t} = -\nabla\left(\frac{K}{\mu}\nabla p\right) - \vec{q} \tag{3.4}$$

对于均质各向同性气藏式(3.4)可简化为

$$\eta\nabla^2 p - \frac{\partial p}{\partial t} - \frac{\vec{q}}{\phi C_t} = 0 \tag{3.5}$$

式(3.5)中扩散系数 η 的表达式为

$$\eta = \frac{K}{\mu\phi C_t}$$

对方程(3.5)无量纲化还可进一步简化为

$$i_{\mathrm{D}} = \frac{i}{l} \qquad i = X、Y、Z \qquad t_{\mathrm{D}} = \frac{\eta t}{l^2}$$

从而得到

$$\frac{i}{l}\nabla_{\mathrm{D}}^2 p - \frac{\partial p}{\partial t_{\mathrm{D}}} - \frac{\vec{q}}{\phi C_{\mathrm{t}}} = 0 \tag{3.6}$$

对上式进行拉氏变换:

$$\overline{f(s)} = L\{f(t_{\mathrm{D}})\} = \int_0^{\infty} \mathrm{e}^{-St_{\mathrm{D}}} f(t_{\mathrm{D}})\mathrm{d}t_{\mathrm{D}}$$

定义扩散因子为

$$L = \nabla_{\mathrm{D}}^2 - \frac{\partial}{\partial t_{\mathrm{D}}}$$

可以得到方程(3.6)在实空间中的简化表达式:

$$Lp = \frac{\vec{q}_{\mathrm{D}}}{\phi C_{\mathrm{t}}} - p_{\mathrm{i}} \qquad L(M_{\mathrm{D}}, t_{\mathrm{D}}) \in D_{\mathrm{D}} \tag{3.7}$$

通过对方程(3.7)进行拉氏变换可得

$$\overline{Lp(S)} = \frac{\overline{\vec{q}_{\mathrm{D}}}}{\phi C_{\mathrm{t}}} - p_{\mathrm{i}}; M_{\mathrm{D}} \in D_{\mathrm{D}} \tag{3.8}$$

在方程(3.8)中 $\bar{L}$ 表示 L 经过拉氏变换后的表达式:

$$\bar{L} = \nabla_{\mathrm{D}}^2 - S$$

(2)通过 Green 函数求解渗流方程。

如果边界条件不同,扩散方程(3.6)的解 $p(M,t)$ 也不同。在稳定流动情况下可以通过 Green 函数方法求得扩散方程的解,在区域 D 对于扩散方程的瞬时 Green 函数可表述为:在封闭或定压边界条件下的区域 D,t 时刻点 $M(x,y,z)$ 的压力波动是位于 $M(x,y,z)$ 的单位长度点源在τ 时刻产生的,其中$\tau < T$。

如果能求出 Green 函数,那么在 M 点 t 时刻的压力 $p(M,t)$ 可以由初始压力分布 $p_{\mathrm{i}}(M)$ 和边界上已知的压力、流量条件表示出来:

$$\begin{aligned} p(M,t) = & \int_D p_{li}(m')G(M,M',t)\mathrm{d}M' \\ & + \eta\int_0^t\int_S\left[G(M,M',t-\tau)\frac{\partial p(M',t)}{\partial n}\right. \\ & \left. - p(M',\tau)\frac{\partial G(M,M',t-\tau)}{\partial n}\right]\mathrm{d}S_M\mathrm{d}\tau_{li} \end{aligned} \tag{3.9}$$

最终通过应用 Green 函数的性质,压力分布函数 $p(M,t)$ 可以表示为

$$p(M,t) = \int_D p_{li}(m')G(M,M',t)\mathrm{d}M'$$

$$
\begin{aligned}
&+\eta\int_0^t\left\{\int_S\left[G(M,M_w,t-\tau)\frac{\partial p(M_w,t)}{\partial n(M_w)}\right.\right.\\
&\left.\left.-P(M'_w,\tau)\frac{\partial G(M,M_w,t-\tau)}{\partial n(M_w)}\right]\mathrm{d}S_{M_w}\right\}\mathrm{d}\tau\\
&+\eta\int_0^t\left\{\int_S\left[G(M,M_e,t-\tau)\frac{\partial p(M_e,t)}{\partial n(M_e)}\right.\right.\\
&\left.\left.-p(M'_e,\tau)\frac{\partial G(M,M_e,t-\tau)}{\partial n(M_e)}\right]\mathrm{d}S_{M_e}\right\}\mathrm{d}\tau
\end{aligned}
\tag{3.10}
$$

$p(M,t)$因此可以通过表示不同性质的三部分累加得到：第一部分为关于初始压力的分布；第二部分是关于内边界条件的函数；第三部分是关于外边界条件的函数。

（3）渗流方程的瞬时点源解。

由方程（3.7）可知：

$$
Lp=\frac{\vec{q}_D}{\phi C_t};\qquad (M_D,t_D)\in D_D
$$

$\tilde{q}/c$ 表示一个点源的源强度。对于一个瞬时脉冲源可用数学中的 δ 函数表示：

$$
Lp(M,M',t)=\delta(M,M')
$$

由 δ 函数的定义可知：

$$
\delta(x)=\begin{cases}1, x=0\\0, x\neq 0\end{cases}
\tag{3.11}
$$

δ 函数真实地反映了瞬时点源函数的性质。因此可以得到一个均质储层满足初始边界条件的基本解，通过积分进而由基本解可得到流体在多孔介质中稳定流动的压力解。并且基本解 $\overline{\gamma}$ 满足 Laplace 空间的扩散方程：

$$
\overline{L}\overline{\gamma}(M_D,M'_D,S,0)=\nabla_D^2\overline{\gamma}-S\overline{\gamma}=-\delta(M_D,M'_D)
\tag{3.12}
$$

$\overline{\gamma}$表示位于 M'_D、在$T'_D=0$ 时刻作用的一个具有单位源强度的瞬时点源。如果点源位于初始时刻各向同性的系统中，也可以将方程（3.12）改写为在球形坐标系中的表达式：

$$
\frac{1}{\rho_D^2}\frac{\partial}{\partial\rho_D}\left(\rho_D^2\frac{\partial\overline{\gamma}}{\rho_D}\right)-S\overline{\gamma}=0\quad 且\quad M_D\neq M'_D
\tag{3.13}
$$

由方程可知，可以得到下式：

$$
\begin{cases}\overline{\gamma}(\infty,S)=0\\ \rho_D^2\left.\dfrac{\partial\overline{\gamma}}{\rho_D}\right|_{\rho_D=0}=-1\end{cases}
$$

方程（3.13）的基本解表达式为

$$\bar{\gamma}(\rho_D,S) = Ae^{-\rho_D\sqrt{S}} + Be^{\rho_D\sqrt{S}} \tag{3.14}$$

为了满足边界条件,B 应该为 0 并且 A 可从方程(3.13)得到

$$\frac{\partial\bar{\gamma}(\rho_D,S)}{\partial\rho_D} = A(-\sqrt{S})e^{-\rho_D\sqrt{S}} \tag{3.15}$$

方程(3.13)的解为

$$\bar{\gamma} = \exp(-\rho_D\sqrt{S})/4\pi\rho_D \tag{3.16}$$

方程(3.16)就是著名的 Lord Kelvin 点源解,Lord Kelvin 将瞬时点源引入求解热传导方程基本解中,而其他解可以通过叠加的方式求得。通常在三维坐标系中可以对点源按一定方式求极限得到该点源的基本解。

3.1.2 表皮系数分解

表皮系数是评价油气藏伤害程度的一个重要参数,在评价储层完善程度方面占据着十分重要的地位。但是,测试或试井分析所获得的表皮系数,包括了钻井、完井过程中所有因素引起的各类表皮系数,是各种因素产生的表皮系数的总和,受到各种因素的制约[7-10]。如果用总表皮系数作为评价储层伤害程度的依据,必然会产生偏差,导致措施针对性不强,从而影响措施的应用效果和生产效益。针对这一实际问题,对总表皮系数系统分解,确定反映储层完善程度的真实表皮系数非常必要。

表皮系数分解目前基本上还处在一个理论发展向实践过渡的时期,主要是以理论研究为主,在实际应用中因受理论分解方法和各种关键参数获取方法的影响,作用还未充分得到发挥,如何将表皮系数分解方法应用到实际生产中,一直是各气田在探索解决的问题[11-14]。

早在 1988 年,陈元千提出了表皮系数系统分解的理论[15]。1990 年,成绥民进一步深入表皮系数系统分解的理论[16],在试井分析中,总表皮系数可用常规方法和双对数拟合方法求取,除反映钻井完井或其他井下作业中纯损害引起的表皮系数,它还包含一切引起偏离理想井的各种拟损害,主要包括局部打开、射孔、井斜、储层形状、流度变化、非达西流等引起的拟表皮系数。

(1)表皮系数分解方法理论。

储层损害评价的目的就是确定其是否损害和损害程度,提供防止和减少损害的方法及增产措施设计的依据。利用不稳定试井方法(DST 和生产试井)确定的表皮系数 S 广泛用于评价油气层的损害。

在均质砂岩储层中:$S>0$,认为储层被伤害,存在污染;$S=0$,地层保持原始渗透能力状态;$S<0$,储层得到改造,超完善。对于直井、储层完全裸露、井底未出现非达西流等情况,应用这一理论判断应该说是相对可信的。但实际上,大多数储层由于采用射孔完井、有些井考虑底水和气顶的情况未完全射开、井斜,以及油层不均质、气井所处构造复杂性等因素的影响,再用理论上判断储层是否完善的标准来判断与实际相差很大。

事实上,不稳定试井方法求得的表皮系数为总表皮系数,它是反映储层伤害程度的真实表皮系数与上述提及的射孔、井斜、非均质等因素产生的拟表皮系数的总和。一口井完井投产后能通过措施改造的仅有真实表皮系数部分。目前现场测试解释表明,有相当一部分井在没有进行任何措施之前其表皮系数就为负值,这引起对分析和处理结果的怀疑和思考。由于这些

原因,产生了表皮系数系统分解的理论,即分析完井各参数与表皮系数的关系,通过实验获得相关算法公式,从而使表皮系数细化。

在试井分析中,总的表皮系数在常规方法和双对数拟合方法中,一般按式(3.17)、式(3.18)求取:

常规方法:

$$S = 1.151\left[\frac{p_{ws}(1h) - p_{wf}(t_p)}{m} - \lg\left(\frac{K}{\phi\mu c_t r_w^2} \cdot \frac{t_p}{t_p + 1}\right) - 0.9077\right] \tag{3.17}$$

式中 p_{ws}——关井压力;

p_{wf}——井底压力;

m——Horner 时间坐标下压力恢复曲线斜率;

r_w——井眼半径;

t_p——生产时间。

双对数拟合:

$$S = \frac{1}{2}\ln\frac{(C_D e^{2s})_m}{C_D} \tag{3.18}$$

式中$(C_D e^{2s})_m$为解释图版中样板曲线所对应的曲线模数。

以上测试或生产试井求出的表皮系数称为总表皮系数,总表皮系数可由公式(3.19)描述:

$$S_t = S_d + S_{PT} + S_{PF} + S_\theta + S_b + S_{tu} + S_A \tag{3.19}$$

式中 S_t——总表皮系数;

S_d——由钻井、完井等对地层的损害所引起的真实伤害表皮系数;

S_{PT}——局部打开储层拟表皮系数;

S_{PF}——射孔拟表皮系数;

S_θ——井斜拟表皮系数;

S_b——流度变化拟表皮系数;

S_{tu}——非达西流(高速流)拟表皮系数;

S_A——泄油面积形状拟表皮系数。

综上所述,在试井得到地层的总表皮系数后,要求取地层的真实表皮系数,必须先知道各类拟表皮系数是如何获得的,这就需要算法支持。

① 局部打开储层拟表皮。

由于地质(底水或气顶)或工程原因,储层未完全钻穿或没有全部射开,流体进入井筒将会存在一个附加压力降,由此形成局部打开拟表皮系数。打开厚度越小,产生的局部打开拟表皮系数越大;完全打开时,局部打开拟表皮系数为0。

局部打开拟表皮系数主要由以下三种方法求取:

a. 诺模图法,在20世纪50年代,局部打开拟表皮系数的获得通常是采用原苏联舒洛夫的诺模图(图3.1)。

在已知式(3.20)、式(3.21)的情况下:

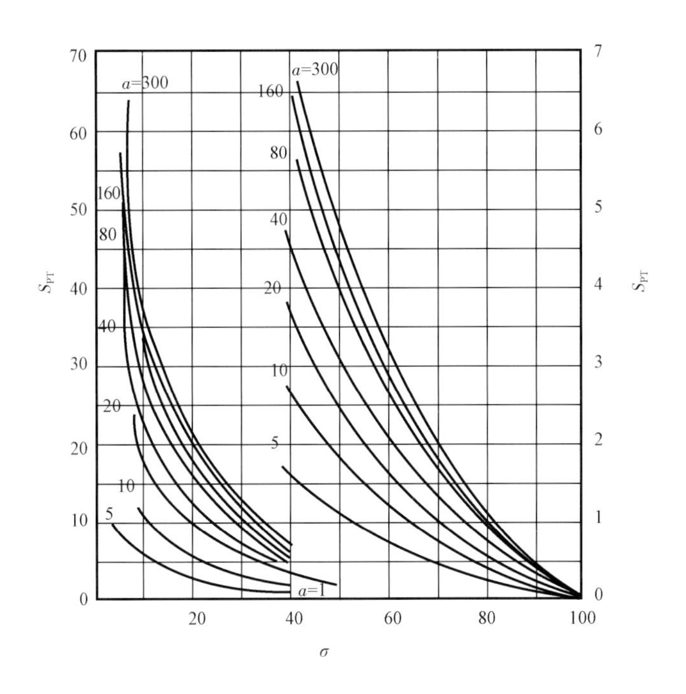

图 3.1　确定 S_{PT} 的舒洛夫曲线

$$a = h/D = h/2r_w \tag{3.20}$$

$$\sigma = h_p/h \tag{3.21}$$

式中　h——储层厚度；

D——井筒直径；

r_w——井筒半径；

h_p——打开厚度。

通过查图 3.1 可以求得 S_{PT}。

b. 查图方便直观，但存在一定误差，随着实验数据的不断积累和计算机的应用，使更精确的求解成为可能。通过公式(3.22)可以求得 S_{PT}。

$$S_{PT} = \left(\frac{h}{h_p} - 1\right)\left[\ln\left(\frac{h}{r_w}\right)\left(\frac{K}{K_V}\right)^{\frac{1}{2}} - 2\right] \tag{3.22}$$

式中　K_V——储层垂向渗透率，D。

c. 公式(3.23)求取 S_{PT}。

$$S_{PT} = \frac{2}{\pi \frac{h}{h_p}} \sum_{n=1}^{\infty} \frac{1}{n} \sin\left(n\pi \frac{h}{h_p}\right) \cos\left(n\pi \frac{h}{h_p} Z_D^*\right) K \frac{n\pi \frac{h}{h_p}}{\frac{h_p}{r_w}\sqrt{\frac{K}{K_V}}} \tag{3.23}$$

式中　Z_D^*——无量纲有效平均压力点。

当 $b = h_p/h = 1$ 时，$\sin(n\pi b) = \sin(n\pi) = 0$　$\{n = 1, 2, 3, 4, \cdots, n\}$，即 $S_{PT} = 0$。也就是说，当储层完全射开时，局部打开拟表皮系数为 0。

由于公式(3.23)运用过程中需要计算无量纲有效平均压力，对无量纲量的理解和应用，在常规过程中显得较为困难，因而实际应用中运用较少，常用的为方法 b，即使用公式(3.22)。

② 射孔拟表皮系数。

在射孔完井中，由于射孔参数的不合理和射孔过程引起的储层伤害有时比钻井损害还大，射孔拟表皮系数包括射孔孔眼拟表皮系数、射孔充填线性流拟表皮系数、压实带拟表皮系数，它同射孔的孔深、孔径、射孔压实程度有着密切的关系，可以用式(3.24)表示。

$$S_{PF} = S_P + S_G + S_{dp} \tag{3.24}$$

式中 S_{PF}——射孔拟表皮系数；

S_P——射孔孔眼拟表皮系数；

S_G——射孔充填线性流拟表皮系数；

S_{dp}——压实带拟表皮系数。

射孔拟表皮系数主要由以下两种方法求取：

a. 同局部打开储层拟表皮系数一样，过去通常采用的也是原苏联舒洛夫的诺模图(图3.2)。

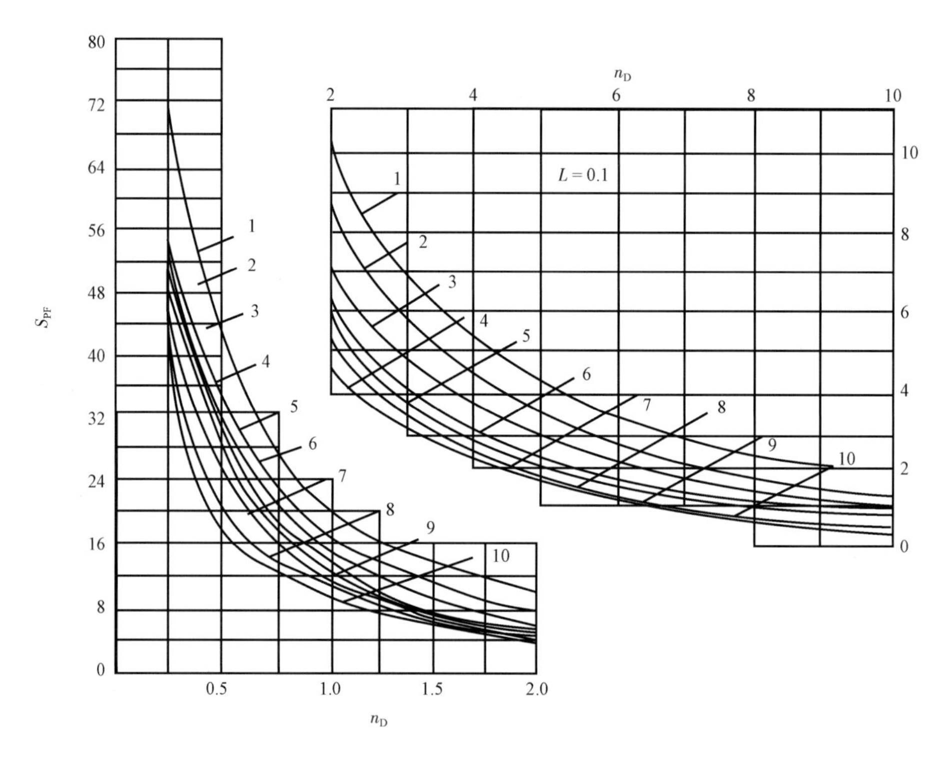

图 3.2 确定 S_{PF} 的舒洛夫曲线

但随着射孔技术的发展，孔径越来越大，射孔深度也越来越深，原有图版已不适应于大孔径、深穿透射孔求解的要求。特别是穿透深度的加深，穿透深度与井眼直径之比远远超出了图版制作年代的范围。

b. 把射孔拟表皮系数S_{PF}分解成射孔孔眼拟表皮系数S_P、射孔充填线性流拟表皮系数S_G、压实带拟表皮系数S_{dp}三部分，可以分别求出这三部分的值，从而获得射孔拟表皮系数。这种方法既能适应高穿透深度，也能提高射孔拟表皮系数的求解精度。

(a)射孔孔眼拟表皮系数S_P：S_P可分解为平面流动效应产生的拟表系数S_h、垂直流动效应产生的拟表皮系数S_V、井眼效应产生的井眼拟表皮系数S_{wb}三部分。

平面流动效应产生的拟表系数S_h可用公式(3.25)求得

$$S_h = \ln \frac{r_w}{r'_w(\varphi)} \tag{3.25}$$

式中　$r'_w(\varphi)$为有效井眼半径,与相位角φ有关,可由式(3.26)、式(3.27)获得

$$当\ \varphi = 0\ 时, r'_w(\varphi) = L_p/4 \tag{3.26}$$

$$当\ \varphi \neq 0\ 时, r'_w(\varphi) = 2\varphi(r_w + L_p) \tag{3.27}$$

式中　L_p——射孔深度,m;

$r'_w(\varphi)$——有效井筒半径,m;

φ——射孔相位角,(°)。

垂直流动效应产生的拟表皮系数S_V可由公式(3.28)求得

$$S_V = 10^{\left[a_1 \lg \frac{r_p N}{2}\left(1+\sqrt{\frac{K_V}{K}}\right)+a_2\right]} \frac{1}{NL_p} \sqrt{\frac{K}{K_V}}^{\left[b_1 \frac{r_p N}{2}\left(1+\sqrt{\frac{K_V}{K}}\right)+b_2-1\right]} \left[\frac{r_p N}{2}\left(1+\sqrt{\frac{K_V}{K}}\right)\right]^{\left[b_1 \frac{r_p N}{2}\left(1+\sqrt{\frac{K_V}{K}}\right)+b_2\right]} \tag{3.28}$$

式中　N——有效射孔总孔数,孔;

r_p——射孔孔眼半径,m;

a_1、a_2、b_1、b_2——与相位角有关的系数,其取值见表3.1。

表3.1　a_1、a_2、b_1、b_2与相位角的关系

φ	a_1	a_2	b_1	b_2
0°(360°)	-2.091	0.0453	5.1313	1.8672
180°	-2.025	0.0943	3.0373	1.8115
120°	-2.018	0.0634	1.6136	1.7770
90°	-1.905	0.1038	1.5674	1.6953
60°	-1.898	0.1023	1.3654	1.649
45°	-1.788	0.2398	1.1915	1.6392

井眼效应产生的井眼拟表皮系数S_{wb}可由公式(3.29)求得

$$S_{wb} = C_1 e^{C_2 \frac{r_w}{r_w + L_p}} \tag{3.29}$$

式中　C_1、C_2——与相位角有关的系数,其取值见表3.2。

确定了平面流动效应产生的拟表系数S_h、垂直流动效应产生的拟表皮系数S_V、井眼效应产生的井眼拟表皮系数S_{wb}之后,就可由公式(3.30)求得射孔孔眼拟表皮系数S_P:

$$\begin{aligned} S_P &= S_h + S_V + S_{wb} \\ &= \ln \frac{r_w}{r'_w(\varphi)} + 10^{\left[a_1 \lg \frac{r_p N}{2}\left(1+\sqrt{\frac{K_V}{K}}\right)+a_2\right]} \frac{1}{NL_p} \sqrt{\frac{K}{K_V}}^{\left[b_1 \frac{r_p N}{2}\left(1+\sqrt{\frac{K_V}{K}}\right)+b_2-1\right]} \\ &\quad \left[\frac{r_p N}{2}\left(1+\sqrt{\frac{K_V}{K}}\right)\right]^{\left[b_1 \frac{r_p N}{2}\left(1+\sqrt{\frac{K_V}{K}}\right)+b_2\right]} + C_1 e^{C_2 \frac{r_w}{r_w + L_p}} \end{aligned} \tag{3.30}$$

表3.2　C_1、C_2 与相位角的关系

φ	C_1	C_2
0°(360°)	1.60×10^{-1}	2.675
180°	2.60×10^{-2}	4.532
120°	6.60×10^{-3}	5.32
90°	1.90×10^{-3}	6.155
60°	3.00×10^{-4}	7.509
45°	4.60×10^{-5}	8.791

(b)射孔充填线性流拟表皮系数S_G。

$$S_G = \frac{2KhL_p}{K_G r_p^2 N} \tag{3.31}$$

式中　K_G——砾石充填渗透率,D。

(c)压实带拟表皮系数 S_{dp}。

$$S_{dp} = \frac{Kh}{K_{dp}L_pN}\left(1-\frac{K_{dp}}{K_d}\right)\ln\frac{r_{dp}}{r_p} \tag{3.32}$$

式中　K_d——污染带渗透率,D;

K_{dp}——压实带渗透率,D;

r_{dp}——压实带半径,m。

在获得 S_P、S_G、S_{dp}的基础上,就可由公式(3.33)获得射孔完井拟表皮系数 S_{PF}:

$$\begin{aligned} S_{PF} &= S_P + S_G + S_{dp} \\ &= \ln\frac{r_w}{r'_w(\varphi)} + 10^{\left[a_1\lg\frac{r_pN}{2}\left(1+\sqrt{\frac{K_V}{K}}\right)+a_2\right]}\frac{1}{NL_p}\sqrt{\frac{K}{K_V}}^{\left[b_1\frac{r_pN}{2}\left(1+\sqrt{\frac{K_V}{K}}\right)+b_2-1\right]} \\ &\left[\frac{r_pN}{2}\left(1+\sqrt{\frac{K_V}{K}}\right)\right]^{\left[b_1\frac{r_pN}{2}\left(1+\sqrt{\frac{K_V}{K}}\right)+b_2\right]} + C_1\,e^{C_2\frac{r_w}{r_w+L_p}} + \frac{2KhL_p}{K_Gr_p^2N} + \frac{Kh}{K_{dp}L_pN}\left(1-\frac{K_{dp}}{K_d}\right)\ln\frac{r_{dp}}{r_p} \end{aligned} \tag{3.33}$$

如储层受到伤害,且储层完全打开,则用公式(3.34):

$$\begin{aligned} S_{PF} &= \frac{K}{K_d}S_P + S_G + S_{dp} \\ &= \frac{K}{K_d}\left\{\ln\frac{r_w}{r'_w(\varphi)} + 10^{\left[a_1\lg\frac{r_pN}{2}\left(1+\sqrt{\frac{K_V}{K}}\right)+a_2\right]}\frac{1}{NL_p}\sqrt{\frac{K}{K_V}}^{\left[b_1\frac{r_pN}{2}\left(1+\sqrt{\frac{K_V}{K}}\right)+b_2-1\right]}\right. \\ &\left.\left[\frac{r_pN}{2}\left(1+\sqrt{\frac{K_V}{K}}\right)\right]^{\left[b_1\frac{r_pN}{2}\left(1+\sqrt{\frac{K_V}{K}}\right)+b_2\right]} + C_1\,e^{C_2\frac{r_w}{r_w+L_p}}\right\} + \frac{2KhL_p}{K_Gr_p^2N} + \frac{Kh}{K_{dp}L_pN}\left(1-\frac{K_{dp}}{K_d}\right)\ln\frac{r_{dp}}{r_p} \end{aligned} \tag{3.34}$$

如储层受到伤害，同时考虑储层部分打开，则用公式(3.35)：

$$S_{PF}=\frac{Kh}{K_d h_p}S_P+S_G+S_{dp}$$

$$=\frac{Kh}{K_d h_p}\left\{\ln\frac{r_w}{r'_w(\varphi)}+10^{\left[a_1\lg\frac{r_p N}{2}\left(1+\sqrt{\frac{K_V}{K}}\right)+a_2\right]}\frac{1}{NL_p}\sqrt{\frac{K}{K_V}}^{\left[b_1\frac{r_p N}{2}\left(1+\sqrt{\frac{K_V}{K}}\right)+b_2-1\right]}\right.$$

$$\left.\left[\frac{r_p N}{2}\left(1+\sqrt{\frac{K_V}{K}}\right)\right]^{\left[b_1\frac{r_p N}{2}\left(1+\sqrt{\frac{K_V}{K}}\right)+b_2\right]}+C_1\,e^{C_2\frac{r_w}{r_w+L_p}}\right\}+\frac{2KhL_p}{K_G r_p^2 N}+\frac{Kh}{K_{dp}L_p N}\left(1-\frac{K_{dp}}{K_d}\right)\ln\frac{r_{dp}}{r_p} \tag{3.35}$$

③ 井斜拟表皮系数。

理想井应该是水平地层的垂直井，井斜为零；而对于斜井(图3.3)，这时流体入井的阻力不同于垂直井，因此必然产生一个拟表皮效应，衡量此效应的值就是井斜拟表皮系数，井斜越大，产生的负表皮系数的绝对值也就越大。

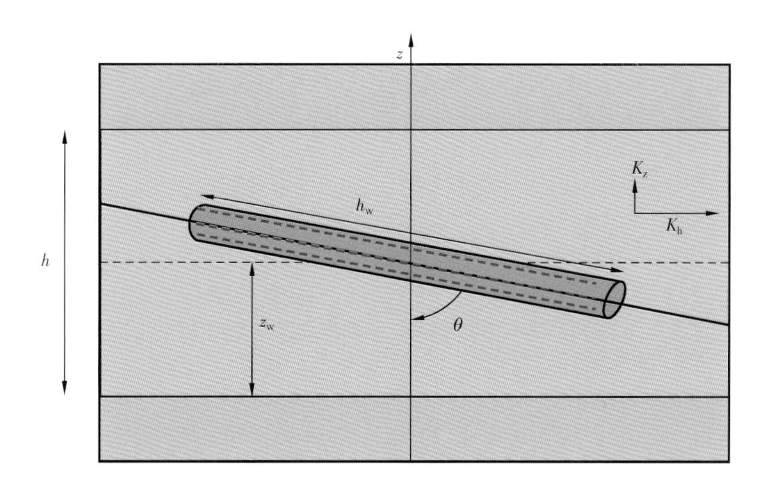

图3.3　斜井示意图

井斜拟表皮系数由公式(3.36)计算：

$$S_\theta=\left(\frac{\theta'_w}{41}\right)^{2.06}-\left(\frac{\theta'_w}{56}\right)^{1.865}\lg\left(\frac{h_D}{100}\right) \tag{3.36}$$

$$\theta'_w=\tan^{-1}\left[\sqrt{\frac{K_V}{K}}\tan\theta_w\right] \tag{3.37}$$

$$h_D=\frac{h}{r_w}\sqrt{\frac{K}{K_V}} \tag{3.38}$$

式中　S_θ——井斜拟表皮系数；

θ'_w——井斜校正角度，(°)；

h_D——无量纲地层厚度；

θ_w——实际井斜角度，(°)。

公式(3.37)适用的条件为

$$0° \leqslant \theta_w \leqslant 75°$$

$$\frac{h}{r_w} > 40$$

$$h_D > 100$$

④ 泄油面积形状拟表皮系数。

不稳定试井的数学模型是假设无穷大地层中心一口井，而实际气藏形状复杂，不同形状的气藏会产生各自的形状效应，这就是形状拟表皮系数S_A。计算公式见式(3.39)：

$$S_A = \frac{1}{2}\ln\frac{31.6}{C_A} \tag{3.39}$$

式中 S_A——泄油面积形状拟表皮系数；

C_A——泄油面积形状系数。

⑤ 流度变化拟表皮系数。

当近井地带存在明显流度变化或储层径向非均质时$\left(即\dfrac{K}{\mu}变化\right)$，将产生拟表皮效应，由此产生的表皮系数为流度变化拟表皮系数。流度比减小，因近井地带的渗流能力比外区好，内区相对外区而言，是减小了外区向井的流动阻力，因而形成负的拟表皮系数，反之流度比增大，则会形成正的拟表皮系数。流度变化拟表皮系数计算公式见式(3.40)：

$$S_b = \left(\frac{1}{M} - 1\right)\ln\frac{r_b}{r_w} \tag{3.40}$$

式中 M——流度比，D/mPa·s；

r_b——流度变化区的半径，m。

⑥ 非达西流拟表皮系数。

井底流速很高时，将出现非达西流动，增加井底周围地带的附加压力损失，从而引起非达西拟表皮系数。气井因流速高，因而必须考虑该项，而气井因产量而异，高产时，应考虑该项，而产量低时，由此产生的拟表皮系数则很小。

$$S_{tu} = D \cdot Q \tag{3.41}$$

式中 D——非达西流因子，d/m^3；

Q——流体流量，m^3/d。

(2)关键参数求解方法研究。

在确定了各种拟表皮系数的算法，要对试井获得的总表皮系数进行分解，还需要对公式中关键参数的求解方法进行研究。

① 地层条件下射孔穿透深度的确定。

每一种射孔弹型都有它的穿透深度指标，这一指标来源于地面岩心靶的试验检测结果，由于实际地层的抗压强度与地面岩心靶的抗压强度各不相同，孔隙度也存在差异，因此岩心靶检测试验获得的穿透深度并不能代表地层中的实际穿透深度，有必要进行修正来获得地层条件下射孔穿透深度。

a. 抗压强度折算方法。

图 3.4 为美国德莱赛公司根据大量试验数据做出的抗压强度与穿透深关系图,用该图求取地层条件下射孔穿透深度,首要的条件就是要获取储层的抗压强度。储层抗压强度可以通过以下方法获得:研究认为对于有压裂井的区块,可以用区块压裂井监测到的破裂压力作为储层的抗压强度。这在区块物性变化不大时,是可行而有效的,但区块物性变化较大时,井处于区块不同位置因物性的变化可能导致该值的变化,应用时要根据区块特点加以区分。当一些区块没有压裂井时,该值就难以确定,特别是探井,因为是区块的第一口井,地层抗压强度就更难准确获得;另外查图法的精度也受到影响。

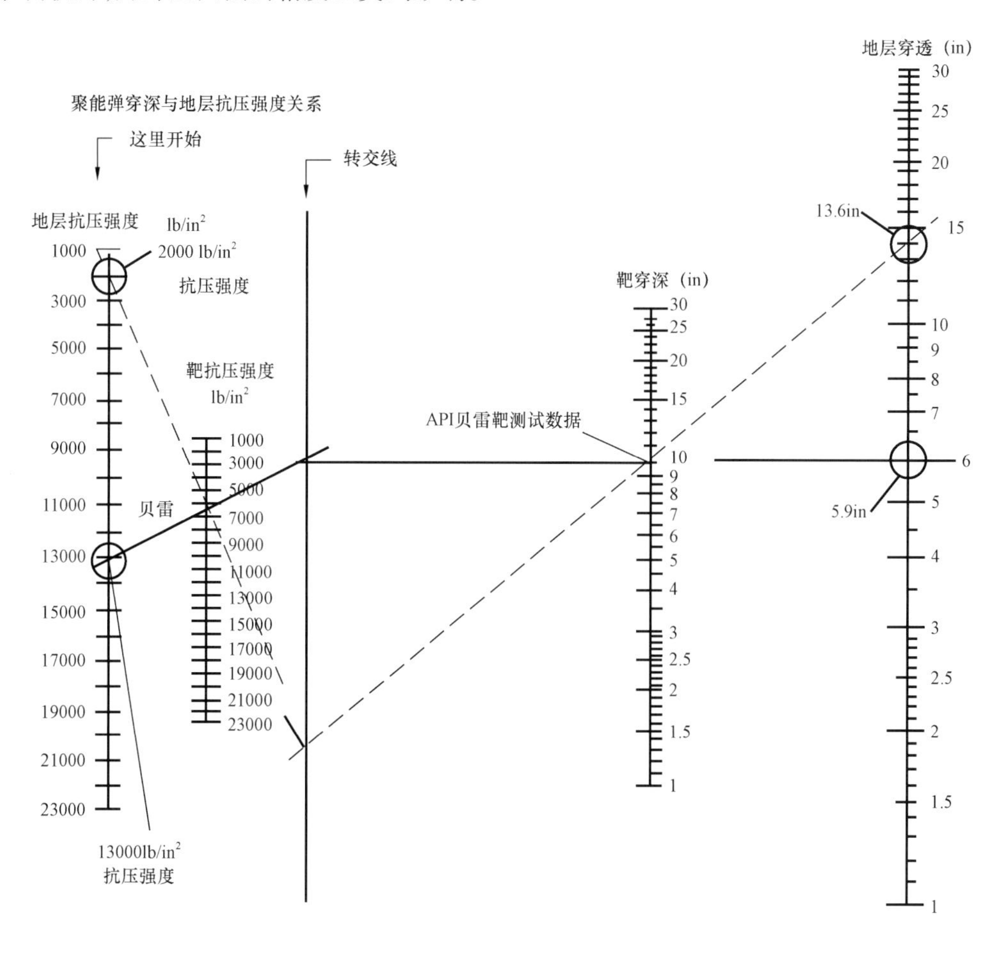

图 3.4　抗压强度与穿深关系图

b. 孔隙度折算方法。

地层的抗压强度与孔隙度有着密切的关系,因而通过孔隙度折算法来获取地层条件下的射孔深度就成了射孔技术研究的课题,通过大量研究和实验,得到了经验公式。

当$\frac{\phi_f}{\phi_B}<1$时

$$L_{pf} = L_{pB}\left(\frac{\phi_f}{\phi_B}\right)^{1.5}\left(\frac{19}{\phi_f}\right)^{0.5} \tag{3.42}$$

当$\frac{\phi_f}{\phi_B}=1$时

$$L_{pf} = L_{pB} \tag{3.43}$$

当$\frac{\phi_f}{\phi_B}>1,\phi_B<19\%$时

$$L_{pf} = L_{pB}\left(\frac{\phi_f}{\phi_B}\right)^{1.5}\left(\frac{\phi_B}{19}\right)^{0.5} \tag{3.44}$$

当$\frac{\phi_f}{\phi_B}>1,\phi_B>19\%$时

$$L_{pf} = L_{pB}\left(\frac{\phi_f}{\phi_B}\right)^{1.5} \tag{3.45}$$

式中 L_{pf}——地层条件下射孔深度,mm;

L_{pB}——贝雷岩心靶射孔深度,mm;

ϕ_f——储层孔隙度;

ϕ_B——贝雷岩心靶孔隙度。

因为在射孔深度试验中,对试验靶有着严格的要求,有相关标准可查,贝雷岩心靶孔隙度要求为12% ~14%,抗压强度为43 ~45MPa,因而ϕ_B、抗压强度基本是一定值,研究过程中,认为目前贝雷岩心靶孔隙度一般为14%,抗压强度为44.8MPa,因而在用孔隙度法折算射孔深度时,ϕ_B取值为14%,使用查图法时,抗压强度取值44.8MPa。

c. 渗透率折算法。

$$L_{pf} = L_{pB}\left(1 + AP\ln\frac{K_f}{K_B}\right) \tag{3.46}$$

式中 L_{pf}——地层条件下射孔深度,mm;

AP——与岩石性质有关的校正参数;

K_f——地层岩石的渗透率,mD;

K_B——贝雷岩心靶渗透率,mD。

但该方法要根据岩石的性质及组分确定AP,相对来说不如抗压强度折算方法和孔隙度折算方法直接,因而在实际工作中应用较少。

② 压实带半径的确定。

射孔孔眼周围受到射孔时的挤压,会造成岩石结构的破坏,射孔挤压所波及的范围常用压实带半径或压实厚度来表示,对该项参数的确定,Bell研究出一种颜色指示法,通过岩心射孔试验将射孔后的岩心压实带形状、半径真实清晰地显示出来,在此基础上获得压实带半径,通过积累和整理,获得经验公式:

$$r_{dp} = 0.0125 + r_p \tag{3.47}$$

③ 压实带渗透率的确定。

射孔孔眼周围受到射孔的挤压,会造成挤压带渗透率的降低,通过实验,Bell给出了实验公式:

$$K_{dp} = (10\% \sim 25\%)K_d \tag{3.48}$$

对于气井，压实带渗透率K_{dp}取决于非达西因子 D：

$$D = 6.28 \times 10^{-14}\left(\frac{\beta}{N^2 L_p^2 r_p}\right)\left(\frac{Kh}{\mu}\right) \tag{3.49}$$

由式(3.19)可以解出β，则

$$K_{dp} = (2.97 \times 10^8/\beta)^{\frac{1}{1.2}} \tag{3.50}$$

由于中国油田储层渗透率相对较低，受到的压实程度也相应较低，相关研究表明，渗透率小于 50mD，K_{dp}可近似取值 25% K_d。由此可知，只要获得污染带渗透率，即可确定压实带渗透率。

④ 污染带渗透率的确定。

在钻井、完井过程中，因钻井液、压井液不配伍或密度过大，对近井地带储层造成污染伤害，从而降低井底附近地带储层的有效渗透率，污染带渗透率的确定主要从试井分析的角度着手，对一些非常用方法进行了理论探究，最终确认可运用 Mckinley 法求解井底附近地层流动系数和有效渗透率的特点来求取井底附近的渗透率（即受污染地层的渗透率）。Mckinley 法是运用 Mckinley 典型曲线与实测曲线早期段的拟合来求取井底附近的渗透率。早期数据曲线与 Mckinley 典型曲线达到最佳拟合状态时，从早期匹配段上选择匹配点并记录$(\Delta p)_M$（横轴）、$\left(\frac{\Delta pC}{q_0B_0}\right)_M$（纵轴），$\left(\frac{T}{C}\right)_{MW}$（典型曲线），然后根据匹配值求取井底附近的流动系数，其关系式为

$$T_{WB} = \left(\frac{Kh}{\mu_0}\right)_{WB} = 1.3218 \times 10^{-5}\left(\frac{\Delta pC}{q_0B_0}\right)_M\left(\frac{T}{C}\right)_{MW}\frac{q_0B_0}{(\Delta p)_M} \tag{3.51}$$

$$K_d = \left(\frac{Kh}{\mu_0}\right)_{WB}\left(\frac{\mu}{h}\right) \tag{3.52}$$

式中 T_{WB}——井底附近受污染地带的流动系数，D·m/mPa·s；

K_d——近井地带受污染地层的有效渗透率，D。

用 Mckinley 图版求取井底附近受污染地层的有效渗透率，更符合每口井的实际情况，因为压力恢复资料是井底压力状态的真实反映；同时，运用这一方法，在构造复杂、储层非均质区块就更有针对性，可避免因统计资料带来的误差。

⑤ 污染深度的初步估算。

以判别射孔孔深是否穿透污染带初步估算污染深度，这对表皮系数的分解至关重要，因射孔未穿透污染带，则产生的拟表皮系数远大于穿透情况下的拟表皮系数。

据相关经验统计，初步估算污染深度的公式：

$$L_d = \frac{1}{2}B \cdot r_w\{\ln[r_w + 2A\sqrt{\Delta r \cdot r_L \cdot H \cdot T}] - \ln r_w\} \tag{3.53}$$

式中 L_d——污染深度，cm；

B——结构参数，取 1.291；

A——回归常数，0.06476；

Δr——钻井液密度与地层压力系数之差；

H——井深，m；

T——钻井液浸泡时间，h；

r_L——钻井液失水，mL。

$$L_d = \sqrt{r_w^2 + 1.728 \frac{K \cdot T \cdot \Delta p}{\mu \cdot \phi}} - r_w \tag{3.54}$$

式中 Δp——钻井压差，MPa；

μ——钻井液滤液黏度，mPa·s。

通过经验公式的初步估算来判断射孔孔深是否穿透污染带，但真正的污染深度要在求得真实的储层伤害表皮系数后才能确定。

⑥ 地层参数的确定。

地层参数是直接关系表皮系数计算结果正确与否的重要参数，可通过岩心分析直接获得渗透率、孔隙度、垂向渗透率与水平渗透率之比等参数，但是这种直接测量方法是通过大量实验分析获得，因而在实际工作中并不实用。因而表皮系数分解研究过程中，确定了不同参数的获取方法。

a. 渗透率的确定。

通过测试（试井）资料的霍纳、叠加或 Gringarten 法分析确定，这就是平常所说的试井解释，因为每个测试层均可做出这样的解释，因而渗透率的获得并不困难。

b. 孔隙度的确定。

用测井解释渗透率加权平均来求得

$$\phi = \frac{\sum (h_1 \phi_1 + h_2 \phi_2 + \cdots + h_n \phi_n)}{\sum (h_1 + h_2 + \cdots + h_n)} \tag{3.55}$$

c. 地层压力的确定。

用实测地层压力或用霍纳、叠加法分析获得的储层压力。

d. 垂向渗透率与水平渗透率之比。

该值可通过岩心实验分析或垂向干扰（脉冲）试井获得，而岩心分析能提供的这方面的资料很少，垂向干扰（脉冲）试井投入则更大，且影响产量，在实际工作中不太现实，因此研究过程中开展了垂向渗透率的变化对拟表皮系数影响的研究。

在储层参数（厚度、渗透率、污染带渗透率、污染半径）、射孔参数（孔深、孔径、压实厚度、压实带渗透率、相位角、孔密、孔径）相同的前提下，改变垂向渗透率与径向渗透率的比值，获得对应的射孔拟表皮系数，再作垂向渗透率与径向渗透率的比值$\frac{K_V}{K}$与射孔拟表皮系数的关系图，如图 3.5 所示，从图中不难看出，当储层垂向渗透率与径向渗透率的比值$\frac{K_V}{K}$小于 0.1 时，所引起的射孔拟表皮系数变化较大，比值在 0.1～0.7 之间，引起的表皮系数变化明显减弱，当比值大于 0.7 时，因比值变化引起的射孔拟表皮系数变化则很小。

（3）表皮系数分解方法在克拉 2 有水气藏的运用。

在表皮系数系统分解理论和关键参数获取技术的支撑下，以测、录井资料为起点，以射孔参数为核心，综合测试资料解释成果，以分解方法为指导，对西部克拉2气田开展了测试资料的表皮系数系统分解。

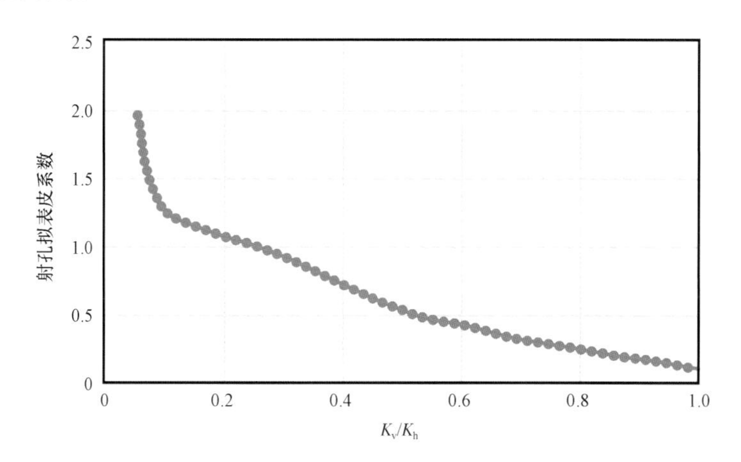

图3.5 垂向与径向渗透率的比值(K_v/K_h)与射孔拟表皮系数的关系图

储层基础资料准确与否同最终分解结果精度紧密相连，为确保分解的精度，每口井从接到测试任务起，就注意收集钻井、测井、录井、射孔等资料，保证了研究工作的顺利开展。

① 局部打开拟表皮系数。

使用公式(3.19)对克拉2气田单井局部打开拟表皮系数进行计算得到表3.3。

表3.3 克拉2气田单井局部打开拟表皮系数

井号	储层厚度(m)	打开厚度(m)	井筒半径(m)	陈元千公式	公式二	公式三
KL2 - 1	303.70	144.00	0.09	8.56	8.05	7.22
KL2 - 2	252.30	136.00	0.09	6.45	6.09	5.42
KL2 - 3	337.40	199.00	0.09	5.11	4.86	4.28
KL2 - 4	278.20	138.00	0.09	6.96	6.50	5.73
KL2 - 5	241.30	122.00	0.09	7.10	6.67	5.92
KL2 - 6	223.21	118.00	0.09	6.53	6.14	5.45
KL2 - 7	250.00	145.50	0.09	5.31	5.04	4.44
KL2 - 8	273.11	171.00	0.09	4.35	4.16	3.63
KL2 - 9	202.80	93.00	0.09	8.22	7.67	6.80
KL2 - 10	197.70	94.00	0.09	7.70	7.19	6.37
KL2 - 11	193.10	90.00	0.09	8.06	7.52	6.67
KL2 - 12	162.40	86.00	0.09	6.21	5.82	5.14
KL2 - 13	284.91	160.00	0.09	5.40	5.09	4.46
KL2 - 14	122.80	104.00	0.09	1.07	1.09	0.86
KL2 - 15	226.50	117.00	0.09	7.03	6.62	5.90
KL203	258.30	107.00	0.09	10.00	9.35	8.30
KL204	138.10	73.00	0.06	6.02	5.64	4.80
KL205	215.80	163.00	0.09	2.29	2.26	1.90

由表3.3中可以看出三种方法相差不大，从文献调研可知，公式三数值拟合精度较高，因此可选用公式三的方法作为克拉2气田单井局部打开拟表皮系数。

② 射孔完井拟表皮系数。

射孔完井拟表皮系数分为三个部分计算，应用公式(3.22)、式(3.23)及式(3.24)可得表3.4。

表3.4 克拉2气田单井射孔拟表皮

井号	水平流动拟表皮 S_h	垂直流动拟表皮 S_v	井眼表皮效应 S_{wb}	射孔孔眼拟表皮系数 S_p
KL2-1	-2.56	3.88871×10^{-35}	4.82×10^{-4}	-2.56
KL2-2	-2.59	5.67724×10^{-37}	4.74×10^{-4}	-2.59
KL2-3	-2.59	6.04047×10^{-64}	4.74×10^{-4}	-2.59
KL2-4	-2.56	4.40252×10^{-48}	4.82×10^{-4}	-2.56
KL2-5	-2.56	7.11307×10^{-33}	4.82×10^{-4}	-2.56
KL2-6	-2.59	7.23859×10^{-34}	4.74×10^{-4}	-2.59
KL2-7	-2.56	3.21911×10^{-36}	4.82×10^{-4}	-2.56
KL2-8	-2.59	9.68337×10^{-51}	4.74×10^{-4}	-2.59
KL2-9	-2.56	2.9325×10^{-27}	4.82×10^{-4}	-2.56
KL2-10	-2.56	4.84822×10^{-27}	4.82×10^{-4}	-2.56
KL2-11	-2.56	3.81874×10^{-25}	4.82×10^{-4}	-2.56
KL2-12	-2.56	1.47901×10^{-22}	4.82×10^{-4}	-2.56
KL2-13	-2.56	1.84012×10^{-52}	4.82×10^{-4}	-2.56
KL2-14	-2.56	7.90533×10^{-30}	4.82×10^{-4}	-2.56
KL2-15	-2.56	8.97392×10^{-28}	4.82×10^{-4}	-2.56
KL203	-2.56	6.70598×10^{-33}	4.82×10^{-4}	-2.56
KL204	-2.88	3.83821×10^{-23}	4.23×10^{-4}	-2.87
KL205	-2.56	1.9019×10^{-38}	4.82×10^{-4}	-2.56

③ 井斜拟表皮系数。

利用公式(3.36)计算克拉2气田单井井斜拟表皮系数，结果见表3.5。

表3.5 克拉2气田单井井斜拟表皮

井号	h/r_w	储层最大井斜角(°)	hD	校正井斜角(°)	井斜拟表皮
KL2-1	3416.20	3.9	10467	1.27	-9.590×10^{-4}
KL2-2	2838.02	3.0	9147	0.93	-5.322×10^{-4}
KL2-3	3795.28	8.63	7995	4.12	-5.854×10^{-3}
KL2-4	3129.36	1.8	4429	1.27	-6.344×10^{-4}
KL2-5	2714.29	0.9	6745	0.36	-9.233×10^{-5}
KL2-6	2510.80	4.1	7269	1.42	-9.833×10^{-4}
KL2-7	2812.15	6.7	8194	2.31	-2.334×10^{-3}
KL2-8	3072.10	1.59	7826	0.62	-2.514×10^{-4}
KL2-9	2281.22	7.5	4908	3.50	-3.319×10^{-3}

续表

井号	h/r_w	储层最大井斜角(°)	hD	校正井斜角(°)	井斜拟表皮
KL2-10	2223.85	2.1	4983	0.94	-4.096×10^{-4}
KL2-11	2172.10	4.1	5256	1.70	-1.118×10^{-3}
KL2-12	1826.77	4.5	5201	1.58	-9.934×10^{-4}
KL2-13	3204.84	3.5	5033	2.23	-1.686×10^{-3}
KL2-14	1381.33	2.7	3058	1.22	-4.650×10^{-4}
KL2-15	2547.81	8.67	8691	2.56	-2.844×10^{-3}
KL203	2905.51	5.6	5487	2.97	-2.793×10^{-3}
KL204	2174.80	6.2	4126	3.28	-2.626×10^{-3}
KL205	2427.45	7.0	7925	2.15	-2.049×10^{-3}

④ 非达西流拟表皮系数。

由于克拉2气田单井产量高,因此在表皮分解的过程中考虑非达西流引起的拟表皮系数。利用公式(3.41)计算克拉2气田单井非达西流拟表皮,可得表3.6。

表3.6 克拉2气田单井非达西流拟表皮

井号	K	储层厚度(m)	井筒半径(m)	β	D	$q_g(10^4m^3/d)$	S_t
KL2-1	75.40	144	0.0889	2.77×10^5	1.14×10^{-6}	297	3.39
KL2-2	83.85	136	0.0889	3.50×10^5	1.51×10^{-6}	320	3.90
KL2-3	58.13	199	0.0889	3.77×10^5	1.66×10^{-6}	83.7	1.39
KL2-4	61.55	138	0.0889	7.25×10^5	2.34×10^{-6}	273	6.38
KL2-5	55.93	122	0.0889	1.47×10^6	3.80×10^{-6}	54.5	2.07
KL2-6	56.65	118	0.0889	2.38×10^5	6.05×10^{-7}	154	0.93
KL2-7	94.90	145.5	0.0889	5.61×10^5	2.94×10^{-6}	100	6.93
KL2-8	84.18	171	0.0889	6.68×10^5	3.65×10^{-6}	164	5.99
KL2-9	10.03	93	0.0889	8.78×10^6	3.11×10^{-6}	65.2	2.03
KL2-10	46.06	94	0.0889	1.07×10^6	1.76×10^{-6}	55.1	0.97
KL2-11	46.35	90	0.0889	4.20×10^5	6.65×10^{-7}	70.9	0.47
KL2-12	22.54	86	0.0889	3.14×10^6	2.31×10^{-6}	30.4	0.70
KL2-13	25.85	160	0.0889	1.25×10^7	1.96×10^{-5}	30.5	5.96
KL2-14	7.63	104	0.0889	1.95×10^8	5.89×10^{-5}	28.1	16.55
KL2-15	32.90	117	0.0889	1.64×10^6	2.39×10^{-6}	61.0	1.46
KL203	4.98	107	0.0889	1.20×10^8	2.44×10^{-5}	35.2	8.59
KL204	4.45	73	0.0635	1.20×10^8	8.78×10^{-3}	60.0	0.53
KL205	5.98	163	0.0889	2.26×10^6	8.37×10^{-7}	87.4	0.73

⑤ 克拉2气田总表皮系数分解结果。

在射孔穿透深度、污染带渗透率这两个最主要的参数确定后,即可开展表皮系数系统分解,各层表皮系数分解结果见表3.7。

从表3.7的分解结果可以发现克拉2气田拟表皮主要是由部分射开孔和井底附近高速湍

流造成的,射孔孔眼拟表皮对地层有一定改善作用,真实表皮系数在气井未见水时较小,气井见水后真实表皮系数急剧增大。

表 3.7　克拉 2 气田表皮系数分解数据表

序号	井号	局部射开表皮系数	井斜表皮系数	射孔拟表皮系数	非达西流拟表皮	泄气面积拟表皮	总表皮系数	真实表皮系数
1	KL2－1	7.22	－0.000959	－2.56	3.39	0.25	8.31	2.39
2	KL2－2	5.42	－0.0005322	－2.59	3.90	0.25	6.98	－3.83
3	KL2－3	4.28	－0.0058537	－2.59	1.39	0.25	3.32	－0.36
4	KL2－4	5.73	－0.0006344	－2.56	6.38	0.25	9.81	－4.69
5	KL2－5	5.92	－0.00009233	－2.56	2.07	0.25	5.69	3.12
6	KL2－6	5.45	－0.0009833	－2.59	0.93	0.25	4.04	1.72
7	KL2－7	4.44	－0.0023339	－2.56	6.93	0.25	9.06	0.29
8	KL2－8	3.63	－0.0002514	－2.59	5.99	0.25	7.27	－0.32
9	KL2－9	6.80	－0.0033188	－2.56	2.03	0.25	6.52	0.10
10	KL2－10	6.37	－0.0004096	－2.56	0.97	0.25	5.03	1.63
11	KL2－11	6.67	－0.0011179	－2.56	0.47	0.25	4.84	－3.45
12	KL2－12	5.14	－0.0009934	－2.56	0.70	0.25	2.91	167.09
13	KL2－13	4.46	－0.0016861	－2.56	5.96	0.25	2.63	73.67
14	KL2－14	0.86	－0.000465	－2.56	16.55	0.25	13.62	549.38
15	KL2－15	5.90	－0.0028443	－2.56	1.46	0.25	5.05	3.83
16	KL203	8.30	－0.0027931	－2.56	8.59	0.25	45.54	495.46
18	KL205	1.90	－0.0020487	－2.56	0.73	0.25	0.32	1.15

3.2　有水气藏渗流特征分析

假设井筒的流入为均匀流动,应用上面点源函数的基本解,沿井筒方向上积分可获得直井的井底压力动态响应数学表达式,并可研究油气藏厚度、表皮系数、井筒储集系数等因素对井底压力动态的影响。这对分析油气井压力动态特征、油气井测试评价等具有十分重要的作用。此外本节还分析了底水、气顶等定压边界对井底压力动态响应的影响,这对开发该类油气藏有十分重要的指导作用。

本节的讨论基于如下假设:(1)地层水平等厚、各向异性;(2)考虑单相微可压缩、流体物性不随压力变化;(3)地层流体流动服从线性达西渗流;(4)考虑表皮效应和井筒储集效应;(5)地层各点压力为 p,气井以恒定产量 q 开井生产。通过上述假设,结合 3.1.1 节的推导,可以建立如下瞬时点源的渗流微分方程[17－18]。

3.2.1　瞬时源函数的基本解

(1)顶底封闭边界无限大气藏瞬时源函数基本解的求取。

顶底封闭边界瞬时点源扩散方程的数学模型为

$$
\begin{cases}
\bar{L}\bar{\gamma}(M_{\mathrm{D}},M'_{\mathrm{D}},S,0) = \nabla_{\mathrm{D}}^{2}\bar{\gamma} - S\bar{\gamma} = -\delta(M_{\mathrm{D}},M'_{\mathrm{D}}) \\
\dfrac{\partial\bar{\gamma}}{\partial n} = 0, \qquad z = 0 \text{ 或 } z_{\mathrm{e}} \\
\bar{\gamma}(\gamma_{\mathrm{D}},0) = 0 \\
\bar{\gamma}(\infty,s) = 0
\end{cases}
\tag{3.56}
$$

根据 Lord Kelvin 的点源解，通过镜像反映可以得到上述模型的基本解。用镜像反映的方法，我们可以将一个具有边界反映的瞬时点源看成是无数个与之相对应的点源叠加。这些点源关于平面对称，且分别位于离边界($x=0$)$2nz_{\mathrm{e}}$和$-2nz_{\mathrm{e}}$远处，($x=1\cdots\infty$)。

可以得到具有封闭边界的瞬时点源的基本解为

$$
\bar{\gamma} = \frac{1}{4\pi}\sum_{-\infty}^{+\infty}\left(\frac{\exp\left(-\sqrt{u}\sqrt{R_{\mathrm{D}}^{2}+(z_{\mathrm{D}}+z'_{\mathrm{D}}-2nz_{\mathrm{eD}})^{2}}\right)}{\sqrt{R_{\mathrm{D}}^{2}+(z_{\mathrm{D}}+z'_{\mathrm{D}}-2nz_{\mathrm{eD}})^{2}}} + \frac{\exp\left(-\sqrt{u}\sqrt{R_{\mathrm{D}}^{2}+(z_{\mathrm{D}}-z'_{\mathrm{D}}-2nz_{\mathrm{eD}})^{2}}\right)}{\sqrt{R_{\mathrm{D}}^{2}+(z_{\mathrm{D}}-z'_{\mathrm{D}}-2nz_{\mathrm{eD}})^{2}}}\right\}
\tag{3.57}
$$

在方程中：

$$
R_{\mathrm{D}}^{2} = (x_{\mathrm{D}}-x'_{\mathrm{D}})^{2} + (y_{\mathrm{D}}-y'_{\mathrm{D}})^{2}
$$

$$
x_{\mathrm{D}} = \frac{x}{l}\sqrt{\frac{K}{K_{x}}}
$$

$$
y_{\mathrm{D}} = \frac{y}{l}\sqrt{\frac{K}{K_{y}}}
$$

$$
z_{\mathrm{D}} = \frac{z}{l}\sqrt{\frac{K}{K_{z}}}
$$

$$
z_{\mathrm{eD}} = \frac{z_{\mathrm{e}}}{l}\sqrt{\frac{K}{K_{z}}}
$$

由于式(3.57)的计算很复杂，可以通过 Poisson 叠加公式将上述方程简化为更简洁的表达式：

$$
\sum_{n=-\infty}^{n=+\infty}\exp\left(-\frac{(\xi-2n\xi_{\mathrm{e}})^{2}}{4t_{\mathrm{D}}}\right) = \frac{\sqrt{\pi t_{\mathrm{D}}}}{\xi_{\mathrm{e}}}\left[1+2\sum_{n=1}^{n=+\infty}\exp\left(-\frac{n^{2}\pi^{2}t_{\mathrm{D}}}{\xi_{\mathrm{e}}^{2}}\cos\left(n\pi\frac{\xi}{\xi_{\mathrm{D}}}\right)\right)\right]
\tag{3.58}
$$

对方程(3.58)两端同乘 $t_{\mathrm{D}}^{-\frac{3}{2}}\exp(-a^{2}/4t_{\mathrm{D}})$，式中 a 为一个客观存在的常数，对 t_{D} 进行拉氏变换可以得到式(3.59)与式(3.60)：

$$
\sum_{-\infty}^{+\infty}\frac{\exp\left(-\sqrt{u}\sqrt{R_{\mathrm{D}}^{2}+(z_{\mathrm{D}}+z'_{\mathrm{D}}-2nz_{\mathrm{eD}})^{2}}\right)}{\sqrt{R_{\mathrm{D}}^{2}+(z_{\mathrm{D}}+z'_{\mathrm{D}}-2nz_{\mathrm{eD}})^{2}}} = \frac{1}{z_{\mathrm{eD}}}\left[K_{\mathrm{B0}}(R_{\mathrm{D}}\sqrt{u}) + 2\sum_{n=1}^{n=+\infty}\left(R_{\mathrm{D}}\sqrt{u+\frac{n^{2}\pi^{2}t_{\mathrm{D}}}{z_{\mathrm{eD}}^{2}}}\right)\cos\left(n\pi\frac{z_{\mathrm{D}}+z'_{\mathrm{D}}}{z_{\mathrm{eD}}}\right)\right]
\tag{3.59}
$$

$$\sum_{-\infty}^{+\infty}\frac{\exp\left(-\sqrt{u}\sqrt{R_D^2+(z_D-z'_D-2nz_{eD})^2}\right)}{\sqrt{R_D^2+(z_D-z'_D-2nz_{eD})^2}}=\frac{1}{z_{eD}}\left[K_{B0}(R_D\sqrt{u})\right.$$

$$\left.+2\sum_{n=1}^{n=+\infty}\left(R_D\sqrt{u+\frac{n^2\pi^2 t_D}{z_{eD}^2}}\right)\cos\left(n\pi\frac{z_D-z'_D}{z_{eD}}\right)\right] \tag{3.60}$$

用前文的叠加公式，在 $z=0$ 和 $z=z_e$ 处为封闭边界的瞬时源函数基本解：

$$\bar{\gamma}=\frac{1}{2\pi z_{eD}}\left[K_{B0}(R_D\sqrt{u})+2\sum_{n=1}^{n=+\infty}\left(R_D\sqrt{u+\frac{n^2\pi^2}{z_{eD}^2}}\right)\cos\left(n\pi\frac{z_D}{z_{eD}}\right)\cos\left(n\pi\frac{z'_D}{z_{eD}}\right)\right] \tag{3.61}$$

式中　K_{B0} 为修正的零阶贝塞尔函数。

(2)顶底定压边界无限大气藏瞬时源函数基本解的求取。

顶底定压边界瞬时点源扩散方程的数学模型为

$$\begin{cases}\bar{L}\bar{\gamma}(M_D,M'_D,S,0)=\nabla_D^2\bar{\gamma}-S\bar{\gamma}=-\delta(M_D,M'_D)\\ \bar{\gamma}=0, \qquad z=0\text{ 或 }z_e\\ \bar{\gamma}(\gamma_D,0)=0\end{cases} \tag{3.62}$$

采用镜像反映方法，可以得到顶底定压边界瞬时点源的基本解为

$$\bar{\gamma}=\frac{1}{4\pi}\sum_{-\infty}^{+\infty}\left\{\frac{\exp\left(-\sqrt{u}\sqrt{R_D^2+(z_D-z'_D-2nz_{eD})^2}\right)}{\sqrt{R_D^2+(z_D-z'_D-2nz_{eD})^2}}\right.$$

$$\left.+\frac{\exp\left(-\sqrt{u}\sqrt{R_D^2+(z_D+z'_D-2nz_{eD})^2}\right)}{\sqrt{R_D^2+(z_D+z'_D-2nz_{eD})^2}}\right\} \tag{3.63}$$

利用 Poisson 叠加公式可以将式(3.63)进行简化，在 $z=0$ 和 $z=z_e$ 处为定压边界的瞬时源函数基本解：

$$\bar{\gamma}=\frac{1}{\pi z_{eD}}\left[2\sum_{n=1}^{n=+\infty}K_{B0}\left(R_D\sqrt{u+\frac{n^2\pi^2}{z_{eD}^2}}\right)\sin\left(n\pi\frac{z_D}{z_{eD}}\right)\sin\left(n\pi\frac{z'_D}{z_{eD}}\right)\right] \tag{3.64}$$

(3)顶底混合边界无限大气藏瞬时源函数基本解的求取。

顶底混合边界瞬时点源的扩散方程的数学模型为

$$\begin{cases}\bar{L}\bar{\gamma}(M_D,M'_D,S,0)=\nabla_D^2\bar{\gamma}-S\bar{\gamma}=-\delta(M_D,M'_D)\\ \dfrac{\partial\bar{\gamma}}{\partial n}=0, \qquad z=0\\ \bar{\gamma}=0 \qquad z=z_e\\ \bar{\gamma}(\gamma_D,0)=0\end{cases} \tag{3.65}$$

采用镜像反映法，得到混合边界瞬时点源的基本解为

$$\bar{\gamma}=\frac{1}{4\pi}\sum_{-\infty}^{+\infty}(-1)^n\left\{\frac{\exp\left(-\sqrt{u}\sqrt{R_D^2+(z_D-z'_D-2nz_{eD})^2}\right)}{\sqrt{R_D^2+(z_D-z'_D-2nz_{eD})^2}}+\frac{\exp\left(-\sqrt{u}\sqrt{R_D^2+(z_D+z'_D-2nz_{eD})^2}\right)}{\sqrt{R_D^2+(z_D+z'_D-2nz_{eD})^2}}\right\} \tag{3.66}$$

利用 Poisson 叠加公式可以将式(3.66)进行简化,在 $z=0$ 处为封闭边界和 $z=z_e$ 处为定压边界的瞬时源函数基本解:

$$\bar{\gamma}=\frac{1}{\pi z_{eD}}\left[2\sum_{n=1}^{n=+\infty}K_{B0}\left(R_D\sqrt{u+\frac{n^2\pi^2}{z_{eD}^2}}\right)\cos(2n-1)\frac{\pi}{2}\frac{z_D}{z_{eD}}\cos(2n-1)\frac{\pi}{2}\frac{z'_D}{z_{eD}}\right] \tag{3.67}$$

(4)直井井底压力响应函数。

如果上述求得的基本解满足其初始条件和边界条件。则可以通过式(3.68)求得其直井的压力响应函数。

$$\overline{\Delta p}(M_D,\widetilde{M}_D,S,\tilde{t}_D)=\int_{\Omega_D}\bar{f}(M'_D,\widetilde{M}_D,S,\tilde{t}_D)\bar{\gamma}(M'_D,\widetilde{M}_D,S,0)\mathrm{d}\widetilde{M}_D \tag{3.68}$$

式中

$$\overline{\Delta p}=\frac{p_1}{s}-\bar{p}$$

通过数学变换可以简化(3.68),从而得到一个更方便的近似表达式:

$$\begin{aligned}&\overline{\Delta p}(M_D,\widetilde{M}_D,S,\tilde{t}_D)\\&=\int_{\Omega_D}\int_{\tilde{S}_D}\int_{\tilde{t}_D}\frac{\tilde{q}_D(\widetilde{M}_D,\tilde{t}_D)}{\phi C}\delta(M'_D,\widetilde{M}_D)\exp(-S\tilde{t}_D)\mathrm{d}\tilde{S}_D\mathrm{d}\tilde{t}_D\bar{\gamma}(M'_D,\widetilde{M}_D,S,0)\mathrm{d}\widetilde{M}_D\\&=\int_{\tilde{S}_D}\int_{\tilde{t}_D}\frac{\tilde{q}_D(\widetilde{M}_D,\tilde{t}_D)}{\phi C}\delta(M'_D,\widetilde{M}_D)\exp(-S\tilde{t}_D)\bar{\gamma}(M'_D,\widetilde{M}_D,S,0)\mathrm{d}\tilde{S}_D\mathrm{d}\tilde{t}_D\end{aligned} \tag{3.69}$$

式中

$$\tilde{q}_D=\frac{1}{l^3}\tilde{q}$$

将前节中求得的瞬时源函数基本解,代入方程,假设 2 L_h 为直井的源长度,q 表示流体的流量,由相应边界的瞬时源函数代入方程,在 Z 方向进行从 $(Z_w-L_h)/l$ 到 $(Z_w+L_h)/l$ 进行积分。

封闭边界中的直井井底压力响应函数为

$$\overline{\Delta p}=\frac{\mu L}{2\pi Kz_{eD}}\int_{-L_h/l}^{L_h/l}\bar{\tilde{q}}(\tilde{x}_{WD})\tilde{z}_{WD}\left\{\left[K_{B0}(R_D\sqrt{u})+2\sum_{n=1}^{n=+\infty}\left(R_D\sqrt{u+\frac{n^2\pi^2}{z_{eD}^2}}\right)\cos\left(n\pi\frac{z_D}{z_{eD}}\right)\cos\left(n\pi\frac{\alpha}{z_{eD}}\right)\right]\right\}\mathrm{d}\alpha \tag{3.70}$$

定压边界中的直井井底压力响应函数为

$$\overline{\Delta p} = \int_{-L_h/l}^{L_h/l} \bar{\tilde{q}}(\tilde{x}_{WD}) \frac{1}{\pi z_{eD}} \left\{ \sum_{n=1}^{n=+\infty} K_{B0}\left(R_D \sqrt{u + \frac{n^2\pi^2}{z_{eD}^2}} \right) \sin\left(n\pi \frac{z_D}{z_{eD}} \right) \times \sin\left(n\pi \frac{z'_D}{z_{eD}} \right) \right\} d\alpha \tag{3.71}$$

混合边界中的直井井底压力响应函数为

$$\overline{\Delta p} = \frac{\mu}{Kl} \left\{ \int_{-L_h/l}^{L_h/l} \bar{\tilde{q}}(\tilde{x}_{WD}) \frac{1}{\pi z_{eD}} \left[\sum_{n=1}^{n=+\infty} K_{B0}\left(R_D \sqrt{u + \frac{(2n-1)^2\pi^2}{4z_{eD}^2}} \right) \times \cos\left((2n-1)\frac{\pi}{2}\frac{z_D}{z_{eD}} \right) \cos\left((2n-1)\frac{\pi}{2}\frac{z'_{WD}}{z_{eD}} \right) \right] \right\} d\alpha \tag{3.72}$$

3.2.2 直井无量纲井底压力响应函数

通过数学变换,可以将上述压力响应函数 Δp 转变为无量纲量压力响应函数:

$$p_D(x_D, y_D, z_D, t_D) = \frac{2\pi Kh}{q\mu}[p_i - p(x, y, z, t)]$$

假定井的中心位置为$(0,0,z_w)$,且流量恒定,则

$$\Delta\bar{p}_D = \frac{p_1}{s} - \bar{p}_D$$

对于直井令 $l = L_f = z_{eW}/2$,则顶底封闭边界直井拉氏空间井底压力响应函数为

$$\bar{p}_D = \frac{1}{2s}\int_{-1}^{1} K_{B0}\left(\sqrt{u}\sqrt{x_D^2 + y_D^2}\right) d\alpha + \frac{1}{s}\sum_{n=1}^{n=+\infty} K_{B0}\left(R_D \sqrt{u + \frac{n^2\pi^2}{z_{eD}^2}} \right) \times \cos(n\pi z_{wD}) \int_{-1}^{1} \cos(n\pi\alpha) d\alpha \tag{3.73}$$

顶底定压边界直井拉氏空间井底压力响应函数为

$$\bar{p}_D = \frac{1}{s}\sum_{n=1}^{n=+\infty} K_{B0}\left(R_D \sqrt{u + \frac{n^2\pi^2}{z_{eD}^2}} \right) \sin(n\pi z_{wD}) \int_{-1}^{1} \sin(n\pi\alpha) d\alpha \tag{3.74}$$

顶底混合边界直井拉氏空间井底压力响应函数为

$$\bar{p}_D = \frac{1}{s}\sum_{n=1}^{n=+\infty} K_{B0}\left(\sqrt{(x_D - \alpha)^2 + y_D^2} \sqrt{u + \frac{n^2\pi^2}{4z_{eD}^2}} \right) \cos\left[(2n-1)\frac{\pi}{2} z_{wD} \right] \int_{-1}^{1} \cos\left[(2n-1)\frac{\pi}{2}\alpha \right] d\alpha \tag{3.75}$$

3.2.3 考虑径向边界影响的直井压力响应数学模型

前面已探讨了考虑顶底边界影响的井底压力动态响应数学模型，本节在其基础上进一步考虑水平径向边界的影响，在实际模型中主要是考虑存在边水或存在封闭边界情形的油气藏，基本假设与前面类似。由于顶底定压边界的影响，后期边界反映易被屏蔽，因此本节只讨论顶底封闭边界下的情形。

(1)顶底封闭、外边界封闭直井压力响应数学模型。

在顶底封闭、外边界封闭边界瞬时点源的扩散方程在拉氏空间的表达式为

$$\begin{cases} \bar{L}\bar{\gamma}(M_D, M'_D, S, 0) = \nabla_D^2\bar{\gamma} - S\bar{\gamma} = -\delta(M_D, M'_D) \\ \dfrac{\partial\bar{\gamma}}{\partial n} = 0 \qquad z = 0 \text{ 和 } z_e \quad r = r_e \end{cases} \tag{3.76}$$

利用前面的方法求解上述问题，在考虑径向边界问题时可以利用 Muskat 的方法进行求解，即

$$\overline{\Delta p} = p + G$$

其中 p 为只考虑顶底边界条件的压力解，而 $p + G$ 同时满足顶底和径向边界条件。因此通过推导发现：在考虑径向边界条件时，只需要在考虑顶底边界条件的基础上利用式(3.77)取代方程中的$K_{B0}(\alpha R_D)$项，即可满足边界条件的要求。

对于径向封闭边界条件：

$$I_0(r_{eD}\,\varepsilon_n)\frac{K_{B1}(r_{eD}\,\varepsilon_n)}{I_{B1}(r_{eD}\,\varepsilon_n)} \qquad \left.\frac{\partial\Delta\bar{p}}{\partial r_D}\right|_{r_D = r_{eD}} = 0 \tag{3.77}$$

其中 I_{B1} 和 K_{B1} 分别为修正的1阶贝塞尔函数。

如油层全部射开，则顶底封闭边界、外边界封闭直井拉氏空间井底压力响应函数为

$$\bar{p}_D = \left[K_{B0}\left(\sqrt{u}\sqrt{x_D^2 + y_D^2}\right)\right] + I_{B0}\left(r_{eD}\sqrt{x_D^2 + y_D^2}\right)\frac{K_{B1}\left(r_{eD}\sqrt{x_D^2 + y_D^2}\right)}{I_{B1}\left(r_{eD}\sqrt{x_D^2 + y_D^2}\right)}\Bigg/ u \tag{3.78}$$

其中 I_{B0} 和 K_{B0} 分别为修正的零阶贝塞尔函数，I_{B1} 和 K_{B1} 分别为修正的1阶贝塞尔函数。

(2)顶底封闭、外边界定压直井压力响应数学模型。

$$\begin{cases} \bar{L}\bar{\gamma}(M_D, M'_D, S, 0) = \nabla_D^2\bar{\gamma} - S\bar{\gamma} = -\delta(M_D, M'_D) \\ \dfrac{\partial\bar{\gamma}}{\partial n} = 0, \qquad z = 0 \text{ 和 } z_e \\ \bar{\gamma} = 0 \qquad r = r_e \end{cases} \tag{3.79}$$

与封闭边界类似，利用前面的方法求解上述问题，在考虑径向边界问题时利用 Muskat 的方法进行求解。对于径向定压边界条件：

$$-I_0(r_{eD}\,\varepsilon_n)\frac{K_{B0}(r_{eD}\varepsilon_n)}{I_{B0}(r_{eD}\varepsilon_n)} \qquad \Delta p\big|_{r_D = r_{eD}} = 0 \tag{3.80}$$

如油层全部射开，则顶底封闭、外边界定压直井拉氏空间压力响应函数为

$$\bar{p}_{\mathrm{D}} = \left[K_{\mathrm{B0}}\left(\sqrt{u}\ \sqrt{x_{\mathrm{D}}^{2} + y_{\mathrm{D}}^{2}} \right) \right.$$

$$\left. - I_{\mathrm{B0}}\left(r_{\mathrm{eD}}\ \sqrt{x_{\mathrm{D}}^{2} + y_{\mathrm{D}}^{2}} \right) \frac{K_{\mathrm{B0}}\left(r_{\mathrm{eD}}\ \sqrt{x_{\mathrm{D}}^{2} + y_{\mathrm{D}}^{2}} \right)}{I_{\mathrm{B0}}\left(r_{\mathrm{eD}}\ \sqrt{x_{\mathrm{D}}^{2} + y_{\mathrm{D}}^{2}} \right)} \right] \Big/ u \tag{3.81}$$

3.2.4 有水气藏直井渗流特征及影响因素分析

利用上述公式和 Stehfest 数值反演求解出了上述模型的解,并计算其理论曲线。

(1)顶底封闭、无限大边界直井。

图 3.6 给出了顶底封闭直井双对数压力响应和压力导数曲线,从双对数曲线中可以发现直井渗流存在两个流动阶段:

① 早期纯井筒储集阶段,在压力和压力导数双对数曲线上表现为斜率为 1 的直线段,该阶段压力和压力导数曲线主要受气藏早期井筒储集效应的影响;

② 中期径向流动阶段,在压力和压力导数双对数曲线上压力导数曲线出现水平段且值为 0.5,该阶段反映了水平方向上的系统总径向流动。

图 3.6 是表皮系数 S 对顶底封闭直井井底压力响应曲线的影响关系图。从图中可以看出,表皮效应对井底压力动态曲线的影响存在于除纯井筒储集阶段以外的任何流动阶段,表皮系数 S 越大,无量纲压力曲线的位置越高,无量纲压力曲线与无量纲压力导数曲线之间的距离越大,表示井所受的污染越严重;在压力导数曲线上,表皮系数对曲线形态的影响主要反映在由纯井筒储集阶段向系统径向流动阶段的过渡阶段,表皮系数 S 越大,过渡段的驼峰越高,反之表皮系数越小,过渡段的驼峰越低。

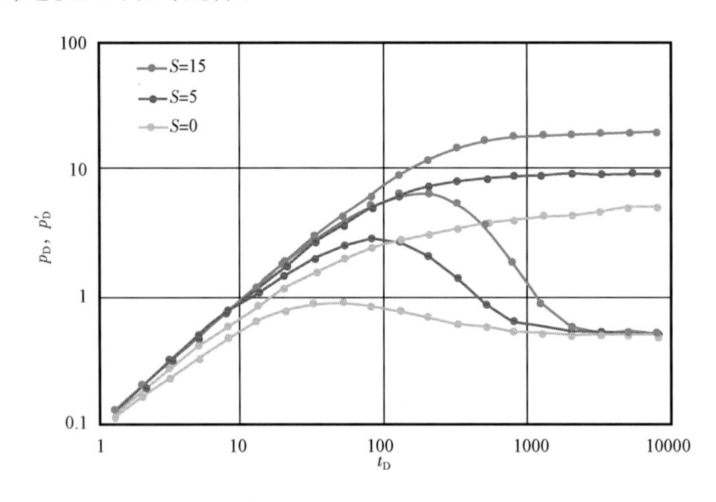

图 3.6　表皮系数对井底压力响应曲线的影响

图 3.7 是井筒储存系数C_{D} 对顶底封闭直井井底压力动态的影响关系图。从图中可以看出,井筒储存系数对顶底封闭直井井底压力动态的影响主要表现在早期井筒储集效应结束的时间上,井筒储存系数越大,井筒储集的时间越长,反之井筒储存系数越小,井筒储集的时间越短,在双对数曲线上,各曲线族表现为互为平行的曲线族。

(2)顶部封闭、底部定压边界。

图 3.8 给出了顶底封闭、底部定压直井双对数压力响应和压力导数曲线,从双对数曲线中可以发现直井渗流存在两个流动阶段:

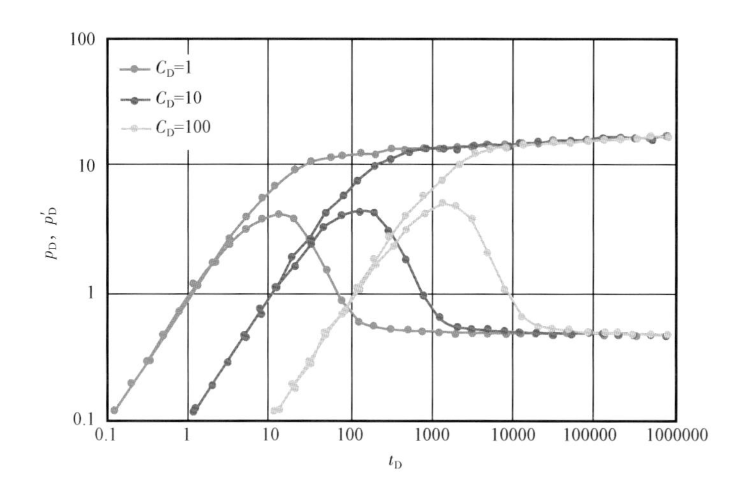

图 3.7　井筒储存系数对井底压力响应曲线的影响

① 早期纯井储阶段,在压力和压力导数双对数曲线上表现为斜率为 1 的直线段,该阶段反映了压力和压力导数曲线受早期井筒储集效应的影响;

② 中期边界反映阶段,具体表现为:在双对数曲线上,压力导数曲线迅速下掉,且压力曲线趋于某一定值,该阶段反映了定压边界对压力和压力导数曲线的影响。

图 3.8 是表皮系数 S 对顶底封闭、底部定压直井井底压力响应曲线的影响关系图。从图 3.8 中可以看出:与前面类似,表皮效应对井底压力动态曲线的影响存在除纯井筒储集阶段以外的任何流动阶段,表皮系数 S 越大,无量纲压力曲线的位置越高,无量纲压力曲线与无量纲压力导数曲线之间的距离越大,表示井所受的污染越严重;在压力导数曲线上,表皮系数对曲线形态的影响主要反映在由纯井筒储集阶段向内区径向流动阶段的过渡阶段,表皮系数 S 越大,过渡段的驼峰越高,反之表皮系数越小,过渡段的驼峰越低。

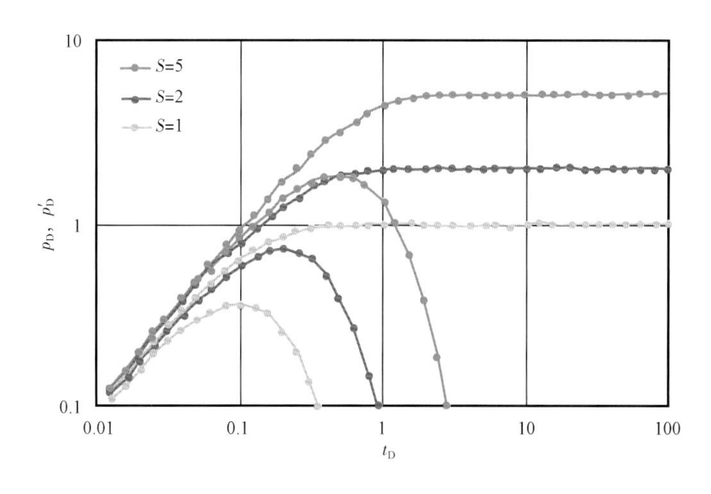

图 3.8　表皮系数对井底压力响应曲线的影响

(3)顶底封闭、径向封闭边界。

图 3.9 给出了外边界封闭、顶底封闭直井双对数压力响应和压力导数曲线,从双对数曲线中可以发现直井渗流存在三个流动阶段:

① 早期纯井筒储集阶段,在压力和压力导数双对数曲线上表现为斜率为 1 的直线,该阶

段反映了早期井筒储集效应对压力和压力导数曲线的影响;

② 中期径向阶段,在压力和压力导数双对数曲线上压力导数曲线出现水平段且值为0.5,该阶段反映了水平方向上的径向流动;

③ 晚期径向封闭边界反映阶段,具体表现为:在双对数曲线上,压力导数曲线迅速上升,且呈一定斜率的直线,该阶段反映了封闭边界对压力和压力导数曲线的影响。

图3.9是圆形封闭外边界距离R_D对顶底封闭、外边界封闭直井井底压力动态的影响关系图。从图中可以看出,存在圆形封闭外边界情形的流动阶段表现为一个晚期的拟稳态流动阶段,其渗流特征为晚期压力与导数曲线均为一定斜率的直线段,而到边界的距离主要影响径向流动阶段的结束时间。到边界距离R_D越大,径向流动阶段的结束时间越晚;反之R_D越小,径向流动阶段的结束时间就越早,如果R_D足够小,则径向流动阶段就可能观测不到,如图3.9中$R_D=100$的情形。晚期边界反映阶段,压力和压力导数曲线重合,且不同的曲线族表现为互为平行的趋势。

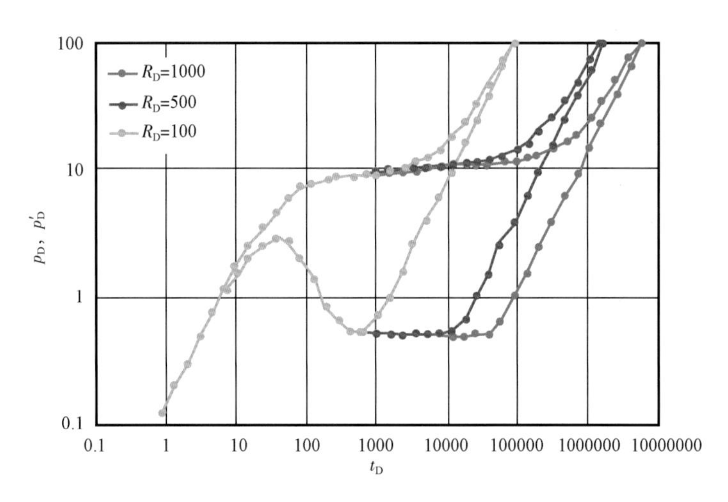

图3.9　圆形封闭外边界距离对井底压力响应曲线的影响

图3.10是表皮系数S对顶底封闭、外边界封闭直井井底压力动态的影响关系图。从图中可以看出,表皮效应对井底压力动态曲线的影响存在中期流动阶段,表皮系数S越大,中期段无量纲压力曲线的位置越高,无量纲压力曲线与无量纲压力导数曲线之间的距离越大,表示井所受的污染越严重;在压力导数曲线上,表皮系数对曲线形态的影响主要反映在由纯井筒储存阶段向内区径向流动阶段的过渡阶段,表皮系数S越大,过渡段的驼峰越高,反之表皮系数越小,过渡段的驼峰越低。

图3.11是井筒储存系数C_D对顶底封闭、外边界封闭直井井底压力动态的影响关系图。从图中可以看出,与前面情况类似,井筒储存系数对顶底封闭、外边界封闭直井井底压力动态的影响主要表现在井筒储集的时间上:井筒储存系数越大,井筒储集的时间越长,在早期井筒储集阶段,不同曲线族表现为互为平行的趋势。

(4)顶底封闭、径向定压边界。

图3.12给出了顶底封闭、外边界定压直井双对数压力响应和压力导数曲线,从双对数曲线中可以发现存在三个流动阶段:

① 早期纯井储阶段,在压力和压力导数双对数曲线上表现为斜率为1的直线段,该阶段主要表现为:压力和压力导数曲线受早期井筒储集效应的影响;

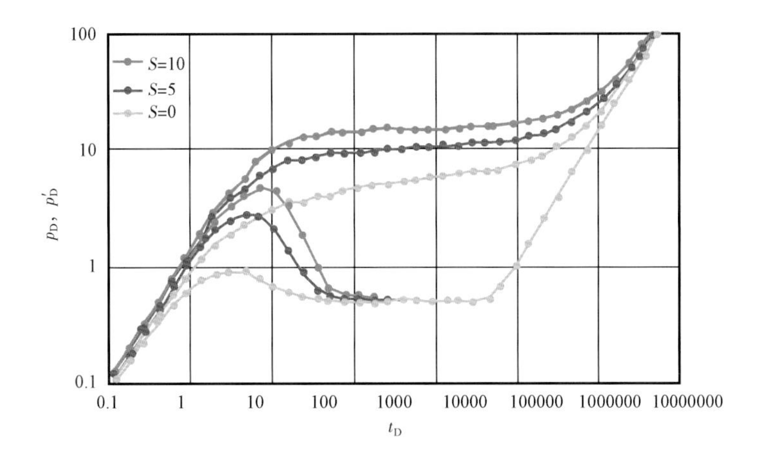

图 3.10　表皮系数对井底压力响应的影响

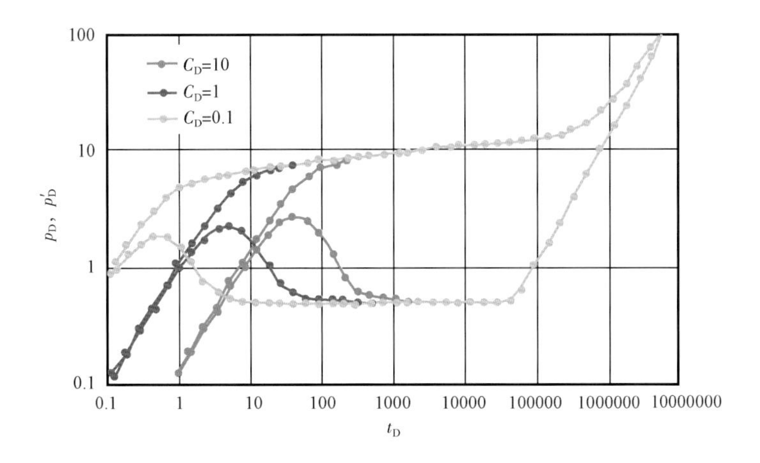

图 3.11　井筒储存系数对井底压力响应的影响

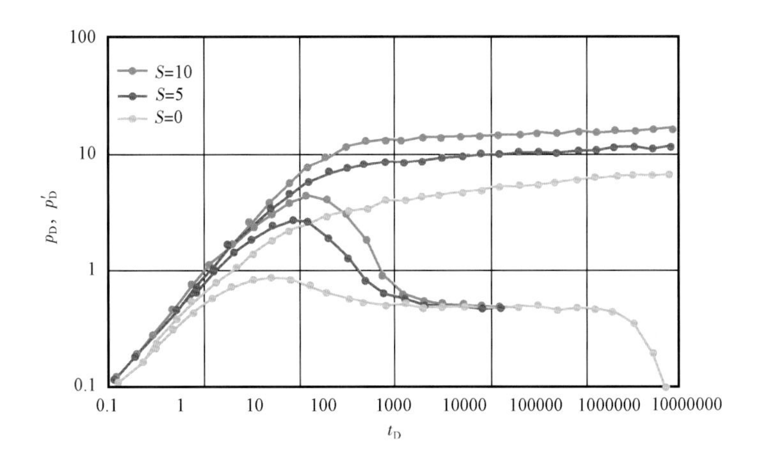

图 3.12　顶底封闭、外边界定压直井双对数压力响应和压力导数曲线

② 中期径向流动阶段，在压力和压力导数双对数曲线上压力导数曲线出现第二水平段且值为 0.5，该段反映了早期水平方向的径向流动阶段；

③ 晚期径向定压边界反映阶段，具体表现为：在双对数曲线上，压力导数曲线迅速下掉，且压力曲线趋于某一定值，该阶段反映了定压边界对压力和压力导数曲线的影响。

图3.12是表皮系数S对顶底封闭、外边界定压直井井底压力动态的影响关系图。与前面较类似，表皮系数S越大，无量纲压力曲线的位置越高，无量纲压力曲线与无量纲压力导数曲线之间的距离越大，表示井所受的污染越严重；表皮系数S越大，过渡段的驼峰越高，反之表皮系数越小，过渡段的驼峰越低。

图3.13是井筒储存系数C_D对顶底封闭、外边界定压直井井底压力动态的影响关系图。与前面类似，从图中可以看出，井筒储存系数对顶底封闭、外边界定压直井井底压力动态的影响主要表现在井筒储集的时间上：井筒储存系数越大，井筒储集的时间越长。

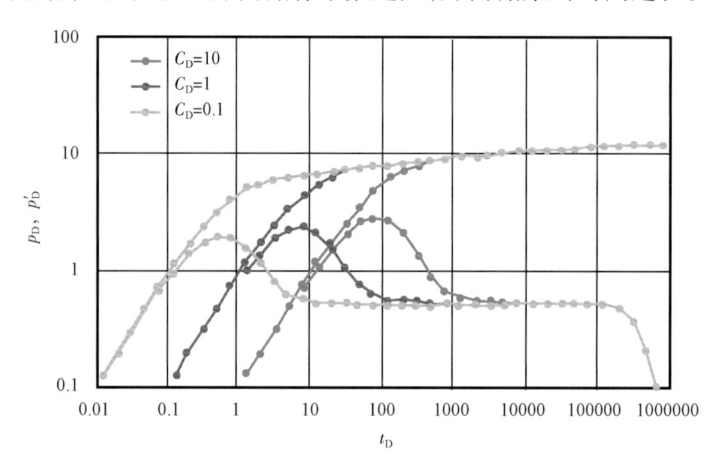

图3.13　井筒储存系数对井底压力响应的影响

图3.14是圆形供给外边界对顶底封闭、外边界定压直井井底压力动态的影响关系图。从图中可以看出，圆形供给外边界情形的流动阶段表现为一个晚期的稳定流动阶段，其渗流特征为晚期无量纲压力曲线为一条水平直线段、导数曲线则下降变为零。到外边界的距离主要影响径向流动阶段的结束时间，到外边界距离R_{eD}越大，径向流动阶段持续的时间越长，结束的时间越晚；反之R_{eD}越小，径向流动阶段持续的时间越短，结束时间就越早，如果R_{eD}足够小，则径向流动阶段将被外边界控制的稳定流动阶段所掩盖，如图3.14中$R_{eD}=100$的情形。

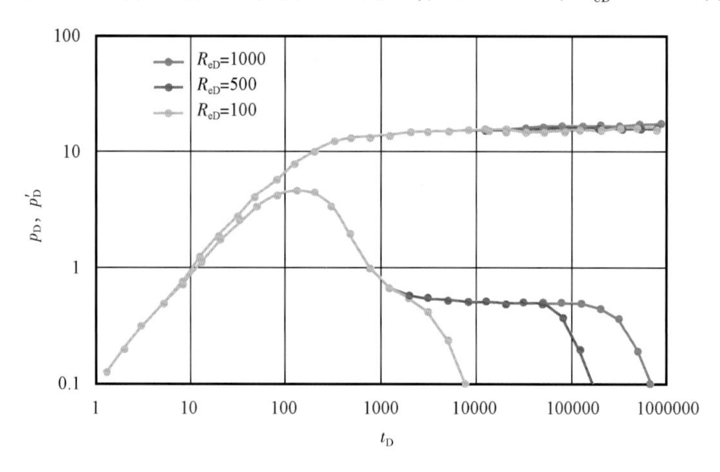

图3.14　圆形供给外边界距离对井底压力响应的影响

3.3 数值试井分析技术

3.3.1 数值试井概述

数值试井方法是20世纪90年代以来试井分析理论与油藏数值模拟发展的一个新方向，研究的内容主要是选择合适的油藏模型，进行合理的网格划分；严格控制数值模拟精度，采用合适的预处理器与矩阵求解器，求解试井问题，获取目标参数，指导油田实践[19-24]。

传统的试井解释方法是在解析模型的基础上，形成线性拟合和典型曲线匹配的方法。它是根据压力导数结合地质、岩石、气井、流体状况等选择合适的解析模型，采用不稳定压力分析处理真实压力动态，获得近井和油藏的特征。由于传统的试井解释技术对于复杂的油藏，如具有不同表皮系数的多层、复杂的不对称边界等问题都不能准确描述，因而须研究数值试井方法和研制数值试井软件。数值试井方法是在试井分析领域内采用了类似油藏数值模拟技术，通过对整个复杂区域（包括井和油藏）进行网格划分，用合适的数值离散方法对有关压力的连续性方程进行离散，从而生成离散方程组，再求解离散方程，用求得的近似压力响应与实测的压力数据进行比较，得到解释参数，从而更好地评价复杂的油气藏。

数值试井方法与油藏数值模拟具有很多共同点：(1)两个问题都需要将区域划分为网格，在网格单元内各处油藏属性和流体特征都被认为是相同的；(2)二者都需要建模并离散，用渗流的方程来为实际问题建模，根据实际问题，采用多相或单相流的流动方程，用适当的离散方法将其离散，写出各个网格的离散形式的控制方程；(3)二者都需要根据区域中各个网格的流动方程，组成系数矩阵，进行求解，并对求解结果进行处理，用于指导实际开采。

然而数值试井与油藏数值模拟又有些不同点：(1)油藏数值模拟处理的问题基本是大规模的，这导致了网格划分方面的问题。一般来说网格划分得越粗，模拟的精度就越低，相反网格划分得越细，模拟的精度就越高。为了取得较高的精度，人们希望网格划分得越细越好，但是受限于计算机的处理能力，如计算速度、存储量以及经济性等原因，应用于油藏数值模拟的网格不可能划分得很细，而数值试井问题需要更细的网格。针对试井的数值模拟与一般数值模拟相比，要求结果（如压力和产量）非常精确，常常需要对近井区进行局部网格加密，所以网格的大小、时间步长的选择以及网格类型应该严格地选择。(2)油藏数值模拟处理复杂边界情况、非均质地层属性时遇到困难，如模拟断层、裂缝、裂缝井，以及层间串流等，用数值试井方法可以较好地解决这些具体问题。(3)油藏数值模拟一般是针对油藏整个开采周期内进行的，一般一个油藏只有一次开采机会，油藏数值模拟是随着开采情况不断修正参数的。数值试井则是针对有限区域内的有限口井展开，可以根据需要模拟试井压力降落和压力恢复，以随时获取地层参数。

3.3.2 数值试井数学模型的建立

数值试井数学模型是指数值试井模拟中采用的基本流动控制方程和边界条件。控制方程主要包括：运动方程、状态方程和连续方程。对于流动问题，研究对象是分布在多孔介质中的流体，研究的内容是流体的宏观运动，即大量流体的平均行为。采用连续介质假设，则流体速度是空间坐标的连续函数。在一般情况下，地层中的流体流动引起的温度变化很小，则可假定为等温渗流，不需考虑能量方程。为了研究方便，本模型不考虑非达西流动和宾汉（Bingham）

流体,同时假定流动的雷诺数 $0 < Re < 5$,渗流不存在启动压力梯度。

(1)达西运动方程。

渗流的基本方程是达西定律,这是一个经验公式,其含义是渗流速度正比于压差。引入单相(或多相)流的达西定律方程:

单相流达西定律:

$$Q = \frac{KA}{\mu L}\Delta p \tag{3.82}$$

多相流达西定律:

$$Q = \frac{KK_r A}{\mu_i L}\Delta p_i \tag{3.83}$$

考虑重力影响,流动速度方程:

$$\vec{V} = -\frac{K}{\mu}(\nabla p - \gamma \nabla Z_v) \tag{3.84}$$

$$\vec{V}_l = -\frac{KK_{rl}}{\mu_l}(\nabla p_l - \gamma_l \nabla Z_v) \tag{3.85}$$

式中 l——流体下标;

$\vec{V}$——渗流速度矢量,m/s;

K——绝对渗透率,D;

K_r——相对渗透率;

μ——黏度,mPa·s;

Z_v——垂向坐标,m;

γ——相对密度;

A——流动截面积,m^2;

L——流动距离,m;

p——压力,Pa。

如变量无明确指出,一律采用 SI 单位制。

(2)连续性方程。

连续性方程是流体质量守恒的数学表达式。

对流场中任取一个控制体 Ω,该控制体为多孔介质,孔隙度为 ϕ。多孔介质被流体所充满,包围该控制体的外表面为 σ,在外表面取一个面元为 $d\sigma$,其法线方向为 n,通过该面元的渗流速度为 $\vec{V}$,于是单位时间内通过面元 $d\sigma$ 的质量为 $\rho \vec{V} \cdot \vec{n} d\sigma$,因而通过整个外表 σ 流出的流体总质量为

$$\oint\!\!\oint \rho \vec{V} \cdot \vec{n} d\sigma \tag{3.86}$$

另外,在控制体中一个体元 $d\Omega$,由于非稳态性导致其密度随时间变化,则整个控制体 Ω 内质量增加率为

$$\oint_{\Omega} \frac{\partial(\rho\phi)}{\partial t} \mathrm{d}\Omega \tag{3.87}$$

此外,若控制体内有源(汇)分布,其强度为 q,则单位时间内整个控制体 Ω 有源(汇)分布产生的流量质量为

$$\oint_{\Omega} \rho q \mathrm{d}\Omega \tag{3.88}$$

根据质量守恒定律,控制体内流量质量增量应等于源分布产生的质量减去通过外表面流出的质量,即

$$\oint_{\Omega} \frac{\partial(\rho\phi)}{\partial t} \mathrm{d}\Omega = \int_{\Omega} \rho q \mathrm{d}\Omega - \oiint_{\Omega} \rho \vec{V} \cdot \vec{n} \mathrm{d}\sigma \tag{3.89}$$

利用高斯公式,面积积分可以化为体积积分,则连续性方程可以写作

$$\oint_{\Omega} \left[\frac{\partial(\rho\phi)}{\partial t} + \nabla \cdot (\rho\vec{V}) - q\rho \right] \mathrm{d}\Omega = 0 \tag{3.90}$$

由于控制体是任意的,则写出微分形式的连续性方程:

$$\frac{\partial(\rho\phi)}{\partial t} + \nabla \cdot (\rho\vec{V}) = q\rho \tag{3.91}$$

将达西运动方程带入连续性方程,则可得渗流流动方程,即

$$\frac{\partial(\rho\phi)}{\partial t} - \nabla \cdot \left[\frac{\rho K}{\mu} (\nabla p - \gamma \nabla Z_{\mathrm{v}}) \right] = \rho q \tag{3.92}$$

对于非稳态无源流动:

$$\frac{\partial(\rho\phi)}{\partial t} - \nabla \cdot \left[\frac{\rho K}{\mu} (\nabla p - \gamma \nabla Z_{\mathrm{v}}) \right] = 0 \tag{3.93}$$

油水气相混溶渗流连续性方程:

$$\frac{\partial(\rho_{\mathrm{o}}\phi S_{\mathrm{o}})}{\partial t} - \nabla \cdot \left[\frac{\rho_{\mathrm{o}} K K_{\mathrm{ro}}}{\mu_{\mathrm{o}}} (\nabla p_{\mathrm{o}} - \gamma_{\mathrm{o}} \nabla Z_{\mathrm{v}}) \right] = \rho_{\mathrm{o}} q_{\mathrm{o}} \tag{3.94}$$

$$\frac{\partial(\rho_{\mathrm{w}}\phi S_{\mathrm{w}})}{\partial t} - \nabla \cdot \left[\frac{\rho_{\mathrm{w}} K K_{\mathrm{rw}}}{\mu_{\mathrm{w}}} (\nabla p_{\mathrm{w}} - \gamma_{\mathrm{w}} \nabla Z_{\mathrm{v}}) \right] = \rho_{\mathrm{w}} q_{\mathrm{w}} \tag{3.95}$$

$$\frac{\partial}{\partial t}\left(\frac{\rho_{\mathrm{g}}\phi S_{\mathrm{g}}}{B_{\mathrm{g}}} + \frac{\rho_{\mathrm{g}} R_{\mathrm{s}} \phi S_{\mathrm{o}}}{B_{\mathrm{o}}} \right) - \nabla \cdot \left[\frac{\rho_{\mathrm{g}} K K_{\mathrm{ro}} R_{\mathrm{s}}}{\mu_{\mathrm{o}} B_{\mathrm{o}}} (\nabla p_{\mathrm{o}} - \gamma_{\mathrm{o}} \nabla Z) + \frac{\rho_{\mathrm{g}} K K_{\mathrm{rg}} R_{\mathrm{s}}}{\mu_{\mathrm{g}} B_{\mathrm{g}}} (\nabla p_{\mathrm{g}} - \gamma_{\mathrm{g}} \nabla Z_{\mathrm{v}}) \right] = \rho_{\mathrm{g}} q_{\mathrm{g}} \tag{3.96}$$

下标 o、w 和 g 分别表示油、水和气相的量,S 为饱和度。

(3)状态方程。

为了求解上面的流动方程,还需引入状态方程。

考虑流体和岩石的压缩系数,渗流流动有以下状态方程:

$$\phi = \phi_{\mathrm{ref}}[1 + C_{\mathrm{r}}(p - p_{\mathrm{ref}})] \tag{3.97}$$

$$B = B_{\mathrm{ref}}/[1 + C_{\mathrm{f}}(p - p_{\mathrm{ref}})] \tag{3.98}$$

$$S_{\mathrm{w}} + S_{\mathrm{o}} + S_{\mathrm{g}} = 1 \tag{3.99}$$

其中，ϕ_{ref}为参考地层孔隙度，B_{ref}为参考地层体积系数，C_{r} 为岩石压缩系数，C_{f} 为流体压缩系数。

(4)边界条件。

数值模拟中常用的边界条件有三种。

① 定压边界。

又称 Dirichlet 条件。在内边界，如井筒处，表明井以恒定的生产压力生产(或注入)。在外边界处，则意味着边界压力保持恒定。

② 定流量边界。

又称 Neumann 条件。定流量边界即为定压力梯度，即在内边界井筒处，限定井筒流量值就相当于给定了井底压力梯度。

井底的达西定律表达式：

$$q = \frac{-2\pi\beta_{\mathrm{c}} r_{\mathrm{w}} Kh}{\mu} \left.\frac{\mathrm{d}p}{\mathrm{d}r}\right|_{r=r_{\mathrm{w}}} \tag{3.100}$$

可得压力梯度项：

$$\left.\frac{\mathrm{d}p}{\mathrm{d}r}\right|_{r=r_{\mathrm{w}}} = -\frac{q\mu}{2\pi\beta_{\mathrm{c}} r_{\mathrm{w}} Kh} \tag{3.101}$$

③ 混合边界。

这种边界是指边界的某一部分为定压边界，其他部分为定流量边界条件。

3.3.3 数值模型的求解

(1)物理模型的简化条件。

为了数学上处理方便，将模型加以简化。假设如下：

① 无限大地层中心一口生产井定产量生产；

② 地层的孔隙度、渗透率不随时间和压力变化；

③ 储层水平等厚、各向同性，上下具有良好的隔层，原始条件下地层压力均匀分布；

④ 忽略重力、毛细管力以及温度变化的影响；

⑤ 考虑井筒储集效应和表皮效应；

⑥ 远离生产井的地带服从达西定律；

⑦ 近井地带考虑天然气高速渗流，不服从达西定律；

⑧ 气水两相在渗流过程中不考虑滑脱损失。

(2)气藏气水两相渗流方程。

① 达西方程。

由于气体在储层中处于高速渗流的状态，尤其是在近井地带速度变化更快。因此气体在地层中渗流一部分基本满足达西定律，一部分不满足达西定律。气体高速渗流引起的非达西效应的影响可以考虑为额外增加的表皮系数的影响。所以在推导方程时，仍然用达西公式，计算表皮系数的时候为总的表皮系数，即为常规表皮系数与高速非达西表皮系数之和。

渗流连续性方程可用式(3.102)表示：

$$\frac{\mathrm{d}p}{\mathrm{d}l} = \frac{\mu}{K}\vec{v} + \alpha\rho\vec{v}^{2} \tag{3.102}$$

对于气水两相符合达西渗流规律，其渗流速度为

$$\vec{v}_{\mathrm{g}} = -\frac{KK_{\mathrm{rg}}}{\mu_{\mathrm{g}}}\nabla p \tag{3.103}$$

$$\vec{v}_{\mathrm{w}} = -\frac{KK_{\mathrm{rw}}}{\mu_{\mathrm{w}}}\nabla p \tag{3.104}$$

② 物质平衡方程。

$$\nabla(\rho_{\mathrm{g}}v_{\mathrm{g}}) = -\frac{\partial}{\partial t}(\rho_{\mathrm{g}}\phi_{\mathrm{g}}) \tag{3.105}$$

$$\nabla(\rho_{\mathrm{g}}v_{\mathrm{g}}) = -\frac{\partial}{\partial t}(\rho_{\mathrm{g}}\phi S_{\mathrm{g}}) \tag{3.106}$$

$$\nabla(\rho_{\mathrm{w}}v_{\mathrm{w}}) = -\frac{\partial}{\partial t}(\rho_{\mathrm{w}}\phi S_{\mathrm{w}}) \tag{3.107}$$

③ 状态方程。

对于水：

$$C_{\mathrm{w}} = \rho_{\mathrm{w}}\frac{\mathrm{d}\rho_{\mathrm{w}}}{\mathrm{d}p} \tag{3.108}$$

$$\rho_{\mathrm{w}} = \rho_{\mathrm{w}0}\mathrm{e}^{C_{\mathrm{w}}(p-p_0)}$$

$\mathrm{e}^{C_{\mathrm{w}}(p-p_0)}$转化成一阶泰勒展开式：

$$e^{C_{\mathrm{w}}(p-p_0)} = 1 + C_{\mathrm{w}}(p-p_0) \tag{3.109a}$$

$$\rho_{\mathrm{w}} = \rho_{\mathrm{w}0}(1 + C_{\mathrm{w}}\Delta p) \tag{3.109b}$$

对于气的情况，严格来说 C_{g} 为压力的函数。在一定范围内气体状态方程也可以用近似水的方法来表示。这一简化是为了能在后面的计算中大大简化方程，从而不使计算过于复杂。所以：

$$\rho_{\mathrm{g}} = \rho_{\mathrm{g}0}(1 + C_{\mathrm{g}}\Delta p) \tag{3.110}$$

将式(3.103)、式(3.104)代入式(3.106)、式(3.107)中分别得

$$\nabla\left(\frac{\rho_{\mathrm{g}}K_{\mathrm{rg}}}{\mu_{\mathrm{g}}}\nabla p\right) = \frac{\phi}{K}(\rho_{\mathrm{g}}S_{\mathrm{g}}) \tag{3.111}$$

$$\nabla\left(\frac{\rho_{\mathrm{w}}K_{\mathrm{rw}}}{\mu_{\mathrm{w}}}\nabla p\right) = \frac{\phi}{K}(\rho_{\mathrm{w}}S_{\mathrm{w}}) \tag{3.112}$$

将式(3.111)、式(3.112)相加得

$$\nabla\left[\left(\frac{\rho_g K_{rg}}{\mu_g}+\frac{\rho_w K_{rw}}{\mu_w}\right)\nabla p\right]=\frac{\phi}{K}\frac{\partial}{\partial t}(\rho_g S_g+\rho_w S_w) \tag{3.113}$$

这是一个比较复杂的偏微分方程。在处理这类方程的时候,通常的办法是用拟压力或者拟时间的方法使得方程简化,变成较好的线性方程。这里使用拟压力的方法对方程进行简化。

定义

$$\psi=\int_{p_0}^{p}\left(\frac{\rho_g K_{rg}}{\mu_g}+\frac{\rho_w K_{rw}}{\mu_w}\right)\mathrm{d}p$$

$$\psi(p)-\psi(p_0)=\int_{p_0}^{p}\left(\frac{\rho_g K_{rg}}{\mu_g}+\frac{\rho_w K_{rw}}{\mu_w}\right)\mathrm{d}p \tag{3.114}$$

将式(3.114)代入方程(3.113)左边得

$$\nabla\left[\left(\frac{\rho_g K_{rg}}{\mu_g}+\frac{\rho_w K_{rw}}{\mu_w}\right)\nabla p\right]=\nabla^2\psi \tag{3.115}$$

将式(3.109)、式(3.110)代入方程(3.113)右边得

$$\begin{aligned}\frac{\phi}{K}\frac{\partial}{\partial t}(\rho_g S_g+\rho_w S_w)&=\frac{\phi}{K}\frac{\partial}{\partial p}(\rho_g S_g+\rho_w S_w)\frac{\partial p}{\partial t}\\&=\frac{\phi}{K}\frac{\partial}{\partial p}\left[\rho_{g0}C_g S_g+\rho_g\frac{\partial S_g}{\partial p}+\rho_{w0}C_w S_w+\rho_w\frac{\partial(1-S_g)}{\partial p}\right]\frac{\partial p}{\partial t}\\&=\frac{\phi}{K}\frac{\partial}{\partial p}\left[\rho_{g0}C_g S_g+\rho_{w0}C_w S_w+(\rho_g-\rho_w)\frac{\partial S_g}{\partial p}\right]\frac{\partial p}{\partial t}\end{aligned} \tag{3.116}$$

令

$$\begin{aligned}C_t&=\rho_{g0}C_g S_g+\rho_g\frac{\partial S_g}{\partial p}+\rho_{w0}C_w S_w+\rho_w\frac{\partial(1-S_g)}{\partial p}\\\frac{\partial\psi}{\partial t}&=\frac{\partial\psi}{\partial p}\frac{\partial p}{\partial t}=\left(\frac{\rho_g K_{rg}}{\mu_g}+\frac{\rho_w K_{rw}}{\mu_w}\right)\frac{\partial p}{\partial t}\end{aligned} \tag{3.117}$$

由式(3.115)至式(3.117)得

$$\nabla^2\psi=\frac{\phi}{K}\frac{\left[C_t+(\rho_g-\rho_w)\frac{\partial S_g}{\partial p}\right]}{\frac{\rho_g K_{rg}}{\mu_g}+\frac{\rho_w K_{rw}}{\mu_w}}\frac{\partial\psi}{\partial t}=\frac{1}{D_n}\frac{\partial\psi}{\partial t} \tag{3.118}$$

其中

$$D_n=\frac{K}{\phi}\frac{\frac{\rho_g K_{rg}}{\mu_g}+\frac{\rho_w K_{rw}}{\mu_w}}{C_t+(\rho_g-\rho_w)\frac{\partial S_g}{\partial p}} \tag{3.119}$$

初始条件和外边界条件:

$$p(r,0) = p_i \tag{3.120}$$

$$\psi(r,0) = \psi_i \tag{3.121}$$

$$\lim_{t\to\infty}\psi(r,t) = \psi_i \tag{3.122}$$

内边界条件：

$$r\frac{\partial\psi}{\partial r} = \frac{1}{2\pi Kh}\left(\mathrm{m_i} + \frac{C\rho g\dfrac{\mathrm{d}\psi}{\mathrm{d}t}}{\dfrac{\rho_g K_{rg}}{\mu_g} + \dfrac{\rho_w K_{rw}}{\mu_w}}\right) \tag{3.123}$$

其中 $r_{we} = r_w \mathrm{e}^{-S}$

方程无量纲化：

$$\psi_D = \frac{2\pi Kh}{m_i}[\psi(p_i) - \psi(p)] \tag{3.124}$$

$$t_D = \frac{D_n t}{{r_w}^2 C_D} \tag{3.125}$$

$$r_D = \frac{r}{r_w} \tag{3.126}$$

$$C_D = \frac{CD_n\rho_g}{2\pi Kh{r_w}^2\left(\dfrac{\rho_g K_{rg}}{\mu_g} + \dfrac{\rho_w K_{rw}}{\mu_w}\right)} \tag{3.127}$$

将式(3.124)至式(3.127)代入方程(3.118)至方程(3.123)，得到无量纲方程：

$$\nabla^2\psi = \frac{1}{C_D e^{2s}}\frac{\partial\psi_D}{\partial t_D} \tag{3.128}$$

$$\psi_D(r_D,0) = 0 \tag{3.129}$$

$$\lim_{r_D\to\infty}\psi_D(r_D,t_D) = 0 \tag{3.130}$$

$$\frac{\mathrm{d}\psi_{wD}}{\mathrm{d}t_D} - \left.\frac{\partial\psi_{wD}}{\partial r_D}\right|_{r_D=1} = 1 \tag{3.131}$$

$$\psi_{wD} = \psi_D(1,t_D) \tag{3.132}$$

(3)渗流方程求解。

求解式(3.128)所示的数学理论模型有分离变量法、傅里叶变换、格林函数法、Laplace 变换、褶积、反褶积等方法。最常用和最有效的方法是 Laplace 变换及数值反演[25]。

① Laplace 变换。

函数 $f(t)$ 的 Laplace 交换定义为

$$L[f(t)] = \vec{f}(s) = \int_0^\infty f(s)\mathrm{e}^{-st}\mathrm{d}t \tag{3.133}$$

其中 $s = r + \mathrm{i}w$ 是复数，称为 Laplace 变换变量。$f(s)$ 称为函数 $f(t)$ 的变换函数或象函数。

② Stehfest 数值反演。

Laplace 变换的解析反演主要有两种方法:利用 Laplace 变换表进行反演,利用围道积分求原函数。其中利用已有变换表进行解析反演只能使用某些特定的函数,具有很大的局限性。而用围道积分进行反演则相当麻烦。当在实际工程计算中遇到非常复杂的变换函数或象函数时,用上述解析反演方法就很难求得其原函数,或者其结果仍是一个无穷积分,不便于计算机处理。Stehfest 在 1970 年发表的题为《Laplace 变换的数值反演》一文中给出了 Laplace 变换数值反演的一个计算公式。根据 Gaver 所考虑的函数 $f(t)$ 对于概率密度 $f_n(a,t)$ 的期望,其中 $f_n(a,t)$ 为

$$f_n(a,t) = a\frac{(2n)!}{n!(n-1)!}(1-\mathrm{e}^{-at})n\mathrm{e}^{-nat}, a>0 \tag{3.134}$$

提出如下反演公式:

$$f(t) = \frac{\ln 2}{t}\sum_{i=1}^{N} V_i \vec{f}(s_i) \tag{3.135}$$

其中函数 $f(t)$ 基于 t 的 Laplace 的象函数 $\vec{f}(s)$,N 是偶数,$s_i = \frac{\ln 2}{t}i$

$$V_i = (-1)^{\frac{N}{2}+i}\sum_{k=\frac{i+1}{2}}^{\min\left(i,\frac{N}{2}\right)} \frac{k^{\frac{N}{2}+1}(2k)!}{\left(\frac{N}{2}-k\right)!(k!)^2(i-k)!(2k-i)!} \tag{3.136}$$

利用式(3.135)给定一个时间 t 值和 i 值,就可以算出一个 S_i 和 V_i 值,从而由象函数 $\vec{f}(s_i)$ 算出原函数 $f(t)$ 的数值结果。

式中 N 必须是偶数,而 N 值的选择比较重要,它对计算的精度有很大的影响,要针对不同类型的函数在计算实践过程中加以确定。在多数情况下取 $N=8,10,12$ 是适合的。若取 $N>16$ 会降低计算精度。

由于 Stehfest 反演方法对 N 值限制较窄,虽然对某些变化平缓的函数计算简便快捷,但对于变化较陡的函数会引起数值弥散和振荡。为此有些作者试图在 Stehfest 原有的基础上加少量修正,使 N 的取值范围增大。如 Azariotal 和 Woodenetal 修正用于油气藏的压力分析。他们提出的公式如下:

$$f(t) = \frac{\ln 2}{t}\sum_{i=1}^{N} V_i \vec{f}\left(\frac{\ln 2}{t}i\right) \tag{3.137}$$

此式与(3.125)形式相同,但其中修改 V_i 为

$$V_i = (-1)^{\frac{N}{2}+i}\sum_{k=\frac{i+1}{2}}^{\min\left(i,\frac{N}{2}\right)} \frac{k^{\frac{N}{2}}(2k+1)!}{\left(\frac{N}{2}-k+1\right)!(k+1!)^2(i-k+1)!(2k-i+1)!} \tag{3.138}$$

其中 N 仍为偶数,但 N 的取值在 10 ~ 30 之间. 在多数情况下取 $N=18,20,22$ 是比较合适的。作上述修正后,在物理空间解变陡的位置其数值弥散和振荡有所改善。

(4)模型的数值解法。

对于数值试井模拟与油藏数值模拟,无论采用的是黑油模型、组分模型或是热采模型,都要对一组偏微分方程进行求解。通常是将这样的偏微分方程用差分的方法近似,对于某个网

格上的未知值，用与其相邻的几个网格值差值，并形成矩阵方程。

油藏流动方程的离散有多种方法，如有限差分方法、有限元方法以及有限体积法等[26-31]。有限差分方法（FDM）是数值模拟最早采用的方法，是发展较早且比较成熟的数值方法，今天依然在被广泛应用。有限差分方法以 Taylor 展开等方法，将控制方程中的导数用网格节点上的函数值的差商代替进行离散，从而建立以网格节点上的值为未知数的代数方程组。针对这种离散方法，人们发展了多种构造差分格式的方法，并通过对时间和空间这几种不同差分格式的组合，组合成了很多不同的差分计算格式，高精度的差分格式一直是计算流体力学里重要的研究内容。

有限元方法（FEM）也是最常用的离散方法之一，最初主要用于固体计算力学，随着计算机的发展逐渐用于计算流体力学，其基础是变分原理和加权余量法，其基本求解思想是把计算域划分为有限个互不重叠的单元，在每个单元内选择一些合适的节点作为求解函数的插值点，确定单元基函数，将微分方程改写成由各变量或节点处导数值与所选用的插值函数组成的线性表达式，借助于变分原理或加权余量法，将微分方程离散求解。有限元插值函数分为两大类，一类只要求插值多项式本身在插值点取已知值，称为拉格朗日（Lagrange）多项式插值；另一种不仅要求插值多项式本身在插值点取已知值，还要求它的导数值在插值点取已知值，称为哈密特（Hermite）多项式插值。

最近几年，随着非结构性网格方法的研究进展，越来越多的数值模拟工作是基于有限体积法（FVM）进行的。有限体积法更易于非结构网格的处理，其物理意义也更易于理解。其离散方程的物理意义，就是因变量在有限大小的控制体积中的守恒原理，即控制体积内的质量累积等于从边界流入的流量加上区域内源汇的产量，因此有限体积法也叫控制体积法（CVM）。其基本原理是将求解区域划分为一系列不重叠的控制体积元，区域内的每个节点周围都有自己的一个控制体积，与别的网格相邻；将待求解的微分方程对每个体积元分别积分，得出一系列的离散方程。通过有限体积法得出的离散方程，因变量的积分守恒对任意一组控制体积都能得到满足，对整个计算区域，自然也得到满足。积分守恒性是有限体积法的优势所在，区别于有限差分法，有限体积法离散对粗网格也能满足积分守恒性，而有限差分法需要网格足够密才可以满足守恒性。可以说，有限体积法是介于有限差分和有限元之间的一种离散方法，对于节点间的流动，有限体积法用有限差分的方法计算流动系数；而有限体积法在处理控制体积内的积分时，又要采用有限元的思想假定变量值在控制内的分布。得出积分形式的离散方程后，便可以不再考虑控制体内的流动及变量值分布。

通过有限体积法离散得到的矩阵方程组通常是不规则的大规模稀疏矩阵，求解矩阵方程组通常有两种方法，一种是直接求解法，另一种是迭代求解法[32-36]。直接求解法包括了高斯消去法、改进的高斯—约旦消去法（Gauss - Jordan）和适合求解三对角矩阵的 Thomas 算法，以及这些求解法的改进算法，如稀疏矩阵法、主元素法等。最常用的采用直接求解法的求解器是 LAPACK 软件包里的全矩阵求解器和带状矩阵求解器，然而直接求解法和这些求解器只适用于规模小的矩阵求解。对于数值试井问题，要求解的变量多，矩阵规模大，需要采用迭代求解法。迭代求解法是数值试井领域应用越来越广泛的方法，也是在不断发展的方法。最初的迭代求解法有 Jacobi 迭代、Gauss - Seidel 迭代，而后出现了逐次超松弛方法（SOR）（包括点逐次超松弛迭代方法 PSOR、线逐次超松弛方法 LSOR、块逐次超松弛迭代方法 BSOR），以及迭代的交替方向隐式法（ADIP）和共轭梯度法（CG）等矩阵方程组求解方法。在共轭梯度法的基础上又发展了广义共轭梯度类方法（CGL），常用的广义 CGL 类算法称为最小余量法，其中常用的求解算法有正交极小化方法(Orthomin)、广义极小余量算法(GMRES)、广义正交余量法(GCR)等。其中Orthomin迭代方法和GMRES迭代方法是目前数值试井领域中用于求解大型不规则稀疏矩阵最为高效的两种算法。最常用的迭代法矩阵求解器有GMRES系列求解器和BiCGstab求解器。

迭代法求解矩阵的矩阵求解器性能和收敛速度主要取决于矩阵本身的性质,为了更好地发挥这种矩阵求解器的作用,相应的矩阵预处理方法也是层出不穷,一个好的预处理算子(preconditioner)可以极大加快迭代收敛速度和求解器稳定性。常用的预处理方法有对角预处理、不完全LU分解(ILU)、修正不完全LU分解(MILU)、松弛不完全LU分解以及代数多重网格法(AMG)等。

3.3.4 数值试井网格划分方法

(1)网格概述。

网格划分是数值试井中非常重要的一项工作,网格是数值模拟的基础之一,网格划分的好坏将直接影响计算的精度,甚至影响数值试井的成败[37-41]。

早期的数值试井的网格划分一直采用差分网格,大多情况下它都能取得很好的效果。但对于地质条件较复杂的气藏,笛卡尔网格很不灵活,主要表现在:不能精确地描述气藏的边界形状,如断层、尖灭;对油气藏进行划分,不能保证每个网格都有效(部分网格可能没有油层,即死节点);对区域较大、井数较多的气藏,气井不会都位于网格中心;虽然可以采用局部加密的方法,但在粗细网格交界处导致新的误差;对水平井或斜井,笛卡尔网格很难与井的方向保持一致;同时笛卡尔网格存在严重的网格取向效应。

为了真实地描述油气藏并提高数值试井模拟的精度,人们开始采用非结构网格进行模拟。这些非结构网格包括了非正交角点网格、曲线网格、PEBI网格、中点网格、径向网格和混合网格等。

非正交角点网格(corner geometry grid)能灵活地描述油气藏边界、流动类型、水平井和断层,且易于在标准差分油气藏模拟器中实现,但它仅在考虑交叉导数项时是正确的。

无论采用何种格式,角点网格存在的缺陷有:对复杂油气藏,网格构造费时;当井边网格块大小是井筒直径的几个量级时,井边精度差;网格模型不灵活等。因而,角点网格不能有效解决笛卡尔网格面临的问题。

曲线网格(curvilinear grid)虽然比长方形网格更有效,可减少取向效应,易于在差分油气藏模拟器中实现,但仍存在很多缺陷:仅适用于不可压缩流或可压稳态流及二维问题;虽可描述断层等,但该网格对复杂油气藏构造能力仍有限;网格的密疏不能反映时间需求;曲线网格往往比长方形网格有更多的网格块。因而,曲线网格同样不能有效解决笛卡尔网格面临的问题。

PEBI网格(perpendicular bisection)是局部正交网格。任意两个相邻网格块的交界面一定垂直平分相应网格节点的连线。1989年,Heinemann等首次将PEBI网格应用到油气藏模拟中。研究表明PEBI网格具有如下优点:比结构网格灵活,可很好地模拟真实油气藏地质边界;渗透率是张量而不是矢量,可以解决渗透率各向异性问题;近井处可以局部加密并且粗细网格过渡较为平滑,PEBI网格更适合于计算近井径向流;可以通过窗口技术,有效地将水平井与笛卡尔网格或PEBI网格衔接,实现任意方向水平井的数值模拟;PEBI网格取向效应比笛卡尔网格五点差分格式要小;易于识别构造断层;满足有限差分方法对网格正交性要求,使最终得到的差分方程与笛卡尔网格有限差分法相似;可利用现有的有限差分数值模拟软件。

中点网格(Median grid)基于的三角化与一般的PEBI网格相同。与PEBI网格的不同点是：中点网格是由三角形各边中点和重心相互连接而组成的。对于各向异性油气藏，这种网格更适用。因为它允许渗透率张量形式，同时，网格取向效应会降低。

径向网格(radial grid)是柱坐标系下的网格。在油气藏模拟中，径向网格主要用于井眼附近，考虑到油气藏存在各向异性和非均质性，将径向上的圆环进一步划分成多个部分，其优点为：可以较为精确地反映井眼附近的流动特征；可以以较小的网格数目得到较高的模拟精度。显然它只适用于圆形边界的油气藏模拟，不适用于任意边界的油气藏模拟。因而，近井区域采用径向网格，可以在充分把握气井附近流动状态的同时实现网格体积由小到大的快速变化。

由于单一的规则网格，同单一的非规则网格一样不能胜任真实油气藏的数值模拟，因而基于结构网格和非结构网格的混合网格得到了重视，并对其进行了研究。研究表明：混合网格不仅更为准确，而且效率更高。混合网格技术是在油田模拟区域的不同区块上结合流体的不同流动特征使用不同的网格系统和坐标体系。如在井眼附近采用径向网格，远离井眼的区域采用规则网格，它不仅可以较为准确地反映井眼附近的流动特征，而且可以以较小的网格数目得到较高的模拟精度。

混合网格通常是以下若干种情况的组合：气井区域的径向网格、断层的 PEBI 网格、油气藏区域的长、正方形网格、油气藏区域的中点网格(控制体元网格)、边界的 PEBI 网格、水平井的 PEBI 网格等；混合网格实现了多种坐标体系的结合，既能够较为准确地反映井眼周围流体流动特征，很好描述断层裂缝等地质特征，又能大大减小网格数目，克服通常单一网格在模拟过程中的不足，在油气藏模拟中得到了普遍的重视与广泛的应用。

(2)PEBI 网格生成技术。

① PEBI 网格原理。

PEBI 网格又叫 Voronoi 网格，是一种局部正交网格，即任意两个相邻网格块的交界面一定垂直平分相应网格节点的连线。

PEBI 网格是 Voronoi 三角剖分网格的对偶网格，如图 3.15 所示。通过控制三角剖分时点的分布，可以对全区域划分局部加密、局部稀疏的非结构 PEBI 网格，如图 3.16 所示。

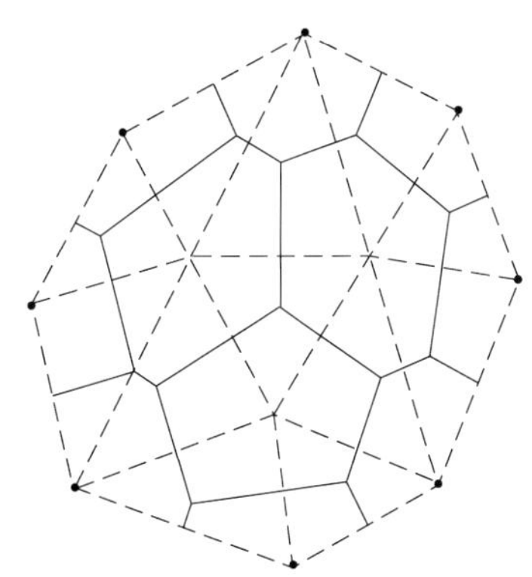

图 3.15　Delaunay 三角剖分与 Voronoi 对偶网格

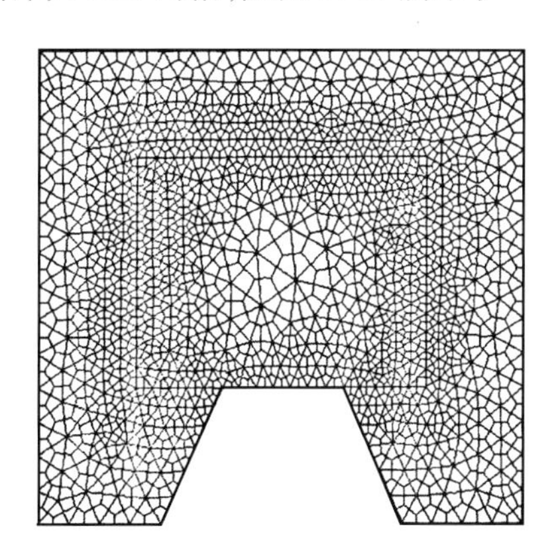

图 3.16　全区域 PEBI 网格与 Delaunay 三角剖分网格

三角网格的剖分方法有多种，Delaunay 剖分的定义是：

给定平面上的点集 $P=\{P_i, i=1,2,\cdots,n\}$，对每一个 $P_i \in P$，定义一个区域 V_i，对任意点 $S \in V_i$，有不等式 $d(S,P_i) < d(S,P_j)$，$(j=i=1,2,\cdots,n, i \neq j)$ 成立，则称 $V_p = \bigcap\limits_{i=1} V_i$ 为点集 P 的 Voronoi 图，其中 $d(A,B)$ 表示 A 与 B 之间的距离。

Delaunay 三角剖分图具有如下性质：

a. 空外接圆性质。任何一个三角形的外接圆均不包含其他网格点；

b. 最小内角最大性质。在所有可能形成的三角剖分中，Delaunay 三角剖分中三角形的最小内角之和是最大的。

这两个特性保证了 Delaunay 三角剖分能够尽可能地避免生成小内角的长薄单元，使三角形能够最接近等角或等边，这也是 Delaunay 三角剖分的算法依据。

② PEBI 网格生成步骤。

Voronoi 网格生成算法步骤为：

a. 对于每个模块（基本模块、井模块……）进行布点；

b. 进行干扰判断；

c. 进行 Delaunay 三角剖分；

d. 生成 Voronoi 网格。

由于 PEBI 网格的不规则性，导致网格块的相邻信息非常复杂，增加了网格存储和计算的负担，因而不适合在整个区域划分很细的网格。只是在局部加密网格，在其他区域采用粗网格，从而减少网格总数。

最常用于数值试井模拟的网格是混合 PEBI 网格，包括了笛卡尔网格（图 3.17）和径向网格（图 3.18）等。径向网格用于近井区域的网格划分，笛卡尔网格（又称块状网格）用于裂缝、断层等区域的网格划分。在断层与断层交点附近还需采用角状模块，如图 3.19 所示。

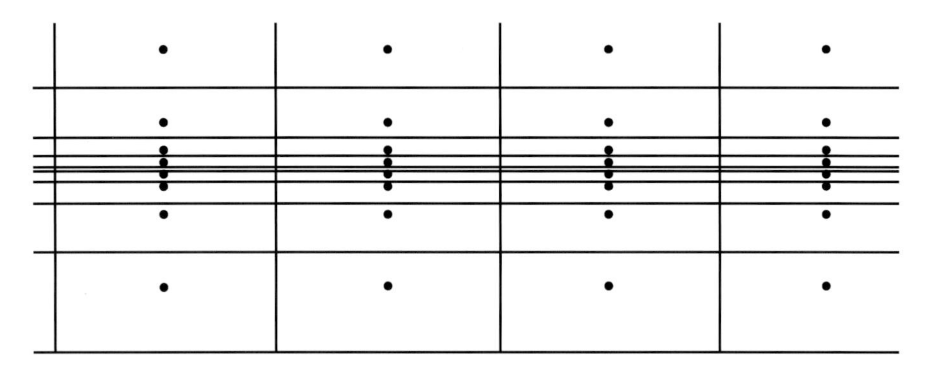

图 3.17　笛卡尔网格

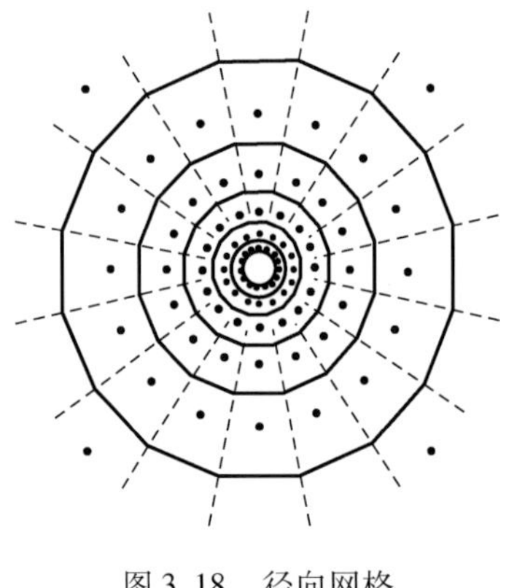

图 3.18　径向网格

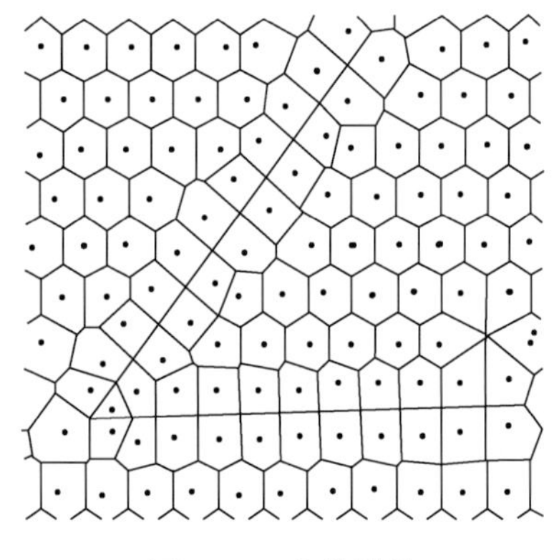

图 3.19　角状模块

包括了块状网格和径向网格的混合网格如图 3.20 所示。

混合 PEBI 网格实现了多种坐标体系的结合，能根据渗流特性调整网格分布，能较为准确地反映井周围径向流动特征，很好地描述断层裂缝等地层地质属性，在减少网格数目的同时，克服了单一网格在数值试井模拟过程中的不足，在试井问题中被广泛应用。

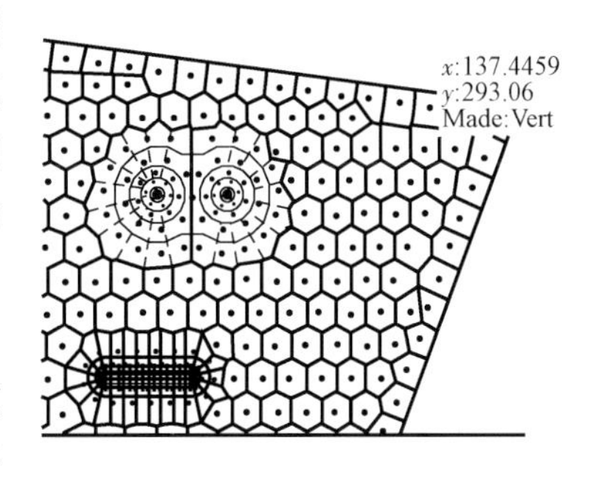

图 3.20　混合 PEBI 网格
（包括两口直井和一口水平井）

③ PEBI 网格的数据格式。

PEBI 网格要用于数值试井，需要在生成时输入数值试井相关的各种参数，生成网格后，将网格以一定的数据格式传递给模拟程序，因此需要规范输入输出参数。

a. 输入参数。

一个网格的生成质量很大程度上取决于输入参数的合理性，同时为了方便使用，需要规定输入参数的格式。

(a)网格基本信息。

包括网格类型、布点角度、参考网格的尺寸。

(b)模拟区域外边界。

包括各网格区域边界线段的顶点坐标、各边界的类型和边界值。

(c)井数目及井参数。

不同类型井有不同参数，包括井类型、井位置、井筒半径、井筒网格划分数目、径向网格层数、网格半径增大比例。与流动和计算相关的参数还有井储、表皮、计算类型等。

(d)断层数目及信息。

断层的信息包括断层起始点坐标、断层类型和值。

(e)地层参数。

模拟的油藏区域被虚拟地划分为很多区域，不同的区域具有不同的渗透率、孔隙度及地层压缩系数，每个网格单元都有标志表明它所属的区域，从而使计算程序能读入以上参数。

(f)网格层数及层厚度。

b. 输出信息。

区别于结构网格，混合 PEBI 网格结构非常复杂，网格的编号不能简单根据其笛卡尔坐标分配，因此需要输出很多信息。

(a)输出网格数目、各网格编号及组成该网格的边编号、网格中心节点坐标。

(b)输出边数目、边类型、各边两端点和位于该边两边的网格中心节点编号；边类型是指边是否位于边界、井周围径向网格或是断层等信息。

(c)输出区域内分布的网格边端点(Nodes)。

(d)输出井信息、区域信息、断层信息、裂缝信息。

(e)层间流动信息、层间边界类型。

3.3.5　数值试井前后处理

数值试井模拟是一项很繁杂的工作，除了建立离散方程并对其求解，还需要做很多前后处理。大多数工程软件都有自己的前后处理软件，如 FLUENT 的前处理网格划分软件 GAMBIT。

需要模拟前处理的数据很多，包括油层数据、网格数据、边界条件、井筒数据等。其中油层的数据包括顶面深度、油层厚度、孔隙度、初始压力、渗透率等；岩石和流体性质包括油气 PVT

数据、水及岩石 PVT 数据、油水相对渗透率曲线，考虑毛细管力的问题还需读入毛细管力压力曲线等。井筒流动数据包括井底流压、产量、表皮、井储等。网格数据包括网格的尺寸、网格的相邻情况、各网格单元的流体和地层属性等。这些数据都需要在程序开始前读入相应的初值，其中一些数据会在模拟过程中不断变化，实时更新。

数据的后处理包括井底压力和井底压力导数的输出，绘制典型曲线图，以及地层压力分布等。

3.4 动态追踪试井分析技术

动态追踪对比分析试井解释技术，是结合概率论和现代油气藏动态分析，对多次现代试井解释结果的一定探索叠加解释分析技术。其主要特点如下。

（1）消除非测试中的偶然因素对测试曲线的影响，发现真实的地层特征反映。在连续两次测试中都出现相同偶然因素的概率很小，在连续多次测试中都出现相同偶然因素的概率几乎为 0。为此，通过追踪对比动态分析可以较为容易地区分偶然因素对测试曲线的影响及真实的地层特征反映。

（2）分析油气藏生产对地层的动态影响，提供合理的工作制度依据。包括：井底附近污染的评价表皮系数是描述井底附近地层污染情况的参数，通过分析表皮系数的变化情况来了解井底附近污染的动态变化情况，在未进行任何作业及地层物性不变的情况下，结合两次或多次测试的试井解释，可以进行表皮系数的分解，求取真实的地层污染情况，从而为制定合理的工作制度提供依据；了解地层物性的变化，地层渗透率是表征地层允许流体通过的能力，通过对比两次或多次测试解释的渗透率可以认识地层物性随生产的动态变化情况；评价增产措施的有效性；获得地层压力的年递减率，通过对比两次或多次测试解释的地层压力，可以认识地层压力生产的动态变化情况，再结合两次测试的间隔时间、工作制度，就可以求取地层压力的年递减率。

（3）对测试的异常现象做进一步分析，提高对资料的解释程度。

（4）对消除“动边界”的多解性，提供合理的精确解释。若两次或多次试井测试解释的边界距离是变化值，则边界的形成应该是油气藏生产动态的影响，若是水驱前沿推进的影响，结合测试的间隔时间就可以推算出在目前工作制度下的注入水驱前沿的推进速度。

现有试井分析方法无论是解析试井，还是数值试井，反映的都是某一测试时间段内的地层参数，无法实现对试井参数变化进行预测。为预测试井参数的变化趋势，采用此技术，即根据历次的试井资料、生产动态信息并结合地质静态资料实现时间上的推移预测。通过追踪对比动态分析可以较为准确地分析生产及增产措施的影响，达到提高试井解释准确性和可靠性以及测试资料利用率的目的。

3.5 克拉 2 气田试井解释

克拉 2 气田目前有 129 井次的压力恢复测试资料，其中井口测试 70 井次，井底测试 59 井次，这为克拉 2 气田的试井解释以及动态分析奠定了良好的资料基础。本小节主要根据克拉 2 气田的具体情况，在前文建立的气藏渗流模型基础上，结合 PEBI 网格建立数值模型，明确了克拉 2 气田试井典型曲线的主要影响因素，例如气田边水推进、断层以及邻井干扰等现象。最后结合实际测试资料清楚地认识了克拉 2 气田水侵动态特征、地层污染情况以及随着生产导致的地层物性变化。

3.5.1 不同影响因素对试井典型曲线的影响

(1)边水推进对试井典型曲线的影响。

利用数值试井首先建立均质气藏的数值试井地质模型,如图3.21所示。在模型的边界添加一个水体,改变水体与井的距离从而研究边水推进对生产动态的影响,如图3.22所示。

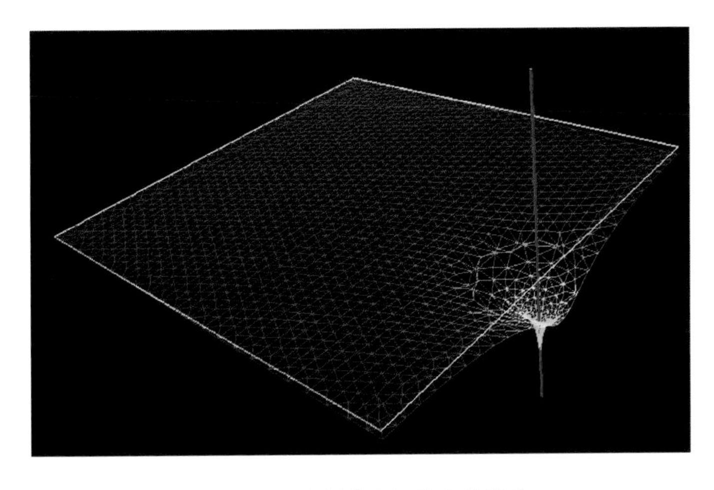

图3.21 边水影响气藏地质模型

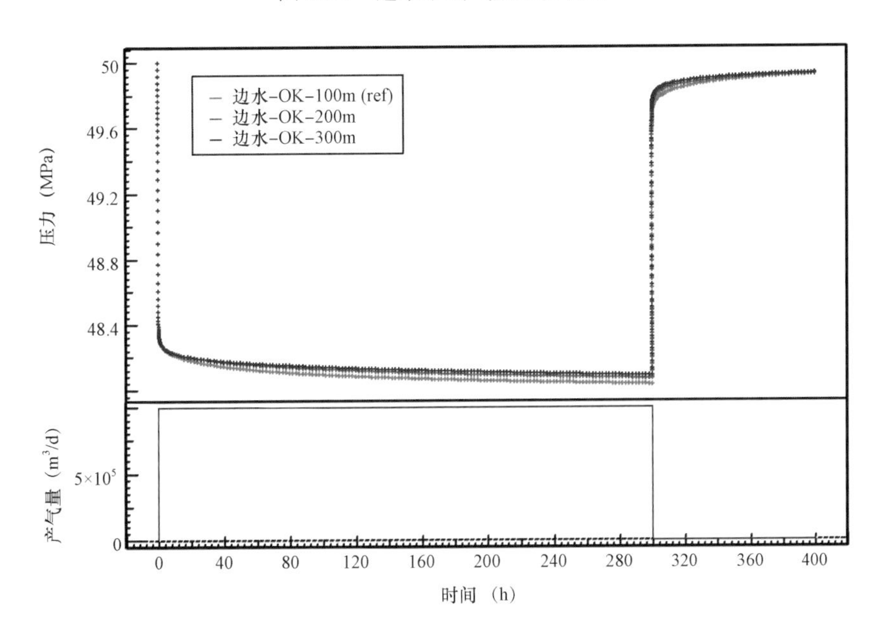

图3.22 不同边水距离对生产动态的影响

从图3.22可以看出,在产气量相同且生产时间相同的情况下,边水距离越近,气藏压力下降幅度越低,速度越慢,压力恢复速度越快。根据压力恢复历史绘制压力半对数曲线以及压力和压力导数双对数曲线,如图3.23和图3.24所示。

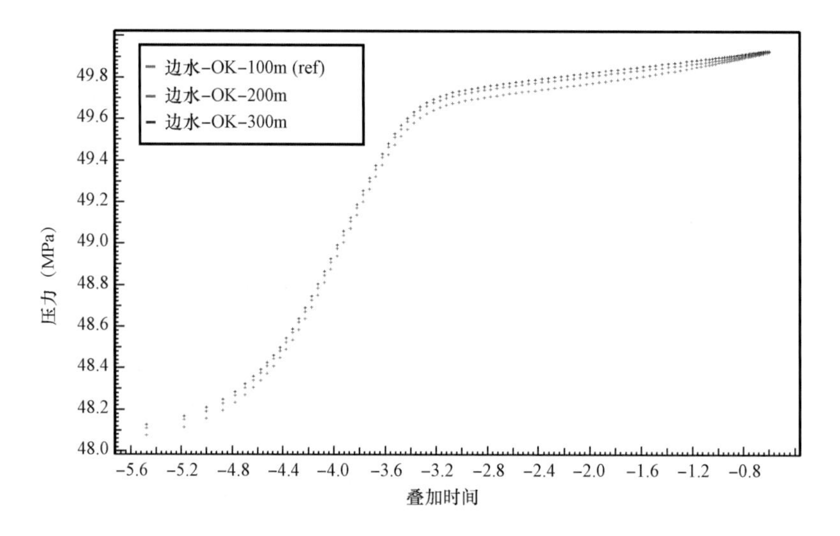

图 3.23　压力半对数曲线

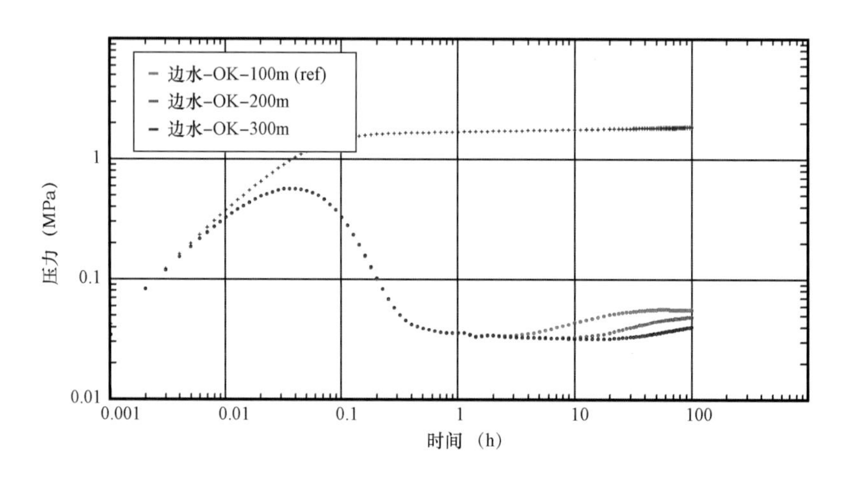

图 3.24　压力和压力导数双对数曲线

从双对数典型曲线可以看出，随着边水的推进，典型曲线偏离径向流段的时间越早。曲线后期上翘的程度与水侵区域物性相关，水侵程度越严重，气相渗透率越低，曲线上翘程度越高。

（2）断层对试井典型曲线的影响。

建立无限大地层气藏中部的一口井的数值试井地质模型，如图 3.25 所示。在模型中井附近添加一条断层，改变断层与井的距离从而研究不同距离的断层对单井生产动态的影响，如图 3.26 所示。

断层与井的距离分别为 100m、300m 和 500m。压力恢复测试时，断层离井越近，压力恢复程度越低。同时，在双对数曲线上（图 3.27），可以看出断层距离井底越近，双对数曲线越早偏离径向流段，但是最终会趋于定值，达到全气藏的径向流。同样的道理，断层距井底越近，半对数曲线越早偏离径向流段（图 3.28），但不如双对数坐标明显。

（3）邻井干扰的试井典型曲线特征。

克拉 2 气田进行压力恢复试井时，测试井邻井仍然生产，或者邻井同时关井进行井组测试，所以非常有必要对邻井干扰情况下试井典型曲线的影响特征进行分析。

基于这个目的，建立了一口井关井测试，同时测试井附近有口生产井在生产的数值试井地质模型。首先分析了不同井距的生产井对测试井典型曲线的影响。地质模型如图 3.29 所示。

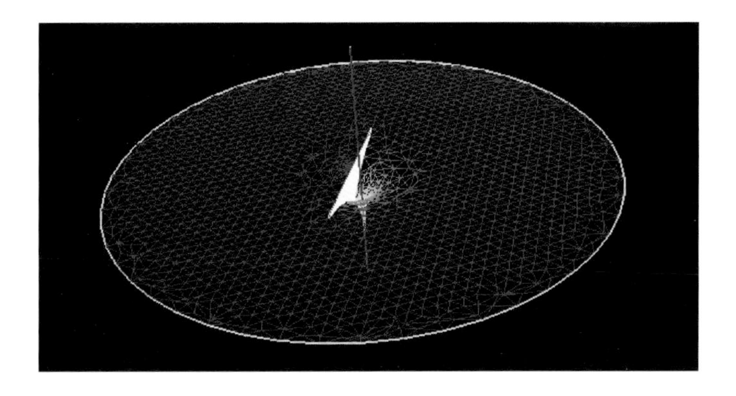

图 3.25 断层影响井的地质模型

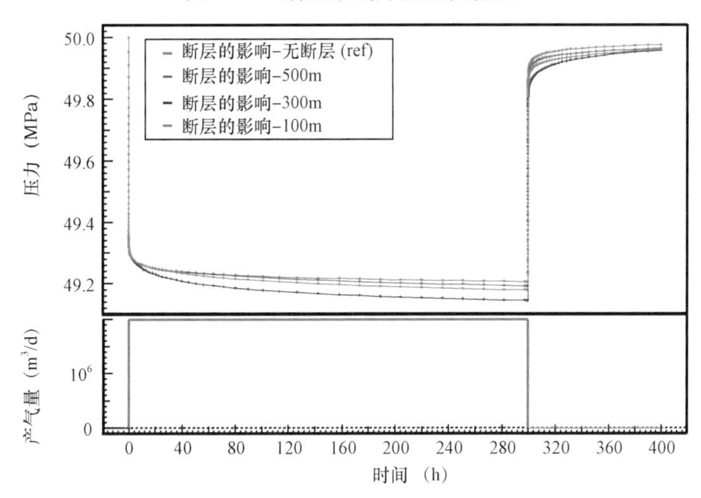

图 3.26 断层影响井的生产历史

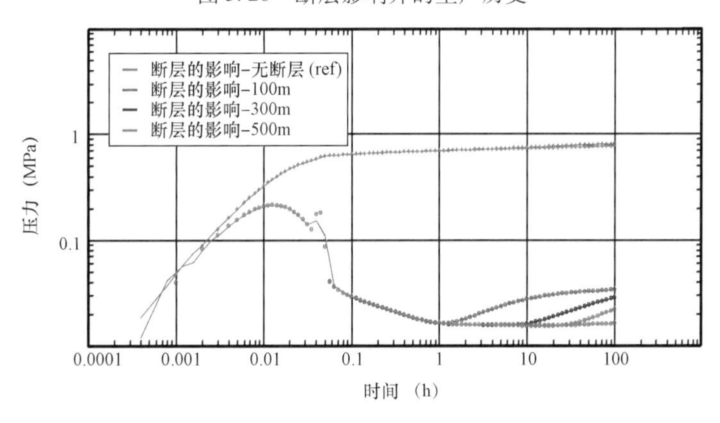

图 3.27 断层影响井双对数曲线特征图

从图 3.30 可以看出，在干扰井产量相同的情况下，距离测试井越近，对测试井的生产动态影响越大。压力下降越快，压力恢复程度越低。

从双对数曲线特征图(图 3.31)可以看出，由于邻井的干扰，在导数曲线达到径向流特征段后，曲线后期下掉，因此，在有井间干扰的情况下，通过试井解释的边界需要谨慎处理，必须结合当前的地质情况以及生产动态综合分析。

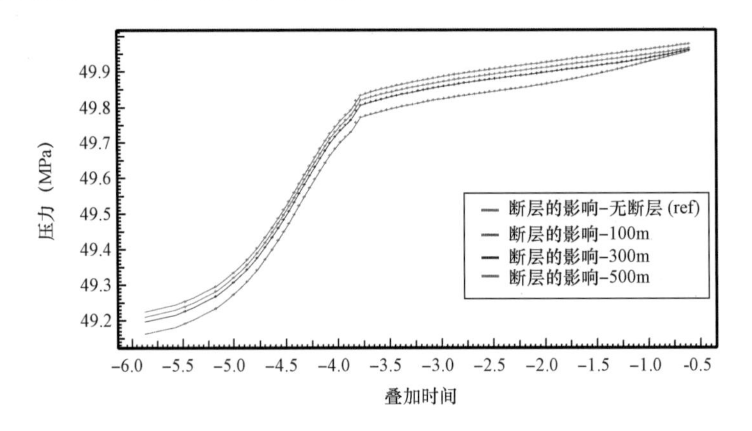

图 3.28　断层影响井半对数曲线特征图

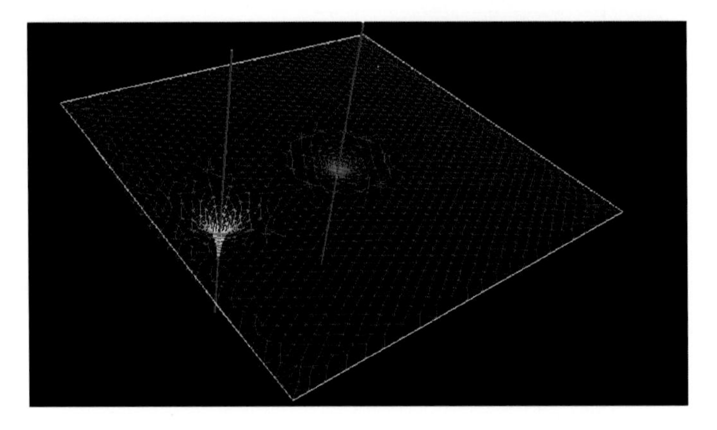

图 3.29　邻井干扰井数值试井地质模型

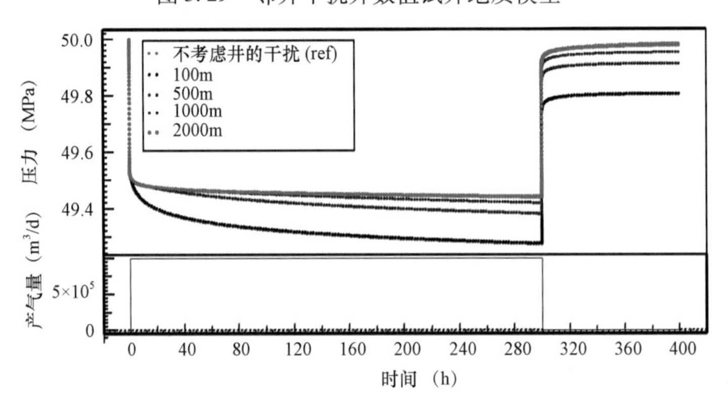

图 3.30　不同井距邻井干扰下测试井生产历史

考虑到干扰井与测试井井距一定，对干扰井以不同产量生产的情况下，测试井表现出来的生产动态特征以及试井典型曲线特征进行了研究。测试井生产及测试历史如图 3.32 所示，压力恢复双对数典型曲线如图 3.33 所示。

从图 3.32 和图 3.33 可以看出，干扰井的产量越高对测试井的干扰程度越大。在生产历史曲线上可以看出，干扰井产量越高，测试井的压力下降越快，同时压力恢复程度越低。在双对数典型曲线中可以看出，随着干扰井产量的增大，导数典型曲线在径向流段后期下降的幅度越大，但是结束径向流的时间不变，径向流的结束时间只与干扰井与测试井的井距有关。

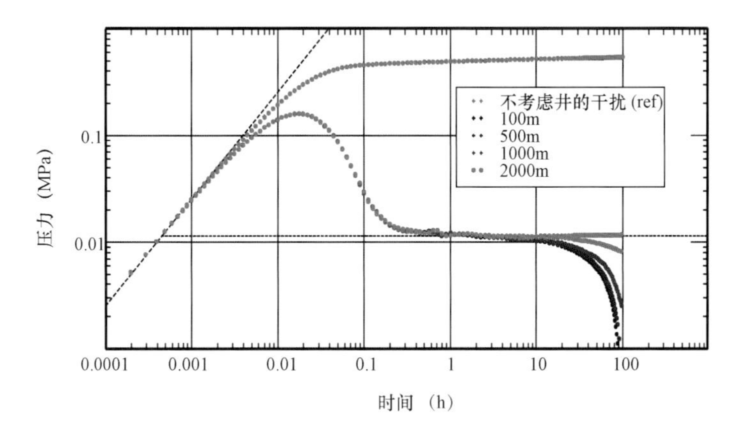

图 3.31　不同井距邻井干扰下双对数曲线特征图

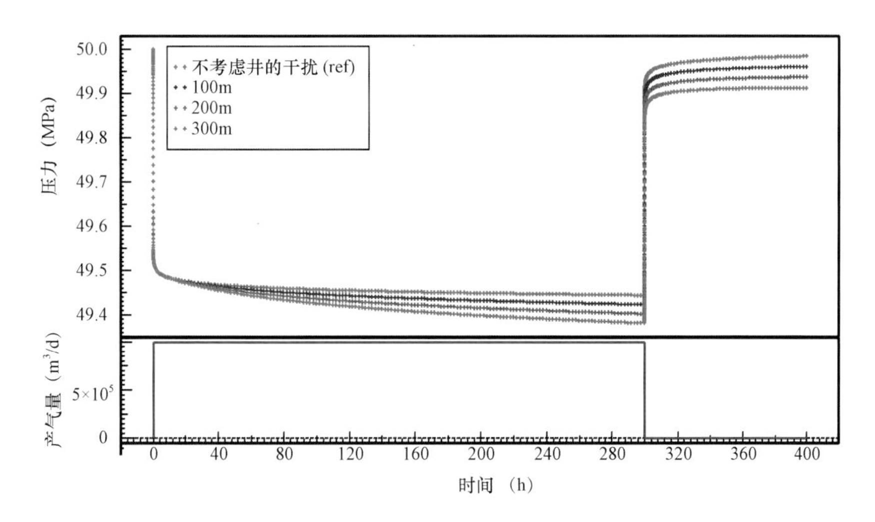

图 3.32　邻井不同产量干扰下测试井的生产历史

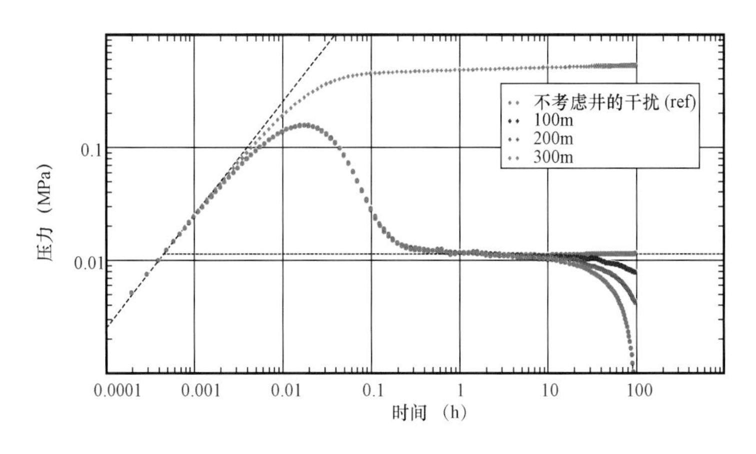

图 3.33　邻井不同产量干扰下双对数典型曲线特征

克拉 2 气田目前为了获得正确的储层参数,减少井间干扰对试井典型曲线的影响,进行了大量的井组关井测试。因此非常有必要对不同邻井关井时间对压力恢复曲线的影响进行分析和研究。在先前建立的地质模型基础上,改变干扰井关井以及生产的时间,分析测试井的生产动态以及压力恢复典型曲线特征。

测试井在干扰井不同关井时间影响下,生产历史以及典型曲线所表现的特征也不相同,如图 3. 34 所示,干扰井的关井时间越早对测试井的影响越小,在图 3. 35 的双对数曲线上可以看出干扰井关井越早,曲线偏离径向流的距离越小,对测试井的干扰越小。同时关井时,对测试井双对数典型曲线特征影响最大,使得典型曲线表现出断层特征,上翘幅度最大。

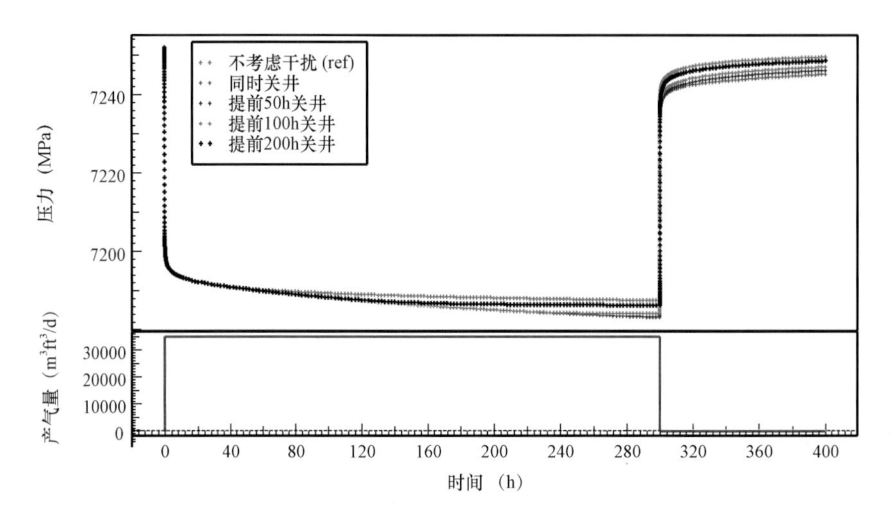

图 3. 34　邻井干扰不同关井时间测试井的生产历史

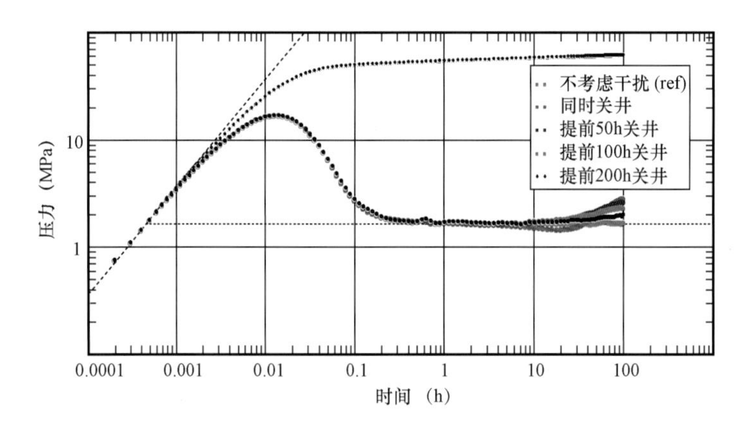

图 3. 35　邻井干扰不同关井时间干扰下测试井双对数典型曲线特征

综上所述,由于井间干扰的存在,在压力导数曲线上表现出来的特征很容易与边界反映混淆,因此需要在井组关井测试时,选择合理的井组关井时机,从而使得解释结果更加符合实际。

3. 5. 2　克拉 2 气田解析试井分析

利用解析试井的方法对克拉 2 气田历年测试资料分析,结合数值试井与地质研究成果,可以将克拉 2 气田的测试井分为三大类四小类(表 3. 8)。

第一大类主要是没有边界特征反映的井,该类井主要表现出了均质无限大地层的特征,并且历年解释物性参数变化不大。第二类井是由于受到生产井附近断层的影响,在达到了边界控制流阶段以后,双对数曲线上翘,并且历年测试结果边界距离没有发生明显的变化。第三大类的井主要表现出受到边、底水影响的特征,主要是在边界控制流阶段由于边水的影响测试井表现出动边界的特征,随着生产的进行主力产层发生变化,同时径向流结束的时间发生变化反映边水逐渐推进的特征。而在底水活跃的测试井则可以看到由于底水在底部有能量供给,在试井解释典型曲线上表现出在径向流结束之后,压力导数曲线快速下掉的特征,并且在产量剖面测试以及历年测井解释气水界面结果也可以发现下部产层产气量下降,主力产层上移以及气水界面逐年升高的特征。

表 3.8　克拉 2 气田测试井分类表

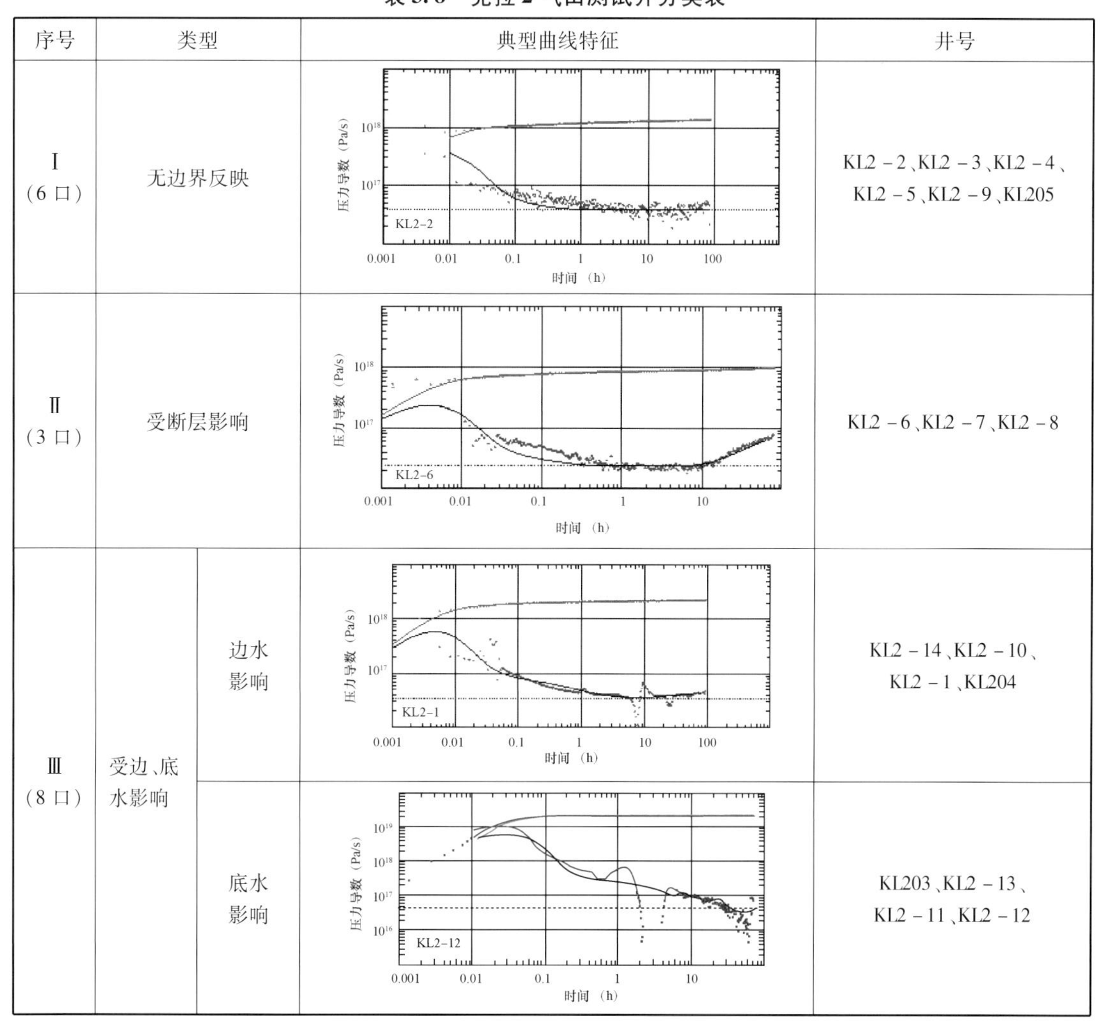

序号	类型		典型曲线特征	井号
Ⅰ (6 口)	无边界反映			KL2 - 2、KL2 - 3、KL2 - 4、KL2 - 5、KL2 - 9、KL205
Ⅱ (3 口)	受断层影响			KL2 - 6、KL2 - 7、KL2 - 8
Ⅲ (8 口)	受边、底水影响	边水影响		KL2 - 14、KL2 - 10、KL2 - 1、KL204
		底水影响		KL203、KL2 - 13、KL2 - 11、KL2 - 12

本节选取克拉 2 气田不同类型的四口典型井详细说明模型的选择以及分类的依据。根据典型曲线以及生产特征选取 KL2 - 9 井为无边界反映典型井,选取 KL2 - 6 井为受断层影响的典型井,选取 KL2 - 1 井为受边水影响的典型井,KL2 - 11 井为受底水影响的典型井。井位分布如图 3. 36 所示。

(1)无水侵边界影响,无断层影响,表现为均质无限大地层。

KL2 - 9 井位于库车坳陷北部克拉苏构造带克拉苏 2 号构造西北翼,位于新疆拜城县北东约 54km，克拉 203 井北东 738m 处。该井 2006 年 6 月 26 日开钻，2006 年 12 月 19 日完钻。射孔井段：3780.0～3825.0m，3830.0～3871.0m，3876.0～3883.0m，共 93m。

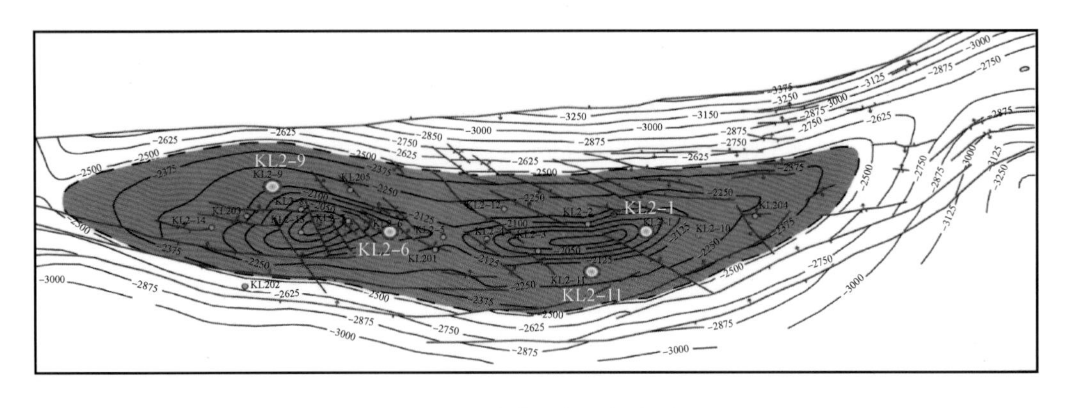

图 3.36 克拉 2 气田构造图

KL2－9 井分别于 2009 年 8 月以及 2014 年 8 月进行了 2 次压力恢复测试，为了达到跟踪 KL2－9 井生产动态变化特征的目的，同时尽可能地消除试井解释的多解性，从而反映真实的储层特征，将历年试井解释结果叠加分析，如图 3.37 和表 3.9 所示。

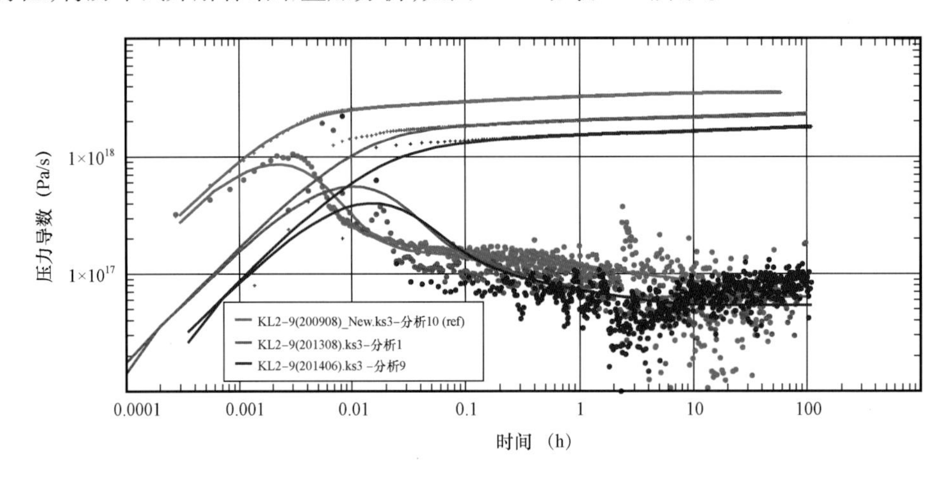

图 3.37 KL2－9 井历年压力恢复测试双对数曲线图

表 3.9 KL2－1 井历年试井解释结果对比

压恢测试时间	解释模型	C	S	K	KH	p_{AVG}
200908	部分打开＋均质无限大地层	0.134	11	7.68	1710	58.57
201308	部分打开＋均质无限大地层	0.933	6.62	9.02	1970	49.53
201406	部分打开＋均质无限大地层	0.765	3.71	8.48	1850	47.69

把 3 次压恢双对数画在一起（图 3.37）可以看出压力曲线出现逐渐下降趋势，与地层能量下降一致。几次压恢测试径向流位置基本没有变化，说明生产过程中储层物性并未发生明显变化。

同时 KL2－9 井曾于 2010 年 10 月、2011 年 8 月、2012 年 8 月、2015 年 2 月进行了 4 次产气剖面测井（图 3.38）。最近一次测试中 3864.0～3871.0m 为主产气层，日产气 137135.0m^3，产气量占全井产量的 29.62%，对应完井解释第 13 号层底部。产层中深（3831.5m），流压 45.63MPa，流温 101.02℃。

从以上对比可以看出，虽然KL2－9井主要产层虽然有变化，但总体产气剖面未发生明显的变化，层间变化可能为层间压力变化的自然结果。

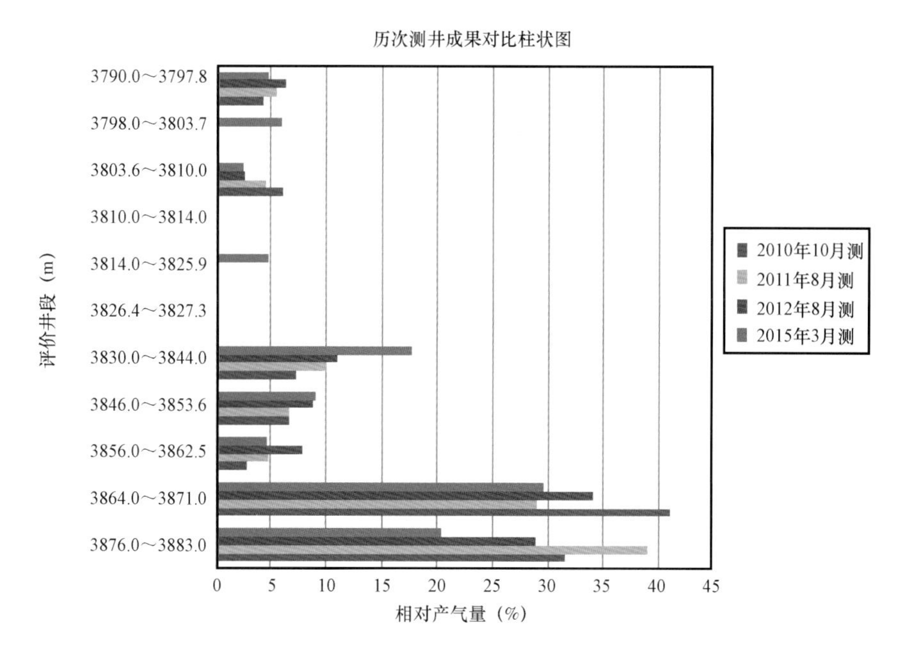

图3.38　KL2－9井产气剖面对比柱状图

此外，根据2016年RPM测井成果（表3.10），也可以看出本井俘获截面经过校正后与历年俘获截面基本一致，从俘获截面来看，本井测井段内无水淹迹象。

表3.10　KL2－9井RPM测井解释成果表

解释序号	解释层位	深度层段		厚度（m）	常规完井测井解释			RPM测井解释		
		井段（顶）（m）	井段（底）（m）		ϕ（%）	S_o（%）	解释结果	Σ（c.u）	S_o（%）	解释结果
1	E	3705.0	3710.0	5.0	15.0	90	气层	19.8		气层
2	E	3736.5	3737.0	0.5	2.5		干层	11.4		干层
3	E	3752.5	3754.5	2.0	1.4		干层	10.1		干层
4	K	3756.5	3770.5	14.0	12.2	59	气层	13.3	57	气层
5	K	3770.5	3784.5	14.0	12.2	59	气层	16.1	37	差气层
6	K	3784.5	3798.0	13.5	12.2	59	气层	14.8	53	气层
7	K	3798.0	3803.5	5.5	9.5	45	差气层	17.6	27	差气层
8	K	3803.5	3810.0	6.5	14.0	68	气层	12.8	66	气层
9	K	3810.0	3814.0	4.0	7.7	52	差气层	14.5	32	差气层
10	K	3814.0	3819.5	5.5	9.9	55	气层	15.4	31	差气层
11	K	3819.5	3826.0	6.5	9.9	55	气层	14.3	52	气层
12	K	3826.5	3827.5	1.0	6.0	40	差气层	21.8		干层
13	K	3829.0	3836.0	7.0	12.2	61	气层	13.8	60	气层
14	K	3836.0	3845.5	9.5	12.2	61	气层	15.7	47	差气层
15	K	3846.0	3851.0	5.0	7.2	40	差气层	18.6		干层
16	K	3852.0	3853.5	1.5	9.1	54	气层	16.3	21	差气层

续表

解释序号	解释层位	深度层段		厚度(m)	常规完井测井解释			RPM 测井解释		
		井段(顶)(m)	井段(底)(m)		ϕ (%)	S_o (%)	解释结果	Σ (c. u)	S_o (%)	解释结果
17	K	3854.0	3872.5	18.5	13.8	69	气层	14.9	62	气层
18	K	3874.8	3879.0	4.3	15.5	72	气层	14.8	69	气层

(2)无水侵边界影响,受断层影响,曲线后期上翘。

KL2 -6 井是位于库车坳陷北部克拉苏构造带克拉苏 2 号构造西高点东部的一口开发井,位于新疆拜城县北东约 54km,KL2 -7 井南东东约 1000m。该井 2005 年 10 月 28 日开钻,2006 年 3 月 25 日完钻。射孔井段 E + K 层(3602 ~ 3748m)。

KL2 -6 井分别于 2011 年 5 月、2012 年 9 月进行了 2 次压力恢复测试,为了达到跟踪 KL2 -6井生产动态变化特征的目的,同时尽可能地消除试井解释的多解性,从而反映真实的储层特征,将历年试井解释结果叠加分析,如图 3. 39 和表 3. 11 所示。

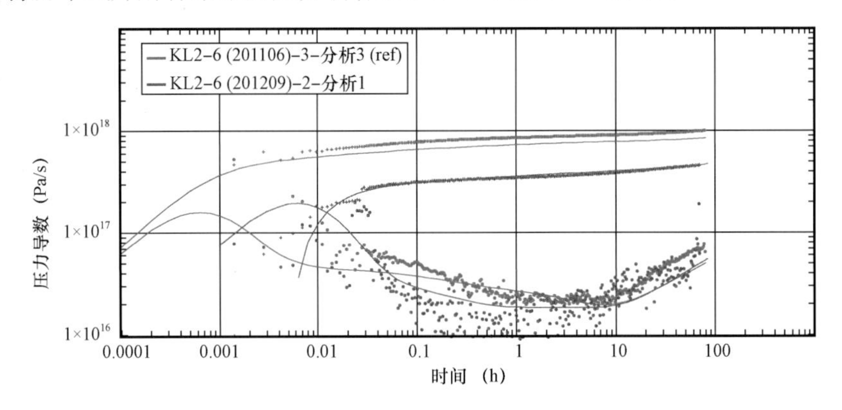

图 3. 39　KL2 -6 井历年压力恢复测试双对数曲线叠加图

表 3. 11　KL2 -6 井历年试井解释结果对比

压恢测试时间	解释模型	C	S	K	KH	p_{AVG}
201105	部分打开 + 均质 + 夹角断层	2.8	5.37	58.8	14500	54.35
201209	部分打开 + 均质 + 夹角断层	4.0	5.76	54.5	13500	51.90

通过对比可以看出两次测试储层径向流动段重合性较好,解释值基本一致,表明了测试资料和解释的储层渗透率等主要特征参数比较可靠,但是两次测试在球型流动段曲线形态有一定差异,分析认为可能与本次和上次测试参与流动的储层段厚度不一致有关,上次测试为 31. 9m,随着生产,目前参与流动的储层段厚度增大为 82. 73m。并且,两次测试曲线末端均出现上翘现象,并且结束径向流时间基本一致,结合过 KL2 -6 井南北方向剖面以及局部断层与层面可视化成果综合分析认为(图 3. 40),该井后期边界控制流动主要由夹角断层引起,断层的距离在 370m 左右。

(3)受边水影响曲线后期上翘,复合模型内区半径逐渐变小。

KL2 -1 井是库车坳陷北部克拉苏构造带克拉苏 2 号构造东高点东部的一口开发井,位于新疆拜城县北东 54km,KL2 南东 900m 处。该井 2005 年 12 月 24 日开钻,2006 年 4 月 26 日完钻。射孔井段 E + K 层,为 3548. 0 ~ 3611. 5m、3618. 5 ~ 3669. 0m、3675. 0 ~ 3705. 0m,其中

3548.0～3705.0m 为目的层,厚度 144m。

KL2－1 井分别于 2009 年 9 月、2010 年 9 月、2011 年 5 月、2012 年 8 月以及 2013 年 9 月进行了 5 次压力恢复测试,为了达到跟踪 KL2－1 井生产动态变化特征的目的,同时尽可能地消除试井解释的多解性,从而反映真实的储层特征,将历年试井解释结果叠加分析,如图 3.41 和表 3.12 所示。

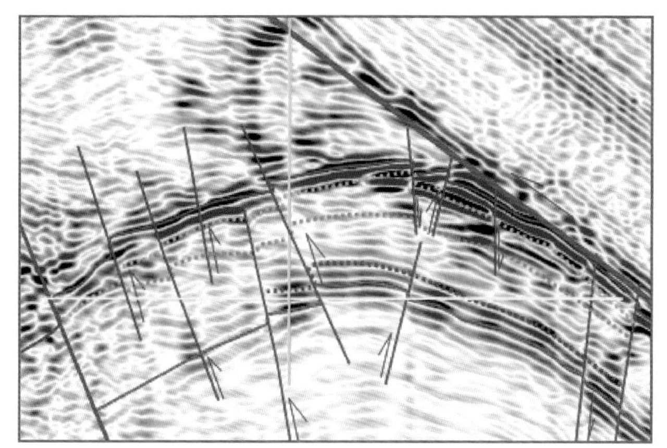

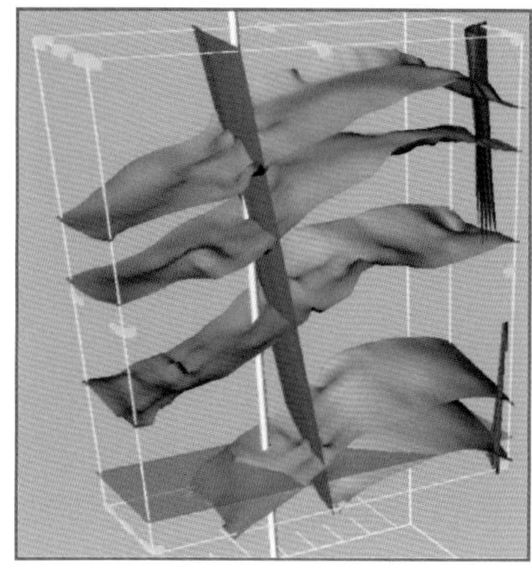

图 3.40　过 KL2－6 井 SN 方向剖面和 KL2－6 井局部断层与层面可视化图

表 3.12　KL2－1 井历年试井解释结果对比

压恢测试时间	解释模型	C	S	K	KH	p_{AVG}
200909	部分打开＋均质无限大地层	0.783	13	76.1	22107	58.67
201009	部分打开＋均质无限大地层	1.59	12.9	78.6	22800	54.87
201105	部分打开＋径向复合	2.17	10.56	74.3	21600	54.70
201208	部分打开＋径向复合	1.40	12.9	76.0	22100	52.24
201306	部分打开＋径向复合	3.00	10.7	72.0	20900	50.33

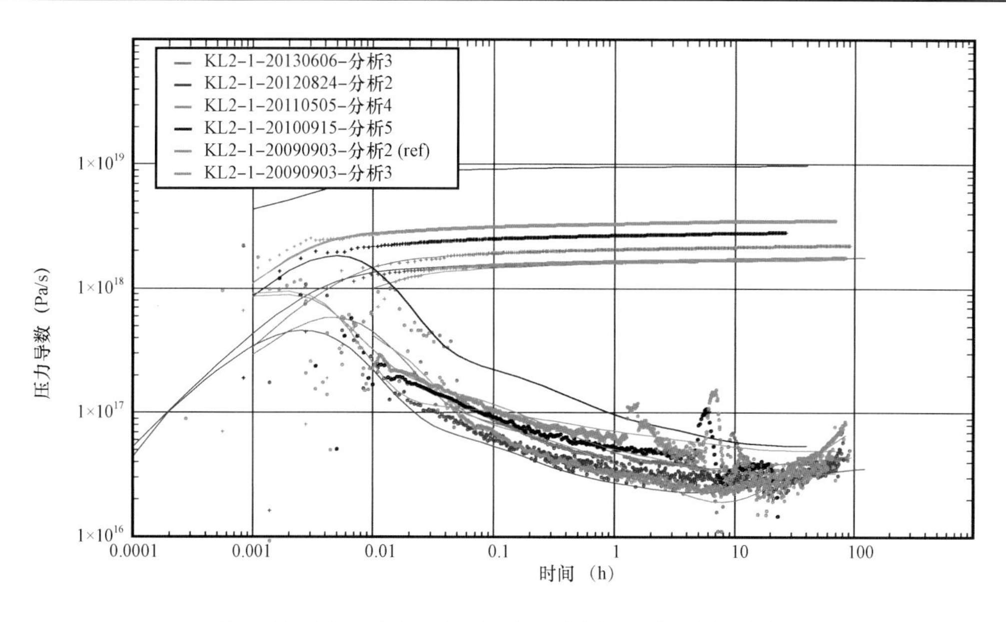

图 3.41　KL2－1 井历年压力恢复测试双对数曲线叠加图

从产气剖面测试结果可知3693.7~3705.0m井段为本井主产气层(图3.42),相对产气量为39.94%,次产气层为3548~3555m井段,相对产气量为26.10%,分别对应完井解释第34号层和6号层。2017年测试产层中深(3627m),流压42.22MPa,流温100.46℃。该井曾于2009年、2013年7月、2016年7月进行过产出剖面测井,表3.13为历次产气剖面测井相对产气量对比。

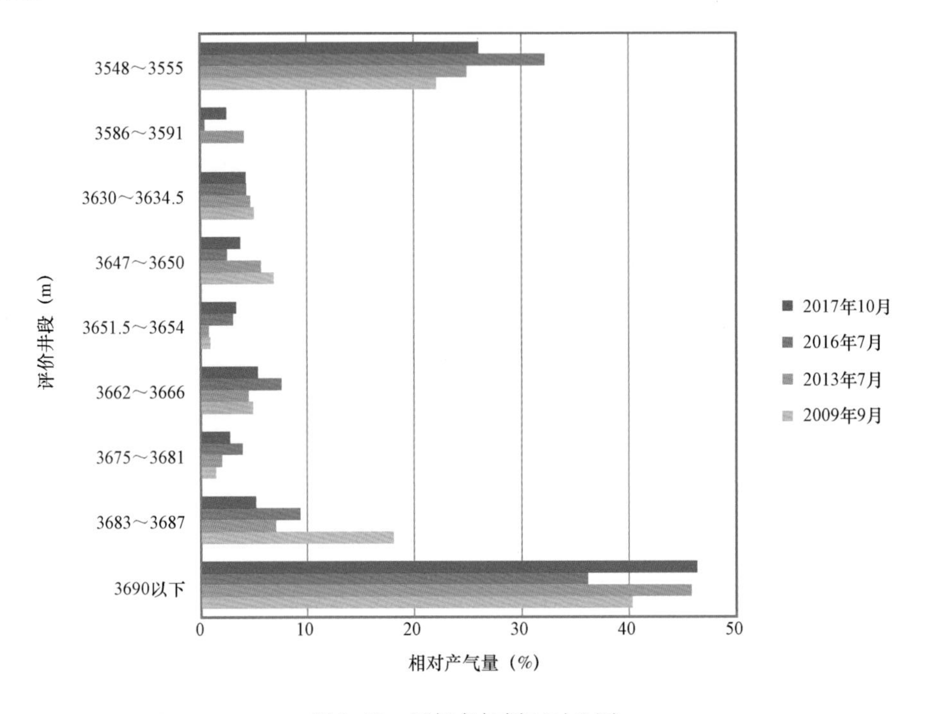

图3.42 历年产气剖面对比图

通过对比可以发现历次测井主要产层并未发生明显变化,仅仅是部分产层的相对产气量发生了一定变化。产层位置没有明显变化,但相对产气量在部分产层处变化较明显,分析可能是由于产层压力交替递减,使产层在不同时期产气能力产生一定程度的变化。

表3.13 KL2-1井历年产气剖面测井对比表

评价井段(m)	2017年10月		2016年7月		2013年7月		2009年9月	
	产气量(m^3/d)	相对产气量(%)	产气量(m^3/d)	相对产气量(%)	产气量(m^3/d)	相对产气量(%)	产气量(m^3/d)	相对产气量(%)
3548~3555	215340	26.10	233133	32.25	565885	24.99	428272	22.16
3586~3591	21057	2.55	3321	0.46	94701	4.18	0	0
3630~3634.5	35761	4.33	31825	4.4	108054	4.77	98819	5.11
3647~3650	31406	3.81	18531	2.56	130260	5.75	134026	6.94
3651.5~3654	28013	3.39	22568	3.12	18098	0.8	18454	0.95
3662~3666	44868	5.44	55243	7.64	103177	4.56	96353	4.98
3675~3681	23000	2.79	28815	3.99	46040	2.03	28234	1.46
3683~3687	43240	5.24	67901	9.39	160615	7.09	349693	18.09
3690以下	382514	46.35	261613	36.19	1038029	45.83	779070	40.31

但是，随着生产时间的延长，可以明显发现储层反映出动边界的影响特征，典型曲线中结束径向流动段的时间也越来越早。结合数值模拟剖面综合分析认为水体从 KL204 井沿高渗透率条带侵入气藏(图 3.43)。

(4)受底水影响典型曲线后期下掉。

KL2-11 井位于库车坳陷北部克拉苏构造带克拉苏 2 号构造东高点南部，位于新疆拜城县北东约 54km，克拉 2-3 井南东约 1140m 处。该井 2005 年 4 月 16 日开钻，2005 年 9 月 10 日完钻。该井射孔井段为 3640 ~ 3649m、3654 ~ 3725m、3730 ~ 3740m，目的层为 3640 ~ 3740m，厚度 90m。

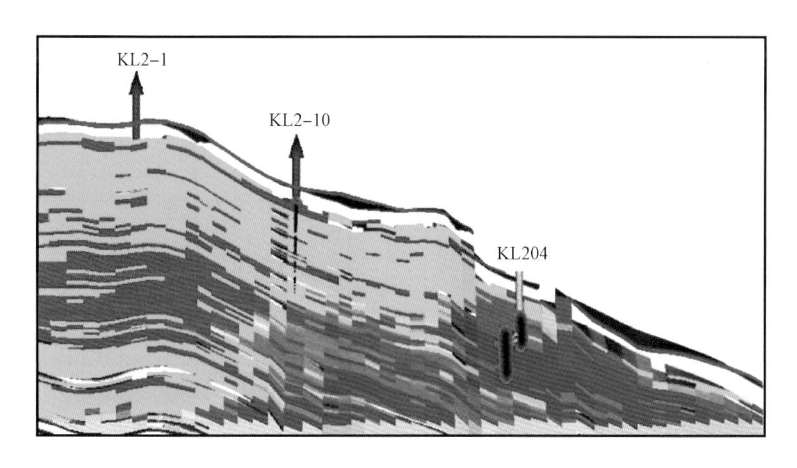

图 3.43　克拉 2 气田数值模拟过 KL2-1 井剖面

KL2-1 井分别于 2009 年 8 月、2010 年 9 月、2011 年 9 月以及 2013 年 8 月进行了 4 次的压力恢复测试，为了达到跟踪 KL2-11 井生产动态变化特征的目的，同时尽可能地消除试井解释的多解性，从而反映真实的储层特征，将历年试井解释结果叠加分析，如图 3.44 和表 3.14 所示。

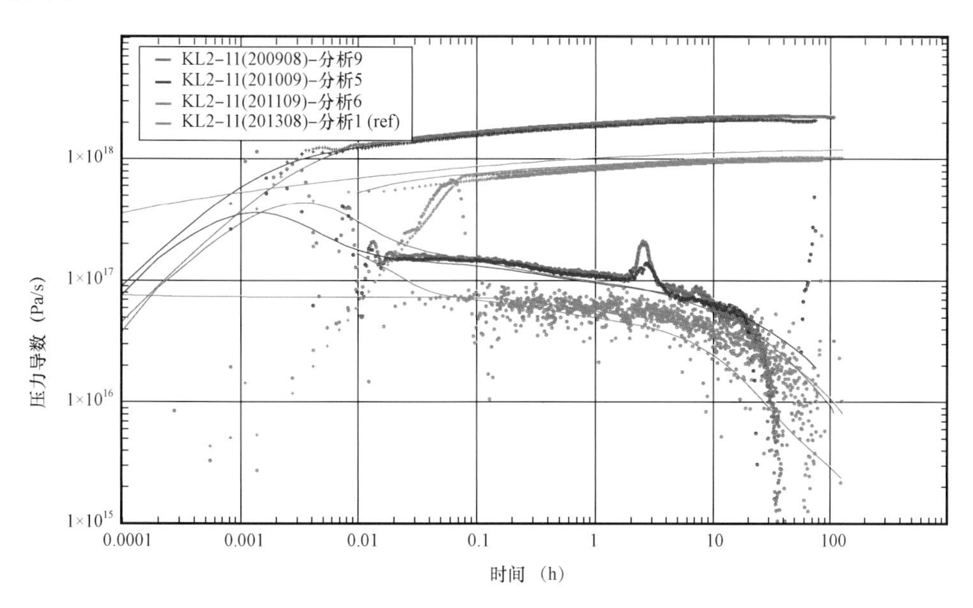

图 3.44　KL2-11 井历年压力恢复测试双对数曲线叠加图

从对比叠加图可以看出:4 次测试的试井曲线形态、特征相似,吻合性好。反映出测试资料、解释结果的可靠。同时,4 次测试压力导数曲线后期均出现下掉现象,近 3 次测试均采用井组同时关井的方式,已基本排除是邻近的影响。因此,根据目前资料分析认为由于底水水侵影响。

2011 年 7 月该井测试了产气剖面,从测试结果可以看出(图 3.45),本井 3640.2 ~ 3644.5m 为主产气层,日产气 715538.5m^3,产气量占全井产量的 49.8%,对应完井解释第 5 ~ 7 号层。产气总量 1436266.7m^3/d。产层中深(3690m),流压 53.27MPa,流温 101.12℃。本井曾于 2009 年 9 月和 2010 年 9 月进行过产气剖面测井,对比结果如图 3.45 所示。

表 3.14　KL2 - 11 井历年试井解释结果对比

压恢测试时间	解释模型	*C*	*S*	*K*	*KH*	p_{AVG}
200908	部分打开 + 均质无限大地层 + 底部水驱	0.712	1.5	46.2	9690	58.92
201009	部分打开 + 均质无限大地层 + 底部水驱	0.343	1.8	45.2	9500	55.71
201109	部分打开 + 均质无限大地层 + 底部水驱	1.210	2.42	47.7	10000	53.88
201308	部分打开 + 均质无限大地层 + 底部水驱	2.350	1.39	46.3	9720	49.95

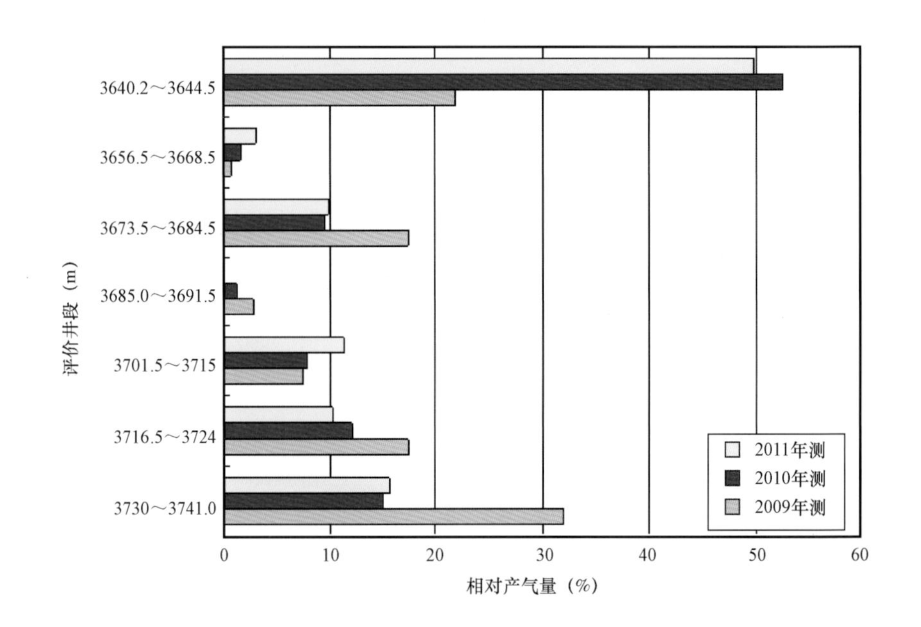

图 3.45　KL2 - 11 井产气剖面对比直方图

通过三次对比可以发现,各次测井产层位置未发生变化,从 2009 年以后主要产层由下部的 18 ~ 21 号层变成了现在的 5 ~ 7 号层,本次测井与 2010 年结果基本一致。

再结合 2017 年 6 月的 RPM 测井解释成果,见表 3.15。2017 年 RPM 测井测量了古近系底部与白垩系巴一段、巴二段,该次测井结合俘获截面与时间推移对比资料,41 号层以下均已水淹,其中与 2016 年 11 月俘获截面相比,42、43 号小层为新水淹井段,气水界面抬升近 9m。通过往年资料对比,该井底水上升速度大约为 10m/a。因此这点更加确定了模型中反映的底水水侵的特征。

表 3.15　KL2 - 11 井 2017 年 RPM 测井解释成果表

解释序号	层位名称	深度层段		厚度(m)	常规完井测井解释			PNN 测井解释		
		井段(顶)(m)	井段(底)(m)		ϕ (%)	S_o (%)	解释结论	俘获截面(c. u)	S_o (%)	解释结论
1	E_1k_5	3627.5	3628.9	1.4	7.7	85	气层	10.3	53	差气层
2	E_1k_5	3628.9	3630.5	1.6	5.3	53	气层	12.6		干层
3	E_1k_5	3630.5	3634.0	3.5	15.7	86	气层	10.6	86	气层
4	E_1k_5	3634.0	3638.0	4.0	0.0		干层	12.2		干层
5	E_1k_5	3638.0	3641.5	3.5	19.0	84	气层	11.7	84	气层
6	E_1k_5	3641.5	3642.5	1.0	7.0	41	差气层	21.4		干层
7	E_1k_5	3642.5	3644.5	2.0	18.4	92	气层	10.3	92	气层
8	E_1k_5	3644.5	3645.5	1.0	5.8	81	差气层	11.5	44	差气层
9	K_1bs_{1-1-3}	3645.5	3649.5	4.0	14.2	69	气层	15.7	69	气层
10	K_1bs_{1-1-4}	3652.5	3655.0	2.5	14.6	70	气层	14.6	68	气层
11	K_1bs_{1-1-4}	3655.0	3656.5	1.5	6.4	43	差气层	21.5		干层
12	K_1bs_{1-1-4}	3656.5	3668.5	12.0	14.2	70	气层	16.5	70	气层
13	K_1bs_{1-1-5}	3670.0	3672.4	2.4	13.7	65	气层	14.3	65	气层
14	K_1bs_{1-1-5}	3672.4	3673.4	1.0	9.2	57	差气层	19.2	40	差气层
15	K_1bs_{1-1-5}	3673.4	3684.9	11.5	16.1	80	气层	14.2	80	气层
16	K_1bs_{1-1-6}	3684.9	3698.8	13.9	11.5	61	气层	16.0	52	差气层
17	K_1bs_{1-1-7}	3698.8	3701.4	2.6	13.6	61	气层	17.2	61	气层
18	K_1bs_{1-1-7}	3701.4	3703.0	1.5	8.9	42	差气层	22.4	33	差气层
19	K_1bs_{1-1-7}	3703.0	3707.4	4.5	12.4	56	气层	17.8	54	差气层
20	K_1bs_{1-1-7}	3707.4	3712.0	4.6	14.2	72	气层	15.1	72	气层
21	K_1bs_{1-1-7}	3712.0	3713.4	1.4	9.5	58	差气层	16.9	47	差气层
22	K_1bs_{1-1-7}	3713.4	3715.0	1.5	11.9	65	气层	14.7	65	气层
23	K_1bs_{1-2-1}	3715.5	3718.3	2.7	13.0	66	气层	15.3	66	气层
24	K_1bs_{1-2-1}	3718.3	3721.6	3.4	20.2	79	气层	13.9	79	气层
25	K_1bs_{1-2-1}	3721.6	3725.0	3.4	16.9	72	气层	14.4	72	气层
26	K_1bs_{1-2-1}	3725.0	3726.4	1.4	6.8	24	差气层	24.7		干层
27	K_1bs_{1-2-1}	3727.5	3729.0	1.5	7.4	38	差气层	18.8		干层
28	K_1bs_{1-2-1}	3730.0	3733.3	3.3	16.8	76	气层	14.4	76	气层
29	K_1bs_{1-2-1}	3733.3	3735.2	1.9	15.4	77	气层	13.6	77	气层
30	K_1bs_{1-2-1}	3735.2	3738.0	2.8	19.3	80	气层	14.3	80	气层
31	K_1bs_{1-2-2}	3740.0	3743.4	3.4	21.2	81	气层	12.5	81	气层
32	K_1bs_{1-2-2}	3744.1	3754.5	10.4	18.7	81	气层	14.5	81	气层
33	K_1bs_{1-2-3}	3757.5	3760.9	3.5	19.0	73	气层	13.8	73	气层
34	K_1bs_{1-2-3}	3760.9	3765.5	4.6	15.4	62	气层	16.3	62	气层
35	K_1bs_{2-1-1}	3767.9	3770.5	2.6	20.2	76	气层	15.0	76	气层
36	K_1bs_{2-1-1}	3770.5	3773.9	3.5	17.2	77	气层	14.3	77	气层

续表

解释序号	层位名称	深度层段		厚度(m)	常规完井测井解释			PNN 测井解释		
		井段(顶)(m)	井段(底)(m)		ϕ(%)	S_o(%)	解释结论	俘获截面(c.u)	S_o(%)	解释结论
37	K_1bs_{2-1-1}	3775.5	3776.9	1.4	17.4	65	气层	14.9	65	气层
38	K_1bs_{2-1-1}	3777.5	3783.4	5.9	20.9	86	气层	11.8	86	气层
39	K_1bs_{2-1-2}	3785.5	3788.0	2.4	22.3	81	气层	11.6	81	气层
40	K_1bs_{2-1-2}	3790.0	3796.7	6.6	21.0	82	气层	13.0	82	气层
41	K_1bs_{2-1-2}	3796.6	3803.6	7.0	16.5	74	气层	16.6	74	气层
42	K_1bs_{2-1-2}	3803.6	3806.4	2.8	18.8	81	气层	20.5	55	中水淹层
43	K_1bs_{2-1-3}	3807.0	3810.0	2.9	16.3	78	气层	20.4	52	中水淹层
44	K_1bs_{2-1-3}	3810.0	3811.1	1.1	1.0	1	气层	27.8		干层
45	K_1bs_{2-1-3}	3811.1	3812.3	1.2	16.8	62	气层	20.8	57	低水淹层
46	K_1bs_{2-1-3}	3812.3	3822.0	9.7	16.0	77	气层	20.9	44	高水淹层
47	K_1bs_{2-1-3}	3822.0	3827.0	5.0	22.5	87	气层	23.3	42	高水淹层
48	K_1bs_{2-2-1}	3828.4	3836.0	7.6	16.0	80	气层	21.3	33	高水淹层
49	K_1bs_{2-2-1}	3836.0	3837.4	1.4	8.9	54	差气层	22.1	41	高水淹层
50	K_1bs_{2-2-1}	3837.4	3839.5	2.0	15.7	68	气层	20.8	48	高水淹层
51	K_1bs_{2-2-2}	3840.5	3844.3	3.8	15.2	73	气层	20.2	38	高水淹层
52	K_1bs_{2-2-2}	3845.0	3853.4	8.5	13.9	72	气层	23.1	28	高水淹层

3.5.3 克拉2气田数值试井解释

本次研究选择使用前文所述的 PEBI 网格,PEBI 网格是一种垂直平分网格,主要特点是灵活而且正交。PEBI 网格体系为建立混合网格和局部加密网格带来方便。

建立数值网格的步骤总体上分为三步:

(1)确定数值试井的区域,从复杂气藏的构造图中划分数值试井模拟区域(图3.46);

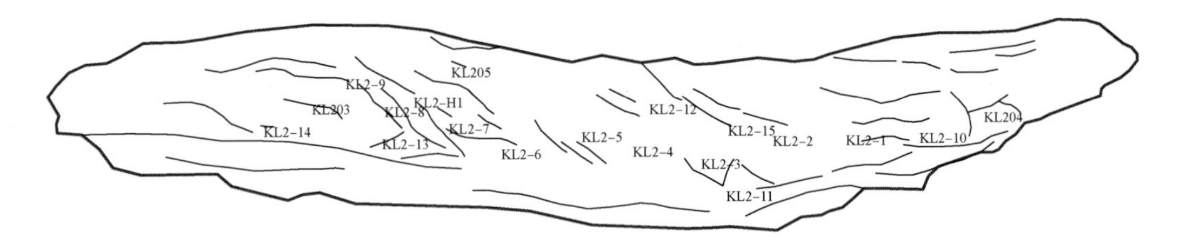

图3.46 克拉2气田数值试井模拟区域

(2)生成 Delaunay 三角形网格,然后在三角形网格中加入井位和断层;

(3)在三角形网格的基础上生成 PEBI 网格(图3.47)。

网格建立后,根据需要将区域构造、有效厚度及孔隙度等静态数据和相渗及高压物性参数等岩石和流体数据加入模型中,建立数值试井所需的数值试井模型;再采用各井生产史建立井模型;在此基础上进行实测压力曲线和生产史的拟合,获得各井以及全气藏的压力分布及储层参数(图3.48、图3.49),由于数值试井技术充分考虑了开发井网、任意边界、气藏非均质性以及气水井生产历史等因素,因此其所建模型更加符合气藏实际,动静态分析及气藏工程方法综合应用的过程，其解释结果更具有可靠性。

利用克拉2气田历年试井解释结果绘制克拉2气田试井解释渗透率历年分布图（图3.50、图3.51），从图中可以看出，与生产初期相比目前渗透率在东西两侧由于水侵的影响有所下降。

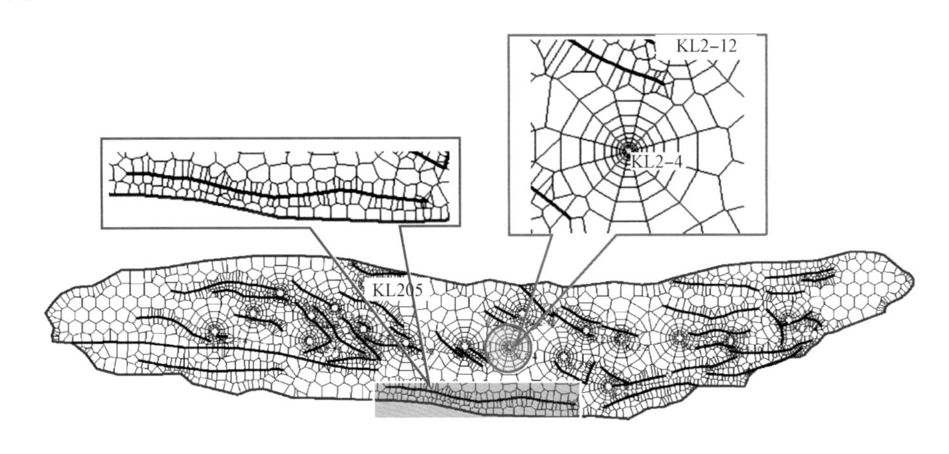

图3.47　克拉2气田数值试井PEBI网格

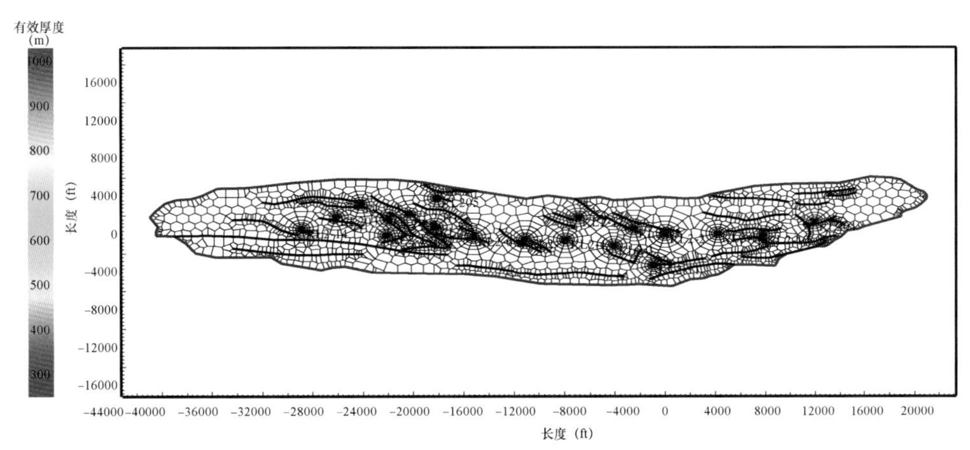

图3.48　克拉2气田数值试井PEBI网格有效厚度分布图

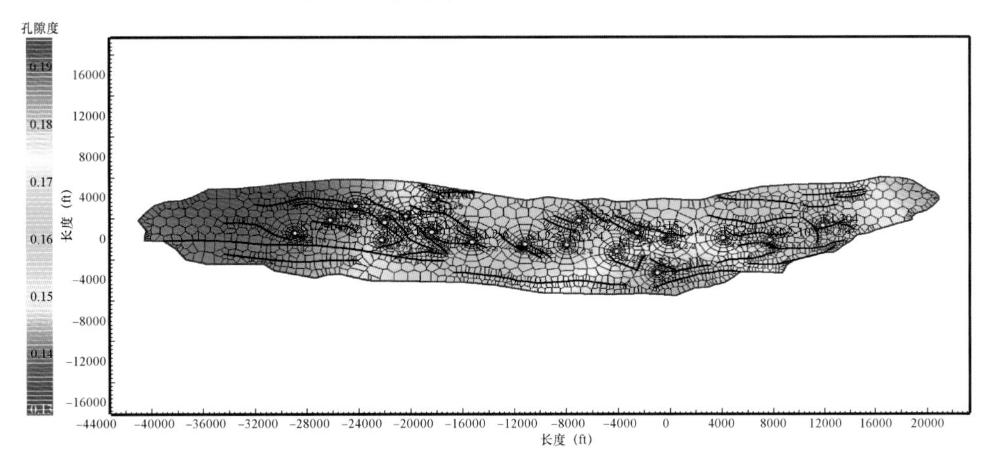

图3.49　克拉2气田数值试井PEBI网格孔隙度分布图

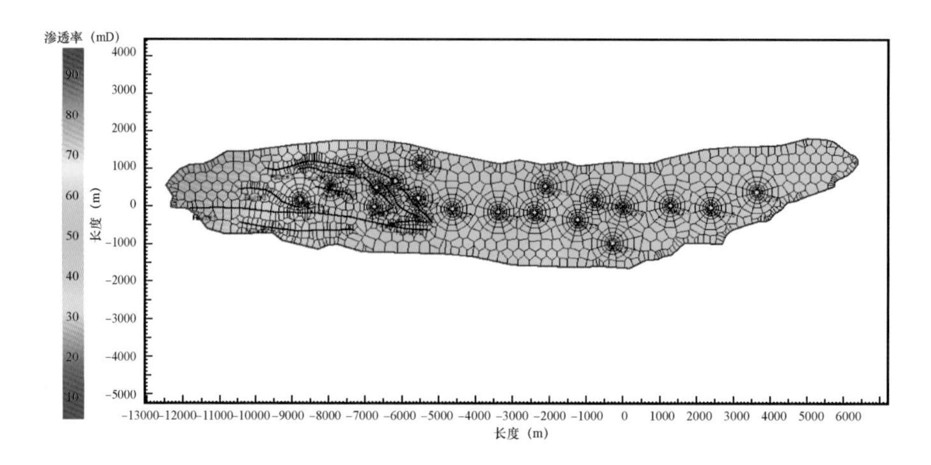

图 3.50　克拉 2 气田渗透率初期分布图

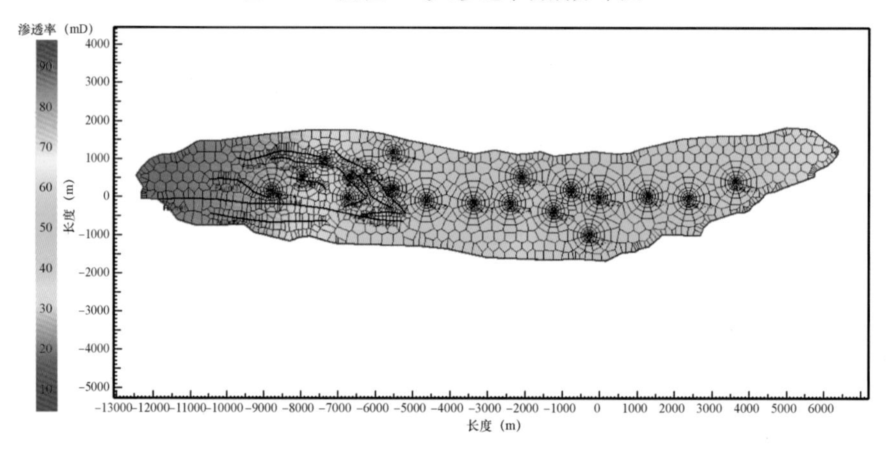

图 3.51　克拉 2 气田渗透率目前分布图

3.5.4　克拉 2 气田历年物性变化分析

从图 3.52、图 3.53 可以看出未见水井总体物性变化不大，每次测试渗透率变化小于 5%，表明应力敏感不强。已见水井由于水侵，有效渗透率下降幅度大，下降幅度达 58% ~94%，平均为 76.02%。

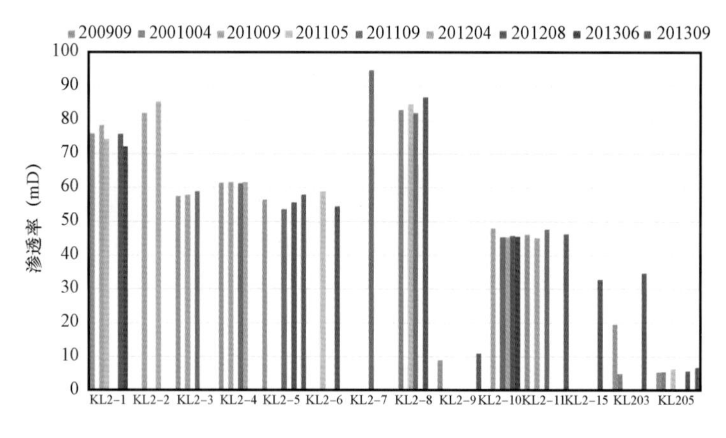

图 3.52　克拉 2 气田 KL2 -1 等未见水井历年解释渗透率

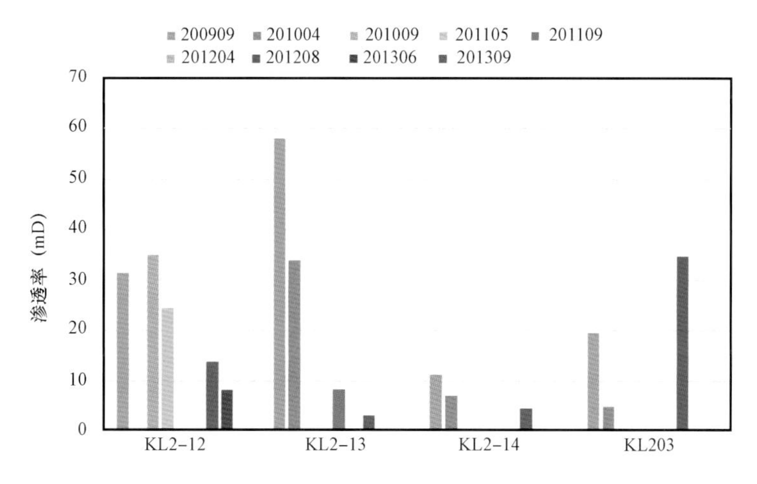

图 3.53　克拉 2 气田 KL2－12 等未见水井历年解释渗透率

参 考 文 献

[1] 韩永新,庄惠农,孙贺东. 数值试井技术在气藏动态描述中的应用[J]. 油气井测试,2006(2):9－11,75.

[2] 李海平,韩永新,庄惠农. 克拉 203 井:一口特殊高产气井的试井评价研究[J]. 天然气工业,2001(2):35－41.

[3] 庄惠农. 不稳定试井解释中多解性的分析:实例分析[J]. 油气井测试,1991(3):16－23.

[4] 庄惠农. 气藏动态描述和试井[M]. 北京:石油工业出版社,2009:2.

[5] 马海,何志雄,樊骥,等. 水平气井不稳定渗流数学模型的格林函数求解方法[J]. 重庆科技学院学报(自然科学版),2011,13(5):71－73.

[6] 李成勇. 格林函数与源函数方法在试井分析中的应用研究[D]. 成都:西南石油学院,2005.

[7] 郑清华,冯桓楷,邢希金,等. 钻完井滤液表皮系数浅析[J]. 化工管理,2019(4):104－105.

[8] 董文秀,王晓冬,王家航. 各向异性储层部分射开斜井新表皮模型[J]. 西南石油大学学报(自然科学版),2018,40(1):104－113.

[9] 王新海,张福祥,姜永,等. 岩心污染表皮系数的计算[J]. 天然气工业,2012,32(12):52－54,128－129.

[10] 王少军,冉启全,袁江如,等. 产量不稳定法评价气井渗透率和表皮系数方法研究[J]. 石油天然气学报,2012,34(5):146－149.

[11] 曾文广,米强波. 水平井射孔完井表皮系数分解计算方法[J]. 钻井液与完井液,2005(S1):105－106,129.

[12] 陈元千. 气井表皮系数分解法[J]. 新疆石油地质,2004(2):160－164.

[13] 陈元千,阎为格. 表皮系数的分解方法[J]. 断块油气田,2003(6):32－35,91.

[14] 庄惠农. 不稳定试井解释中多解性的分析:实例分析[J]. 油气井测试,1991(3):16－23.

[15] 陈元千. 表皮系数的分解方法[J]. 石油钻采工艺,1988(4):85－90.

[16] 成绥民,王天顺. 表皮系数系统分解方法[J]. 钻采工艺,1991(4):35－40,77.

[17] 王海涛,张烈辉. 基于源函数法的油层部分射开顶底封闭各向异性的三重介质油藏不稳定渗流[J]. 大庆石油学院学报,2008(3):29－33,135.

[18] 李成勇,张烈辉,刘启国,等. 薄层底水油藏部分打开直井试井解释方法研究[J]. 西南石油大学学报,2007(1):79－81,146.

[19] 刘亚青,李晓平,吴珏,等. 数值试井方法研究进展[J]. 油气地质与采收率,2010,17(5):65－68,115.

[20] 张冬丽,李江龙,吴玉树. 缝洞型油藏三重介质数值试井模型[J]. 西南石油大学学报(自然科学版),2010,32(2):82－88,201.

[21] 杨磊,常志强,朱忠谦,等. 数值试井在克拉 2 气田开发中的应用[J]. 天然气地球科学,2010,21(1):

163 - 167.

[22] 齐二坡,洪鸿,田婉玲,等. 数值试井技术在复杂气井解释中的应用[J]. 天然气工业,2007(5):97 - 99,156 - 157.

[23] 刘曰武,张奇斌,孙波. 试井分析理论和应用的发展[J]. 测井技术,2004(S1):69 - 74,89 - 94.

[24] 胡勇,钟兵,杨雅和,等. 气水两相井筒/地层组合数值试井模型现场应用[J]. 天然气工业,2001(3):50 - 52,6.

[25] 贾永禄,赵必荣. 拉普拉斯变换及数值反演在试井分析中的应用[J]. 天然气工业,1992(1):60 - 64,11.

[26] 吴大卫,邸元,孙建芳. 油藏流固耦合分析的一种有限元—有限体积混合方法[J]. 浙江科技学院学报,2018,30(1):1 - 7.

[27] 吕心瑞,姚军,黄朝琴,等. 基于有限体积法的离散裂缝模型两相流动模拟[J]. 西南石油大学学报(自然科学版),2012,34(6):123 - 130.

[28] 阎超,于剑,徐晶磊,等. CFD 模拟方法的发展成就与展望[J]. 力学进展,2011,41(5):562 - 589.

[29] 谢春梅,骆艳,冯民富. Darcy - Stokes 问题的统一稳定化有限体积法分析[J]. 计算数学,2011,33(2):133 - 144.

[30] 杨军征,汪绪刚,王瑞和,等. 基于有限元法的油藏开发数值模拟[J]. 新疆石油地质,2011,32(1):54 - 56.

[31] 余华平,王双虎. 基于 Voronoi 网格的扩散方程差分格式[J]. 计算物理,2007(6):631 - 636.

[32] 张禾,陈客松. 基于 FPGA 的稀疏矩阵向量乘的设计研究[J]. 计算机应用研究,2014,31(6):1756 - 1759.

[33] 吴洋,赵永华,纪国良. 一类大规模稀疏矩阵特征问题求解的并行算法[J]. 数值计算与计算机应用,2013,34(2):136 - 146.

[34] 谭阳,唐钊铁,全惠云. 一种因子化的稀疏矩阵转置算法[J]. 湖南师范大学自然科学学报,2012,35(3):16 - 20.

[35] 杨虎,尹文禄,赵菲,等. 高阶矢量有限元方法中的稀疏矩阵技术[J]. 微波学报,2011,27(2):13 - 18,28.

[36] 杨志敏,龚蓬. 大规模稀疏非线性系统方程并行解探讨[J]. 安徽大学学报(自然科学版),1997(2):61 - 64.

[37] 周克万,黄炳光,罗志锋,等. 数值试井与不稳定试井结合计算物性参数[J]. 西南石油大学学报(自然科学版),2011,33(3):141 - 144,201.

[38] 陈晓军,陈伟,段永刚,等. 油藏 Voronoi 网格化的研究[J]. 西南石油大学学报(自然科学版),2010,32(1):121 - 124,200 - 201.

[39] 李玉坤,姚军. 复杂断块油藏 Delaunay 三角网格自动剖分技术[J]. 油气地质与采收率,2006(3):58 - 60,107.

[40] 吴洪彪,刘立明,陈钦雷,等. 四维试井理论研究[J]. 石油学报,2003(5):57 - 62.

[41] 刘立明,廖新维,陈钦雷. 混合 PEBI 网格精细油藏数值模拟应用研究[J]. 石油学报,2003(3):64 - 67.

第4章　水侵动态识别及预警模型

水侵动态的准确判断和预警是主动有效地开发气藏的基础。本章对水侵识别方法、水侵量计算方法、水侵阶段判定和预警曲线及见水顺序定量预测方法等进行了介绍。

4.1　常规水侵识别及水侵量计算方法

气藏开发实践经验表明,很多气藏均与外部的天然水域相连通。外部的天然水域既可能是具有外缘供给的敞开水域,也可能是封闭性的有限边水或者底水。因此,准确地判断气藏驱动类型是气藏动态分析、开发方案制定及调整的重要前提。目前通常采用视地层压力法、水侵体积系数法和视地质储量法来判断气藏驱动类型,并针对不同的水体几何形态而采用相应的水侵量模型来计算水侵量。

4.1.1　物质平衡法

基于气藏物质平衡方程曲线的特征,识别水驱气藏的方法主要分为视地层压力法、水侵体积系数法和视地质储量法等三种,其中视地质储量法对水驱的影响较为敏感。

(1)视地层压力法。

此方法的理论依据是定容封闭性气藏的物质平衡方程式,借助于实际生产动态数据,首先判断某一气藏是否为定容封闭性气藏,如判断的结论为“否定”,则认为是水驱气藏。

分析式(2.21)可知,正常压力系统的定容气藏,视地层压力(p/Z)与累计产气量(G_p)之间呈直线关系,如图4.1中直线所示。对于这类气藏,可以利用压降图($p/Z—G_p$关系图)的外推法或生产数据的线性回归法确定气藏的原始地质储量。而对于水驱气藏,视地层压力(p/Z)与累计产气量(G_p)之间并不存在直线关系。进一步分析表明,随着含气区内的存水量($W_e-W_pB_w$)的增加,气藏的视地层压力下降率随着累计产气量的增加而减小,即$p/Z—G_p$之间呈曲线关系,且曲线向上弯曲,如图4.1中的曲线所示。

从式(2.21)的实际应用中发现,这种识别方法存在较大的局限性,对气藏的水驱作用不太敏感,尤其是水体较弱的情形下,其原因有如下几个方面。

① 定容封闭气藏的直线关系式是在忽略束缚水及岩石弹性能量的情况下导出的,因此直线关系在理论上并不严格。对于异常高压气藏,地层岩石有效压缩系数可以高达$40\times10^{-4}\,MPa^{-1}$,此时不能忽略岩石弹性能量的影响。

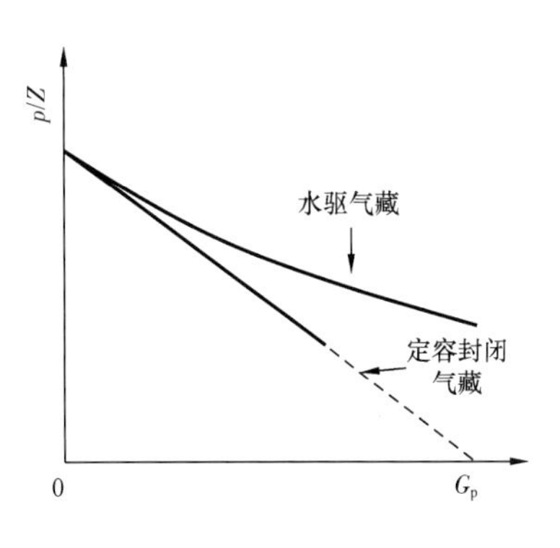

图4.1　气藏的压降图

② 由于在气藏开发过程中所能获得气藏平均压力的资料有限,此时$p/Z—G_p$之间的关系曲线也呈一条直线,一元线性回归该曲线可获得较高的相关系数。此时容易产

生错误的认识，认为气藏为纯气驱，最终导致计算储量偏大。

③ 视地层压力与累计产气量的关系曲线还受采气速度等因素影响。图4.2是受采气速度控制的水驱气藏的 $p/Z—G_p$ 关系典型曲线，其中图4.2(a)表明了高、低采气速度的区别，图4.2(b)表明了不同季节的区别。

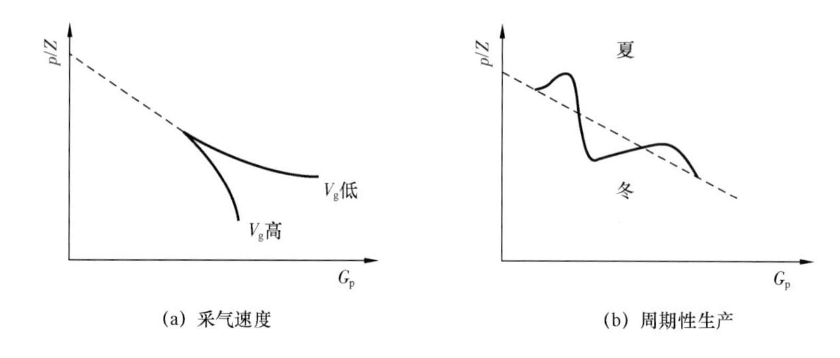

图4.2　不同采气速度下水驱气藏的 $p/Z—G_p$ 关系曲线

(2)水侵体积系数法。

此方法是陈元千利用物质平衡方程，引入一个水侵体积系数而提出的。

将物质平衡方程改写为式(4.1)：

$$p/Z = p_i/Z_i\left[(1 - G_p/G)\frac{1}{1 - \frac{(W_e - W_pB_w)}{G}\left(\frac{p_iT_{sc}}{p_{sc}Z_iT}\right)}\right] \tag{4.1}$$

气藏的原始地质储量 G 和天然气占据的原始有效孔隙体积 V_{gi} 之间有如下关系：

$$G = \frac{V_{gi}}{B_{gi}} \tag{4.2}$$

将式(4.2)代入式(4.1)得

$$p/Z = \frac{p_i}{Z_i}\left[\left(1 - \frac{G_p}{G}\right)\frac{1}{1 - \frac{W_e - W_pB_w}{V_{gi}}}\right] \tag{4.3}$$

若令

$$\omega = \frac{W_e - W_pB_w}{V_{gi}} \tag{4.4}$$

$$\varphi_p = \frac{pZ_i}{p_iZ} \tag{4.5}$$

$$R_D = G_p/G \tag{4.6}$$

则式(4.5)可写为

$$\varphi_p = \frac{1 - R_D}{1 - \omega} \tag{4.7}$$

式中　ω——气藏的水侵体积系数；

φ_p——相对压力系数；

R_D——采出程度。

对于无水侵气藏 $\omega=0$，由式(4.7)得

$$\varphi_p = 1 - R_D \tag{4.8}$$

对于定容封闭性气藏，采出程度(R_D)和相对压力系数(φ_p)为45°下降直线；而对于水驱气藏，由于 $\omega<1$，相对压力系数与采出程度的关系曲线为大于45°的直线。

(3)视地质储量法。

物质平衡方程通式中做如下假设：

$$F = G_p B_g + W_p B_w \tag{4.9}$$

$$E_g = B_g - B_{gi} \tag{4.10}$$

$$E_{fw} = B_{gi}\left(\frac{C_w S_{wi} + C_p}{1 - S_{wi}}\right)\Delta p \tag{4.11}$$

则通式可表示为

$$F = W_e + G(E_g + E_{fw}) \tag{4.12}$$

或改写为

$$\frac{F}{E_g + E_{fw}} = G + \frac{W_e}{E_g + E_{fw}} \tag{4.13}$$

对于正常压力系统气藏，由于可忽略 E_{fw}，式(4.13)可进一步简写为

$$\frac{F}{E_g} = G + \frac{W_e}{E_g} \tag{4.14}$$

对于定容封闭性气藏，由于水侵量 $W_e=0$，则式(4.13)和式(4.14)可写为

$$\frac{F}{E_g + E_{fw}} = G \tag{4.15}$$

$$\frac{F}{E_g} = G \tag{4.16}$$

由式(4.15)、式(4.16)可知，对于定容封闭性气藏，$F/(E_g+E_{fw})$ 或 F/E_g 恒等于原始地质储量 G 值，而对于水驱气藏，其等于原始地质储量与 $W_e/(E_g+E_{fw})$ 之和，因此可以将 $F/(E_g+E_{fw})$ 或 F/E_g 统称为视地质储量，记为 G_a。由于对某特定气藏，原始地质储量为一常数，它与累计产气量 G_p 无关，因此，无水侵气藏的 G_a 与 G_p 之间关系为一条水平直线，如图4.3中水平直线a所示。若有水驱作用，随着生产的进行，W_e 将不断增加，视地质储量 G_a 与累计产气量 G_p 的关系为一条曲线，如图4.3中的

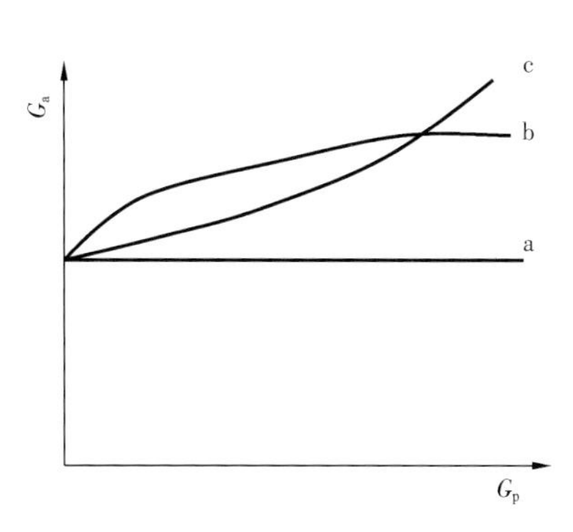

图4.3　视地质储量与累计产气量关系曲线

曲线 b 或曲线 c 所示。

由以上推导过程和分析可以看出，视地质储量法是严格按照气藏物质平衡通式提出的，未忽略压力下降而引起的束缚水膨胀和孔隙体积减小的影响，因此，对正常压力和异常高压系统的气藏均适用。通过理论分析和多次实际应用发现，视地质储量法对水驱作用的敏感性大于视地层压力和水侵体积系数法。

4.1.2 稳态及不稳态水侵模型

目前，计算水侵量的模型主要有稳定水侵、准稳定水侵、小水体水侵以及不稳定水侵模型等，其中，不稳定水侵模型应用最为广泛。此外，根据天然水域的几何形状，又可分为直线法、平面径向流法和半球形流法三种方式，如图 4.4 所示。

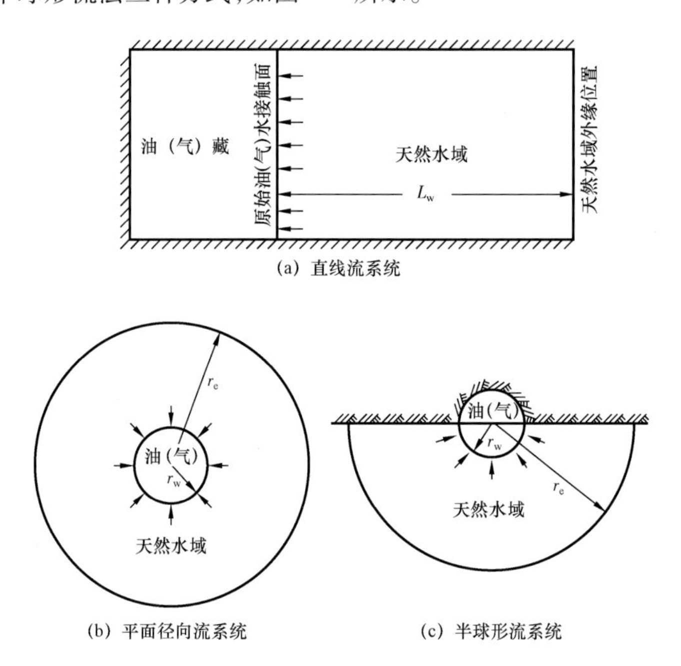

图 4.4 天然水侵的不同方式

(1)稳定流法。

所谓的稳定流法是指水侵速度不随时间变化的水侵量计算方法。要达到稳定流，气藏需要特大水体，即具有广阔天然水域或有外部水源供给，气藏和水域属于一个水动力学系统，而且它们都必须具有较大的渗透率。这时可将气藏部分简化为一口半径为 r_{ew} 的“扩大井”。扩大井的半径 r_{ew} 实际上为气藏气水接触面的半径，或称为天然水域的内边界半径；天然水域的半径，则称为外边界半径。在原始条件下，气藏内部含气区和天然水域的地层压力都等于原始地层压力 p_i。当气藏投入生产 t 时间后，气藏内边界上的压力（即气藏地层压力）下降到 p，在考虑天然水域的地层水和岩石的有效弹性影响的条件下，Schilthuis 于 1936 年基于达西稳定流定律，得到了估算天然水侵量的表达式：

$$\begin{cases} W_e = C_s \int_0^t (p_i - p)\,\mathrm{d}t \\ q_e = \dfrac{\mathrm{d}W_e}{\mathrm{d}t} = C_s(p_i - p) \end{cases} \tag{4.17}$$

式中　W_e——天然累计水侵量,m^3;

C_s——水侵常数,$m^3/(MPa \cdot d)$,它与天然水域的储层物性、流体物性和气藏边界形状有关;

q_e——水侵速度,m^3/d;

p_i——原始地层压力,MPa;

p——气藏开采到 t 时刻的地层压力,MPa;

t——开采时间,d。

下面分别介绍其计算公式。

① 对于平面径向流系统稳定水侵,水侵常数为

$$C_s = \frac{542.6K_w h}{\mu_w \ln \frac{r_e}{r_{wq}}} \tag{4.18}$$

式中　C_s——水侵常数,$m^3/MPa \cdot d$;

K_w——水域地层的渗透率,D;

h——天然水域有效厚度,m;

μ_w——水的黏度,$mPa \cdot s$;

r_e——天然水域的外缘半径,m;

r_{wq}——气水接触面半径,m。

② 对于一维线性流系统稳定水侵,水侵常数为

$$C_s = \frac{86.4bK_w h}{\mu_w L_w} \tag{4.19}$$

式中　L_w——气水接触面到天然水域外缘的长度,m;

b——天然水域的宽度,m。

其余符号意义同前。

③ 对于半球形流系统稳定水侵,水侵常数为

$$C_s = \frac{542.6K_w r_{ws} r_e}{\mu_w (r_e - r_{ws})} \tag{4.20}$$

式中　r_{ws}——半球形流的等效气水接触球面半径,m。

其余符号的意义同前。

值得指出的是:天然水驱气藏的实际开采动态表明,C_s有时并不是一个常数,而是一个随时间变化的变量。因此,后来曾有人对式(4.20)做过修正。

(2)非稳定流法。

所谓非稳定流法是指水侵速度随时间变化的水侵模式的水侵量的计算方法。当油区和水区的渗透率都低或者仅水区的渗透率不大,气藏具有较大或广阔的水区时,作为一口“扩大井”的气藏,由于开采所造成的地层压力降,必然连续不断地向水区传递,并引起水区内地层水和岩石的弹性膨胀。当地层压力降的传递尚未波及水区的外边界之前,或者水区是封闭性的,这时水区中的水向气藏的水侵过程即为一个不稳定的过程。而前面所讲的稳定水侵是有条件的、相对的。

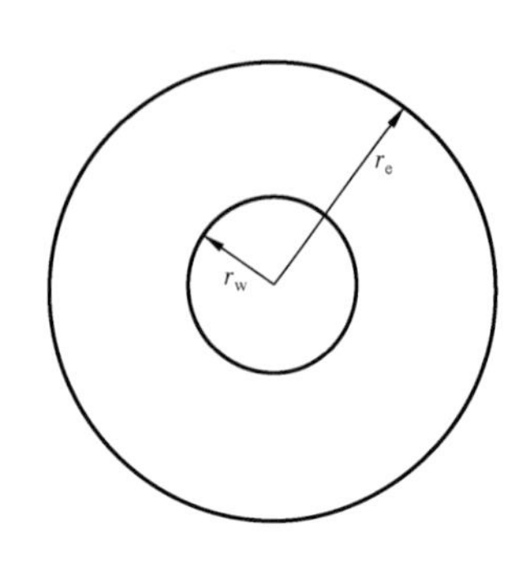

图 4.5　圆形封闭水区系统

对于不稳定水侵过程,不同的学者基于不同的流动方式和天然水域的外边界条件,提出了计算天然水侵量的不同的不稳定流法。

① 平面径向流不稳定水侵。

Van Everdingen 和 Hurst 等人在假设气藏内边界处(即扩大井井壁上)压力为常数的情况下,推导出了天然累计水侵量的计算表达式。

考虑如图 4.5 所示的圆形封闭天然水域系统,假设水域中岩石和流体的性质均匀,并且各处的厚度相等。根据扩大井处的达西公式,则有

$$q_e(t) = \frac{2\pi K_w h}{\mu_w}\left(r\frac{\partial p}{\partial r}\right)_{r=r_w} \tag{4.21}$$

式中　$q_e(t)$——t 时刻对应的水侵速度,m^3/d;

h——天然水域的有效厚度,m。

其他符号与式(4.18)相同。

对式(4.21)积分,得

$$W_e = \int_0^t q_e(t)\,dt = \frac{2\pi K_w h}{\mu_w}\int_0^t \left(r\frac{\partial p}{\partial r}\right)_{r=r_w} dt \tag{4.22}$$

引入无量纲变量,可得式(4.23)和式(4.24):

$$\frac{\partial p_D}{\partial r_D} = \frac{\partial p_D}{\partial p}\frac{\partial p}{\partial r}\frac{\partial r}{\partial r_D} = -\frac{1}{\Delta p}\frac{\partial p}{\partial r}r_w \tag{4.23}$$

$$dt = \frac{\phi\mu_w C_e r_w^2}{K_w}dt_D \tag{4.24}$$

其中无量纲变量定义为

$$\begin{cases} r_D = \dfrac{r}{r_w} \\ t_D = \dfrac{K_w t}{\phi\mu_w C_e r_w^2} \\ p_D = \dfrac{p_i - p(r,t)}{p_i - p_{wf}} \end{cases}$$

将式(4.23)和式(4.24)代入式(4.22),得

$$W_e = 2\pi r_w^2\phi\, hC_e\Delta p\int_0^{t_D}\left(-\frac{\partial p_D}{\partial r_D}\right)_{r_D=1} dt_D \tag{4.25}$$

令

$$Q_D(t_D, r_{eD}) = \int_0^{t_D}\left(-\frac{\partial p_D}{\partial r_D}\right)_{r_D=1} dt_D \tag{4.26}$$

则

$$W_e = 2\pi r_w^2 \phi h C_e \Delta p Q_D(t_D, r_{eD}) \tag{4.27}$$

$$B_R = 2\pi r_w^2 \phi h C_e \tag{4.28}$$

$$W_e = B_R \Delta p Q_D(t_D, r_{eD}) \tag{4.29}$$

式中　ϕ——天然水域的有效孔隙度；

μ_w——水的黏度，mPa·s；

K_w——水域地层的渗透率，D；

C_e——天然水域中的有效压缩系数$(C_W + C_P)$，MPa^{-1}；

r_w——气水接触面半径，m；

h——天然水域有效厚度，m；

p_i——原始地层压力，MPa；

p_{wf}——气水接触面上的压力（或含气区的平均压力），MPa。

从推导过程可以看出，在气藏含气区的平均压力（或气水接触面上的压力）保持不变的条件下，计算累计水侵量的关键是计算$Q_D(t_D, r_{eD})$。$Q_D(t_D, r_{eD})$称为无量纲水侵量，根据前面天然水域内无量纲压力$p_D(t_D, r_D)$的具体表达式即可算出。但是，在气藏的实际开发过程中，气水接触面上（即气藏平均）压力是不断下降的，并非为常数，此时则不能用式(4.27)进行水侵量的计算了。可考虑采用叠加原理进行计算，即将压力的连续变化处理成"台阶状"形式，认为在某一阶段内为定值，如图4.6所示。

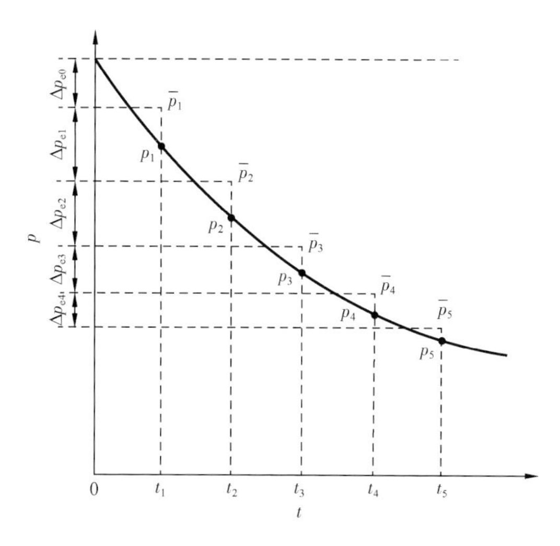

图4.6　不同开发阶段求解有效地层压降示意图

由叠加原理可写出气藏平均（或气水接触面上）压力不稳定时的天然累计水侵量的表达式：

$$W_e = B_R \sum_0^t \Delta p_e Q_D(t_D, r_{eD}) \tag{4.30}$$

式中　B_R——水侵系数，m^3/MPa；

Δp_e——气藏平均（或气水接触面上）有效地层压降，MPa。

不同开发时间的有效地层压降，由下列各式确定：

$$\Delta p_{e0} = p_i - \bar{p}_1 = p_i - \frac{(p_i + p_1)}{2} = \frac{p_i - p_1}{2}$$

$$\Delta p_{e1} = \bar{p}_1 - \bar{p}_2 = \frac{(p_i + p_1)}{2} - \frac{(p_1 + p_2)}{2} = \frac{p_i - p_2}{2}$$

$$\Delta p_{e2} = \bar{p}_2 - \bar{p}_3 = \frac{(p_1 + p_2)}{2} - \frac{(p_2 + p_3)}{2} = \frac{p_1 - p_3}{2}$$

$$\Delta p_{en} = \bar{p}_n - \bar{p}_{n+1} = \frac{(p_{n-1} + p_n)}{2} - \frac{(p_n + p_{n+1})}{2} = \frac{p_{n-1} - p_{n+1}}{2}$$

式(4.30)中,$Q_D(t_D, r_{eD})$为无量纲水侵量,它是由下面表示的无量纲时间和无量纲半径的函数:

$$t_D = \frac{AK_w t}{\phi \mu_w C_e r_w^2} = \beta_R t \tag{4.31}$$

$$r_{eD} = \frac{r_e}{r_w} \tag{4.32}$$

式中 t_D——无量纲时间;

r_{eD}——无量纲半径;

t——开发时间,d;

β_R——平面径向流的综合参数,1/d;

其他参数同上。

如图4.7所示,无限大天然水域和不同r_{eD}的有限封闭天然水域的无量纲水侵量$Q_D(t_D)$和无量纲时间t_D的关系。

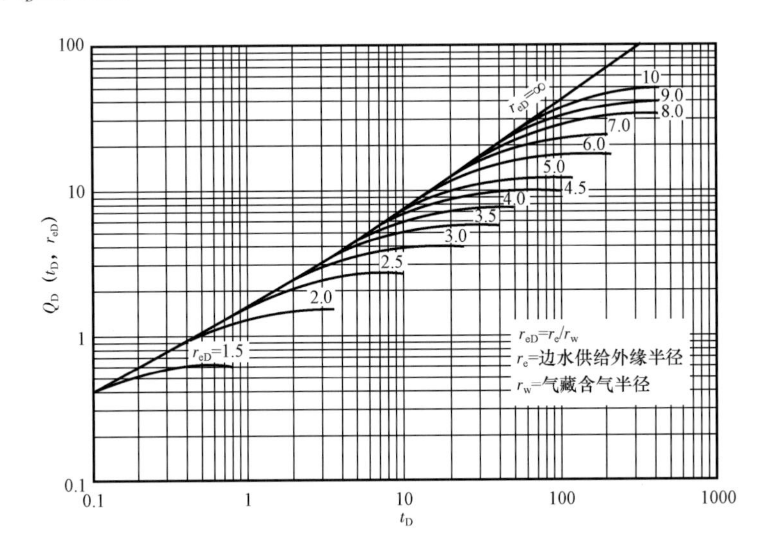

图4.7 平面径向流无限大和有限封闭天然水域的$Q_D(t_D)$与t_D关系图

对于实际的气藏,如果周围的天然水域不是一个整圆形,而是圆形的一部分(即扇形),或由面积等值方法折合的某个半径的扇形,则采用式(4.33)表示的水侵系数:

$$B_R = 2\pi r_w^2 h\phi C_e \frac{\theta}{360°} \tag{4.33}$$

式中 θ——水侵角,(°)。

② 直线流系统的天然累计水侵量。

Nabor 和 Barham 给出的直线流系统天然累计水侵量的表达式为

$$W_e = bhL_w \phi C_e \sum_{o}^{t} \Delta p_e Q_D(t_D) \tag{4.34}$$

若令

$$B_L = bhL_w\phi C_e \tag{4.35}$$

则得

$$W_e = B_L\sum_0^t \Delta p_e Q_D(t_D) \tag{4.36}$$

式中 W_e——天然累计水侵量，m^3；

B_L——直线流系统的水侵系数，m^3/MPa；

b、h——分别表示天然水域的宽度、有效厚度，m；

ϕ——天然水域的有效孔隙度；

L_w——油水接触面到天然水域外缘的长度，m。

直线流系统的无量纲时间表示为

$$t_D = \frac{AK_w t}{\phi\mu_w C_e L_w^2} = \beta_L t \tag{4.37}$$

在实际计算时，可以利用如下的相关经验公式计算无量纲水侵量。

a. 无限大天然水域系统。

$$Q_D(t_D) = 2\sqrt{t_D/\pi} \tag{4.38}$$

b. 有限封闭天然水域系统。

$$Q_D(t_D) = 1 - \frac{8}{\pi^2}\sum_{n=1}^{\infty}\left(\frac{1}{n^2}\right)\exp\left(-\frac{\pi^2 n^2 t_D}{4}\right) \tag{4.39}$$

c. 有限敞开外边界定压天然水域系统。

$$Q_D(t_D) = \left(t_D + \frac{1}{3}\right) - \frac{2}{\pi^2}\sum_{n=1}^{\infty}\left(\frac{1}{n^2}\right)\exp(-n^2\pi^2 t_D) \tag{4.40}$$

当 $t_D \leqslant 0.25$ 时，上述三种天然水域条件的 $Q_D(t_D)$ 均等于 $2\sqrt{t_D/\pi}$。而当 $t_D \geqslant 2.5$ 时，有限敞开外边界定压天然水域系统的 $Q_D(t_D) = t_D + \frac{1}{3}$；有限封闭天然水域系统的 $Q_D(t_D) = 1$。

③ 半球形流系统的天然累计水侵量。

Chatas 给出底水气藏开发的半球形流系统的天然累计水侵量的表达式为

$$W_e = 2\pi r_{ws}^3\phi C_e\sum_0^t \Delta p_e Q_D(t_D) \tag{4.41}$$

若令

$$B_s = 2\pi r_{ws}^3\phi C_e \tag{4.42}$$

则得

$$W_e = B_s\sum_0^t \Delta p_e Q_D(t_D) \tag{4.43}$$

式中　B_s——半球形流的水侵系数，m^3/MPa；

r_{ws}——半球形流的等效气水接触球面半径，m。

半球形流系统的无量纲时间表示为

$$t_D = \frac{8.64 \times 10^{-2} K_w t}{\phi \mu_w C_e r_{ws}^3} = \beta_s t \tag{4.44}$$

对于半球形流的不同天然水域情况，可采用以下相关经验公式计算无量纲水侵量。

a. 无限大天然水域系统。

无限大天然水域的 $Q_D(t_D)$ 与 t_D 的相关经验公式为

$$Q_D(t_D) = t_D + 2\sqrt{\frac{t_D}{\pi}} \tag{4.45}$$

b. 有限封闭天然水域系统[4]。

ⅰ. $r_{eD}=2.0$ 时：

当 $t_D \leqslant 0.07$ 时，$Q_D(t_D)$ 的表达式为式(4.45)。当 $0.07 < t_D \leqslant 10$ 时：

$$\begin{aligned} Q_D(t_D) = \exp[&0.5747 + 0.413\ln t_D - 0.1489(\ln t_D)^2 - 2.0501 \times 10^{-2}(\ln t_D)^3 \\ &+ 8.8346 \times 10^{-3}(\ln t_D)^4 + 1.8483 \times 10^{-3}(\ln t_D)^5] \end{aligned} \tag{4.46}$$

当 $t_D > 10$ 时：

$$Q_D(t_D) = 2.3333 \tag{4.47}$$

ⅱ. $r_{eD}=4.0$ 时：

当 $t_D \leqslant 0.7$ 时，$Q_D(t_D)$ 的表达式为式(4.45)。当 $0.7 < t_D \leqslant 9$ 时：

$$\begin{aligned} Q_D(t_D) = \exp[&0.7551 + 0.7346\ln t_D + 3.2545 \times 10^{-2}(\ln t_D)^2 \\ &+ 3.0433 \times 10^{-5}(\ln t_D)^3 - 5.5053 \times 10^{-3}(\ln t_D)^4] \end{aligned} \tag{4.48}$$

ⅲ. $r_{eD}=6.0$ 时：

当 $t_D \leqslant 2$ 时，$Q_D(t_D)$ 的表达式为式(4.45)。当 $2 < t_D \leqslant 800$ 时：

$$\begin{aligned} Q_D(t_D) = \exp[&1.015 + 0.1859\ln t_D + 0.3875(\ln t_D)^2 \\ &- 8.3585 \times 10^{-2}(\ln t_D)^3 + 4.8319 \times 10^{-3}(\ln t_D)^4] \end{aligned} \tag{4.49}$$

当 $t_D > 800$ 时：

$$Q_D(t_D) = 71.667 \tag{4.50}$$

ⅳ. $r_{eD}=8.0$ 时：

当 $t_D \leqslant 4$ 时，$Q_D(t_D)$ 的表达式为式(4.45)。当 $4 < t_D \leqslant 2000$ 时：

$$\begin{aligned} Q_D(t_D) = \exp[&0.5507 + 0.8401\ln t_D + 5.5396 \times 10^{-2}(\ln t_D)^2 \\ &- 1.1591 \times 10^{-2}(\ln t_D)^3] \end{aligned} \tag{4.51}$$

当 $t_D > 2000$ 时：

$$Q_D(t_D) = 170.33 \tag{4.52}$$

v. $r_{eD}=10.0$ 时：

当 $t_D \leqslant 6.0$ 时，$Q_D(t_D)$ 的表达式为式(4.45)。当 $6 < t_D \leqslant 100$ 时：

$$Q_D(t_D) = \exp[0.9169 + 0.5345\ln t_D + 0.114(\ln t_D)^2 - 0.01192(\ln t_D)^3] \tag{4.53}$$

当 $100 < t_D \leqslant 4000$ 时：

$$Q_D(t_D) = \exp[-10.4783 + 5.9859\ln t_D - 0.7286(\ln t_D)^2 + 2.9367\times10^{-2}(\ln t_D)^3] \tag{4.54}$$

当 $t_D > 4000$ 时：

$$Q_D(t_D) = 333.0 \tag{4.55}$$

vi. $r_{eD}=20.0$ 时：

当 $t_D \leqslant 30$ 时，$Q_D(t_D)$ 的表达式为式(4.45)。当 $30 < t_D \leqslant 2000$ 时：

$$Q_D(t_D) = \exp[2.1236 - 0.1685\ln t_D + 0.2305(\ln t_D)^2 - 1.5646\times10^{-2}(\ln t_D)^3] \tag{4.56}$$

当 $t_D \geqslant 2000$ 时：

$$Q_D(t_D) = 2666.3 \tag{4.57}$$

vii. $r_{eD}=30.0$ 时：

当 $t_D \leqslant 80$ 时，$Q_D(t_D)$ 的表达式为式(4.45)。当 $80 < t_D \leqslant 10000$ 时：

$$Q_D(t_D) = \exp[-0.7144 + 1.5492\ln t_D - 0.1008(\ln t_D)^2 - 1.3355\times10^{-3}(\ln t_D)^3 + 1.8321\times10^{-3}(\ln t_D)^4 - 1.2685\times10^{-4}(\ln t_D)^5] \tag{4.58}$$

当 $t_D \geqslant 10000$ 时

$$Q_D(t_D) = 8999.6 \tag{4.59}$$

c. 有限敞开天然水域系统。

i. $r_{eD}=2.0$ 时：

当 $t_D \leqslant 0.07$ 时，$Q_D(t_D)$ 的表达式为式(4.45)。当 $0.07 < t_D \leqslant 3$ 时：

$$Q_D(t_D) = 0.1868 + 2.7744t_D - 1.2135t_D^2 + 0.3023t_D^3 + 0.6757t_D^4 - 0.471t_D^5 + 0.08272t_D^6 \tag{4.60}$$

ii. $r_{eD}=4.0$ 时：

当 $t_D \leqslant 0.7$ 时，$Q_D(t_D)$ 的表达式为式(4.45)。当 $0.7 < t_D \leqslant 20$ 时：

$$Q_D(t_D) = 0.5795 + 1.5814t_D - 4.9088\times10^{-2}t_D^2 + 3.8356\times10^{-3}t_D^3 - 9.4781\times10^{-5}t_D^4 \tag{4.61}$$

ⅲ. $r_{eD}=6.0$ 时：

当 $t_D \leqslant 2$ 时，$Q_D(t_D)$ 的表达式为式(4.45)。当 $2<t_D \leqslant 40$ 时：

$$Q_D(t_D) = 0.7423 + 1.4911t_D - 3.5375\times10^{-2}t_D^2 + 1.9739\times10^{-3}t_D^3 - 5.0251\times10^{-5}t_D^4 + 4.7065\times10^{-7}t_D^5 \tag{4.62}$$

ⅳ. $r_{eD}=8.0$ 时：

当 $t_D \leqslant 4$ 时，$Q_D(t_D)$ 的表达式为式(4.45)。当 $4<t_D \leqslant 70$ 时：

$$Q_D(t_D) = 1.2085 + 1.2938t_D - 6.6483\times10^{-3}t_D^2 + 8.4128\times10^{-5}t_D^3 + 1.3421\times10^{-6}t_D^4 - 4.0782\times10^{-8}t_D^5 + 2.601\times10^{-10}t_D^6 \tag{4.63}$$

ⅴ. $r_{eD}=10.0$ 时：

当 $t_D \leqslant 6$ 时，$Q_D(t_D)$ 的表达式为式(4.45)。当 $6<t_D \leqslant 90$ 时：

$$Q_D(t_D) = 1.567 + 1.2253t_D - 3.252\times10^{-3}t_D^2 + 3.9047\times10^{-5}t_D^3 - 1.6731\times10^{-7}t_D^4 \tag{4.64}$$

ⅵ. $r_{eD}=20.0$ 时：

当 $t_D \leqslant 30$ 时，$Q_D(t_D)$ 的表达式为式(4.45)。当 $30<t_D \leqslant 600$ 时：

$$Q_D(t_D) = \exp[0.6191 + 0.8272\ln t_D + 1.3421\times10^{-2}(\ln t_D)^2] \tag{4.65}$$

当 $r_{eD}>20$ 时，$Q_D(t_D)$ 与 t_D 的关系曲线基本上与无限大天然水域的重合，此时可用式(4.45)计算不同 t_D 所对应的 $Q_D(t_D)$。

在计算出相应流动方式和外边界条件下各开发时刻的无量纲水侵量后，就可根据各开发阶段的有效地层压降 Δp_{ei} 计算出各开发时刻累计水侵量中的 $\sum_0^t \Delta p_e Q_D(t_D)$ 部分。

④ 非稳态水侵定量评价理论。

a. 未考虑水侵的 Blasingame 方法。

Blasingame 等人引入无量纲物质平衡时间和压力规整化产量概念，建立了现代产量分析典型曲线图版，其典型曲线早期的不稳定流阶段为一组对应不同无量纲井控半径 r_{eD}（即 r_e/r_{wa}）的曲线，边界流阶段汇聚成一条斜率为 −1 的直线段。通过井实际生产数据计算气井的物质平衡时间 t_d 及归整化产量 q_d，并与 Blasingame 典型曲线进行拟合，从而计算动态储量等参数。Blasingame 典型曲线图版如图 4.8 所示。

由 Blasingame 理论可知，气井动态储量 G、气藏储层渗透率 K、泄油半径 r_e、有效井径 r_{wa}、表皮系数 S 的计算公式为

$$G = \frac{1}{C_t}\left(\frac{t_d}{t_{Dd}}\right)\left(\frac{q_d}{q_{Dd}}\right)(1-S_w) \tag{4.66}$$

$$K = \left(\frac{q_d}{q_{Dd}}\right)\left(\frac{\mu B}{2\pi h}\right)\left(\ln r_{eD} - \frac{1}{2}\right) \tag{4.67}$$

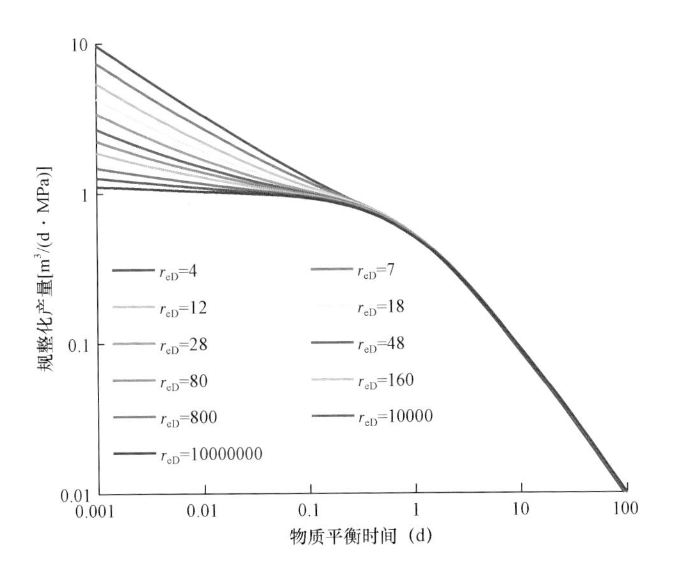

图 4.8　Blasingame 典型曲线图版

$$r_{e} = \sqrt{\frac{\frac{B}{C_{t}}\left(\frac{t_{d}}{t_{Dd}}\right)\left(\frac{q_{d}}{q_{Dd}}\right)}{\pi h\phi}} \tag{4.68}$$

$$r_{wa} = \sqrt{\frac{2K/\phi\mu C_{t}}{(r_{eD}^{2}-1)\left(\ln r_{eD}-\frac{1}{2}\right)}\left(\frac{t_{d}}{t_{Dd}}\right)} \tag{4.69}$$

$$S = \ln\left(\frac{r_{w}}{r_{wa}}\right) \tag{4.70}$$

b. 考虑非稳态水侵的 Blasingame 方法。

非稳态水侵模型关键点是描述原始气体流入井筒的数学模型与水从含水层流入圆柱形气藏的模型是相同的，可以将气区与水区假定为以气井为中心的复合储层模型，内部边界就是气藏与含水层的界面，其物理模型如图 4.9 所示。

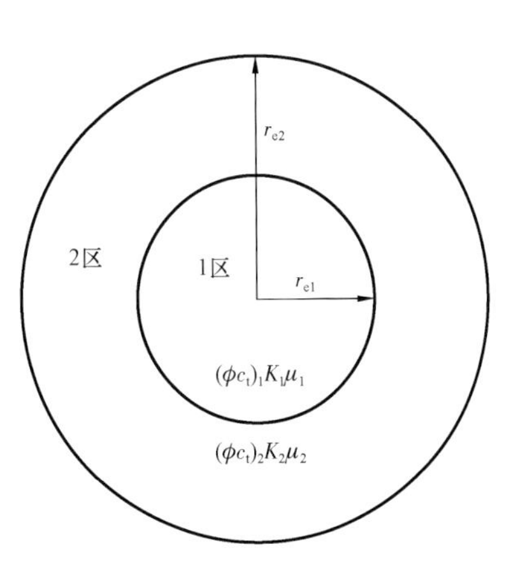

图 4.9　复合气藏物理模型

为了简化问题的研究，做如下假设：

气井位于气藏系统中心，气井半径为 r_w，气区记为 1 区，半径为 r_{e1}；水区记为 2 区，半径为 r_{e2}，$r_{e2}\to\infty$时外区为无穷大水体；气藏均匀、各向同性，上下为不渗透边界；孔隙中为单相微可压缩流体，等温流动，服从达西定律，忽略表皮、重力和毛细管力的影响；气井以恒定产气量 q 生产，在初始条件下地层各处的压力为 p_i，内外区交界面无附加压力降。

气藏拟压力定义为

$$m = \left(\frac{\mu Z}{p}\right)_{i}\int_{0}^{p}\frac{p}{\mu Z}\mathrm{d}p \tag{4.71}$$

引入以下无量纲物理变量、参数定义：

$$m_{jD} = \frac{2\pi K_j h}{B_j q\mu_j}(m_i - m_j) \quad (j = 1,2)$$

则无穷大外边界复合介质气藏直井不稳定渗流物理数学模型无量纲形式为

$$\begin{cases} \dfrac{\partial^2 m_{1D}}{\partial r_D^2} + \dfrac{1}{r_D}\dfrac{\partial m_{1D}}{\partial r_D} = \dfrac{\partial m_{1D}}{\partial t_D} \quad (1 \leqslant r_D \leqslant r_{e1D}) \\ \dfrac{\partial^2 m_{2D}}{\partial r_D^2} + \dfrac{1}{r_D}\dfrac{\partial m_{2D}}{\partial r_D} = \dfrac{1}{\omega_{21}}\dfrac{\partial m_{2D}}{\partial t_D} \quad (r_{e1D} \leqslant r_D \leqslant r_{e2D}) \\ m_{1D}(r_D,t_D)\big|_{t_D=0} = m_{2D}(r_D,t_D)\big|_{t_D=0} = 0 \\ r_D\dfrac{\partial m_{1D}}{\partial r_D}\Big|_{r_D=1} = -1, m_{1D}(r_D,t_D)\big|_{r_D=r_{e1D}} = m_{2D}(r_D,t_D)\big|_{r_D=r_{e1D}} \\ \dfrac{\partial m_{1D}}{\partial r_D}\Big|_{r_D=r_{e1D}} = M_{21}\dfrac{\partial m_{2D}}{\partial r_D}\Big|_{r_D=r_{e1D}}, m_{2D}(r_D,t_D)\big|_{r_{e2D}\to\infty} = 0 \end{cases} \tag{4.72}$$

对于复合油气藏，定义无量纲物质平衡时间：

$$t_{Dd} = \frac{\alpha_1}{\beta}t_D = \alpha t_D \tag{4.73}$$

其中

$$\alpha_1 = \frac{2}{r_{e1D}^2 + \dfrac{M_{21}}{\omega_{21}(r_{e2D}^2 - r_{e1D}^2)}}$$

$$\beta = \ln r_{e1D} - \frac{1 - \dfrac{r_{e1D}^2}{2r_{e2D}^2} - \dfrac{1}{\omega_{21}}\left(2 - \dfrac{r_{e1D}^2}{2r_{e1D}^2} + \dfrac{3r_{e2D}^2}{2r_{e1D}^2} + \dfrac{2r_{e2D}^2}{r_{e1D}^2}\ln\dfrac{r_{e2D}}{r_{e1D}}\right)}{2\left[1 + \dfrac{M_{21}}{\omega_{21}}\left(\dfrac{r_{e2D}^2}{r_{e1D}^2} - 1\right)\right]}$$

将 α 代入式(4.72)，利用 Laplace 变换，得到方程组在拉氏空间的解为

$$\begin{cases} \dfrac{\partial^2 \widetilde{m}_{1D}(s)}{\partial r_D^2} + \dfrac{1}{r_D}\dfrac{\partial \widetilde{m}_{1D}(s)}{\partial r_D} = s\alpha\widetilde{m}_{1D}(s) \quad (1 \leqslant r_D \leqslant r_{e1D}) \\ \dfrac{\partial^2 \widetilde{m}_{2D}(s)}{\partial r_D^2} + \dfrac{1}{r_D}\dfrac{\partial \widetilde{m}_{2D}(s)}{\partial r_D} = s\dfrac{1}{\omega_{21}}\alpha\widetilde{m}_{2D}(s) \quad (r_{e1D} \leqslant r_D \leqslant r_{e2D}) \\ r_D\dfrac{\partial \widetilde{m}_{1D}(s)}{\partial r_D}\Big|_{r_D=1} = -\dfrac{1}{s}, \widetilde{m}_{1D}(s)\big|_{r_D=r_{e1D}} = \widetilde{m}_{2D}(s)\big|_{r_D=r_{e1D}} \\ \dfrac{\partial \widetilde{m}_{1D}(s)}{\partial r_D}\Big|_{r_D=r_{e1D}} = M_{21}\dfrac{\partial \widetilde{m}_{2D}(s)}{\partial r_D}\Big|_{r_D=r_{e1D}}, \widetilde{m}_{2D}(s)\big|_{r_{e2D}\to\infty} = 0 \end{cases} \tag{4.74}$$

求解得

$$\widetilde{m}_{1D}(s) = A_0 I_{B0}(r_D\sigma_1) + B_0 K_{B0}(r_D\sigma_1) \tag{4.75}$$

$$\widetilde{m}_{2D}(s) = D_0 K_{B0}(r_D\sigma_2) \tag{4.76}$$

其中

$$\sigma_1 = \sqrt{\alpha s}, \sigma_2 = \sqrt{\alpha s/\omega_{21}}$$

带入边界条件,且当 $r_{e1D}=1$ 时,可得井底流压:

$$\widetilde{m}_{wfD}(s) = f_1 I_{B0}(\sigma_1) + f_2 K_{B0}(\sigma_1) \tag{4.77}$$

其中

$$f_1 = \frac{d_1(a_{34}a_{22} - a_{24}a_{32})}{a_{34}(a_{22} - a_{12}) - a_{24}(a_{32} - a_{12})}; f_2 = \frac{d_1(a_{24} - a_{34})}{a_{34}(a_{22} - a_{12}) - a_{24}(a_{32} - a_{12})}$$

$$d_1 = \frac{1}{s\sigma_1 I_{B1}(\sigma_1)}; \ a_{22} = -\frac{K_{B1}(r_{e1D}\sigma_1)}{I_{B1}(r_{e1D}\sigma_1)}; \ a_{24} = M_{21}\frac{\sigma_2}{\sigma_1}\frac{K_{B1}(r_{e1D}\sigma_2)}{I_{B1}(r_{e1D}\sigma_1)};$$

$$a_{34} = -\frac{K_{B0}(r_{e1D}\sigma_2)}{I_{B0}(r_{e1D}\sigma_1)}; \ a_{32} = \frac{K_{B0}(r_{e1D}\sigma_1)}{I_{B0}(r_{e1D}\sigma_1)}; \ a_{12} = -\frac{K_{B1}(\sigma_1)}{I_{B1}(\sigma_1)}$$

式中 I_{B0}, K_{B0}——修正的零阶贝塞尔函数;

I_{B1}, K_{B1}——修正的1阶贝塞尔函数。

其中,Laplace 变换是求解偏微分方程的一种经典方法,函数 $f(t)$ 的 Laplace 变换定义为

$$L[f(t)] = \bar{f}(s) = \int_0^{\infty} f(t)\mathrm{e}^{-st}\mathrm{d}t \tag{4.78}$$

Laplace 的反演公式为

$$L^{-1}[\bar{f}(s)] = f(t) = \frac{1}{2\pi i}\int_{\gamma-i\infty}^{\gamma+i\infty}\bar{f}(s)\mathrm{e}^{st}\mathrm{d}s \tag{4.79}$$

则式(4.77)可通过 stehfest 数值反演,得到实空间的井壁压力 m_{wfD}:

$$m_{wfD}(t_{Dd}) = L^{-1}[\widetilde{m}_{wfD}(s)] \tag{4.80}$$

由 Blasingame 规整化原理可知气井规整化产量公式为

$$q_{Dd} = \frac{\beta}{m_{wfD}(t_{Dd})} \tag{4.81}$$

根据公式(4.81)且由未水侵期数据拟合确定的无量纲井控半径,最终可确定边水存在时气藏非稳态边水驱 Blasingame 产能递减曲线图版,如图4.10所示。

⑤ 拟稳态水侵定量评价理论。

对于存在水侵时的气藏物质平衡方程定义如下:

$$\frac{p}{Z}\left(1 - c_c(p_i - p) - \frac{W_e - W_p B_w}{GB_{gi}}\right) = \frac{p_i}{Z_i}\left(1 - \frac{G_p}{G}\right) \tag{4.82}$$

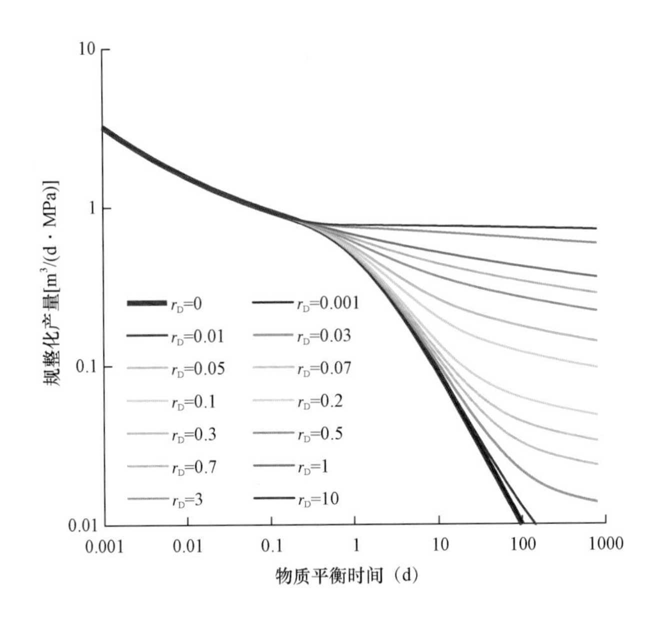

图 4.10　非稳态边水驱气井 Blasingame 典型曲线图版

整理得

$$\frac{p}{Z} = \frac{p_i}{Z_i}\left(1 - \frac{G_p}{G}\right) \Big/ \left(1 - c_c(p_i - p) - \frac{W_e - W_p B_w}{G B_{gi}}\right) \tag{4.83}$$

其中

$$c_c = \frac{c_p + S_{wc} c_w}{1 - S_{wc}} \tag{4.84}$$

其中水侵量的计算采用 Fetkovich 拟稳态水侵模型，其水侵量计算公式为

$$W_e = \frac{W_{ei}}{p_i}(p_{aq} - \bar{p})(1 - e^{-Jp_i t / W_{ei}}) \tag{4.85}$$

其中

$$W_{ei} = N_w \times p_i \times c_w \tag{4.86}$$

$$J = \frac{fKh}{141.2\mu\left[\ln \frac{r_e}{r_{wa}} - \frac{3}{4}\right]} \tag{4.87}$$

$$f = \frac{\theta}{360°} \tag{4.88}$$

对于水体本身来说，其自身压力的变化通过建立水体本身的物质平衡方程来进行求解，方程如下：

$$p_{aq} = p_i\left[1 - \frac{W_e}{W_{ei}}\right] \tag{4.89}$$

气藏平均压力可由式(4.90)求得

$$\bar{p} = \left(\frac{p}{Z}\right)Z \tag{4.90}$$

气藏拟压力定义为

$$m = \left(\frac{\mu Z}{p}\right)_{\mathrm{i}}\int_{0}^{p}\frac{p}{\mu Z}\mathrm{d}p \tag{4.91}$$

物质平衡时间定义为

$$t_{\mathrm{ca}} = \frac{Gc_{\mathrm{ti}}}{q}\left(\frac{\mu Z}{p}\right)\int_{p_{\mathrm{i}}}^{p}\frac{p}{\mu Z}\mathrm{d}p = \frac{Gc_{\mathrm{ti}}}{q}(m_{\mathrm{i}} - m_{\mathrm{p}}) \tag{4.92}$$

气体规整化产量为

$$\frac{q}{\Delta m} = \frac{q}{m_{\mathrm{i}} - m_{\mathrm{wf}}} \tag{4.93}$$

a. 考虑拟稳态水侵的 Blasingame 方法。

通过离散求解,最终可得到考虑水侵影响下的气井实际生产动态数据的规整化产量与物质平衡时间的关系曲线,该关系曲线与不考虑水侵的 Blasingame 典型曲线进行对比拟合分析,可以得到气井动态储量 G 和水体大小 N_{w}(图 4.11、图 4.12)。

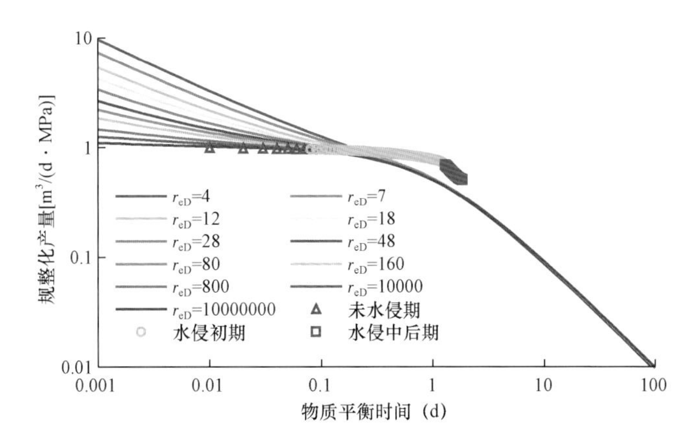

图 4.11 Blasingame 法评价气井动态储量

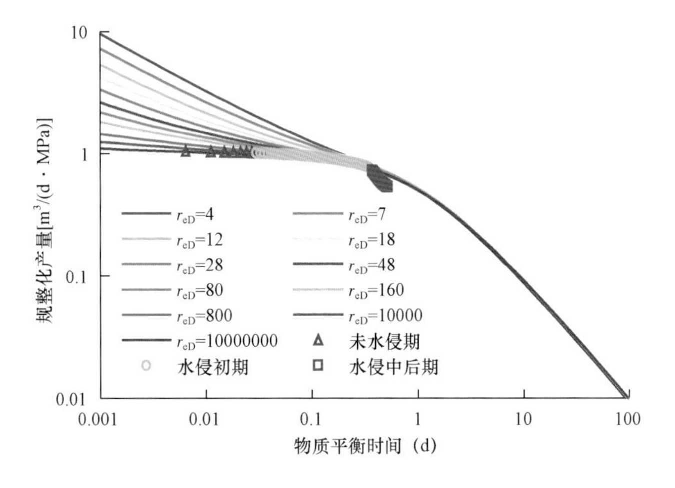

图 4.12 Blasingame 法评价水体大小

b. 考虑拟稳态水侵的流动物质平衡方法。

流动物质平衡方法是类似传统物质平衡方程的一种方法，区别于传统物质平衡方程采用静压数据进行动态储量评价，流动物质平衡方法采用流压进行动态储量评价。当气藏生产达到拟稳态流动时，可建立如下流动物质平衡关系式：

$$\frac{m_{\mathrm{i}} - m_{\mathrm{wf}}}{q} = \frac{t_{\mathrm{ca}}}{Gc_{\mathrm{ti}}} + \frac{\mu_{\mathrm{gi}}B_{\mathrm{gi}}}{2\pi Kh}\left[\frac{1}{2}\ln\left(\frac{4A}{C_{\mathrm{A}}\gamma r_{\mathrm{w}}^{2}}\right)\right] \tag{4.94}$$

另外有：

$$b_{\mathrm{a,pss}} = \frac{\mu_{\mathrm{gi}}B_{\mathrm{gi}}}{2\pi Kh}\left[\frac{1}{2}\ln\left(\frac{4A}{C_{\mathrm{A}}\gamma r_{\mathrm{w}}^{2}}\right)\right] \tag{4.95}$$

$$t_{\mathrm{ca}} = \frac{Gc_{\mathrm{ti}}}{q}\left(\frac{\mu Z}{p}\right)\int_{p_{\mathrm{i}}}^{p}\frac{p}{\mu Z}\mathrm{d}p = \frac{Gc_{\mathrm{ti}}}{q}(m_{\mathrm{i}} - m_{\mathrm{p}}) \tag{4.96}$$

将公式(4.95)、公式(4.96)代入公式(4.94)并变形得

$$\frac{q}{\Delta m} = \frac{1}{b_{\mathrm{a,pss}}} - \frac{qt_{\mathrm{ca}}}{b_{\mathrm{a,pss}}\Delta mGc_{\mathrm{ti}}} \tag{4.97}$$

由公式(4.97)可绘制规整化产量$\frac{q}{\Delta m}$与规整化累计产气量$\frac{qt_{\mathrm{ca}}}{\Delta mc_{\mathrm{ti}}}$的关系直线，当$\frac{q}{\Delta m}=0$时，可得到气井动态储量 G。

当气藏中有水体存在时，应在气体拟压力和物质平衡时间中加上水侵的影响，对归整化产量和规整化累计产气量作相应的处理，获得相应的关系直线。其中水侵量 W_{e} 的求解方法也采用 Fetkovich 拟稳态水侵模型来计算(图 4.13、图 4.14)。

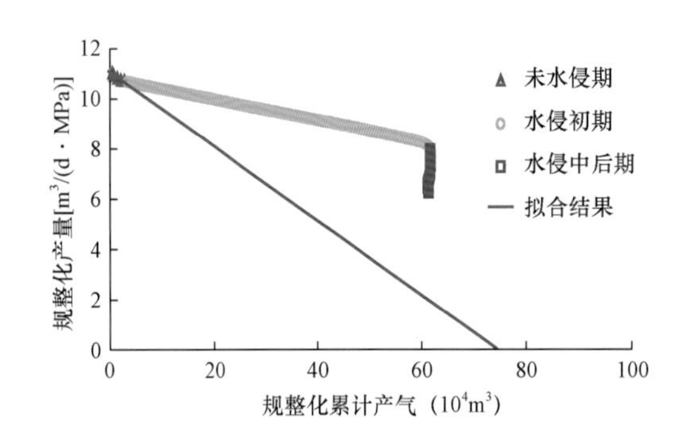

图 4.13 流动物质平衡法评价气井动态储量

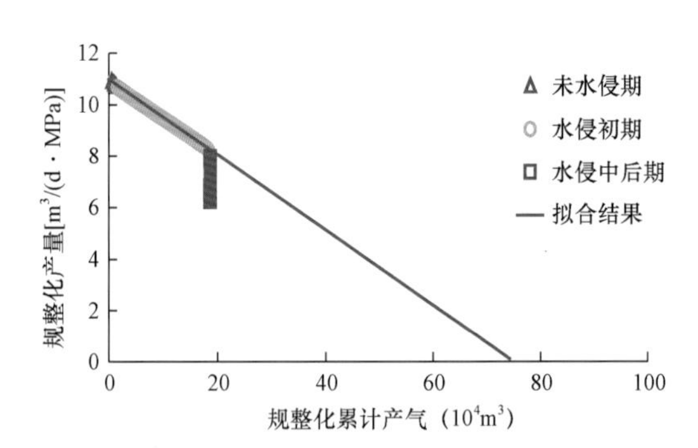

图 4.14 流动物质平衡法评价水体大小

c. Blasingame 图版拟合和流动物质平衡法具体评价方法和流程。

通过结合气井水侵阶段的识别与划分以及考虑水侵影响的产量不稳定分析方法，便可以实现有水气藏动态储量及水体大小的定量准确评价，具体包括如下四个步骤：

第 1 步：基于水侵诊断曲线进行气井的水侵阶段识别与划分，划分气井的生产阶段，即未水侵期、水侵初期、水侵中后期三个生产阶段；

第 2 步：基于气井未水侵期的生产动态数据，拟合 Blasingame 图版的不稳定流阶段或流动物质平衡方法中未水侵期数据的直线延长线，可确定单井所控制的动态储量 G；

第 3 步：基于对气藏储层的静态描述（如测井解释等）及动态描述（如试井解释等）等认识，确定储层的水体侵入指数 J；

第 4 步：基于水侵指数 J 评价结果及步骤②所确定的气井动态储量，采用水侵初期阶段数据拟合 Blasingame 图版的边界控制流阶段曲线或流动物质平衡方法使水侵初期阶段曲线沿未水侵期直线关系延续获得水体大小 N_w，拟合时通过调整水体大小来实现。

4.2 水侵阶段动态识别及预警

国内外对气井见水时间预测方法进行了深入的研究，通常多采用渗流方程推导预测底水气藏气井见水时间[1-3]，即给出水锥突破时间解析公式来预测气井的具体见水时间，但是由于实际气藏非均质性较强以及气井生产过程中工作制度不断调整，导致采用这些方法进行气井见水或水侵的预测，与实际情况差距较大。也有采用物质平衡方法及气藏水侵量指示曲线等方法对气井水侵进行预测[4-6]，该方法需要气井测试较多的静压数据点且达到一定的采出程度后才能达到较好的预测，但由于实际气井静压测试点较少且很多井见水时采出程度仍较低，一般多应用于气藏级别。还有采用试井双对数曲线对气井水侵进行预测[7]，该方法对边水水侵情况可以实现较好预测，但对底水气藏预测较难，且气井试井分析数据较少，很难对每口气井进行准确的水侵预测。近年来，产量不稳定分析方法得到快速发展，该方法目前主要应用在动态储量评价、储层参数评价方面[8-16]，在生产动态诊断方面仍处于研究初期。通过研究发现，可以采用产量不稳定分析方法对有水气藏单井水侵进行有效判断。根据气井从投产到见水后划分的三个阶段（即未水侵期、水侵初期和水侵中后期）的产量、压力数据来判断水侵，该方法考虑了气藏非均质性造成的影响以及气井生产制度改变的影响等，评价结果更准确、更符合实际情况，应用前景更广。下面分别介绍产量不稳定分析法及生产动态曲线法来识别水侵的不同阶段。

4.2.1 Agarwal – Gardner 流动物质平衡水侵诊断

Agarwal – Gardner 流动物质平衡[11]水侵诊断曲线是基于产量不稳定分析方法中的 Agarwal – Gardner 流动物质平衡进行水侵诊断的，该方法目前主要用来进行动态储量的评价。该诊断曲线的纵坐标为拟压力规整化产量 $q/\Delta p_p$，其定义如公式(4.98)所示：

$$\frac{q}{\Delta p_p} = \frac{q}{p_{pi} - p_{pwf}} \tag{4.98}$$

其中

$$p_p = 2\int_0^p \frac{p\mathrm{d}p}{\mu Z}$$

式中 q——单井目前产量，m^3/d；

p——井底流压，MPa；

μ——气的黏度，mPa · s；

Z——偏差因子；

p_{pi}——气井初始压力的拟压力形式；

p_{pwf}——气井井底流压的拟压力形式，两者之差即为 $\Delta p_p = p_{pi} - p_{pwf}$。

纵坐标可以看作是气井目前产量与目前拟生产压差的比值，即可近似认为是气井目前的产能指数。而该诊断曲线的横坐标为 $2qt_{ca}p_i/[(C_t\mu Z)_i\Delta p_p]$，其中 $t_{ca}=\frac{(\mu C_g)_i}{q}\int_0^t \frac{q(t)}{\bar{\mu}\bar{c}_g}dt$。式中 C_t 和 C_g 分别为综合压缩系数和气体的压缩系数，MPa^{-1}；t_{ca} 为无量纲物质平衡等效时间；t 为生产时间，d；$^{-}$ 表示平均值，$\bar{\mu}$ 为当前时刻气藏气体平均黏度，$\bar{C}_g$ 为当前时刻气藏气体平均压缩系数，下标 i 表示初始值。横坐标可以近似看作气井累计产量与井目前生产压差的比值。对于封闭定容无边底水气藏的气井来说，该诊断曲线应该为一直线，且直线与横坐标的交点对应为气井的单井控制动态储量。研究人员一直热衷于用该方法进行气藏或井的动态储量评价，却忽略了该方法在生产动态分析中的应用。该诊断曲线由于充分利用了气井每天的产量及压力数据，曲线形态的变化充分反映了井的生产动态及井周围渗流条件的变化。对于有水气藏的气井来说，该诊断曲线可能出现三个阶段，分别对应为未水侵期、水侵初期和水侵中后期三个阶段，如图 4.15 所示。

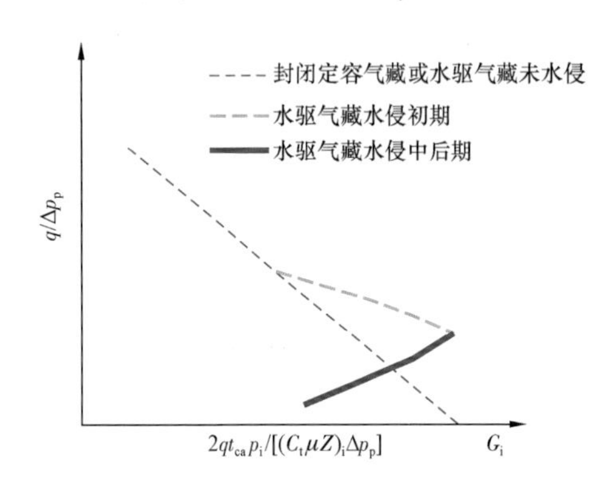

图 4.15　Agarwal－Gardner 流动物质平衡水侵诊断曲线

未水侵期指该气井泄气面积尚未波及水体或气井生产未明显受到水侵造成的影响，该阶段诊断曲线仍表现为直线特征。当气藏生产一段时间后，气藏压力降低，边、底水从各个方向推进到气藏内部，并对气藏提供了一定的能量补充作用，气藏压力降低速度变缓。同样对一口气井来说，当生产明显开始受到水体能量的补充作用后，气井开发进入水侵初期。该阶段气井因为受到水体能量补充后气藏压力递减变缓，气藏压力 p_i 比相同情况下无水体能量补充时气藏的压力大，即诊断曲线横坐标值变大，从而导致诊断曲线开始偏离初期的直线段而向右上方偏移。对水侵中后期来说，边、底水已经突破到井周围，此时气井虽然可能还未产水，但是由于气井周围或某个方向被水包围，气体渗流受阻，渗流阻力明显变大，导致相同产气量条件下生产压差明显变大，即气井产气指数变小（导致诊断曲线的纵坐标值和横坐标值均明显变小），从而导致诊断曲线明显往左下方偏移；而对水侵中后期阶段即气井见水后来说，气井的产能指数更是会迅速降低，同样导致水侵诊断曲线明显往左下方偏移。

另外，为了绘制该诊断曲线，需要气井的流体性质数据、测井解释参数以及气井的生产动态数据即产量与流压数据。其中，流压数据可以通过井口压力折算获得，而流体性质数据则可借用本气田其他井取样测试的高压物性资料，从而本气田各井均可绘制该水侵诊断曲线。通过该诊断曲线对塔里木气田的实际应用，发现该诊断曲线对气井实际水侵动态的变化非常敏感，对水侵识别准确率较高。

4.2.2　流动物质平衡曲线水侵诊断

同 Agarwal－Gardner 流动物质平衡水侵诊断曲线类似，传统的流动物质平衡曲线[9]也因一直用来计算气藏的动态储量而备受关注，其纵坐标为气井流压与气体偏差因子的比值，横坐标为气井累计采出量。对于封闭气藏来说，该曲线为一直线段，与该气藏采用压降法的直线段正好平行。因此，当获得了气井的原始气藏地层压力后，便可以利用流动物质平衡方法预测气井的动态控制储量，如图 4.16 所示。而压降法曲线一直被作为一种气藏的水侵识别曲线，封闭气藏压降法曲线为一条直线。对有水气藏来说，后期有水体能量补充后，压降法曲线开始往右上方偏移，对应水侵中后期阶段。压降法仅仅能识别出两个阶段，且由于实际气井测试静压数据很少，识别功能大大受到限制。但流动物质平衡曲线由于采用日产量及流压数据（流压可以采用油压或套压数据通过井筒管流方法折算得到），因而该曲线实际数据点非常多。而且，同 Agarwal – Gardner 流动物质平衡水侵诊断曲线类似，流动物质平衡曲线可以识别出水侵的三个阶段，即未水侵期、水侵初期和水侵中后期。三个阶段诊断曲线的特征及产生的原因与 Agarwal – Gardner 流动物质平衡水侵诊断曲线一样，只是对于水侵中后期阶段流动物质平衡曲线表现为往右下方快速下掉的特征。通过实际应用发现，流动物质平衡曲线水侵诊断曲线在水侵识别上没有 Agarwal – Gardner 流动物质平衡水侵诊断曲线敏感。

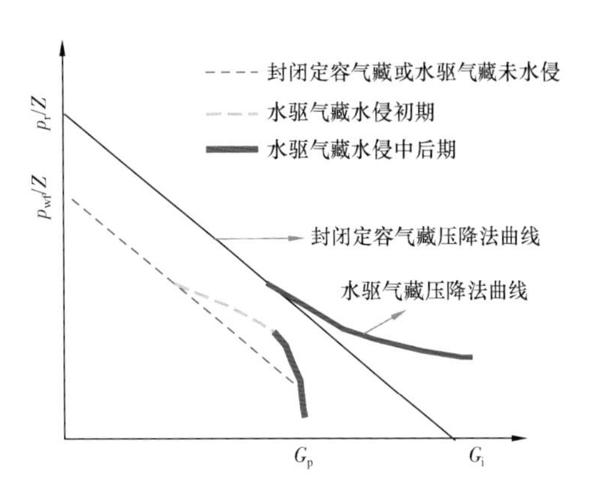

图 4.16　流动物质平衡曲线水侵诊断图

4.2.3　Blasingame 典型曲线水侵诊断

Blasingame 典型曲线图版[8]引入了拟压力规整化产量[$q/\Delta p_p$，单位 $10^3 m^3/(d \cdot MPa)$]和物质平衡拟时间函数（t_{ca}，单位 d）来考虑变井底流压生产情况下的气藏动态储量评价。早期的不稳定流阶段为一组 r_e/r_{wa} 不同的曲线，边界流控制阶段汇聚成一条斜率为 –1 的直线。如图 4.17 所示，不同 r_{eD}（无量纲井筒半径）的曲线最终都汇集为一条直线。其中 $r_{eD} = r_e/(r_w e^{-s})$，$r_e$ 为气井泄气半径，单位 m；r_w 为井筒半径，单位 m；s 为表皮系数。对于水驱气井来说，在 Blasingame 图版上也可以识别出水侵的三个阶段。该图版的水侵识别功能也没有 Agarwal – Gardner 流动物质平衡水侵诊断曲线和流动物质平衡水侵诊断曲线敏感，尤其是水侵中后期阶段不够敏感。

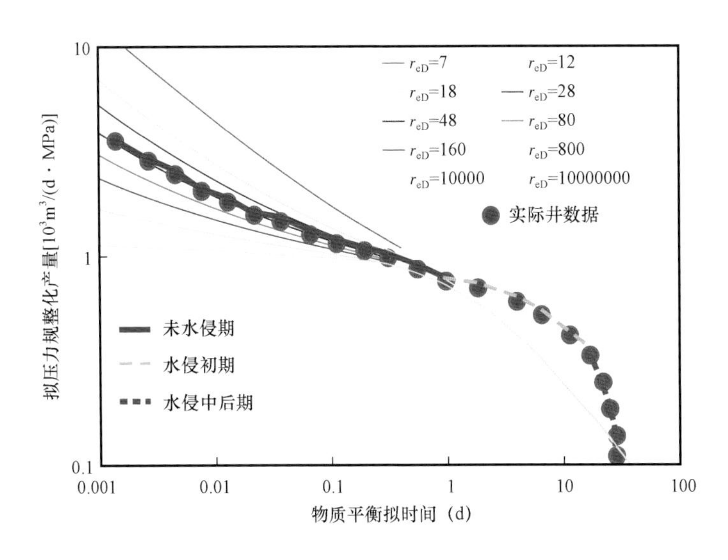

图 4.17　Blasingame 典型曲线水侵诊断功能

4.2.4 气井产能指数水侵诊断曲线

对于水侵气藏来说，通过对实际生产数据及数值模拟概念模型模拟结果的研究发现，气井从投产到见水前后的整个生产过程划分为未水侵期、水侵初期和水侵中后期三个阶段。三个阶段对应的生产指数存在不同的特征，如图 4.18 所示。在未水侵阶段，气井的产能指数保持为常数（实际井近似保持不变），随着水体参与流动，气藏明显有压力补充，气井生产指数表现为增加趋势，但随着水体逐渐侵入气藏，气井泄气范围逐渐变小、气井生产压差逐渐增大，气井生产指数开始逐渐降低，而气井见水后，生产指数降低更快。因此，气井的产能指数对水侵有一定的识别作用，基于产能指数的变化特征分析，可以进行气井水侵阶段识别划分及气井见水预警，可将气井生产阶段划分为未水侵期、水侵初期和水侵中后期三个阶段。

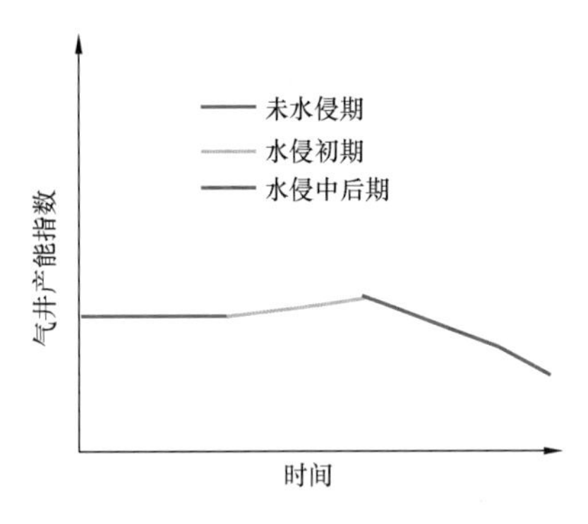

图 4.18 气井产能指数曲线进行水侵阶段划分

通过以上方法对中国国内某有水气藏所有单井水侵阶段进行了识别与划分。如图 4.19 至图 4.21 所示为该气藏中 3 口井的产能指数变化曲线。由图 4.19 可以看出，W12 井整个生产过程中，气井产能指数基本保持不变（生产过程中随着气井油嘴工作制度调整，造成产能指数折算出现波动与偏差），气井未显示任何水侵迹象，处于未水侵阶段；图 4.20 所示 W7 井整个生产过程中，气井产能指数初期保持不变，属于未水侵阶段，生产后期产能指数明显较初期增大，气井进入水侵初期阶段；图 4.21 所示 W3 井生产过程中经历了产能指数不变、产能指数逐渐升高、产能指数逐渐降低三个阶段，三个阶段分别对应未水侵期、水侵初期、水侵中后期。而 W3 井从 2015 年开始产水，日产水量为 $10m^3$。因此，从产能指数曲线可以对气井水侵进行预警，当气井产能指数明显开始增高后，可适当考虑降低气井产量，气井产能指数开始降低后，气井产量更应保持低值。基于产能指数变化曲线，可以判断气田所有气井目前所处的水侵阶段，如目前 W12 井处于未水侵阶段，W7 井处于水侵初期阶段，W3 井处于水侵中后期阶段。

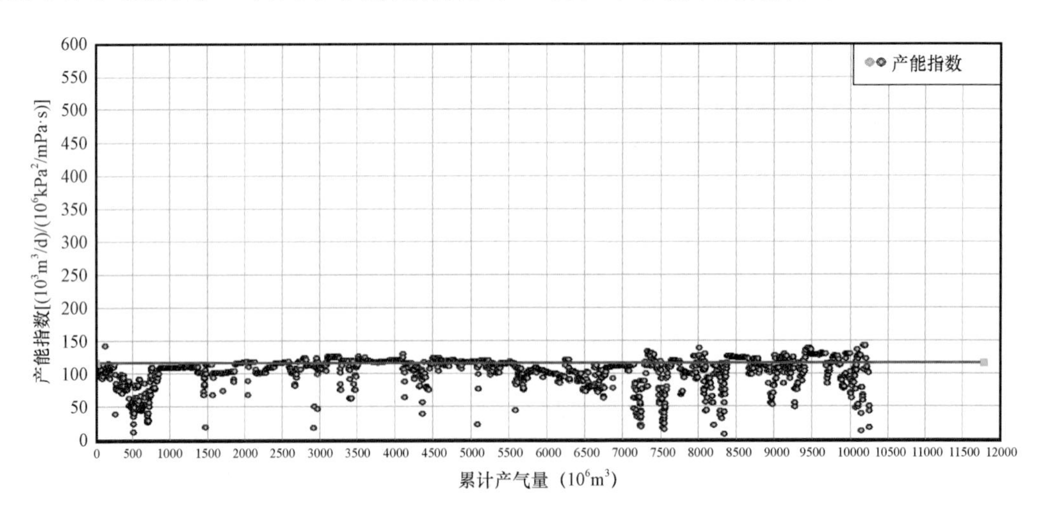

图 4.19 W12 气井产能指数曲线（未水侵阶段）

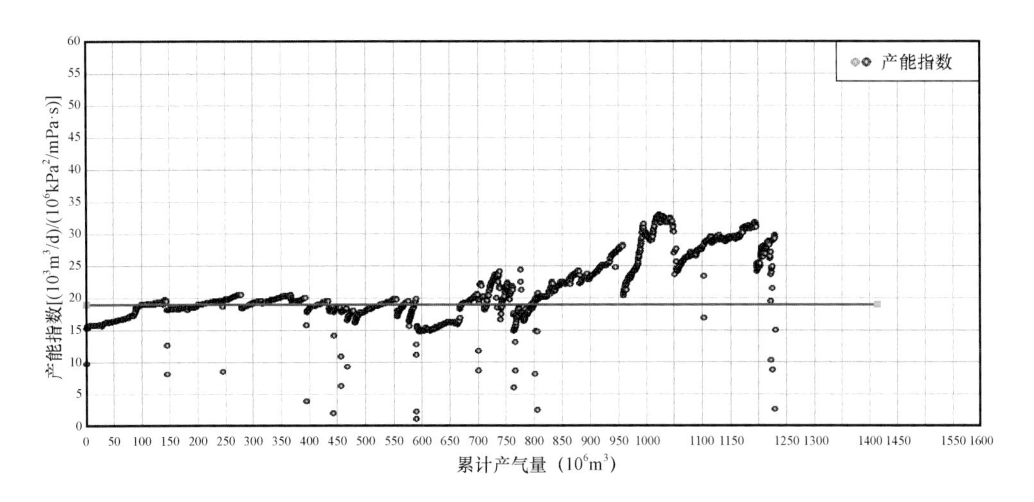

图 4.20　W7 气井产能指数曲线（未水侵阶段 + 水侵初期阶段）

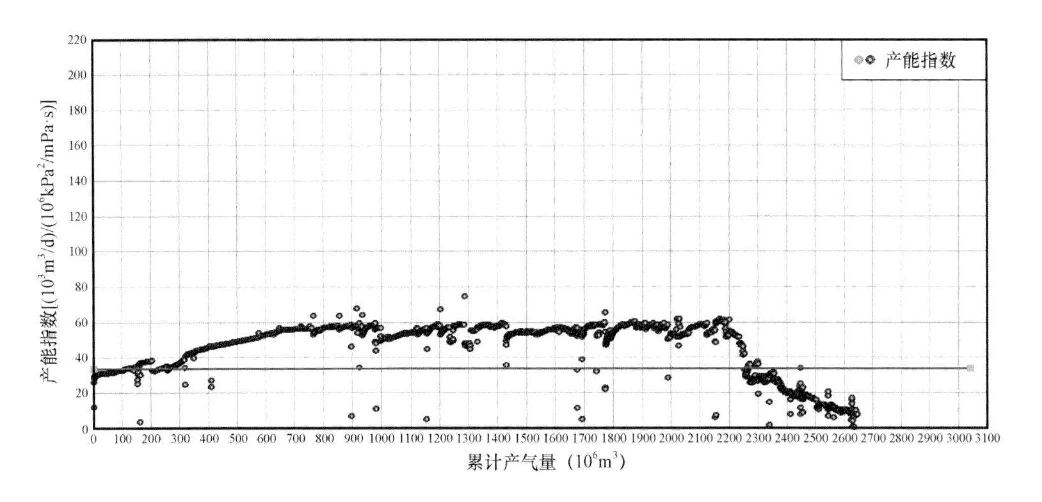

图 4.21　W3 气井产能指数曲线（未水侵阶段 + 水侵初期阶段 + 水侵中后期）

4.2.5　水锥极限产量与实际日产气量曲线对比进行水侵识别

对于有水气藏来说，气井产量的高低会影响气井见水早晚。当气井产量高于水锥极限产量后，底水气藏容易形成水锥、边水气藏容易形成舌进，气井容易过早见水。当气井产量低于水锥极限产量生产，边底水气藏不易形成水锥及舌进，气藏开发效果较好。通过对比气井产气量与水锥极限产量的关系，可以推断单井所处的水侵阶段，从而进行气井水侵初步识别。如图 4.22 所示，当气井产量一直低于水锥极限产量生产，气井不易见水，处于未水侵阶段；随着气井逐渐生产，水锥极限产量逐渐降低，气井产量与水锥极限产量大小逐渐接近，此时气井进入水侵初期；随着气井进一步生产，气井产量开始高于水锥极限产量生

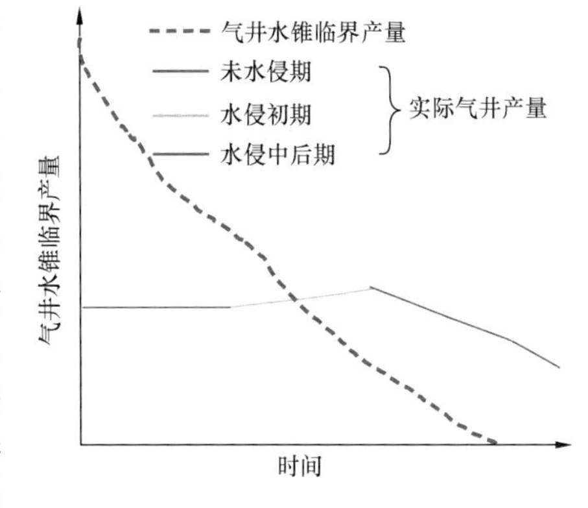

图 4.22　水锥极限产量与实际日产气量曲线对比进行水侵识别图

产，此时容易形成水锥或舌进，地层水开始迅速侵入气井周围，气井进入水侵中后期阶段，气井再继续生产则会见水。

采用 Chaperon 方法评价了某边底水气田所有气井的水锥极限产量，通过对比单井实际生产日产气量与水锥极限产量的曲线，进行气井水侵阶段识别。从图 4.23 所示的 3 口井实际日产气量与水锥极限产量的对比曲线可以判断气井所处的水侵阶段，其中图 4.23(a) 中气井实际产量一直低于临界产量，气井处于未水侵阶段；图 4.23(b) 中气井实际产量初期一直低于临界产量，而目前已达到临界产量生产，气井目前处于水侵初期阶段；图 4.23(c) 中气井实际产量初期一直低于临界产量，之后达到临界产量生产，而目前已经高于临界产量生产一段时间，气井目前处于水侵中后期阶段。同理，采用该方法可以对气田的所有气井进行水侵阶段的划分。

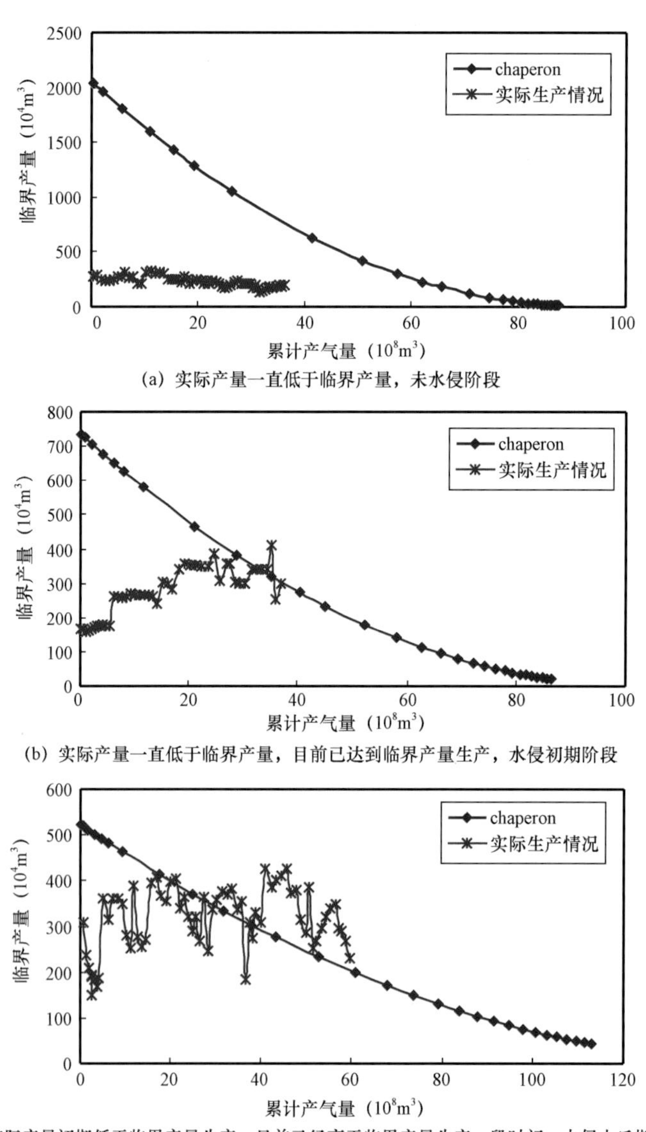

(a) 实际产量一直低于临界产量，未水侵阶段

(b) 实际产量一直低于临界产量，目前已达到临界产量生产，水侵初期阶段

(c) 实际产量初期低于临界产量生产，目前已经高于临界产量生产一段时间，水侵中后期阶段

图 4.23 实际产量与水锥临界产量的对比曲线

4.2.6 气井生产动态曲线进行水侵识别

前面已经讲述了气井产能指数变化对水侵阶段的识别，而水侵指数是由气井的产量与压力通过一定的计算得到的。因此，实际上水侵对气井的生产动态有较大的影响，完全可以通过对气井的生产动态特征分析来进行水侵阶段的识别。未水侵时气井未受到任何的压力补充，气井的生产动态表现为封闭气藏的特征。水侵初期气井受到水体能量补充，产量稳定情况下压力下降比未水侵时慢。水侵中后期时尤其是边底水锥进或舌进到井周围，气体流动明显受阻，相同产量情况下气井生产压差明显增大。水侵不同阶段的生产动态特征总结及曲线特征见表 4.1。这里示例性的说明产量稳定或压力稳定情况下的生产动态变化对水侵的识别，生产动态示例曲线仅为较理想化情况。实际上针对产量、压力均变化的实际复杂生产动态情况，可以采用该模式进行类似分析。

表 4.1　气井生产动态数据对水侵情况的诊断

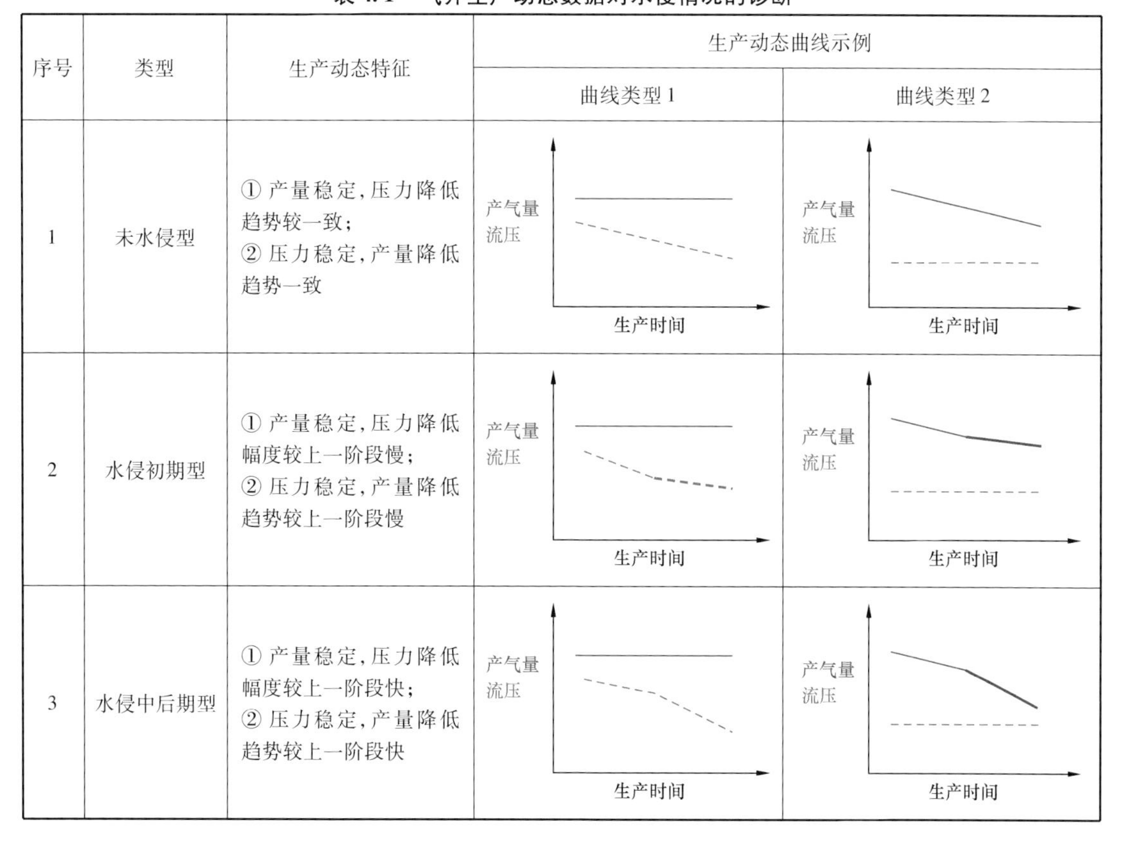

序号	类型	生产动态特征	生产动态曲线示例	
			曲线类型 1	曲线类型 2
1	未水侵型	① 产量稳定，压力降低趋势较一致； ② 压力稳定，产量降低趋势一致	产气量 流压 生产时间	产气量 流压 生产时间
2	水侵初期型	① 产量稳定，压力降低幅度较上一阶段慢； ② 压力稳定，产量降低趋势较上一阶段慢	产气量 流压 生产时间	产气量 流压 生产时间
3	水侵中后期型	① 产量稳定，压力降低幅度较上一阶段快； ② 压力稳定，产量降低趋势较上一阶段快	产气量 流压 生产时间	产气量 流压 生产时间

综合单井产量、压力特征对国内某有水气藏的 15 口气井的水侵类型进行了分类，其中未水侵型共包含 6 口井，其产量、压力变化特征曲线如图 4.24 所示。由图 4.24 可以看出，这 6 口气井的产量基本保持稳定，而气井油压一直呈线性递减，趋势没有发生变化。由此说明，气井生产状况没有发生变化，从投产后一直处于未水侵期。

水侵初期型共包含 4 口井，其产量、压力变化特征曲线如图 4.25 所示。由图 4.25 可以看出，这 4 口气井的初期产量基本保持稳定，而气井油压一直呈线性递减，趋势没有发生变化。但从 2008 年后，气井产量均有所上升，油压递减较前期变缓，由此说明，气井明显受到水体能量的补充，气藏压力下降变缓，气井由从投产的未水侵期进入目前的水侵初期。

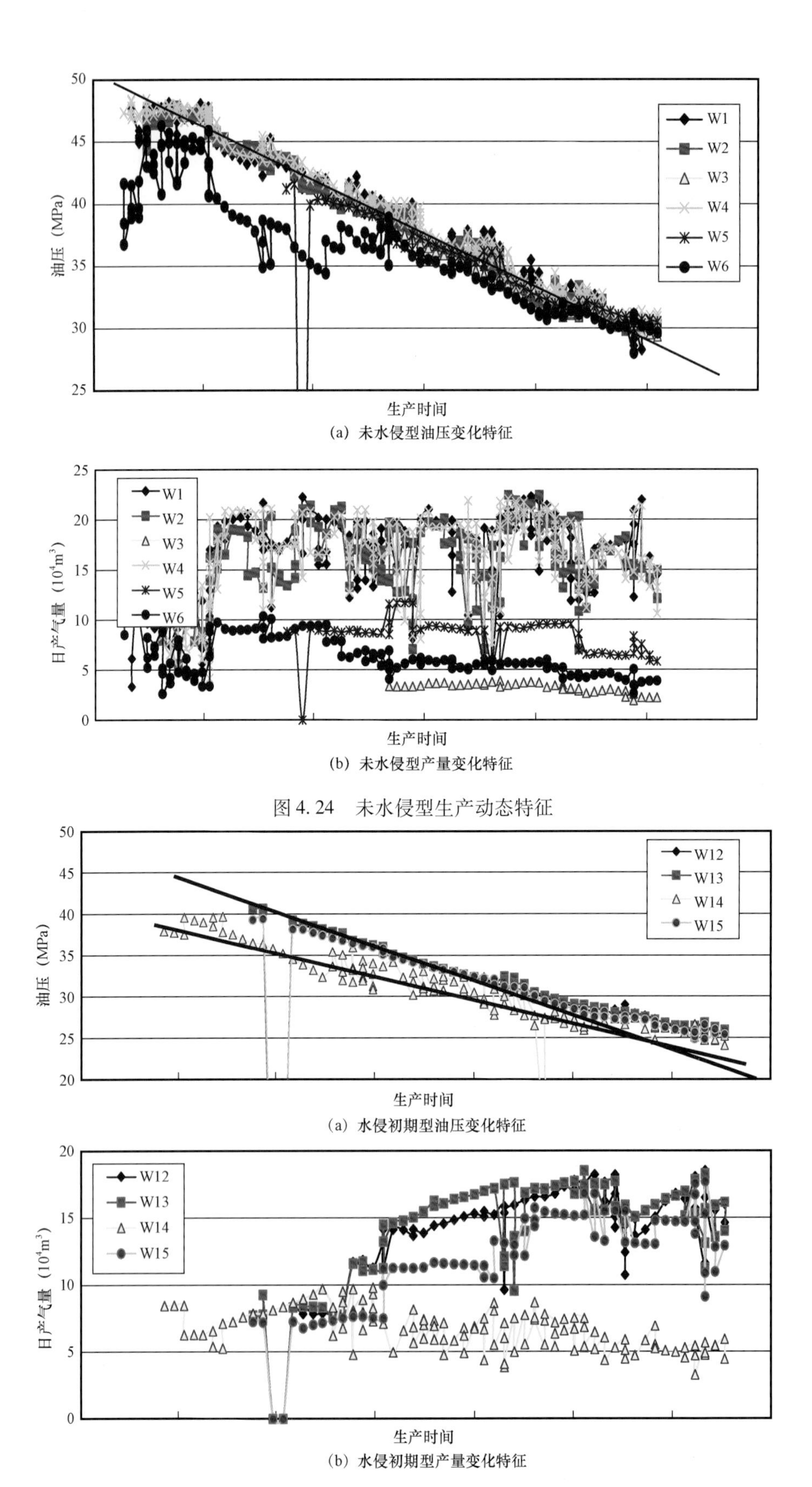

（a）未水侵型油压变化特征

（b）未水侵型产量变化特征

图 4.24　未水侵型生产动态特征

（a）水侵初期型油压变化特征

（b）水侵初期型产量变化特征

图 4.25　水侵初期型生产动态特征

水侵中后期型共包含 5 口井，其产量、压力变化特征曲线如图 4.26 所示。由图 4.26 可以看出，这 5 口气井的初期产量基本保持稳定，而气井油压一直呈线性递减，趋势没有发生变化。但从 2007 年后，气井产量均有所下降，油压递减较前期变快，由此说明，气井明显受到水侵的影响，导致气体流动阻力变大，气藏压力下降变快或者在相同压力下降速度情况下，气井产量递减明显加快，气井从水侵初期进入目前的水侵中后期，即将面临见水。

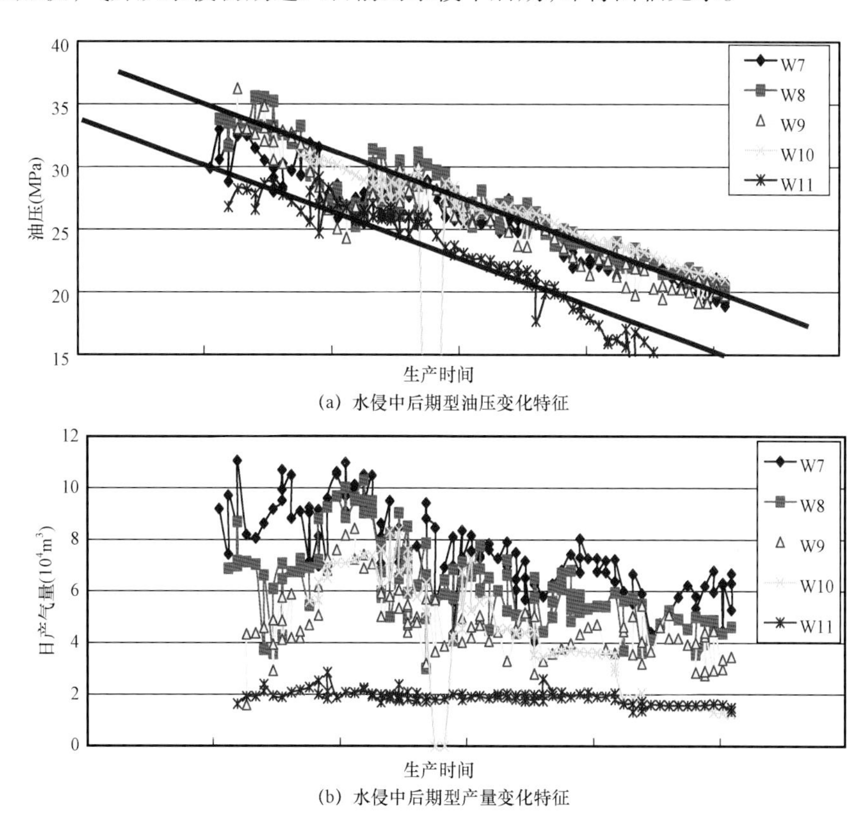

(a) 水侵中后期型油压变化特征

(b) 水侵中后期型产量变化特征

图 4.26 水侵中后期型生产动态特征

4.2.7 其他水侵动态识别辅助方法

(1)产气剖面测试资料分析。

通过产气剖面测试确定高产层段位置也可以对气井水侵情况进行判断，对于高产层段在底部的，由于底部距离边底水距离近，则井容易过早见水；如果高产层段在顶部，则气井不易见水，见水相对较晚。

图 4.27 给出了国内某有水气田 2 口井的实际产气量测试剖面。产气剖面测试表明，图 4.27中 2 口井的可能见水顺序依次为 W5 易见水，因为 W5 高产层段在底部，极易形成水锥或者导致边底水快速突破。W12 井不易见水，因为 W12 井高产层段在顶部，距离边底水较远。

(2)试井分析方法。

对于边水气藏，在产气量相同且生产时间相同的情况下，边水距离越近，气藏压力下降幅度越低，压力恢复速度越快。根据压力恢复段压力恢复历史绘制压力半对数曲线以及压力和压力导数双对数曲线，从双对数典型曲线可以看出，随着边水的推进典型曲线偏离径向流段的时间逐渐变早,而曲线后期上翘的程度与水侵区域物性相关。水侵程度越严重,气相渗透率越低,从而上翘程度越高。

对于底水气藏,在双对数曲线上,压力导数曲线迅速下掉,且压力曲线趋于某一定值,该阶段反映了定压边界对压力和压力导数曲线的影响。

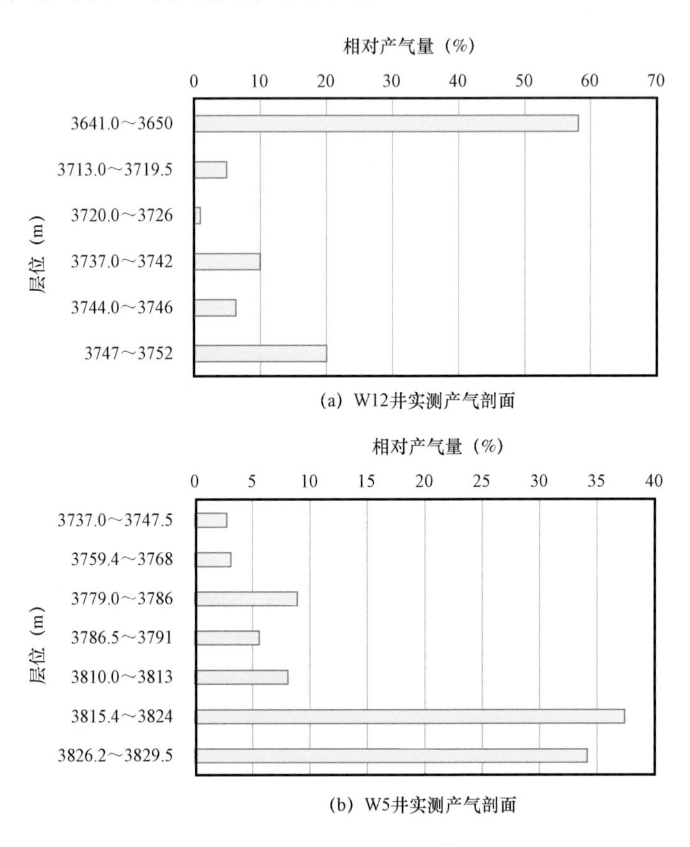

图 4.27　根据产气剖面高产层段位置进行气井见水风险判断

4.2.8　水侵综合识别与划分实例[17]

利用 Agarwal - Gardner 流动物质平衡水侵诊断曲线、传统流动物质平衡水侵诊断曲线和 Blasingame 典型曲线这三种方法对国内某边底水气田的气井水侵进行分析,评价结果如图 4.28 所示。从三种方法上来看,都可以清晰地识别出气井未水侵期、水侵初期及水侵中后期三个阶段。而该井在 2011 年开始少量产水,三种水侵诊断曲线判断的气井水侵情况非常准确。另外,综合三种水侵识别方法可将气井的整个生产阶段划分为未水侵期、水侵初期及水侵中后期三个阶段,未水侵期气井产量保持稳定情况下流压缓慢下降,气井进入水侵初期后气井产量稳定情况下,流压下降速度比未水侵期还要慢,而进入水侵中后期后,产气量下降的同时流压下降速度明显加快。

在实际气井的水侵分析时,需要综合三种方法的分析结果来进行气井水侵情况的判断。通过采用三种方法对该气田所有气井进行了水侵诊断分析,根据评价结果将气井划分为三类,分别为生产处于未水侵期井、生产进入水侵初期井、生产进入水侵中后期井。结合产量评价结果,适当调高未水侵井产量、保持或适当调低水侵初期井产量、调低水侵中后期井的产量,调整后发现已见水井的生产压差明显比其他井高,气井生产压差在 2.5MPa 左右;水侵中后期井为了避免气井过早见水,降低产量生产,生产压差较小,在0.5MPa左右;水侵初期井有一定见水风险,气井生产压差保持在1MPa左右;而未水侵井由于目前生产状况较好,没有任何见水迹象,生产压差相对较大,生产压差保持在1.5MPa左右。通过优化调整各井产气量后,整体气田运行状态良好,未见其他井有见水迹象,从而避免了其他气井过早水淹,保证了整个气田的长期稳产。

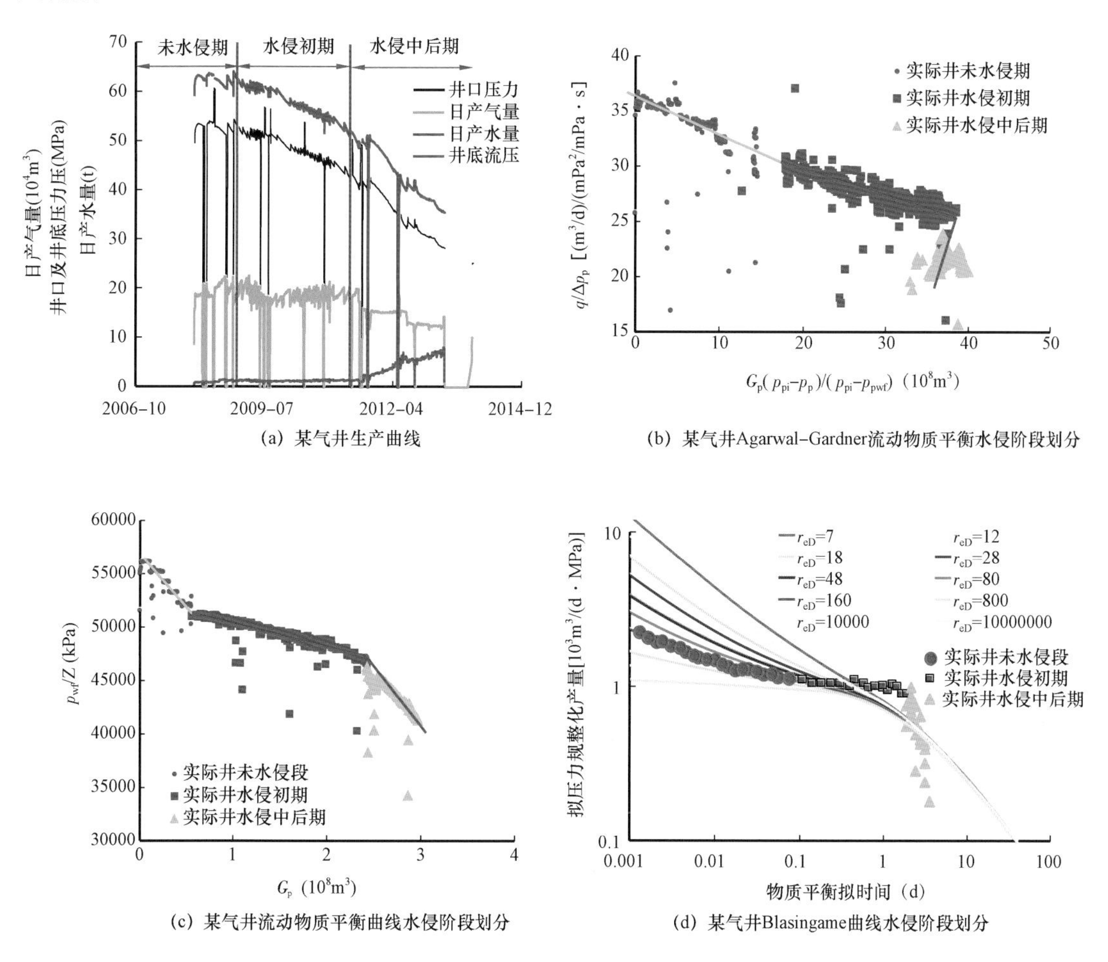

图4.28 国内某气井的水侵阶段划分

4.3 气田见水顺序定量预测

4.3.1 见水风险评价指标体系

为了使见水风险评价结果更加可靠,需要建立气井的见水风险评价指标体系,该体系应该综合考虑气田的地质特征及实际生产测试资料。针对塔里木盆地某大型异常高压有水气田的实际情况,建立了气井见水风险评价指标体系。该气田各气井每年均进行了流压、静压、产气剖面、关井压力恢复测试以及饱和度测井等,在考虑气田地质特征及实际生产测试资料的基础上,建立了见水风险评价指标体系,该体系具体包括12个评价指标(表4.2)。表4.2同时给出了各评价指标取值对气井见水早晚的影响。当仅考虑单一指标时,如井射孔段至底水距离近时,投产后底水容易快速锥进,导致气井过快见水;井射孔段至底水距离远时,气井见水相对较晚。

表4.2　各评价指标对气井水侵或见水的影响

指标分类	指标序号	评价指标	相对早见水	相对晚见水
地质静态因素 U_1	1	井周围断层分布及距井距离	开启且近	封闭且远
	2	井射孔段至底水距离	近	远
	3	井射孔段至边水距离	近	远
	4	井周围裂缝发育程度	发育	不发育
	5	固井质量	差	好
动态评价结果 U_2	1	Agarwal - Gardner 流动物质平衡水侵诊断曲线	水侵中后期	未水侵或水侵初期
	2	传统流动物质平衡水侵诊断曲线	水侵中后期	未水侵或水侵初期
	3	Blasingame 典型曲线	水侵中后期	未水侵或水侵初期
	4	产量及压力特征分析	水侵中后期	未水侵或水侵初期
	5	实际产量与水锥临界产量的关系	高于临界产量	低于临界产量
	6	试井评价边底水推进距离	近	远
	7	产气剖面测试高产层位置	低部位	高部位或无高产层

用来判别水侵状况的诊断曲线在第4章4.2节中已有详细介绍,不再赘述。

4.3.2　见水风险等级的模糊综合评判

在有水气藏全气田气井见水风险评价中,涉及大量的复杂现象和多因素相互作用,导致评价过程中存在大量的模糊现象和模糊概念。通过构建等级模糊子集把反映被评事物的模糊指标进行量化,即确定隶属度,然后利用模糊变换原理对各指标进行综合评判,从而确定全气田单井见水风险的等级。其中,指标权重的确定通常采用德尔菲法,局限于专家的知识和经验。而层次分析法是一个定性与定量相结合的研究方法,利用该方法确定指标的权重系数,更符合客观实际,可有效提高模糊综合评判结果的准确性。此外,在对模糊综合评价结果进行分析时,基于最大隶属度原则和加权平均方法构建各层指标的隶属度矩阵。

(1)见水风险评价指标集。

有水气藏气井见水风险评价指标分为12项,主要包括地质静态因素和动态评价结果两大类。地质静态因素 U_1 和动态评价指标 U_2 作为一级评判因素。另外,根据单因素之间的关系及评价结果,将见水风险评价指标划分为地质静态因素和动态评价指标两个组,作为二级评判因素:$U=\{$地质静态因素,动态评价指标$\}$。

将水侵类型评价结果作为有水气藏气井见水风险等级的参考指标,水侵类型评价结果可以分为四种:已见水型、水侵中后期型、水侵初期型和为未水侵型,分别对于见水风险的大、中、较小、小四类评价,即建立模糊评判的评价集:$V=\{$大,中,较小,小$\}$。

(2)层次分析法确定指标权重。

按照Saaty提出的1-9比率标度法,对每层各因素两两进行比较,得到量化的判断矩阵。在此基础上,求解矩阵的最大特征值,利用一致性指标 $R.I$ 检验矩阵是否具有满意的一致性:若是,对应的特征向量即为所求的评判权重集;若否,重新修改判断矩阵中指标 i 关于指标 j 的

比率标度 m_{ij}，直至满足一致性检验。

确定地质静态因素的评判权重集 $A_1=\{0.4479,0.1674,0.0901,0.2619,0.0326\}$，分别对应于井周围断层分布及距井距离、井射孔至底水距离、井射孔至边水距离、井周围裂缝发育程度及固井质量等因素的权重。同理，确定动态评价指标评判权重集 $A_2=\{0.3823,0.1985,0.0948,0.0502,0.0813,0.1670,0.0259\}$，分别对应于 Agarwal - Gardner 流动物质平衡水侵诊断曲线、流动物质平衡水侵诊断曲线、Blasingame 典型曲线、产量及压力特征分析、水锥临界产量评价、试井评价边底水距离和产气剖面测试高产层段位置等指标的权重。

有水气藏开发过程中，随着生产动态资料的不断录取，基于动态识别方法得到的水侵类型评价结果越准确。针对有水气藏的开发特点，确定二级评判的权重集 $A=\{0.4,0.6\}$，分别对应于地质静态因素和动态评价结果的权重值。

(3)全气田气井见水风险等级模糊综合评价。

通过构建等级模糊子集定量表征被评事物的模糊程度(即确定隶属度)，然后利用加权平均模糊合成算子将评价权重向量 A 与隶属度矩阵 $\boldsymbol{R}$ 组合，得到模糊综合评价结果向量 B。模糊综合评价中常用的取大取小算法，在因素较多时，每一因素所对应的权重往往很小。针对上述问题，采用加权平均型的模糊合成算子。

$$b_i=\sum_{i=1}^{p}(a_i\cdot r_{ij})=\min\left(1,\sum_{i=1}^{p}a_i\cdot r_{ij}\right),j=1,2,\cdots,m \tag{4.99}$$

其中，b_i，a_i，r_{ij} 分别为隶属于第 j 等级的隶属度、第 i 个指标的权重和第 i 个指标隶属于第 j 等级的隶属度。

最后，由各地质静态因素的隶属度构成的单因素评价矩阵以及相应因素的评判权重集，即可得到地质静态因素的一级评判结果 $B_1=A_1\cdot\boldsymbol{R}_1$。同理，得到动态评价指标的一级评判结果 $B_2=A_2\cdot\boldsymbol{R}_2$。继而根据一级评判结果计算得到二级综合评价结果 $B=A\cdot\boldsymbol{R}$。

采用本方法，对国内塔里木盆地某异常高压边底水气田的 17 口生产井的 12 个见水风险评价指标进行了评价，确定了所有气井的各静态及动态评价指标的气井水侵类型评价结果。通过模糊综合评判分析，最终确定了该气藏各气井的见水风险等级，并将所有气井依据见水风险划分为四类：已见水井、水侵中后期井、水侵初期井和未见水侵井。表 4.3 给出了该气田 4 口典型气井的见水风险评价结果。

表 4.3 综合各种因素对克拉 2 气田气井见水风险评价结果

指标/井号	W1	W3	W8	W16
断层距井最近距离(m)	0	50	10	87
井射孔距底水距离(m)	51	163	184	187
井射孔距边水距离(m)	430	760	960	820
裂缝发育情况	发育	发育	较发育	不发育
固井质量	差	好	好	好
Agarwal - Gardner 流动物质平衡水侵诊断曲线	水侵中后期型	水侵中后期型	水侵初期型	未见水侵型
流动物质平衡水侵诊断曲线	水侵中后期型	水侵中后期型	水侵初期型	未见水侵型
Blasingame 典型曲线	水侵中后期型	水侵中后期型	水侵初期型	未见水侵型
产量、压力特征分析	已产水型	水侵中后期型	水侵初期型	水侵初期型

续表

指标/井号	W1	W3	W8	W16
实际产量与水锥临界产量关系	高	低	等于	低
试井解释边水距井底距离(m)	0	150	800	800
产气剖面测试主力产层是否在底部	否	是	否	否
水侵类型综合评价结果	已见水型	水侵中后期型	水侵初期型	未水侵型

另外,基于有水气田气井见水风险综合评价结果,优化调整了气田气井产量。已见水井由于见水导致生产压差明显比其他井高(图4.29);水侵中后期井为了避免过早见水,减小了生产压差生产;水侵初期井有一定见水风险,气井生产压差保持在1MPa左右;而未水侵井由于目前生产状况较好,没有任何见水迹象,生产压差相对较大。从而,通过优化气井生产压差,在保持气田整体产量平稳运行基础上,避免了部分气井提早见水而影响产量及采收率,大幅度提高了气田的开发效果。

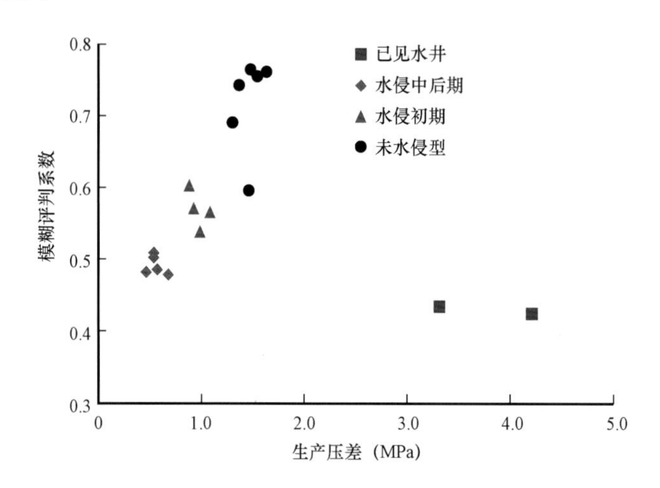

图4.29 见水风险等级的模糊综合评判图

4.3.3 气井见水顺序的定量化预测

针对有水气藏见水风险评价指标体系中定性指标偏多的情况,采用灰色综合评价方法[18]将定性指标转化为定量指标,以弱化主观因素导致的偏差。通过构建由各评价对象与最优指标之间灰色关联系数组成的评价矩阵,结合前述层次分析法得到的评价指标权重向量,计算灰色综合评价系数。灰色评价系数越大,说明其相应评价气井见水风险等级越高,据此便可准确预警各气井的见水顺序。灰色综合评价的具体计算步骤如下:

(1)确定最优指标集 $\boldsymbol{Y}_0=\{y_{01},y_{02},\cdots,y_{0n}\}$。其中,最优指标集是某种确定的标准或者评价指标公认的最优值。也可以根据评价样本集中各样本的取值,简单确定最优指标集,即如果指标值越大越好,则该指标在各样本中的最大值为最优标准;如果指标值越小越好,则以该指标在各样本中的最小值为最优标准。

(2)构建原始矩阵 $\boldsymbol{Y}=[\boldsymbol{Y}_0,\boldsymbol{Y}_1,\cdots,\boldsymbol{Y}_m]^{\mathrm{T}}$,其中 $\boldsymbol{Y}_0$ 为最优指标集,m 为评价样本个数。

(3)对原始矩阵 $\boldsymbol{Y}$ 进行无量纲处理,消除不同评价指标因量纲差异造成的影响,从而得到去量纲的矩阵 $\boldsymbol{X}=(x_{ij})_{(m+1)\times n}$,其中 $i=0,1,\cdots,m;j=1,2,\cdots,n$。

(4)确定评价矩阵。

以最优指标集为参考序列，各评价样本的指标为比较序列，计算第 i 个评价样本与第 j 个最后指标的灰色关联系数 r_{ij}，进而确定评价矩阵 $\boldsymbol{R}=(r_{ij})_{m\times n}$。其中灰色关联系数的计算方法可描述为：

$$r_{ij}=\frac{\min\limits_{i}\min\limits_{j}|x_{0j}-x_{ij}|+\xi\max\limits_{i}\max\limits_{j}|x_{0j}-x_{ij}|}{|x_{0j}-x_{ij}|+\xi\max\limits_{i}\max\limits_{j}|x_{0j}-x_{ij}|}\quad(i=1,2,\cdots,m;j=1,2,\cdots,n)\tag{4.100}$$

式中　$\xi\in[0,1]$——分辨系数，常取值为 0.5。

(5)结合层次分析得到的评价指标权重向量 W，计算各评价样本的灰色综合评价系数组成的向量 $A=W\times\boldsymbol{R}^{\mathrm{T}}$。根据灰色评价系数的大小，确定各评价样本的优劣次序。

在应用模糊综合评判方法确定有水气井见水风险等级的基础上，通过灰色综合评价方法定量化预测了国内塔里木盆地某边底水气田的 17 口气井的见水顺序，计算结果如图 4.30 所示。

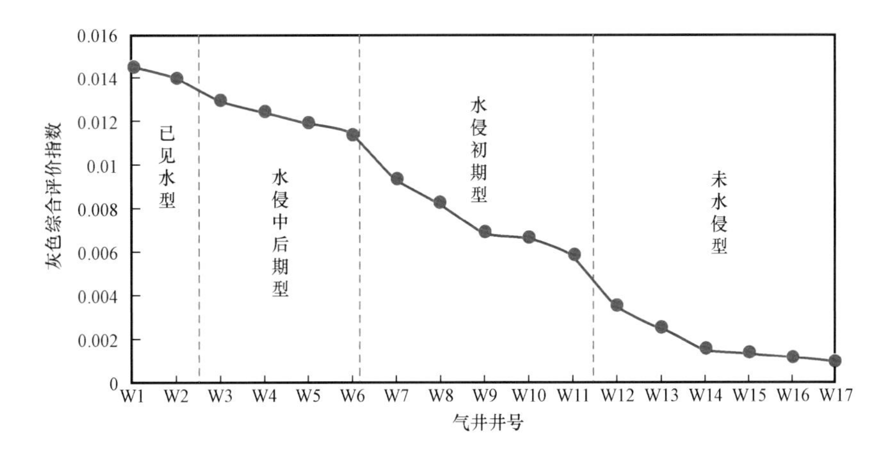

图 4.30　国内塔里木某边底水气田的 17 口气井的见水次序预警结果

矿场实际监测资料显示，该气田已有 2 口井见水，W1 是其中 1 口井。另外预计 W3 井等 4 口井是即将要见水的井。而半年后，W3 井氯离子急剧上升，出现见水迹象；1 年后该井开始产水，是该气田第三口见水井，而此时另外一口水侵中后期型 W4 井氯离子含量也开始上升，气田实际生产资料证实了预测结果的可靠性。

另外，基于有水气田气井见水风险综合评价结果，优化调整了气田气井产量，在保持气田整体产量平稳运行基础上，避免了部分气井提早见水而影响产量及采收率，大幅度提高了气田的开发效果。目前该方法已广泛应用于塔里木盆地各大气田，预测准确率高。

参考文献

[1] 杨芙蓉，樊平天，贺静，等．边水气藏高产气井见水时间预测方法[J]．科学技术与工程，2013，13(29)：8745－8747.

[2] Kuo M C T. A simplified method for water coning predictions[R]. SPE 12067，1983.

[3] Lee S H，Tung W B. General coning correlations based on mechanistic studies[R]. SPE 20742，1990.

[4] Moran O O，Samaniego V F，Arevalo V J. A. Advances in the Production Mechanism Diagnosis of Gas Reservoirs through Material Balance Studies[R]. SPE 91509，2004.

[5] Elahmady M, Wattenbarger R A. A Straight - Line p/z Plot is Possible in Waterdrive Gas Reservoirs[R]. SPE 103258, 2007.
[6] 胡俊坤,李晓平,张健涛,等. 计算水驱气藏动态储量和水侵量的简易新方法[J]. 天然气地球科学, 2012, 23(6): 1175 - 1178.
[7] 陶诗平,冯曦,肖世洪. 应用不稳定试井分析方法识别气藏早期水侵[J]. 天然气工业, 2003, 23(4): 68 - 70.
[8] Blasingame T A, Mccray T L, Lee W J. Decline Curve Analysis for Variable Pressure Drop/Variable Flowrate Systems[R]. SPE 21513, 1991.
[9] Mattar L, Mcneil R. The Flowing Gas Material Balance[R]. JCPT, 1998, 37(2): 37 - 42.
[10] 王海强,李勇,刘照伟. 碳酸盐岩凝析气藏动态综合描述新方法[J]. 天然气地球科学, 2013, 24(5): 1032 - 1036.
[11] Agarwal R G, Gardner D C, Kleinsteiber S W, et al. Analyzing Well Production Data Using Combined Type Curve and Decline Curve Concepts[R], SPE 57916, 1998.
[12] Anderson D, Mattar L. Practical Diagnostics Using Production Data and Flowing Pressures [R]. SPE 89939, 2004.
[13] Anderson D M, Stotts G W J, Mattar L, et al. Production Data Analysis—Challenges, Pitfalls, Diagnostics[R]. SPE 102048, 2006.
[14] 李勇,李保柱,胡永乐,等. 现代产量递减分析在凝析气田动态分析中的应用[J]. 天然气地球科学, 2009, 20(2): 304 - 308.
[15] 李勇,李保柱,胡永乐,等. 吉拉克凝析气田单井产水分析及数值模拟研究[J]. 石油勘探与开发, 2010, 37(1): 89 - 93.
[16] 李勇,李保柱,胡永乐,等. 生产分析方法在碳酸盐岩凝析气藏中的应用[J]. 油气地质与采收率, 2009, 16(5): 79 - 81.
[17] 李勇,李保柱,夏静,等. 有水气藏单井水侵阶段划分新方法[J]. 天然气地球科学, 2015, 26(10): 1951 - 1955.
[18] 梁军平,彭其渊,王莹,等. 基于多层次灰色方法的路企直通运输效果评价方法[J]. 中国铁道科学, 2011, 32(2): 121 - 125.

第5章　产水气井产能预测

超高压有水气藏的实际开发特征受储层流体岩石物性和相关水体等多种因素的影响。气藏采用衰竭式开采时，随着地层压力的下降，储层岩石承受的有效上覆压力（净围压）将增加，这将影响岩石的孔隙度、渗透率和压缩系数，从而影响产能和动态储量的计算[1-5]。

结合应力敏感的渗流物理实验结果，本章建立考虑应力敏感的产能方程，通过对单井不同时间产能方程的对比，分析无阻流量及产能方程相关系数的变化，从而评价应力敏感、水侵、流体性质变化的敏感性，研究影响产能变化的主要因素。优选临界水锥极限产量计算方法进行产能评价。产能变化规律的研究按未见水井、见水井两类进行分析，两种类型的产能变化影响因素不同。

5.1　超高压有水气藏储层的应力敏感特征

以塔里木克拉2气田为例，气田在KL2井、KL201井、KL203井、KL204井和KL205井5口井上采集覆压试验岩样，覆压渗透率测试岩样150块，覆压孔隙度测试岩样150块，覆压孔隙压缩系数测试岩样29块，覆压孔、渗循环回路试验岩样7块。

5.1.1　岩石物性参数随有效压力变化趋势

如图5.1至图5.3所示，岩石渗透率、孔隙度和孔隙压缩系数随着有效应力的增加而减小，并且前期减小剧烈，中期减小变缓，孔隙压缩系数到后期逐渐趋近于一个常数，后期减小更缓。表明气藏衰竭式开采时，随着气体的不断采出，地层压力下降，有效应力增加，储层渗透率、孔隙度和孔隙压缩系数变小，气水分布发生变化和弹性能量减小。K、ϕ、C_p分别表示覆压下的渗透率、孔隙度和孔隙压缩系数，下标S表示地面条件。

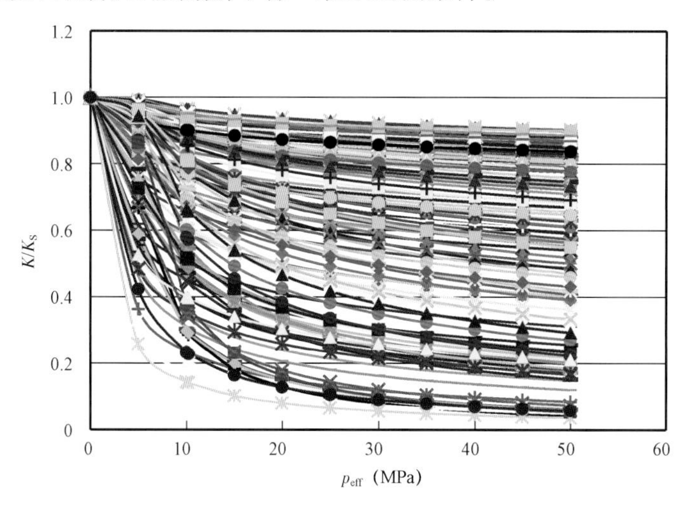

图5.1　K/K_s—p_{eff}关系

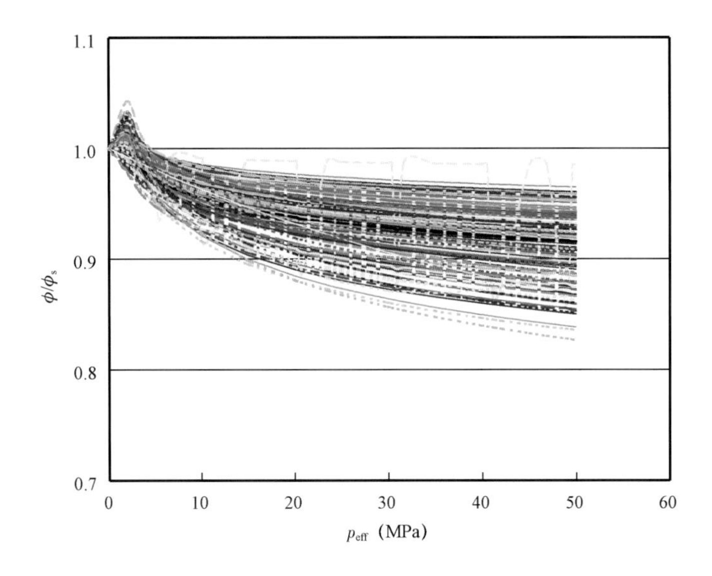

图 5.2 ϕ/ϕ_s—p_{eff}关系

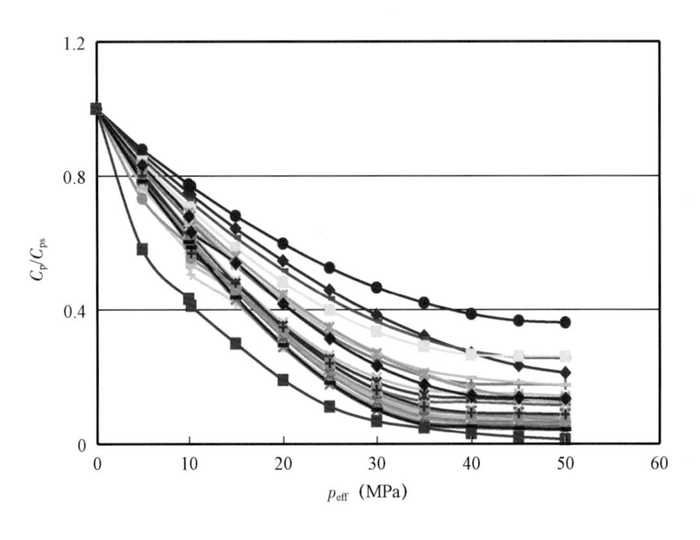

图 5.3 C_p/C_{ps}—p_{eff}关系

5.1.2 岩石物性参数变化幅度与渗透率的相关性

同一渗透率变化区间的岩样，其渗透率、孔隙度和孔隙压缩系数下降幅度基本相同，而不同渗透率变化区间的岩样，其渗透率、孔隙度和孔隙压缩系数各自分别具有明显的差别，高渗透率变化区间的岩样下降幅度小，低渗透率变化区间的岩样下降幅度大。

(1)覆压下渗透率变化特征。

根据试验结果，渗透率的变化特征按照渗透率区间覆压下渗透率变化大致可以分成四种类型：

① $K>3$mD；

② $0.5<K\leqslant 3$mD；

③ $0.1<K\leqslant 0.5$mD；

④ $K \leqslant 0.1$mD。

K 大于3mD 时渗透率变化形成比较明显平稳段；渗透率不大于0.1mD 的虽然显示有平稳段的现象，不过数据点较少，可信度较低；渗透率为0.1～3mD 这一区间，无量纲渗透率变化基本上不易找到平稳段。

上述四种覆压渗透率变化类型如图5.4所示，其表达式为

$$① \ K_D = 1.05503 p_{eff}^{-0.06081}, \quad R^2 = 0.9999, \quad K > 3\text{mD} \tag{5.1}$$

$$② \ K_D = 1.18336 p_{eff}^{-0.21643}, \quad R^2 = 0.9996, \quad 0.5 < K \leqslant 3\text{mD} \tag{5.2}$$

$$③ \ K_D = 1.52703 p_{eff}^{-0.51063}, \quad R^2 = 0.9995, \quad 0.1 < K \leqslant 0.5\text{mD} \tag{5.3}$$

$$④ \ K_D = 1.87490 p_{eff}^{-0.78974}, \quad R^2 = 0.9986, \quad K \leqslant 0.1\text{mD} \tag{5.4}$$

式中 $K_D = K/K_S$。为了实用起见，定义原始压力条件无量纲渗透率为：$K_{Di} = K/K_i$，其中 K 为覆压下渗透率，K_i 为原始油藏压力下渗透率。

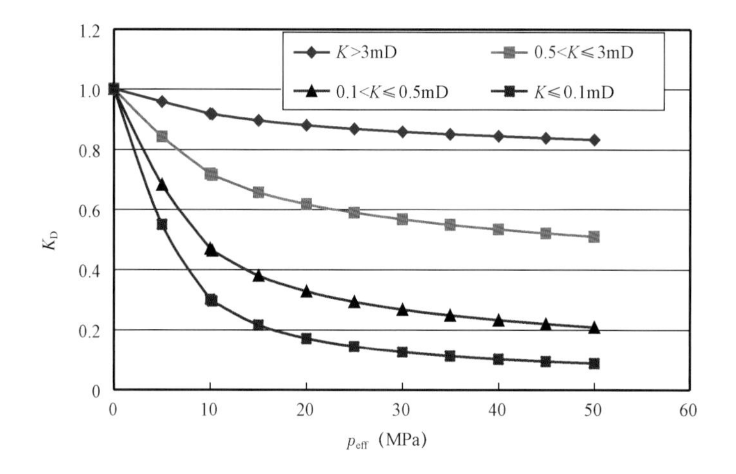

图5.4 不同渗透率变化区间 K_D—p_{eff}关系

克拉2气田白垩系巴什基奇克组储层原始地层压力为74.3469MPa(3750m)；上覆岩层压力(3750m)约为

$$\sigma_t = 2.3(\text{上覆岩层的平均密度}) \times 3750/101.9716 = 84.5824\text{MPa}$$

相应于原始地层压力的有效应力为

$$p_{eff} = 84.5824 - 74.3469 = 10.2355\text{MPa}$$

于是，转换为原始条件无量纲渗透率变化，上述四种覆压渗透率变化类型如图5.5所示。其表达式为

$$① \ K_{Di} = 1.15200 p_{eff}^{-0.06081}, \quad R^2 = 0.9999, \quad K > 3\text{mD} \tag{5.5}$$

$$② \ K_{Di} = 1.165756 p_{eff}^{-0.21643}, \quad R^2 = 0.9996, \quad 0.5 < K \leqslant 3\text{mD} \tag{5.6}$$

$$③ \ K_{Di} = 3.29622 p_{eff}^{-0.51063}, \quad R^2 = 0.9995, \quad 0.1 < K \leqslant 0.5\text{mD} \tag{5.7}$$

$$④ \ K_{Di} = 6.35190 p_{eff}^{-0.78974}, \quad R^2 = 0.9986, \quad K \leqslant 0.1\text{mD} \tag{5.8}$$

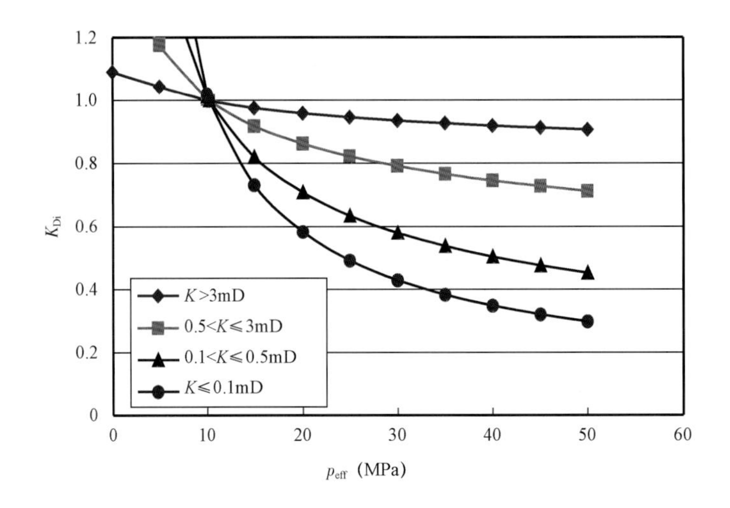

图 5.5 原始压力条件四种覆压渗透率变化类型的 K_{Di}—p_{eff} 关系

(2)覆压下孔隙度变化特征。

覆压下孔隙度变化可以分成如下两种类型:$K>1mD$;$K\leqslant1mD$。

曲线形态如图 5.6 所示,其表达式为

$$①\ \phi_D = 1.02145 p_{eff}^{-0.02631}, \quad R^2 = 0.9999, \quad K > 1mD \tag{5.9}$$

$$②\ \phi_D = 1.03503 p_{eff}^{0.03838}, \quad R^2 = 0.9996, \quad K \leqslant 1mD \tag{5.10}$$

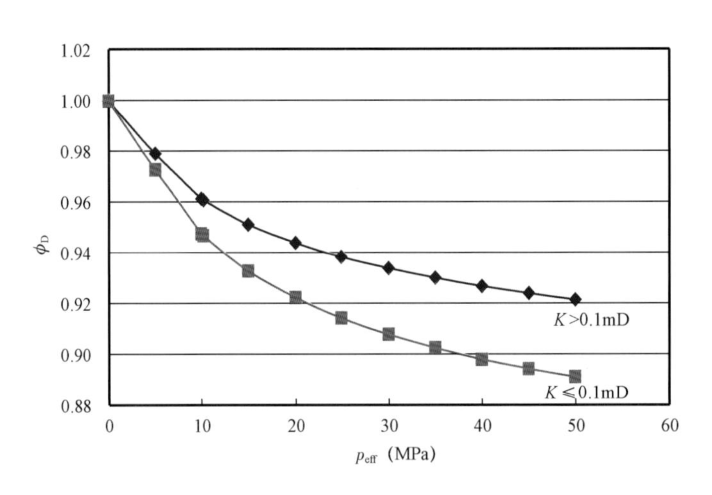

图 5.6 不同渗透率变化区间 ϕ_D—p_{eff} 关系

式中,$\phi_D=\phi/\phi_S$。上述两种覆压孔隙度类型引入新的定义 ϕ_{Di}后,其曲线如图 5.7 所示,表达式为

$$①\ \phi_{Di} = 1.06312 p_{eff}^{-0.02631}, \quad R^2 = 0.9999, \quad K > 1mD \tag{5.11}$$

$$②\ \phi_{Di} = 1.09310 p_{eff}^{-0.03838}, \quad R^2 = 0.9996, \quad K \leqslant 1mD \tag{5.12}$$

(3)覆压下压缩系数变化特征。

覆压下孔隙压缩系数变化可以分成以下两种类型:$K>5mD$;$K\leqslant5mD$。

曲线形态如图 5.8 所示,其表达式为

$$① \ C_{pDs} = 3.77606 p_{eff}^{-0.78338}, \quad R^2 = 0.9508 \tag{5.13}$$

$$② \ C_{pDs} = 9.35665 p_{eff}^{-1.24937}, \quad R^2 = 0.9257 \tag{5.14}$$

其中，$C_{pDs} = C_p / C_{ps}$。

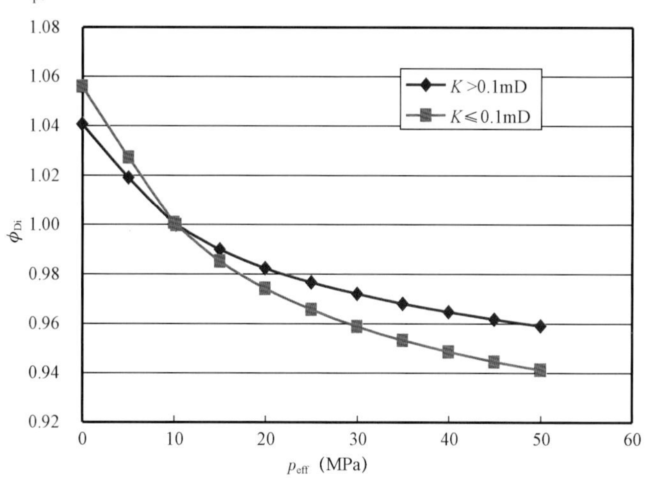

图 5.7　原始压力条件两种孔隙度变化类型的 ϕ_{Di}—p_{eff} 关系

ϕ_{Di} 定义为 $\phi_{Di} = \phi / \phi_i$，$\phi$ 为覆压下孔隙度；ϕ_i 为原始地层压力下孔隙度

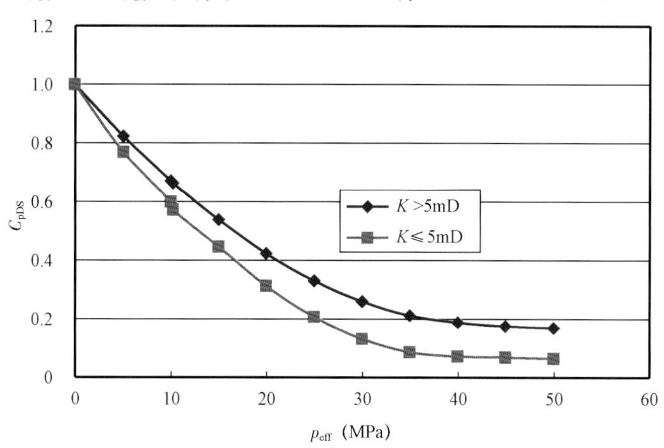

图 5.8　不同渗透率变化区间 C_{pDs}—p_{eff} 关系

上述两种覆压孔隙压缩系数变化引入新定义后表示在图 5.9 中，表达式为

$$① \ C_{pDi} = 5.69150 p_{eff}^{-0.78338}, \quad R^2 = 0.9508, \quad K > 5\text{mD} \tag{5.15}$$

$$② \ C_{pDi} = 16.33066 p_{eff}^{-1.24937}, \quad R^2 = 0.9257, \quad K \leqslant 5\text{mD} \tag{5.16}$$

图中 C_{pDi} 定义为 $C_{pDi} = C_p / C_{pi}$，C_p 为覆压下孔隙度；C_{pi} 为原始地层压力下孔隙度。

巴什基奇克组储层岩石孔隙压缩系数与渗透率的相关关系如图 5.10 所示，其表达式为

$$C_p = 61.3330048 \times 10^{-4} K^{-0.1859691}, \quad R^2 = 0.8389 \tag{5.17}$$

由图 5.10 可知，岩石孔隙压缩系数与渗透率有关，岩石渗透率高，压缩系数低；反之，岩石渗透率低，压缩系数高。

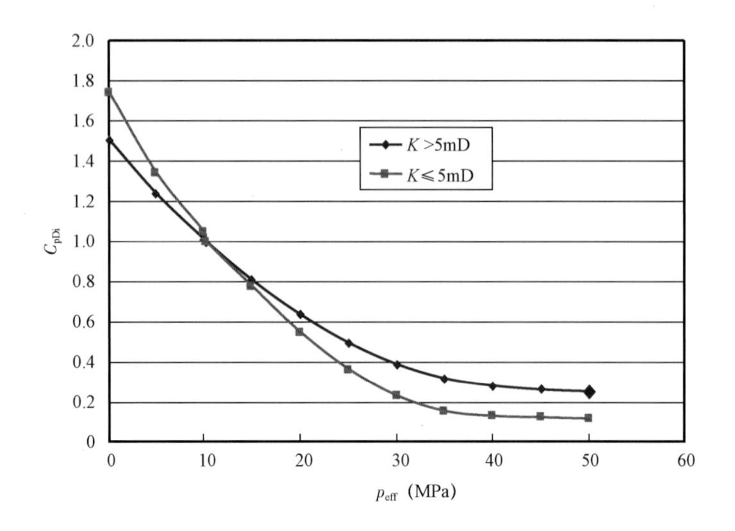

图 5.9　原始压力条件两种孔隙压缩系数变化类型的 C_{pDi}—p_{eff} 关系

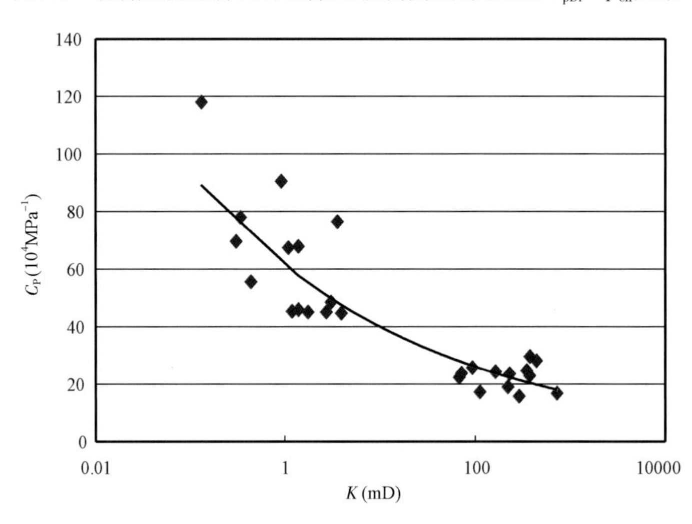

图 5.10　岩石孔隙压缩系数与渗透率关系

5.1.3　储层物性在开发过程中的变化规律

(1)不同渗透率区间对应储层厚度。

统计 KL2 井和 KL201 井两口井储层剖面上不同渗透率变化区间的厚度分数,见表 5.1。

表 5.1　不同渗透率变化区间厚度统计

项目	类型	渗透率变化区间	$h/\sum h$(f)
覆压渗透率	1	$K>3$mD	0.6638
	2	$0.5<K\leqslant3$mD	0.1599
	3	$0.1<K\leqslant0.5$mD	0.0725
	4	$K\leqslant0.1$mD	0.1038
覆压孔隙度	1	$K>1$mD	0.7147
	2	$K\leqslant1$mD	0.2853

续表

项目	类型	渗透率变化区间	$h/\sum h(f)$
覆压孔隙压缩系数	1	$K>5$mD	0.6072
	2	$K\leqslant5$mD	0.3928

(2)储层物性参数综合下降规律。

将前述四种覆压渗透率变化类型、两种覆压孔隙度变化类型和两种孔隙压缩系数变化类型按表5.1的厚度分数综合起来,得巴什基奇克组储层渗透率、孔隙度和孔隙压缩系数的平均下降规律,其表达式分别为

$$K_D = 1.04780 p_{eff}^{-0.12107}, \quad R^2 = 0.9929 \tag{5.18}$$

$$K_{Di} = 1.51355 p_{eff}^{-0.17348}, \quad R^2 = 0.9862 \tag{5.19}$$

$$\phi_D = 1.02521 p_{eff}^{-0.02970}, \quad R^2 = 1.0000 \tag{5.20}$$

$$\phi_{Di} = 1.07155 p_{eff}^{-0.02974}, \quad R^2 = 1.0000 \tag{5.21}$$

$$C_D = 4.81818 P_{eff}^{-0.91567}, \quad R^2 = 0.9448 \tag{5.22}$$

$$C_{pDi} = 7.92445 p_{eff}^{-0.92982}, \quad R^2 = 0.9441 \tag{5.23}$$

根据试验数据及上述方程可得表5.2及图5.11。

表5.2 克拉2气田巴什基奇克组储层物性参数随压降变化

p_{eff}(MPa)		10.24	14.58	24.58	34.58	44.58	54.58	64.58	74.588
p(MPa)		74.34	70	60	50	40	30	20	10
K_{Di}	①	1.0	0.9788	0.9482	0.9287	0.9145	0.9033	0.8941	0.8863
	②	1.0	0.9281	0.8289	0.7699	0.7287	0.6975	0.6725	0.6519
	③	1.0	0.8389	0.6426	0.5398	0.4741	0.4276	0.3924	0.3646
	④	1.0	0.7652	0.5066	0.3869	0.3166	0.2698	0.2363	0.2109
	平均	1.0	0.9508	0.8685	0.8185	0.7833	0.7562	0.7345	0.7164
ϕ_{Di}	①	1.0	0.9908	0.9772	0.9685	0.9620	0.9569	0.9527	0.9491
	②	1.0	0.9863	0.9667	0.9541	0.9449	0.9375	0.9315	0.9264
	平均	1.0	0.9895	0.9742	0.9644	0.9571	0.9514	0.9466	0.9426
C_{pDi}	①	1.0	0.7578	0.5034	0.3853	0.3158	0.2695	0.2362	0.2110
	②	1.0	0.6426	0.3347	0.2185	0.1591	0.1235	0.1001	0.0836
	平均	1.0	0.7196	0.4428	0.3224	0.2546	0.2109	0.1804	0.1578

(3)岩石应力敏感对气藏开发的影响。

由图5.11和表5.2的分析得出,当地层压力降至50MPa时,无量纲渗透率降至0.8185,无量纲孔隙度降至0.9644,无量纲孔隙压缩系数降至0.3224,即分别下降了18.15%、3.56%和67.76%;当地层压力降至20MPa时,无量纲渗透率降至0.7345,无量纲孔隙度降至0.9466,无量纲孔隙压缩系数降至0.1804,分别下降了26.55%、5.34%和81.96%。即气田开

发后期储层渗透率为原始值的75%左右,而孔隙度下降很小,为原始值的95%左右,孔隙压缩系数下降很大,只保留原始值的20%左右,弹性能量已释放得差不多了。由上述可见,克拉2气田巴什基奇组气藏岩石变形造成渗透率和孔隙度的下降不大;而孔隙压缩系数的大幅度下降,说明在开采过程中,充分发挥了弹性驱动作用。

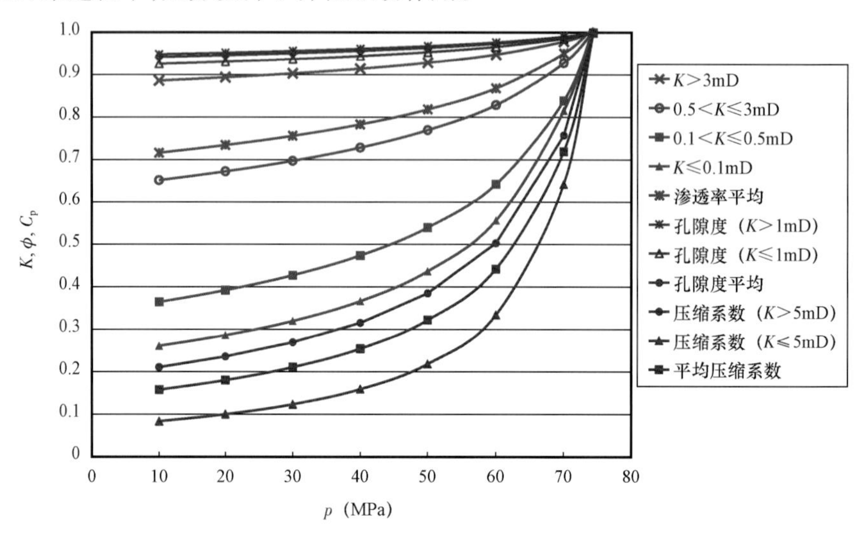

图5.11　克拉2气田储层物性参数与地层压力的关系

低渗透物性夹层物性降低幅度大有助于改善开发效果。当地层压力降至20MPa时,低渗透岩石的渗透率急剧减小,例如$0.1<K\leqslant0.5$mD的储层部分,无量纲渗透率降至0.3924,即下降了60.76%,但这部分储层的储量不大,只占7.25%,故对整个储层产能的影响不大;$K\leqslant0.1$mD的储层部分,无量纲渗透率降至0.2363,即下降了76.37%,但这部分为非储层,即物性夹层。物性夹层渗透率的进一步降低,对边、底水的推进有阻挡作用,因而有助于改善开发效果。

由上述数据不难发现,克拉2气田渗透率相对较高储层($K_s\geqslant3$mD)的厚度为储层总厚度的66.38%,约2/3左右,而渗透率相对较低储层($0.5\leqslant K_s<3$mD、$0.1\leqslant K_s<0.5$mD和$K_s<0.1$mD)的厚度仅占33.62%,约1/3左右。根据上一节对实验数据分析的结论:岩石渗透率随净上覆压力的增加而降低,渗透率高的降低的程度小,渗透率低的降低的程度大,表明岩石形变对产能的影响主要体现在其对低渗透层的影响上,克拉2气田低渗透层所占储层的比例较小,因此,岩石形变对产能的影响将不会很大。

5.2　考虑应力敏感和水侵耦合的产能评价方法

5.2.1　产能方程压力形式的选取

(1)不同压力表达形式的产能方程。

Al - Hussainy于1965年定义了气体的拟压力Ψ(Pseudo - Pressure)。在使用拟压力Ψ表达下,可以使气体的渗流方程适用于整个的压力变化范围。在描述气体流动过程中,最恰当的压力表达形式为拟压力Ψ。拟压力的表达式为

$$\psi = \int_{p_0}^{p} \frac{2p}{\mu Z} dp \tag{5.24}$$

指数式产能方程拟压力表达式为

$$q_g = C_\psi (\psi_R - \psi_{wf})^n \tag{5.25}$$

而二项式产能方程拟压力表达式为

$$\psi_R - \psi_{wf} = A_\psi q_g + B_\psi q_g^{\ 2} \tag{5.26}$$

通过对拟压力表达式(5.24)的分析,可以得到简化的压力和压力平方表达式。

① 假定(μZ)值为常数,即$\mu Z = \mu_0 Z_0$。μ_0、Z_0为某种初始条件下的黏度和偏差系数。则公式(5.24)可以改写为

$$\psi = 2\int_{p_0}^{p} \frac{p}{\mu Z} dp = \frac{2}{\mu_0 Z_0}\int_{p_0}^{p} p dp = \frac{1}{\mu_0 Z_0}(p^2 - p_0^2) \tag{5.27}$$

② 如果假定$\frac{p}{\mu Z}$为常数,则有$\frac{p}{\mu Z} = \frac{p_0}{\mu_0 Z_0}$。式中$p_0$、$\mu_0$和$Z_0$均为某一初始条件下的值。此时公式(5.24)可以改写为

$$\begin{aligned} \psi &= \frac{2p_0}{\mu_0 Z_0}\int_{p_0}^{p} dp \\ &= \frac{2p_0}{\mu_0 Z_0}\cdot(p - p_0) \end{aligned} \tag{5.28}$$

综上所述,产能方程在不同的压力表达形式下,具体的表达式归纳如下。

a. 指数式产能方程:

拟压力形式:

$$q_g = C_\psi (\psi_R - \psi_{wf})^n \tag{5.29}$$

压力平方形式:

$$q_g = C_2 (p_R^{\ 2} - p_{wf}^{\ 2})^n \tag{5.30}$$

压力形式:

$$q_g = C_1 (p_R - p_{wf})^n \tag{5.31}$$

b. 二项式产能方程:

拟压力形式:

$$\psi_R - \psi_{wf} = A_\psi q_g + B_\psi q_g^{\ 2} \tag{5.32}$$

压力平方形式:

$$p_R^{\ 2} - p_{wf}^{\ 2} = A_2 q_g + B_2 q_g^{\ 2} \tag{5.33}$$

压力形式:

$$p_R - p_{wf} = A_1 q_g + B_1 q_g^{\ 2} \tag{5.34}$$

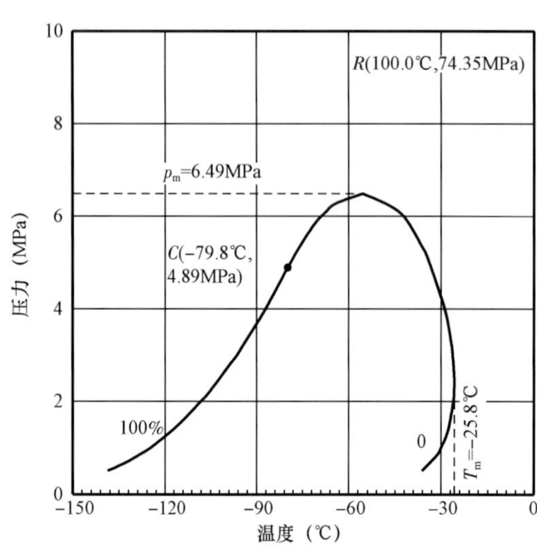

图 5.12　KL2－2 井地层流体相态图

（2）克拉 2 气田产能评价压力形式的选取。

截止到 2016 年 12 月，克拉 2 气田总共收集到 PVT 测试资料 51 井次，选取最近的一次 PVT 测试资料（KL2－2 井）进行分析，评价克拉 2 气田产能评价计算中拟压力的近似形式。

KL2－2 井于 2008 年 5 月 27 日在井口取得气样 2 支，共 40000mL，进行 PVT 分析。地层压力 74.35MPa，地层温度 100.0℃。根据原始井流物组成，进行了全组分相图包络线计算和恒质量膨胀计算，得到地层流体相态图（图 5.12），图 5.13 中临界压力为 4.89MPa，临界温度为 －79.8℃；地层温度远离相包络线右侧。KL2－2 井的井流物分类组成见表 5.3：C_1+N_2为 98.82%，$C_2 \sim C_6+CO_2$为 1.17%，C_{7+}为 0.01%，气体相对密度为 0.566，具有典型干气藏组成的特征。

表 5.3　KL2－2 井井流物组分组成

组分	井流物			
	摩尔分数		g/m³	
二氧化碳	0.580			
氮气	0.643			
甲烷	98.184			
乙烷	0.525		6.563	
丙烷	0.033		0.605	
异丁烷	0.006		0.145	
正丁烷	0.009		0.217	
异戊烷	0.003		0.090	
正戊烷	0.004		0.120	
己烷	0.005		0.175	
庚烷	0.005		0.200	
辛烷	0.024		1.068	
壬烷				
癸烷				
十一烷以上				
气体性质：	分子量：	16.41	相对密度：	0.566

① 偏差因子的计算。

对于异常高压气藏的开发，偏差因子的确定十分重要。自从 Standing 和 Katz 于 1941 年发表确定气体偏差因子图版后，国内外许多学者都提出了拟合该图版的方法。目前常用的方法有 Papay 法、Cranmer 法、Dranchuk－Puruls－Robinson 法、Dranchuk－Abu－Kassem 法、Brill－Beggs 法、Hall－Yarbough 法和 Hankinson－Thomas－Phillips 法[7-14]。针对 KL2 井异常高压气藏，应用灰色关联分析法优选，通过关联度比较选择使用 Brill－Beggs 法进行偏差因子的计算。

Brill－Beggs 方法计算偏差因子的公式为

$$Z = A + \frac{1 - A}{e^{B}} + C p_{pr}^{D} \tag{5.35}$$

其中

$$A = 1.39 (T_{pr} - 0.92)^{0.5} - 0.36 T_{pr} - 0.101$$

$$B = (0.62 - 0.23 T_{pr}) p_{pr} + \left(\frac{0.066}{T_{pr} - 0.86} - 0.037\right) p_{pr}^{2} + \frac{0.32}{10^{9(T_{pr}-1)}} p_{pr}^{6}$$

$$C = 0.132 - 0.32 \lg T_{pr}$$

$$D = 10^{(0.3106 - 0.497 T_{pr} + 0.1824 T_{pr}^{2})}$$

计算结果如图 5.13 所示，从图中可以看出，在压力较低的情况下，气体的偏差因子先下降，随着压力的增大，偏差因子后期逐渐升高。

② 气体黏度的计算。

确定气体黏度唯一精确的方法是实验方法。然而，应用实验方法确定黏度较困难，而且时间很长。通常是应用与黏度有关的经验公式来确定[15-18]。

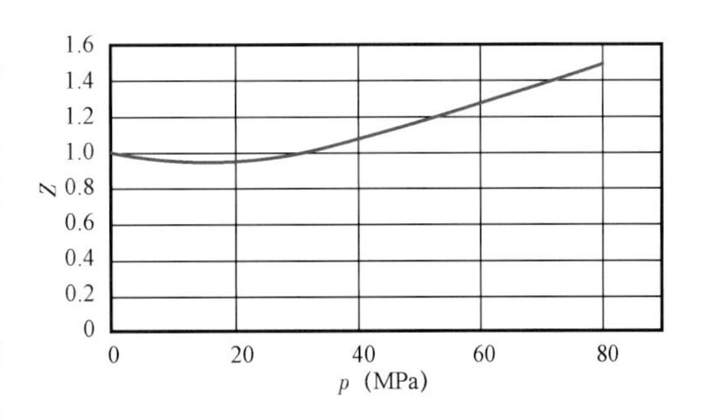

图 5.13　克拉 2 气田压力与偏差因子的关系

高温高压下天然气黏度的计算，普遍应用 Carr、Kobayshi 和 Burrows 发表的图版，但由于实验考虑因素的单一性以及主观读数带来的误差，使得图版法预测天然气黏度不仅麻烦，而且误差也较大，因此不推荐使用。状态方程法是基于 $p-V-T$ 和 $T-\mu-p$ 图形的相似性，结合立方型状态方程，建立一个能够预测气体黏度的解析模型。经验公式法是建立在常规气体黏度的经验预测方法的基础上，通过拟合黏度实验图版，对常规气体黏度进行校正后得到黏度值。

本节计算天然气黏度主要采用经验公式法，我们已经知道黏度是温度、压力、密度和组成的函数，而密度是压力、温度和组成的函数，通过已经得到的黏度和密度之间的关系式，就可以建立经验公式。比较有代表性的有：Lohrenz－Bray－Clark（LBC）模型、Dean－Stiel（DS）模型、Lee－Gonzalez－Eakin（LGE）模型和 Lucas 模型。从以往实验及文献调研研究可以看出，在诸多黏度计算模型中，LGE 方法计算的黏度绝对平均误差最小，结果最为理想，Lucas 方法次之。因此，本次计算选用 LGE 模型来预测克拉 2 气田天然气的黏度。

1966 年，Lee 和 Gonzalez 等人根据 8 个天然气样品，在 37.8～171.2℃和压力 0.01013～55.1850MPa 条件下，进行黏度和密度测定，利用测定的数据得到了如下相关经验公式：

$$\mu_g = 10^{-4} K_{zf} e^{X\rho_g^Y} \tag{5.36}$$

其中

$$K_{zf} = \frac{(9.379 + 0.01607 M_g)(1.8T)^{1.5}}{209.2 + 19.26 M_g + 1.8T}$$

$$X = 3.448 + \frac{986.4}{1.8T} + 0.01009 M_g$$

$$Y = 2.447 - 0.2224X$$

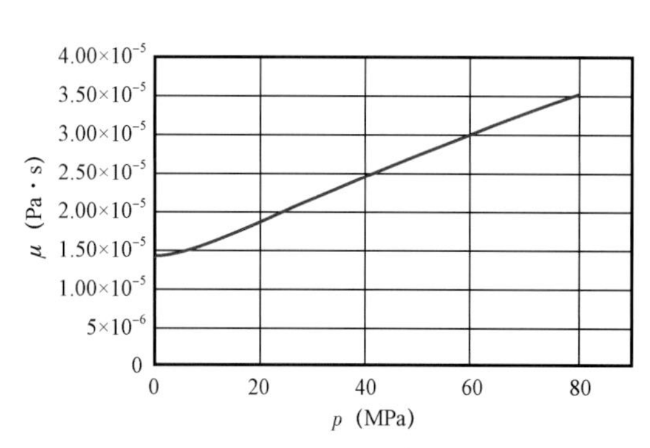

图 5.14　克拉 2 气田压力与天然气黏度的关系

计算结果如图 5.14 所示，可以看出在压力较低时气体黏度基本不变且为一常数，随着压力的升高，气体黏度逐渐增大。

③ 克拉 2 气田拟压力近似形式的选取。

由上文的分析可知，如果(μZ)值为常数值，拟压力可以选择使用压力平方的形式近似计算；如果$\left(\frac{p}{\mu Z}\right)$为常数值，拟压力就可以使用压力的形式近似计算，从而简化产能评价的流程。

a. μZ 与压力的关系。

利用黏度计算结果和偏差因子计算结果，可得压力与 μZ 的关系，如图 5.15 所示，从图 5.16 中可以看出，在压力较低的阶段，μZ 近似为常数，随着压力的升高，μZ 的值也逐渐增大。目前克拉 2 气田地层压力大于 50MPa，所以从压力与 μZ 的关系可知，克拉 2 气田目前产能测试资料处理中，不可使用压力平方的形式来近似代表拟压力。

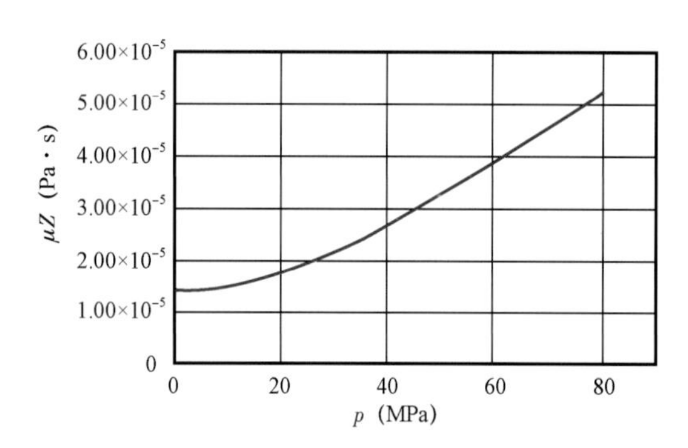

图 5.15　克拉 2 气田压力与 μZ 的关系
（KL2－2 井 2008 年测试资料）

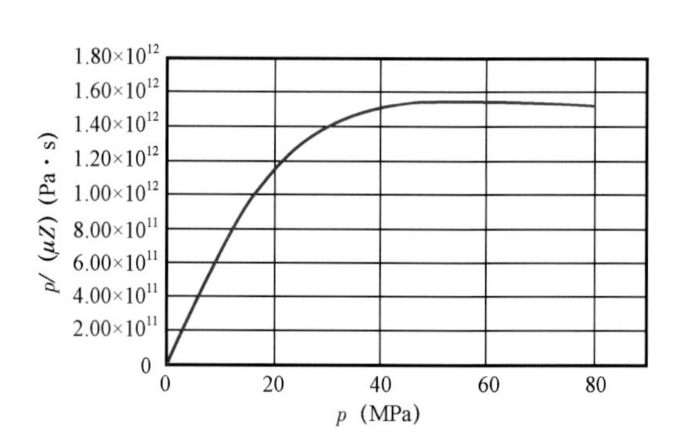

图 5.16　克拉 2 气田压力与$\frac{p}{\mu Z}$的关系

b. $\frac{p}{\mu Z}$与压力的关系。

利用黏度计算结果和偏差因子计算结果，可得压力与$\frac{p}{\mu Z}$的关系，如图 5.16 所示。

从图 5.16 中可以看出，在压力较高的阶段（大于 40MPa），$\frac{p}{\mu Z}$随着压力变化近似常数，但是，当将图 5.17 局部放大后，如图 5.17 所示。

从图 5.17 可以看出，当压力大于40MPa 后，随着压力的升高，$\frac{p}{\mu Z}$先逐渐增大，后期呈下降的趋势，并非为一常数。所以，在克拉 2 气田目前产能测试资料处理中，也不可使用压力的形式来近似代表拟压力简化计算。

综上所述，考虑目前克拉 2 气田的地层压力以及气体性质，在产能计算中不能使用压力平方或者压力近似替代拟压力，产能方程必须采用拟压力形式的产能方程。

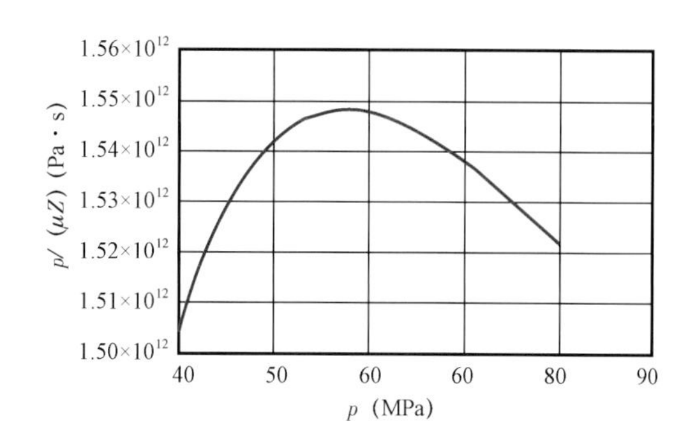

图 5.17　克拉 2 气田压力与 $p/(\mu Z)$ 的关系局部放大图

5.2.2　产能方程的建立及无阻流量的评价

针对克拉 2 气田产能测试的实际情况，目前产能资料评价中使用的关键技术主要有三种：前期有实测资料的考虑岩石变形的气井产能系数预测法；没有实测资料的不关井回压试井法；实测资料有问题时使用的异常资料矫正方法。

(1)考虑应力敏感的产能预测方法。

通过产能试井建立的二项式产能方式表达式为

$$\psi_{R} - \psi_{wf} = Aq_{g} + Bq_{g}^{2} \tag{5.37}$$

其中

$$A = \frac{p_{sc}T\left(\ln\frac{r_e}{r_w} + S\right)}{K\pi hT_{sc}}$$

$$B = \frac{\beta p_{sc}^2 M\gamma_g T}{2\pi^2 h^2 \mu T_{sc}^2 r_e}\left(\frac{1}{r_w} - \frac{1}{r_e}\right)$$

$$\beta = \frac{1.471 \times 10^{11}}{K^{1.3878}}$$

对于某实测产能试井情况建立单井产能方程为

$$\psi_{R1} - \psi_{wf1} = A_1 q_{g1} + B_1 q_{g1}^{2} \tag{5.38}$$

对于未来某个地层压力下对应的产能方程为

$$\psi_{R2} - \psi_{wf2} = A_2 q_{g2} + B_2 q_{g2}^{2} \tag{5.39}$$

假设气井在开采过程中，如果没有重大措施，A、B 表达式中的 h、T、r_e、r_w、S 等参数认为保持不变，发生变化的是 K、β、μ。由 A、B 关系式可以得到如下相对关系式：

$$A_2 = \frac{K_1}{K_2}A_1$$

$$B_2 = \frac{\beta_2\mu_1}{\beta_1\mu_2}B_1 = \frac{K_1^{1.3878}\mu_1}{K_2^{1.3878}\mu_2}B_1$$

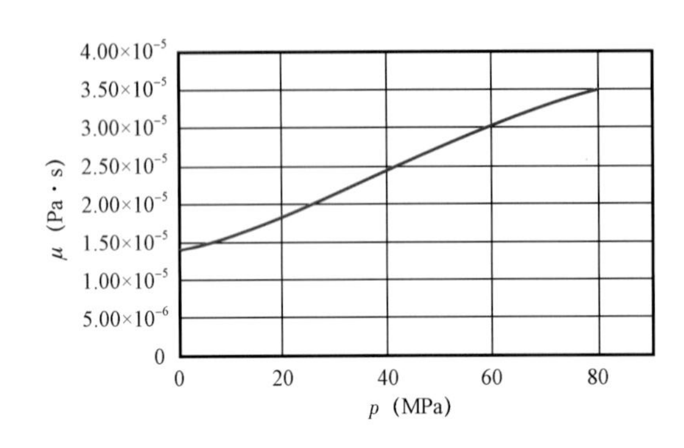

图 5.18　气体黏度随压力变化趋势

因此，只要确定了 K、μ 随压力的变化关系，便可以通过 A_1、B_1 求得 A_2、B_2，从而建立未来某个地层压力下的产能方程，即可预测某个地层压力下的产能。根据 KL2－2 井 PVT 实验数据建立了压力与 μ 的关系（图 5.18），通过覆压实验确定了地层压力与 K 的关系（图 5.19）。

因此，对于没有实测产能测试资料的井，便可以采用考虑岩石变形的气井拟压力形式的产能系数预测法进行不同地层压力下的产能预测。

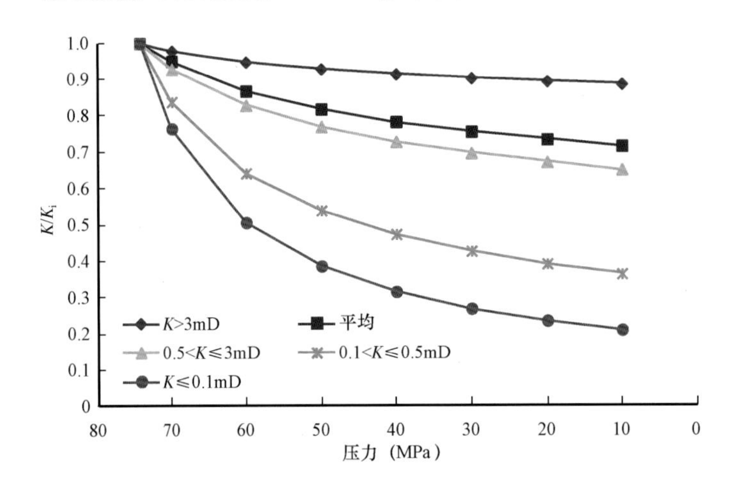

图 5.19　无量纲渗透率随压力的变化趋势

（2）不关井回压试井法。

不关井回压试井法与气井稳定试井基本相似，不需关井，在气井生产过程中，只需连续测 3 个以上不同的产气量和与之相对应的井底流压 p_{wf} 或井口油压 p_{tf}，从而获取产能方程。

$$\begin{cases} \psi_{R1} - \psi_{wf1} = Aq_1 + Bq_1^{\ 2} \\ \psi_{R2} - \psi_{wf2} = Aq_2 + Bq_2^{\ 2} \\ \psi_{R3} - \psi_{wf3} = Aq_3 + Bq_3^{\ 2} \end{cases} \tag{5.40}$$

若三次测试连续进行，且持续时间较短，可以认为其地层压力基本一致：

$$p_{R1} = p_{R2} = p_{R3} = p_R \tag{5.41}$$

从而式（5.40）变为

$$\begin{cases} \psi_R - \psi_{wf1} = Aq_1 + Bq_1^{\ 2} \\ \psi_R - \psi_{wf2} = Aq_2 + Bq_2^{\ 2} \\ \psi_R - \psi_{wf3} = Aq_3 + Bq_3^{\ 2} \end{cases} \tag{5.42}$$

式（5.42）中任一测点表达式都可以变形为如下形式：

$$\begin{cases} \dfrac{\psi_R}{q_1} - \dfrac{\psi_{wf1}}{q_1} = A + Bq_1 \\ \dfrac{\psi_R}{q_2} - \dfrac{\psi_{wf2}}{q_2} = A + Bq_2 \\ \dfrac{\psi_R}{q_3} - \dfrac{\psi_{wf3}}{q_3} = A + Bq_3 \end{cases} \tag{5.43}$$

式(5.43)中两两相减得

$$\begin{cases} \dfrac{\psi_R}{q_1} - \dfrac{\psi_{wf1}}{q_1} - \left(\dfrac{\psi_R}{q_2} - \dfrac{\psi_{wf2}}{q_2}\right) = B(q_1 - q_2) \\ \dfrac{\psi_R}{q_2} - \dfrac{\psi_{wf2}}{q_2} - \left(\dfrac{\psi_R}{q_3} - \dfrac{\psi_{wf3}}{q_3}\right) = B(q_2 - q_3) \end{cases} \tag{5.44}$$

式(5.44)中两式消去 B,整理的 Ψ_R的表达式:

$$\psi_R = \frac{\dfrac{\psi_{wf1}}{q_1} - \dfrac{\psi_{wf2}}{q_2} - \left(\dfrac{\psi_{wf2}}{q_2} - \dfrac{\psi_{wf3}}{q_3}\right)\left(\dfrac{q_1 - q_2}{q_2 - q_3}\right)}{\dfrac{1}{q_1} - \dfrac{1}{q_2} - \left(\dfrac{1}{q_2} - \dfrac{1}{q_3}\right)\left(\dfrac{q_1 - q_2}{q_2 - q_3}\right)} \tag{5.45}$$

根据式(5.42)两两相减可以得到

$$\begin{cases} \psi_{wf1} - \psi_{wf2} = A(q_2 - q_1) + B({q_2}^2 - {q_1}^2) \\ \psi_{wf1} - \psi_{wf3} = A(q_3 - q_1) + B({q_3}^2 - {q_1}^2) \\ \psi_{wf2} - \psi_{wf3} = A(q_3 - q_2) + B({q_3}^2 - {q_2}^2) \end{cases} \tag{5.46}$$

式(5.46)为二元一次方程组,根据三组流压、产量测试数据可以计算出二项式产能方程的系数 A、B。同时结合式(5.45)得到的地层压力的拟压力,可以计算出此时刻单井的无阻流量,做出相应的产能曲线。此方法能有效地避免关井测试对产量造成影响,确保对单井产能进行及时的评价跟踪。

(3)异常测试资料的矫正。

在常规产能分析方法中,按二项式方程处理时,$\dfrac{\psi_e - \psi_{wf}}{q} \sim q$ 应该呈线性关系;若按照指数式处理,应该有 $\lg q \sim \lg(\psi_e - \psi_{wf})$ 呈线性关系。但是,由于回压试井过程中产量及压力不稳定,克拉 2 气田许多测试资料并不满足这种线性关系,从而导致二项式计算无阻流量产能曲线反向。

在多点稳定回压试井的条件下气井的二项式产能方程可表示为

$$\psi_R - \psi_{wf} = Aq_g + B{q_g}^2 \tag{5.47}$$

式(5.47)可以改写为

$$\psi_{wf} = \psi_R - Aq_g - B{q_g}^2 \tag{5.48}$$

令

$$y = \psi_{wf}$$

$$A_0 = \psi_R$$

$$A_1 = -A$$

$$A_2 = -B$$

$$x_1 = q_g$$

$$x_2 = q_g^2$$

则式(5. 48)可以变为如下的形式:

$$y = A_0 + A_1 x_1 + A_2 x_2$$

显然,式(5. 48)是一个二元一次方程。如果测出了 N 组q_g和p_{wf}的值,也就是有 N 组 y 和与之对应的 x_1、x_2的值,就可以直接利用二元线性回归的方法求出 A_0、A_1、A_2。假定回归函数为 $y_i = A_0 + A_1 x_{1i} + A_2 x_{2i} (i = 1, 2, \cdots, N)$,原函数 y 与回归函数 y_1的残差平方和为 Q_c,即

$$Q_c = \sum_{i=1}^{N} (y - y_i)^2 = \sum_{i=1}^{N} (y - A_0 - A_1 x_{1i} - A_2 x_{2i})^2 \tag{5.49}$$

要使Q_c趋于最小值,可分别对 A_0、A_1、A_2求偏导数,并令其等于零,即

$$\frac{\partial Q_c}{\partial A_0} = -2 \sum_{i=1}^{N} (y - A_0 - A_1 x_{1i} - A_2 x_{2i}) = 0 \tag{5.50}$$

$$\frac{\partial Q_c}{\partial A_1} = -2 \sum_{i=1}^{N} (y - A_0 - A_1 x_{1i} - A_2 x_{2i}) x_{1i} = 0 \tag{5.51}$$

$$\frac{\partial Q_c}{\partial A_2} = -2 \sum_{i=1}^{N} (y - A_0 - A_1 x_{1i} - A_2 x_{2i}) x_{2i} = 0 \tag{5.52}$$

由方程(5. 50)可得

$$A_0 = \bar{y} - A_1 \bar{x}_1 - A_2 \bar{x}_2 \tag{5.53}$$

其中

$$\bar{y} = \frac{1}{N} \sum y$$

$$\bar{x}_1 = \frac{1}{N} \sum x_1$$

$$\bar{x}_2 = \frac{1}{N} \sum x_2$$

将 A_0代入方程(5. 52)和方程(5. 53)中,整理得

$$M_{11} A_1 + M_{12} A_2 = M_{1y} \tag{5.54}$$

$$M_{21} A_1 + M_{22} A_2 = M_{2y} \tag{5.55}$$

其中

$$M_{11} = \sum (x_{1i} - \bar{x}_1)(x_{1i} - \bar{x}_1) = \sum x_{1i}^2 - \frac{1}{N}\left(\sum x_{1i}\right)^2$$

$$M_{12} = \sum (x_{1i} - \bar{x}_1)(x_{2i} - \bar{x}_2) = \sum x_{1i} x_{2i} - \frac{1}{N}\left(\sum x_{1i}\right)\left(\sum x_{2i}\right)$$

$$M_{21} = \sum (x_{1i} - \bar{x}_1)(x_{2i} - \bar{x}_2) = \sum x_{1i} x_{2i} - \frac{1}{N}\left(\sum x_{1i}\right)\left(\sum x_{2i}\right)$$

$$M_{22} = \sum (x_{2i} - \bar{x}_1)(x_{2i} - \bar{x}_1) = \sum x_{2i}^2 - \frac{1}{N}\left(\sum x_{2i}\right)^2$$

$$M_{1y} = \sum (x_{1i} - \bar{x}_1)(y - \bar{y}) = \sum x_{1i} y - \frac{1}{N}\left(\sum x_{1i}\right)\left(\sum y\right)$$

$$M_{2y} = \sum (x_{2i} - \bar{x}_2)(y - \bar{y}) = \sum x_{2i} y - \frac{1}{N}\left(\sum x_{2i}\right)\left(\sum y\right)$$

解方程(5.54)和方程(5.55)构成的方程组可得

$$A_1 = \frac{M_{1y} M_{22} + M_{2y} M_{12}}{M_{11} M_{22} + M_{12} M_{21}} \tag{5.56}$$

$$A_2 = \frac{M_{2y} M_{11} + M_{1y} M_{21}}{M_{11} M_{22} + M_{12} M_{21}} \tag{5.57}$$

通过以上方程就可以求出回归系数A_0、A_1、A_2，再将求出值带回原式，则可以求出$\psi_R = A_0$、$A = -A_1$、$B = -A_2$；进而可以根据拟压力与压力的关系插值求出平均地层压力p_r和气井产能方程$\psi_R - \psi_{wf} = Aq_g + Bq_g{}^2$。

(4)目前单井产能方程及无阻流量。

通过综合实测资料、不关井回压试井法和考虑岩石变形的气井产能系数预测法建立了目前地层压力下单井的产能方程(表5.4)，并确定了目前单井无阻流量。

表5.4　克拉2气田单井产能方程及无阻流量统计表

井号	产能方程系数		无阻流量($10^4 m^3/d$)	备注
	A	B		
气井1	4.45×10^{17}	1.12×10^{16}	76.68	产能系数预测
气井2	4.89×10^{16}	2.16×10^{14}	764.72	多元线性回归
气井3	1.91×10^{16}	2.62×10^{13}	3157.78	产能系数预测
气井4	9.56×10^{16}	3.24×10^{13}	879.46	产能系数预测
气井5	2.93×10^{16}	3.58×10^{13}	1405.05	产能系数预测
气井6	3.58×10^{16}	6.80×10^{13}	1043.51	产能系数预测
气井7	4.43×10^{16}	1.38×10^{14}	754.26	回压试井
气井8	1.62×10^{17}	2.24×10^{13}	613.54	产能系数预测
气井9	2.51×10^{16}	5.27×10^{13}	1203.53	产能系数预测

续表

井号	产能方程系数		无阻流量（$10^4m^3/d$）	备注
	A	B		
气井 10	4.95×10^{16}	6.20×10^{13}	1692.42	产能系数预测
气井 11	4.20×10^{16}	8.12×10^{14}	344.13	产能系数预测
气井 12	2.14×10^{16}	1.01×10^{14}	857.36	产能系数预测
气井 13	5.00×10^{16}	3.98×10^{13}	1188.53	产能系数预测
气井 14	1.31×10^{17}	3.00×10^{14}	262.24	回压试井
气井 15	1.06×10^{17}	9.49×10^{14}	276.86	回压试井
气井 16	1.52×10^{18}	1.80×10^{16}	43.97	回压试井
气井 17	6.76×10^{16}	1.50×10^{14}	1022.32	回压试井

5.3 气井产能变化规律及影响因素分析

产能变化规律的研究按未见水井、见水井两类进行分析，两种类型的产能变化影响因素不同[19-23]。由上面的“考虑岩石变形的气井产能系数预测法”可知，未见水井产能变化的主要影响因素是压力下降和渗透率 K 的变化；而见水井产能变化的主要影响因素是水。

对未见水井，以 KL205 井为例研究其产能变化规律。表 5.5 为该井投产初期及目前的产能方程及无阻流量，不同方法计算的无阻流量如图 5.20 所示，IPR 曲线如图 5.21 所示。由结果可以看出，该井目前无阻流量降幅在 30% 左右，其中应力敏感影响在 7% 左右。

表 5.5 KL205 井历次产能测试结果表

	产能方程	无阻流量（$10^4m^3/d$）	比初期降低量（%）
投产初期	$\Psi_R-\Psi_{wf}=3.6159q_g+0.00227q_g^2$	945.00	
目前预计（不考虑应力敏感）	$\Psi_R-\Psi_{wf}=3.147426q_g+0.0019759q_g^2$	703.00	25.61
目前预计（考虑应力敏感）	$\Psi_R-\Psi_{wf}=3.83305q_g+0.0019759q_g^2$	628.00	33.54
目前实测（考虑应力敏感）	$\Psi_R-\Psi_{wf}=1.7107q_g+0.0055q_g^2$	616	32.80

实测资料显示，气井见水对产能影响非常大，见水后井筒损耗增加，油压下降幅度加快，产能降低明显。对见水井，以 KL203 井为例说明不同因素对产能的影响，表 5.6 为该井投产初期及目前的产能方程及无阻流量，其产能系数预测法结果如图 5.22 所示，而实际数据计算结果如图 5.23 所示。由结果对比看出，目前 KL203 井产能比初始产能约降低 70%，其中见水是产能降低的主要影响因素，对产能影响占 70% 以上，K 的影响仅占 5% 左右。

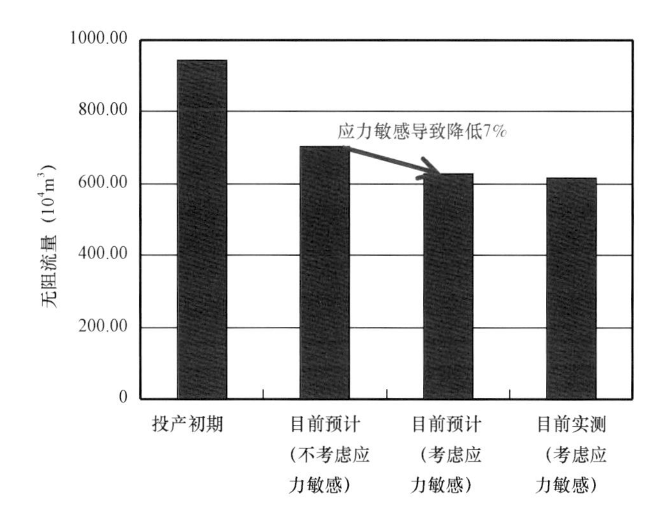

图 5.20 KL205 井不同方法计算无阻流量

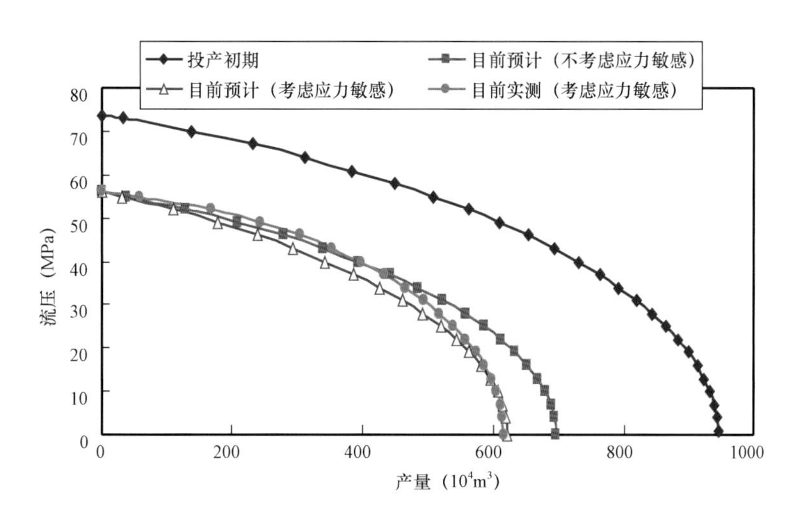

图 5.21 KL205 井 IPR 变化曲线

表 5.6 KL203 井历次产能测试结果表

	产能方程	无阻流量（$10^4m^3/d$）	比初期降低量（%）
投产初期	$\Psi_R - \Psi_{wf} = 1.535124q_g + 0.061826q_g^2$	284.69	
目前预计（不考虑应力敏感）	$\Psi_R - \Psi_{wf} = 1.124118q_g + 0.05381q_g^2$	233.21	18.08
目前预计（考虑应力敏感）	$\Psi_r - \Psi_{wf} = 2.59654q_g + 0.05381q_g^2$	220.00	22.72
目前实测（考虑应力敏感及水侵）	$\Psi_R - \Psi_{wf} = 5.1021q_g + 0.5197q_g^2$	72	74.71

投产近 5 年来，大部分单井产能下降 20% ~30%，平均 25% 左右，总体无阻流量较投产初期下降 25.2%。

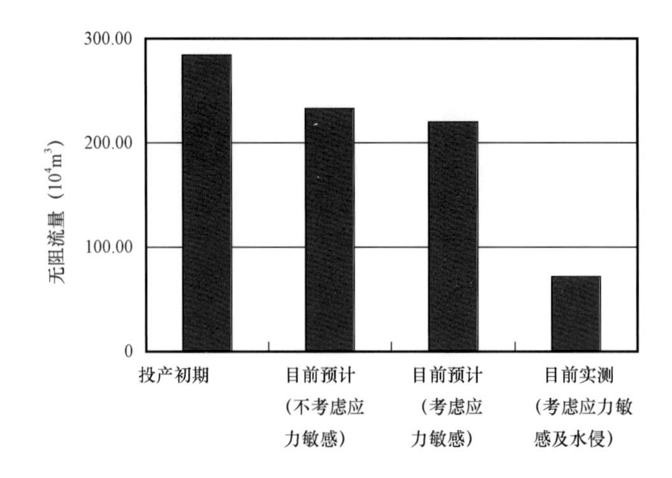

图 5.22　KL203 井不同方法计算无阻流量

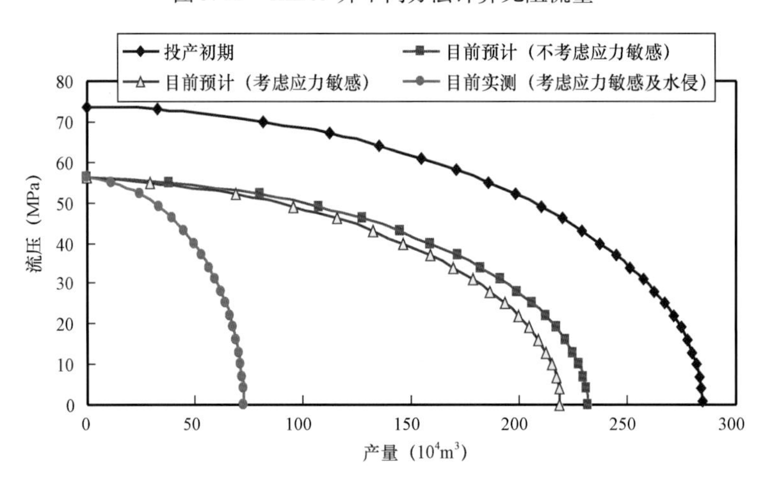

图 5.23　KL203 井不同方法计算 IPR 曲线

5.4　单井合理产能评价

确定气井或气藏的合理产能是气田高效开发的基础，是保证气田实现长期稳产的前提条件。产能评价直接服务于开发或调整方案的单井产能设计，通过研究单井产能变化规律及影响因素，从而在方案实施过程中根据产能变化情况采取相应的措施[24-29]。目前，主要有以下几种方法确定合理产量：

(1)考虑冲蚀速度确定合理产能上限；

(2)边底水气藏考虑临界水锥极限产量确定合理产能上限；

(3)临界携液量确定合理产能下限；

(4)确定合理生产压差，从而由产能方程确定合理产量；

(5)流入、流出动态曲线交点法确定产气量；

(6)采气指示曲线法确定合理产气量；

(7)综合考虑采气速度及单井动储量确定合理产气量；

(8)由单井稳产期和经济效益限制确定合理产气量。

考虑到方法的适用性及克拉 2 超高压气田的特点，本次合理产能评价优选冲蚀临界流速、临界携液量法、临界水锥极限产量法、无阻流量法、采气指示曲线法、节点分析法等方法综合确定单井合理产能及合理生产压差。

5.4.1 气液管壁的冲蚀作用

渗透率特别好、产量特别高的气井中,由于天然气中往往含有某些酸性气体,尤其是硫化氢(H_2S),它们会对管壁产生严重的腐蚀作用。井中天然气气流速度过高会迅速冲掉氧化层。这样就使得未被腐蚀的内壁裸露于含酸性气体的天然气中,连续作用的结果加剧了油管的破损。因此。气井气流速度不宜过高,它不应超过最高限流速度。API 提出计算冲蚀流速公式[30]:

$$v_{ec} = \frac{C}{\rho_g^{0.5}} \tag{5.58}$$

式中 v_{ec}——冲蚀速度,m/s;

ρ_g——气体密度,kg/m^3;

C——常数,C 在 100 ~ 300 之间。

在计算冲蚀流速时,如果井筒流体很干净,不存在腐蚀和无固体颗粒,C 值可以取 150。将式(5.58)改写为日产气量的形式:

$$q_{ec} = 7.746 \times 10^4 A \left(\frac{p_{wf}}{ZT\gamma_g} \right)^{0.5} \tag{5.59}$$

式中 A——油管截面积,m^2;

T——温度,K;

Z——天然气偏差因子;

p_{wf}——井底流压,MPa;

γ_g——天然气相对密度;

q_{ec}——受冲蚀流速的油管通过能力,$10^4m^3/d$。

在克拉 2 气田,如果能有效控制出砂,并选用合金材质采气油管,在计算冲蚀流速限制时可以将条件放宽,将 C 取值为 150。针对克拉 2 气田采用式(5.59)计算结果见表 5.7。

表 5.7 克拉 2 气田不同井底流压下的临界冲蚀流速

井号	冲蚀流速($10^4m^3/d$) / 井底压力(MPa) / 井筒直径(mm)	25	30	35	40	45	50	55	60
气井 1	177.8	691.95	746.09	790.83	828.25	859.94	887.12	910.71	931.41
气井 2	177.8	691.95	746.09	790.83	828.25	859.94	887.12	910.71	931.41
气井 3	88.9	172.99	186.52	197.71	207.06	214.99	221.78	227.68	232.85
气井 4	177.8	691.95	746.09	790.83	828.25	859.94	887.12	910.71	931.41
气井 5	177.8	691.95	746.09	790.83	828.25	859.94	887.12	910.71	931.41
气井 6	177.8	691.95	746.09	790.83	828.25	859.94	887.12	910.71	931.41
气井 7	177.8	691.95	746.09	790.83	828.25	859.94	887.12	910.71	931.41
气井 8	177.8	691.95	746.09	790.83	828.25	859.94	887.12	910.71	931.41

续表

井号	冲蚀流速（$10^4m^3/d$） 井底压力（MPa） 井筒直径（mm）	25	30	35	40	45	50	55	60
气井 9	114.3	285.96	308.33	326.82	342.29	355.38	366.62	376.37	384.92
气井 10	88.9	172.99	186.52	197.71	207.06	214.99	221.78	227.68	232.85
气井 11	88.9	172.99	186.52	197.71	207.06	214.99	221.78	227.68	232.85
气井 12	88.9	172.99	186.52	197.71	207.06	214.99	221.78	227.68	232.85
气井 13	88.9	172.99	186.52	197.71	207.06	214.99	221.78	227.68	232.85
气井 14	88.9	172.99	186.52	197.71	207.06	214.99	221.78	227.68	232.85
气井 15	114.3	285.96	308.33	326.82	342.29	355.38	366.62	376.37	384.92
气井 16	114.3	285.96	308.33	326.82	342.29	355.38	366.62	376.37	384.92
气井 17	88.9	172.99	186.52	197.71	207.06	214.99	221.78	227.68	232.85

从表 5.6 中可以看出，在目前井底流压的情况下，所有采气井产气量均小于临界冲蚀流量，所以井底不会发生冲蚀。

5.4.2 最小携液量法

气井开始积液时，井筒内气体的最低流速称为气井携液临界流速，对应的流量称为气井携液临界流量[31-36]。当井内气体实际流速小于临界流速时，气流就不能将井内液体全部排出井口。地层出水回落积聚在井底，将增大井底回压，降低气井产量。因此要求气井生产过程中需将流入井底的水及时携带到地面，要求气井有最小极限产量的限制。

（1）球形模型。

气井井筒液体来自井筒热损失导致的天然气凝析形成的液体和随天然气流入到井筒的游离液体，主要是指凝析油和地层水。如果这种液体可以通过液滴形式或雾状形式被气体带到地面，那么气井将保持正常生产。否则，气井将出现液体聚集形成积液，从而增大井底压力，降低气井产量，限制井的生产能力，严重者会使气井停产。因此，讨论积液气井的最小流速，对气田开发和充分利用天然气的弹性能量有着重要意义。

早在 20 世纪 50 年代，原苏联学者就开始了气井连续排液所需要的最小流速研究，并推出了一些关系式。1969 年，Turner、Hubbard 和 Dukler 提出的预测积液何时发生的方法得到广泛的应用，他们比较了垂直管道举升液体的两种物理模型，即管壁液膜移动模型和高速气流携带液滴模型，认为液滴理论推导的方程可以较准确地预测积液的形成。

Turner 等通过研究液滴在井筒中流动的最低条件，即气体对液滴的拖曳力等于液滴沉降重力，得出液滴流动的最小速度[37]：

$$U = 3.617\left[\frac{D(\rho_L - \rho_g)}{C_d\rho_g}\right]^{0.5} \tag{5.60}$$

式中 U——液滴流动的最小速度，m/s；

D——液滴的直径，m；

ρ_L——气井液体的密度,kg/m³;

ρ_g——气井天然气的密度,kg/m³;

C_d——曳力系数。

式(5.60)说明,其他参数不变时,液滴直径越大,气体携带液滴所需速度越高。如果最大液滴都能携带到地面,井底就不会发生积液。即携液的最小气流速度应按最大液滴的直径而确定。

液滴最大直径可以用 Weber 数确定,即液滴受到外力试图使它破裂,但液体表面张力又试图把它保持在一起,用公式表示:

$$N_{we} = \frac{v^2 \rho_g D}{\sigma g_c} \tag{5.61}$$

式中 N_{we}——Weber 数;

σ——气液表面张力,N/m;

g_c——换算系数,$g_c = 1\text{kgm/Ns}^2$;

ρ_g——气体密度,kg/m³;

v——气液速度,m/s;

其他符号同前。

当 Weber 数超过 20~30 这一临界值时,液滴就会破裂。取最高值 $N_{we} = 30$,可得到液滴最大直径与速度之间关系式为

$$D_{max} = \frac{30\sigma g_c}{\rho_g v^2} \tag{5.62}$$

将式(5.60)代入式(5.58),并视流体为牛顿液体,取 $C_d = 0.44$ 得

$$v = 5.5\left[\frac{\sigma(\rho_L - \rho_g)}{\rho_g^{\ 2}}\right]^{0.25} \tag{5.63}$$

对于式(5.63),Turner 等人建议取安全系数为 20%,即将式(5.63)获得的气流速度调高 20%。但 Coleman Steve 等通过实验认为:保持低压气井排液的最小流速可以利用 Turner 等提出的液滴模型预测,而不必附加 20% 的修正值。

将式(5.63)改写为日产量形式为

$$q_{sc} = 1.92 \times 10^4 \frac{p_{wf} A v}{T_{wf} Z} \tag{5.64}$$

式中 A——油管截面积,m²;

p_{wf}——油管终端流压,MPa;

T_{wf}——油管终端流温,K;

Z——p_{wf}、T_{wf}条件下的气体偏差系数;

ρ_{sc}——标准状况下气体密度,kg/m³;

q_{sc}——日产气量,10^4m³。

从式(5.64)可知,对于多数情况而言,最小体积排液流量随气体密度的增加而增加。在流动着的气井中,最高气体密度出现在压力最高的井底。因此,最小排液流量应根据井底条件计算。

从式(5.64)看出,水和凝析油的排液速度不同,这是由于二者的界面张力和密度不同所致。对于气水系统,其界面张力和密度差一般高于凝析油气系统,所以水的排液速度大于凝析油的排液速度。因此,如果在井筒中存在两种流体时,那么水将成为控制流体。但流体参数在方程中是以四次方根出现,所以排液速度的差别不会非常显著。而井径和压力的影响更直接和明显。

Turner 等提出的计算方法并非适用于任何气液井,它必须满足液滴模型,即一般气液比大于 $1400m^3/m^3$。如果气井表现为段塞流特性,本公式将不再适用。

(2)椭球模型。

李闽教授认为气井携液过程中,运动的液滴在压差作用下呈椭球形,曳力系数取 1,根据椭球形进行气井携液公式的推导,得出临界流速为[38]

$$v = 2.5 \times \frac{[\sigma(\rho_L - \rho_g)]^{0.25}}{\rho_g^{0.5}} \tag{5.65}$$

气井携液临界流量公式为

$$q_{sc} = 2.5 \times 10^4 \frac{pAv}{TZ} \tag{5.66}$$

式中 A——油管截面积,m^2;

p——油管终端流压,MPa;

T——油管终端流温,K;

Z——p、T 条件下的气体偏差系数。

针对克拉 2 气田采用椭球模型进行计算,单井井筒主要有三种尺寸,按照目前地层压力计算了最小携液量极限产量,为了安全生产将其上浮 20% 作为极限携液产量用于配产,结果见表 5.8。

表 5.8 克拉 2 气田单井携液量计算参数及结果

井号	单位	类型 1	类型 2	类型 3
d	mm	177.8	114.3	88.9
A	m^2	0.0248	0.0103	0.0062
Z		1.22	1.22	1.22
T	K	373	373	373
γ_g		0.565	0.565	0.565
ρ_w	kg/m^3	1024	1024	1024
ρ_{gsc}	kg/m^3	0.00068	0.00068	0.00068
ρ_g	kg/m^3	237.14	237.14	237.14
σ	N/m	0.06	0.06	0.06
v_g	m/s	0.43	0.43	0.43
q_{sc}	10^4m^3	31.82	13.15	7.96
q_{sc}上浮 20%	10^4m^3	38.18	15.78	9.55

5.4.3 水锥极限产量法

目前国内外常用的有四种水侵气藏临界产量计算公式,其中 Schols 方法和 Meyer 方法未考虑各向异性,Chaperon 和 Hoyland 临界产量计算方法考虑了各向异性的影响。

根据地质学可知,在气藏的储层中,若位于含气边界之外有地层水,则称之为边水气藏;若位于含气边界之内有地层水,则称之为底水气藏。边水、底水驱气藏工程研究的主要任务之一是确定气井的临界产量和见水时间。尽管目前的底水驱气藏临界产量和见水时间的计算方法不太令人满意,但几十年以来,一直受到人们的重视,并且有许多气藏工程师仍在进行深入的研究。气藏工程师普遍认为,如果气井的配产超过了井的临界产量,那么该井必定见水,并且很快见水。因此,在设计合理产量时总以临界产量作为一个约束条件,控制其合理产量小于临界产量,以实现无水开采的愿望。

(1)Dupuit 临界产量计算方法。

当气井井底之下的地层带存在水层并与气层处于同一压力系统时,气井投产后井附近必定产生一个压差(即压降漏斗),它可以扩展到水层带使水进入井筒。根据气—水界面的形状,称这种现象为"水锥"。水锥对井的产量产生极大的影响,因为当水进入井筒后,要举升气—水混合物,井筒内必须增大流体流速。当水进入井筒的量太大时,可能产生严重的积液而使气井停产。

为了解决这一问题,Dupuit 在解决地下水工程问题时,首先提出了"临界产量"这一概念。正因为如此,人们把该临界产量称为"Dupuit 临界产量"。当气井的产量低于该井的"临界产量"时,气井就不会发生水侵;相反,若气井的产量超过了该井的"临界产量",则气井将会很快见水。气藏开发工作者将该临界产量的计算公式应用于底水驱气藏之中,得到气井临界产量为[39-40]

$$q_{sc}=\frac{0.0864\pi K_g\Delta\rho_{wg}g(h^2-b^2)}{B_g\mu_g\ln\frac{r_e}{r_w}} \tag{5.67}$$

式中 q_{sc}——气井的临界产量,m^3/d;

K_g——气层的渗透率,D;

$\Delta\rho_{wg}$——水气密度差,g/cm;

h——气层有效厚度,m;

b——气井射开厚度(从气层顶算起,如图 5.23 所示),m;

B_g——气体积系数,m^3/m^3;

μ_g——气层条件下油、气体黏度,mPa · s;

r_e——气井排泄半径,m;

r_w——气井半径,m;

g——重力加速度,m/s^2,一般取 $g=9.807m/s^2$。

公式(5.67)的适用条件为:稳定渗流均质地层忽略毛细管力并忽略因毛细管力而引起的气水过渡带;气水密度及黏度为常数;渗流服从达西渗流规律。在这样的假设条件下,西南石油学院的李传亮和黄炳光采用一种极其简单的推导过程,获得了临界产量计算公式,其推导过程如下:

在径向 r 处取一微元体,相应于某产气量 q 下形成的水锥高度在 r 处为 z,如图 5.24 所示。并且其径向渗流速度为

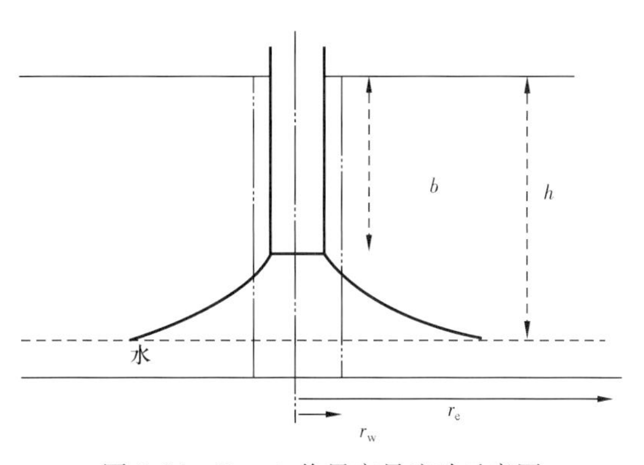

图 5.24 Dupuit 临界产量流动示意图

$$v = \frac{K}{\mu}\frac{dp}{dr} \tag{5.68}$$

并认为在 r 处的压力增量使气—水界面上升增量存在如下关系（向上的压差 dp 有气—水界面上升 dz 的重量平衡）：

$$dp = -\Delta\rho_{wg} g dz \tag{5.69}$$

因此，通过 r 处的流量应为

$$\begin{aligned} q = vA &= \frac{K dp}{\mu dr} \cdot 2\pi r(h - z) \\ &= -\frac{2\pi r(h - z) K\Delta\rho_{wg} g dz}{\mu dr} \end{aligned} \tag{5.70}$$

改写为

$$\frac{\mu q dr}{r} = -2\pi K\Delta\rho_{wg} g(h - z) dz \tag{5.71}$$

若气井产量为临界产量时，$q = q_{gc}B_g$；并且，在 $r = r_w$ 处，$z = h - b$；在 $r = r_e$ 处，$z = 0$，那么式（5.71）有如下积分形式：

$$\int_{r_e}^{r_w} \frac{B_g \mu_g q_{oc} dr}{r} = -\int_{g}^{h-b} 2\pi K\Delta\rho_{wg} g(h - z) dz \tag{5.72}$$

由式（5.72）可整理（并转化为 SI 实用单位制）得

$$q_{sc} = \frac{0.0864\pi K_g \Delta\rho_{wg}(h^2 - b^2) g}{B_g \mu_g \ln\frac{r_e}{r_w}} \tag{5.73}$$

公式（5.73）与式（5.67）的形式完全相同，表明这种简单的推导是可行的。

此外，若改变积分条件，还可以导出气井产量小于临界产量时的水锥形状。例如，油井产量为 q_g，且 $q_g < q_{gc}$；在 $r = r_e$ 处，$z = 0$；在 r 处水锥高度为 z，则式（5.72）可改写为

$$\int_{r_e}^{r} \frac{q_g B_g \mu_g dr}{r} = -\int_{0}^{h-z} 2\pi K\Delta\rho_{wg} g(h - z) dz \tag{5.74}$$

由式（5.74）可整理（并转化为 SI 实用单位制）得

$$z = \sqrt{h^2 - \frac{q_g B_g \mu_g}{2.66 K\Delta\rho_{wg}} \ln\frac{r_e}{r}} \tag{5.75}$$

式（5.75）表明了水锥形状高度随径向 r 的变化规律。由它可以分析出：

① 若在 $r = r_w$ 处，z 值达到最大值：

$$z_w = \sqrt{h^2 - \frac{q_g B_g \mu_g}{2.66 K\Delta\rho_{wg}} \ln\frac{r_e}{r_w}} \tag{5.76}$$

② 若气井产量 q_g 越小，则水锥高度 Z_w 也越小；

③ 若水锥高度 Z_w 达到（$h - b$）值，气井产量 q_g 达到临界产量 q_{gc}。

公式（5.63）式描述的临界产量计算公式适合于理想完井方式（总表皮系数 $S = 0$），对于非理

想完井方式($S\neq0$)的情况,西南石油学院李传亮提出了一个修正 Dupuit 临界产量计算公式[41]:

$$q_{gc} = \frac{2.66K\Delta\rho_{wg}g(h^2 - b^2)}{B_g\mu_g\left(\ln\frac{r_e}{r_w} + S\right)} \tag{5.77}$$

式中 S——油井的表皮系数。

如果引入折算井半径 $r_z = r_w e^{-s}$,则式(5.77)可表示成与式(5.67)相同的形式:

$$q_{gc} = \frac{2.66K\Delta\rho_{wg}g(h^2 - b^2)}{B_g\mu_g\ln\frac{r_e}{r_z}} \tag{5.78}$$

式中 r_z——气井的折算井半径,m。

式(5.77)或式(5.78)表明,式(5.67)描述的临界产量只是 $S=0$(或 $r_z = r_e$)的特例。因此,当引入表皮系数 S(或折算井半径 $r_z = r_e$)之后,临界产量计算公式更具有普遍性和实用性。

(2)Chaperon 临界极限产量计算方法。

Chaperon 方法是为数不多的几个考虑了非均质性的计算方法之一[42]。尽管如此,在 Chperon 方法中,由于非均质性造成的临界产量的差别在 20% 以内,如图 5.25 所示。

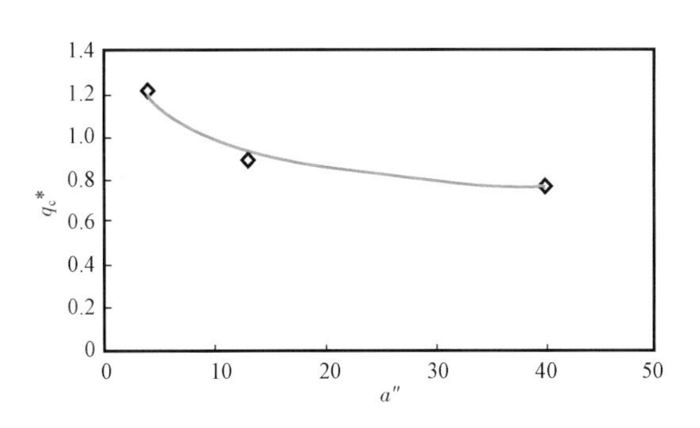

图 5.25 地层非均质性与临界产量的关系图

Chaperon 针对均质各向异性底水驱气藏垂直气井临界产量提出了一个相关计算公式,其数学方程为

$$q_{gc} = \frac{0.8467K_h h^2\Delta\rho_{wg}}{\mu_g B_g}q_c^* \tag{5.79}$$

其中

$$q_c^* = 0.7311 + 1.9434/a \tag{5.80}$$

$$a = \left(\frac{r_e}{h}\right)\left(\frac{K_v}{K_h}\right)^{0.5} \tag{5.81}$$

此外,Chaperon 还针对均质各向异性底水驱气藏(气藏形态为箱式,如图 5.26 所示)的水平井气井临界产量提出了一个计算公式,其表达式为

$$q_{gc} = \frac{0.8467LK_h\Delta\rho_{wg}h^2}{B_g\mu_g y_e}F \tag{5.82}$$

其中

$$F = 3.9624955 + 0.0616438a - 0.00054a^2 \tag{5.83}$$

$$a = \left(\frac{y_e}{h}\right)\left(\frac{K_v}{K_h}\right)^{0.5} \tag{5.84}$$

式中　L——水平井水平段长度，m；

　　y_e——箱体气藏宽度之半，m。

注：式(5.82)中的 h^2 在原著中为 h，作者做此修正。

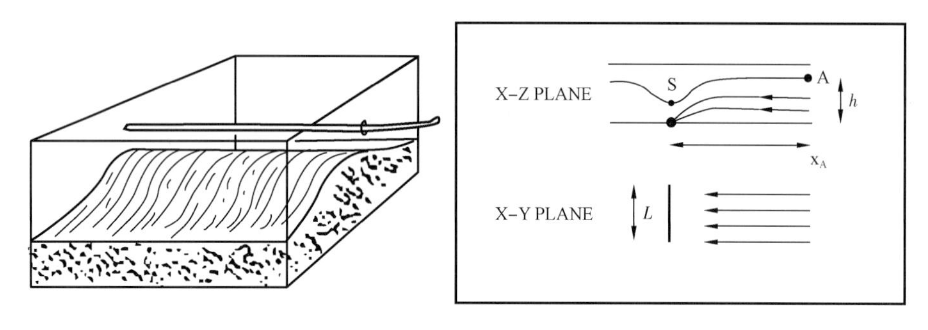

图 5.26　Chaperon 水平井临界产量流动示意图

Chaperon 指出，如果气藏有底水存在，但底水不能补充应有的压力损耗，则在式(5.82)中采用 $y_e/2$ 代替 y_e 值。Giger 和 Karcher[43] 也提出了一个计算底水驱气藏水平井临界产量的公式，但没有考虑垂直渗透率的影响，更为简单：

$$q_{gc} = \frac{0.8467LK_h\Delta\rho_{wg}h^2}{B_g\mu_g(2y_e)}\left[1 - 0.16667\left(\frac{h}{2y_e}\right)^2\right] \tag{5.85}$$

(3) Meyer－Gardner－Pirson 临界产量公式。

Meyer 提出了油水体系、气水体系、油气体系和油气水三相体系下的临界产量的求解，利用 Hubbert 的势函数进行推导[44-45]。

通过边界条件可以得到

$$2\pi\int_0^h v_r(r,z)r\mathrm{d}z = -Q \quad r_2 \leqslant r \leqslant r_1 \tag{5.86}$$

式中　Q——单位时间内体积流量；

　　$v_r(r,z)$——流体在点 (r,z) 处的流速。

达西定律：

$$v_r(r,z) = -\sigma\frac{\partial\varphi}{\partial r} \tag{5.87}$$

即

$$\varphi(r,z) = \frac{1}{\sigma}\int_r^{r_1} v_r(\rho,z)\mathrm{d}\rho + \varphi_1, \quad r_2 \leqslant r \leqslant r_1 \tag{5.88}$$

其中

$$\sigma = \frac{K\rho}{\mu}$$

式中　φ_1——势函数在半径为 r_1 的值；

　　K——储层的渗透率；

　　ρ——流体密度；

μ——流体黏度。

由式(5.86)和式(5.88)可得

$$Q = \frac{2\pi\sigma}{\ln\frac{r}{r_1}}\left\{\int_0^h \varphi(r,z)\,dz - h\varphi_1\right\} \quad r_2 \leqslant r \leqslant r_1 \tag{5.89}$$

在油水两相油藏中生产井发生底水锥进的现象,油水体系临界产量示意图如图5.27所示,计算见水前的临界产量,我们可以将油水的势函数表示为

$$\begin{aligned}\varphi_w(r,z) &= gz + \frac{p-p'}{\rho_w}\\ \varphi_o(r,z) &= gz + \frac{p-p'}{\rho_o}\end{aligned} \tag{5.90}$$

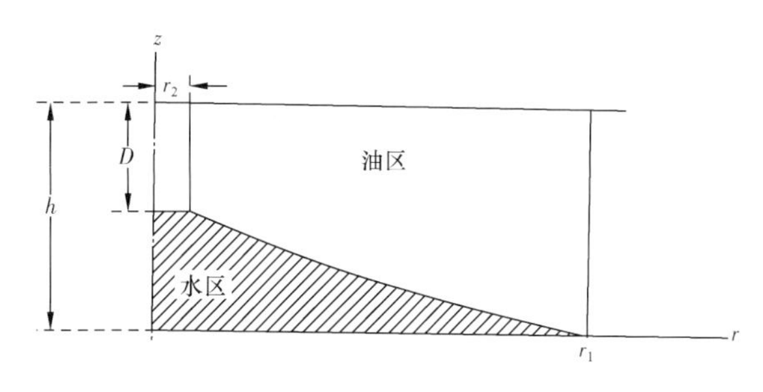

图5.27　油水体系临界产量示意图

式中　ρ_w——水的密度;

ρ_o——油的密度。

由于φ_w是一个定值,所以由式(5.90)可以得到:

$$p_w = \varphi_w\rho_w - gz\rho_w + p' \tag{5.91}$$

在油水界面,存在:

$$\varphi_o = gz + \frac{p_w - p'}{\rho_o} = \varphi_w\frac{\rho_w}{\rho_o} + gz\frac{\rho_o - \rho_w}{\rho_o} \quad 0 \leqslant z \leqslant h - D \tag{5.92}$$

设油水界面和泄流半径的交点为$z=0$:

$$\varphi_1 = \varphi_o(r_1,z) = \varphi_w\frac{\rho_w}{\rho_o} \tag{5.93}$$

$$\begin{aligned}\varphi_o(r_2,z) &= \varphi_w\frac{\rho_w}{\rho_o} - g(h-D)\left[\frac{\rho_w}{\rho_o} - 1\right]\\ &= \varphi_1 - g(h-D)\left[\frac{\rho_w}{\rho_o} - 1\right] \quad h \geqslant z \geqslant h - D\end{aligned} \tag{5.94}$$

式中　D——井的深度;

h——油层厚度。

由式(5.94)可得

$$\begin{aligned}\int_0^h \varphi_o(r_2,z)\,dz &= \int_0^{h-D}\varphi_o(r_2,z)\,dz + \int_{h-D}^h \varphi_o(r_2,z)\,dz\\ &= \varphi_1 h + \frac{\alpha}{2}[h^2 - D^2]\end{aligned} \tag{5.95}$$

令$r=r_2$,可得最大理论临界产量:

$$Q = \frac{\pi\sigma\alpha}{\ln(r_2/r_1)}[h^2 - D^2] = \frac{\pi\, k_o g(\rho_w - \rho_o)[h^2 - D^2]}{\mu_o \ln(r_1/r_2)} \tag{5.96}$$

在气水体系中生产井发生底水锥进的现象，由于气、油的密度比水的小，所以气水体系示意图与油水示意图一样，p 为 $z=0$ 的压力，由质量守恒定律，通过半径为 r 储层的流量 J 与生产井的产量相等，公式（5.86）将修改为

$$2\pi\int_0^h \rho G\, v_r(r,z) r\mathrm{d}z = -J \quad r_2 \leqslant r \leqslant r_1 \tag{5.97}$$

在等温系统中，理想气体定律：

$$\rho G = p \times 常数 = \kappa p \tag{5.98}$$

在水区，满足流体静力学定律：

$$p = p_0 - \rho_w g z \tag{5.99}$$

当气井未见水前，可以得到最大气体流量：

$$J = \frac{\pi\kappa K}{\mu \ln\left(\frac{r_1}{r_2}\right) g} \times \left\{ \begin{array}{c} \dfrac{p_o^2(1 - \mathrm{e}^{-2\kappa g h})}{2\kappa} + \dfrac{[p_0 - \rho_w g(h-D)]^3 - p_o^3}{3\rho_w} \\ - \dfrac{[p_0 - \rho_w g(h-D)]^2(1 - \mathrm{e}^{-2\kappa g D})}{2\kappa} \end{array} \right\} \tag{5.100}$$

在气油体系中，气体锥进问题与上述问题类似，如图 5.28 所示。

P 为油井的生产段高度，当 $r=r_2$，势函数为

$$\varphi_o(r_2,z) = \begin{cases} \varphi_G \dfrac{\rho_G}{\rho_o} + gP\left(1 - \dfrac{\rho_G}{\rho_o}\right) & z \leqslant P \\ \varphi_G \dfrac{\rho_G}{\rho_o} + gz\left(1 - \dfrac{\rho_G}{\rho_o}\right) & P < z < h_1 \end{cases} \tag{5.101}$$

积分得最大流量为

$$Q = \pi \frac{K_o g(\rho_o - \rho_G)[h^2 - P^2]}{\mu_o \ln(r_1/r_2)} \tag{5.102}$$

在没有气体产出的条件下，由油区底部测量的高度 P 开始生产，得到最大流量公式。

考虑油藏中存在着油、气、水三相，当气体和水流入油井最小时，得到最大产油量，如图 5.29 所示。

生产井段为 P，水锥和气锥分别发生在生产井段的底部和顶部，得到气区的势函数：

$$\varphi_o = \varphi_G \frac{\rho_G}{\rho_o} - gz\left(\frac{\rho_G}{\rho_o} - 1\right) \tag{5.103}$$

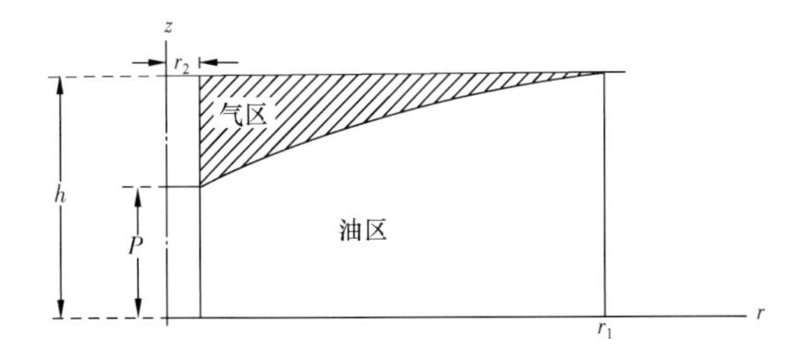

图 5.28　气油体系临界产量示意图

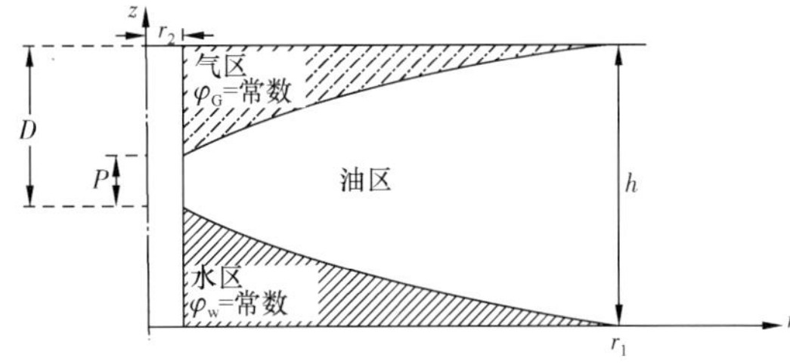

图 5.29　油气水体系临界产量示意图

即：

$$\varphi_o(r_2,z) = \varphi_G \frac{\rho_G}{\rho_o} + g(h-D+P)\left(1-\frac{\rho_G}{\rho_o}\right) \quad h-D \leqslant z \leqslant h-D+P \tag{5.104}$$

在水区的势函数：

$$\varphi_o(r_2,z) = \varphi_w \frac{\rho_w}{\rho_o} - g(h-D)\left(\frac{\rho_w}{\rho_o}-1\right) \quad h-D \leqslant z \leqslant h-D+P \tag{5.105}$$

由式(5.104)和式(5.105)两个式子，可以得到

$$D = h-(h-P)\frac{\rho_o-\rho_G}{\rho_w-\rho_G} \tag{5.106}$$

综上，我们可以得到势函数为

$$\varphi_o(r_2,z) = \begin{cases} \varphi_w \dfrac{\rho_w}{\rho_o} - g(h-z)\left(1-\dfrac{\rho_G}{\rho_o}\right) & h \geqslant z \geqslant h-D+P \\ \varphi_w \dfrac{\rho_w}{\rho_o} - g(h-D)\left(\dfrac{\rho_w}{\rho_o}-1\right) & h-D+P \geqslant z \geqslant h-D \\ \varphi_w \dfrac{\rho_w}{\rho_o} - gz\left(\dfrac{\rho_w}{\rho_o}-1\right) & h-D \geqslant z \geqslant 0 \end{cases} \tag{5.107}$$

将 D 代入，对式(5.89)积分后得到

$$Q = \frac{\pi K_o \rho_o}{\mu_o \ln(r_1/r_2)}\left\{\left(1-\frac{\rho_G}{\rho_o}\right)g\left[(h-P)\left(1-\frac{\rho_o-\rho_G}{\rho_w-\rho_G}\right)\right]^2 + \left(\frac{\rho_w}{\rho_o}-1\right)g\left[(h-P)\left(\frac{\rho_o-\rho_G}{\rho_w-\rho_o}\right)\right]\times\left[P+(h-P)\frac{\rho_o-\rho_G}{\rho_w-\rho_G}\right]\right\} \tag{5.108}$$

当 $P \to 0$：

$$D = h\frac{\rho_w-\rho_o}{\rho_w-\rho_G} \tag{5.109}$$

最大流量：

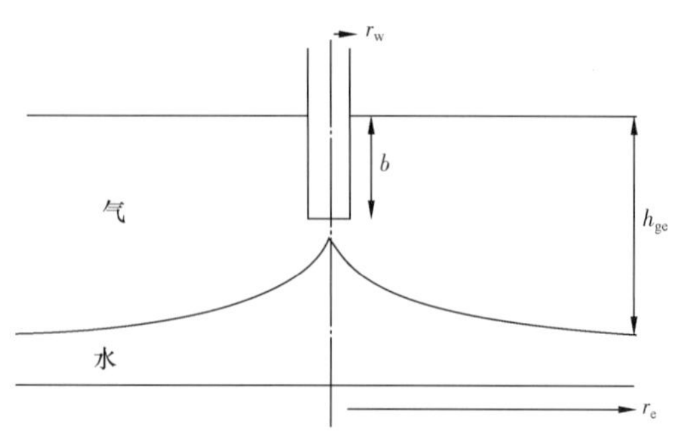

图 5.30　Schols 临界产量示意图

$$Q = g\,h^2 \frac{(\rho_o - \rho_G)(\rho_w - \rho_o)}{(\rho_w - \rho_G)} \frac{\pi K_o}{\mu_o \ln(r_1/r_2)} \tag{5.110}$$

（4）Schols 临界产量公式。

Schols 基于 Hele－Shaw 流动模型的实验室试验，经过完善许多数学模拟而提出了一个临界产量计算公式[46]。Schols 临界变量示意图如图 5.30 所示。

对于均质各向同性的底水驱气藏：

$$q_{gc} = \frac{2.66\Delta\rho_{wg} K K_{rg}}{\mu_g B_g}\left(0.432 + \frac{\pi}{\ln \frac{r_e}{r_w}}\right)(h^2 - b^2)\left(\frac{h}{r_e}\right)^{0.14} \tag{5.111}$$

对于均质各向异性的底水驱气藏：

$$q_{gc} = \frac{2.66\Delta\rho_{wg} K_h K_{rg}}{\mu_g B_g}\left(0.432 + \frac{\pi}{\ln \frac{r_e}{r_w}}\right)(h^2 - b^2)\left(\frac{h}{r_e}\right)^{0.14}\left(\frac{K_h}{K_v}\right)^{0.07} \tag{5.112}$$

式中　K——气层渗透率，D；

K_h——气层水平方向渗率，D；

K_v——气层垂直方向渗率，D；

K_{rg}——在 $S_W = S_{wi}$ 下的气相相对渗透率；

b——从油藏顶部的穿透深度；

h——从油藏顶部到油水界面的深度；

q_{gc}——临界产量；

$\Delta\rho_{wg}$——密度差；

μ_g——气体黏度；

B_g——气体体积系数；

r_e——泄流半径；

r_w——井径。

（5）Hoyland，Papatzacos & Skjaeveland（HPS）临界产量公式。

Muskat 和 Wyckoff 提出了底水锥进的临界产量[47]，在各向同性的油藏中，假设：① 通过拉普拉斯方程求解不可压缩流体，给出了稳态条件下井周围的单相（油）势函数；② 井筒内存在均匀流边界条件，势随深度变化发生改变；③ 油相中的势分布不受底水锥进的影响。Hoyland 等人对 Muskat 和 Wyckoff 理论进行了扩展[48]，提出了在无限大储层中、无限导流井筒中、微可压缩流体单相流的扩散方程的瞬时解。在稳态的条件下，给出了垂直和横向的边界条件，如图 5.31 所示。为了预测临界产量，假设条件与 Muskat 和 Wyckoff 理论的第三个假设条件一样，忽略了底水锥进对势函数的影响。

解析解的结果为

$$q_{cD} = [40667.25\, B_o \mu_o / h_t^{\,2} (\rho_w - \rho_o) K_H]\, q_c \tag{5.113}$$

$$r_D = (r_e / h_t) \sqrt{K_V / K_H} \tag{5.114}$$

式中 K_V——垂直方向上的渗透率；

K_H——水平方向上的渗透率；

q_{cD}——无量纲临界产量；

r_D——无量纲半径；

$\frac{L_p}{h_t}$——部分射孔。

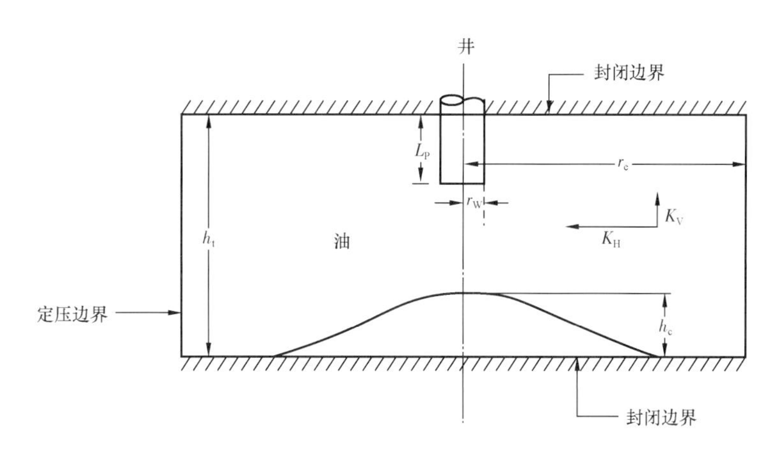

图 5.31 Hoyland 临界产量示意图

对解析解的结果进行数值模拟验证，得出结论：底水锥进的临界产量与水的渗透率、端点的水/油相对渗透率曲线的形状、水黏度和井眼半径无关。临界产量是油的渗透率、油水密度差、油黏度、油 FVF 的线性函数，是井射孔、井径范围、总油厚度和渗透率的非线性函数。

各向同性储层中，临界产量方程由非线性参数：$1-\left(\frac{L_p}{h_t}\right)^2$，$h_t^2$ 和 $\ln(r_e)$ 表示，利用回归分析得到方程(5.115)：

$$q_c = \frac{K_o(\rho_w - \rho_o)}{10822 B_o \mu_0} \times \left[1-\left(\frac{L_p}{h_t}\right)^2\right]^{1.325} \times h_t^{2.238} \times [\ln(r_e)]^{-1.99} \tag{5.115}$$

式中 K_o——油的有效渗透率，D；

ρ_w——水的密度，kg/m^3；

ρ_o——油的密度，kg/m^3；

B_o——体积压缩系数，m^3/m^3；

μ_o——油的黏度，mPa · s；

L_p——射孔间隔长度，ft；

h_t——储层总厚度，ft；

r_e——外边界，ft；

q_c——临界产量，bbl/d。

(6) Chierici 方法。

Chierici 在 Muskat 和 Wyckoff 研究的基础上，对底水锥进公式进行了进一步研究[49-50]。

Chierici 提出的双锥模型中，假设含油地层是均质的，流体是不可压缩的，底水体积有限，不能为储层提供能量，气顶膨胀速率低，可忽略气顶中势梯度的变化。在静态条件下，油水界面和气油界面都是水平的，当油藏开始生产时，每口井下方的界面呈现“锥形”(图 5.32)。这种现象的产生是由于油和水、油与气之间的密度差导致的重力和势梯度的平衡。

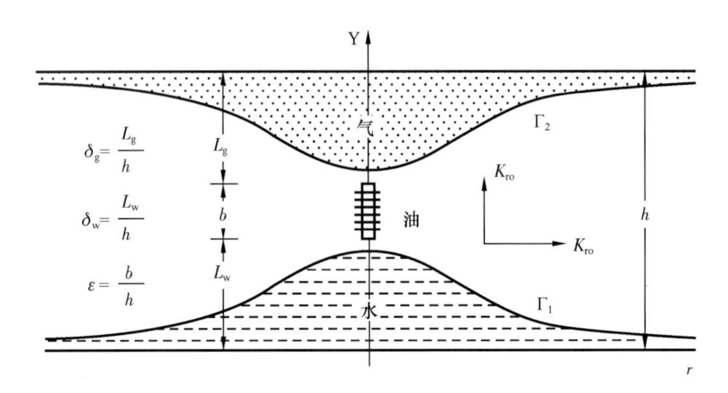

图 5.32 Chierici 临界产量示意图

由于不可压缩流体在多孔介质中的稳态流和电流在导体中流动类似，因此，利用势等效确定方程 φ：

$$q_{ow} = 2\pi g\left[h^2 \frac{\Delta\rho_{ow}}{B_o}\frac{K_{ro}}{\mu_o}\right]\varphi(r_{De},\varepsilon,\delta_w) \tag{5.116}$$

$$q_{og} = 2\pi g\left[h^2 \frac{\Delta\rho_{og}}{B_o}\frac{K_{ro}}{\mu_o}\right]\varphi(r_{De},\varepsilon,\delta_g) \tag{5.117}$$

方程 φ 中的参数范围：

$$5 < r_{De} < 80$$

$$0.1 \leqslant \varepsilon \leqslant 0.75$$

$$0.07 \leqslant \delta \leqslant 0.9$$

其中

$$r_{De} = \frac{r_e}{h_o}\sqrt{\frac{K_v}{K_o}}$$

$$\varepsilon = \frac{h_p}{h_o}$$

$$\delta = \frac{L}{h}$$

当产量大于 q_{ow}、q_{og}，油水界面和油气界面将不再稳定，生产井开始产水、产气，为求得最大产油量，应当满足下式条件：

$$\begin{aligned} q_o &\leqslant q_{ow} \\ q_o &\leqslant q_{og} \end{aligned} \tag{5.118}$$

由式(5.116)、式(5.117)和式(5.118)可以得出临界产量公式：

$$q_{o,crit} = 3.073 \times 10^{-3} h_o^2 (p_o - p_g) \frac{K_o}{B_o \mu_o} \varphi(r_{De}, \varepsilon)$$
$$q_{g,crit} = 3.073 \times 10^{-3} h_g^2 (p_w - p_g) \frac{K_g}{B_g \mu_g} \varphi(r_{De}, \varepsilon) \tag{5.119}$$

其中

$$\varphi(r_{De}, \varepsilon) = A(\varepsilon) \frac{1}{B(\varepsilon) + C(\varepsilon) \ln r_{De}}$$

$$A(\varepsilon) = 0.993 + \frac{0.00119}{0.769 - \varepsilon}$$

$$B(\varepsilon) = \frac{0.001119}{0.302 - 0.053\varepsilon - 0.336\varepsilon^2}$$

$$C(\varepsilon) = 1.459\exp[0.803\varepsilon^2 \ln(5.664\varepsilon^2 + 9)]$$

式中 $q_{o,crit}$——临界产量，bbl/d；

h_o——含油层厚度，ft；

ρ_w，p_o——水的密度，油的密度，g/cm^3；

K_r——径向上的渗透率，mD；

B_{of}——体积系数，bbl/bbl；

μ_o——流体黏度，mPa·s。

存在多层油层时，径向上的渗透率和垂直上的渗透率计算公式为

$$K_r = \frac{\sum_1^n h_i K_{r,i}}{\sum_1^n h_i}$$

$$K_v = \frac{\sum_1^n h_i}{\sum_1^n \frac{h_i}{K_{v,i}}}$$

(7) Pietraru 方法。

Pietraru 提出了一种新的水平井和垂直井水锥和气锥分析方法[51-52]，几何示意图如图 5.33 所示。

假设气油界面和油水界面只受一口井的影响（无干扰），压降控制水锥和气锥的顶部，当气顶和水体的能量很强时，气体和水体中的压降将会被忽略，给出锥顶的高度：

$$h_{cg} = C_1 \Delta p_o / (p_o - p_g)$$
$$h_{cw} = C_1 \Delta p_o / (p_w - p_o) \tag{5.120}$$

式中 Δp——原始地层压力与锥顶压力的差值；

C_1——单位系数。

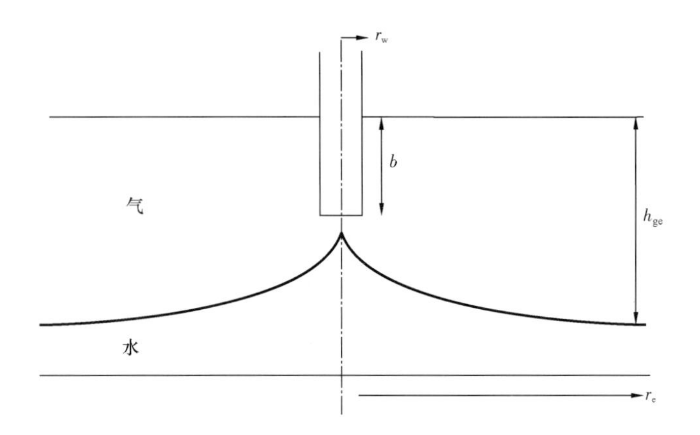

图 5.33 Pietraru 临界产量示意图

Pietraru 还提出了"锥半径"的概念,其表达式为

$$r_c = 0.2h \tag{5.121}$$

无量纲产量:

$$q_D = f(t_D, L_D, R_D) \tag{5.122}$$

其中

$$\text{无量纲时间}: t_D = \frac{C_3 K_v t}{\phi \mu c r_c^2}$$

$$\text{无量纲长度}: L_D = (L/r_c^2)\sqrt{K_x K_y}$$

$$\text{无量纲半径}: R_D = (R_c/r_c^2)\sqrt{K_z/\sqrt{K_x K_y}}$$

产量由三部分组成:

$$Q = 0.5Q_v + qL_r + 0.5Q_v \tag{5.123}$$

求得解析解:

$$q_{Di} = 1/E_{ir}(4t_D) + L_D/(\sqrt{\pi}\sqrt{4t_D}) \tag{5.124}$$

上述方程适用于定产条件下的水平井和垂直井(垂直井$L_D=0$)。

在拟稳态流动下,式(5.124)可近似成:

$$q_{Dc} = R_D^{\ 2}/(4t_D)$$

因此可以得到图 5.34 所示的 Pietraru 典型图版,从图版中查得q_D,再根据以下公式计算得到临界产量:

$$L_D = 0$$

$$R_D = \frac{r_e}{r_c}\sqrt{\frac{K_v}{K_h}}$$

$$q = \frac{H K_h (\Delta p) h_c q_D}{C_2 B\mu}$$

$$H = \frac{h + h_p}{2}$$

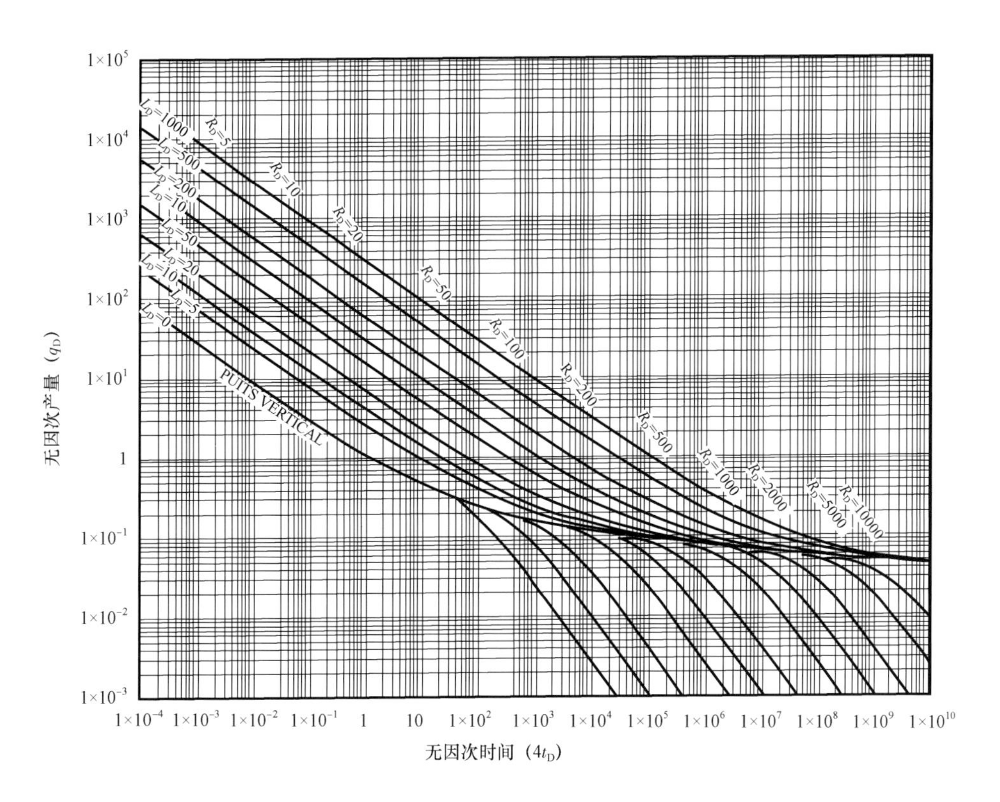

图 5.34　Pietraru 典型图版

(8) Craft－Hawkins 临界产量公式。

Craft 和 Hawkins 针对均质各向同性的底水驱气藏，提出了气井的临界产量计算公式[53]，其表达式为

$$q_{gc} = \frac{542.87 K_g h (p_{av} - p_{wf})}{B_g \mu_g \ln \frac{r_e}{r_w}} \mathrm{PR} \tag{5.125}$$

其中

$$\mathrm{PR} = \frac{b}{h}\left[1 + 7\left(\frac{r_w h}{2b}\right)^{0.5} \cos\left(\frac{90b}{h}\right)\right] \tag{5.126}$$

式中　p_{av}——气层平均压力，MPa；

p_{wf}——气井井底流压，MPa；

q_{sc}——临界产量，m^3/d；

PR——产能比；

b——射孔段厚度，m；

h——含油厚度,m;

μ_o——油的黏度,mD·s;

B_o——油层体积系数,m^3/m^3。

(9)李传亮具有隔板的临界产量公式。

西南石油大学李传亮对底水驱气藏中,气井正下方原始气—水界面之间存在一非渗透水平隔板情况,如图5.35所示,采用上述Dupuit临界产量的Charny建模和推导方法,研究出了均质各向同性、稳定渗流等假设条件下的临界产量公式[54]:

$$q_{gc} = \frac{2.66K\Delta\rho_{wg}(2h\,h_b - h_b^2)}{B_g\,\mu_g \ln \dfrac{r_e}{r_b}} \tag{5.127}$$

式中 h_b——原始气—水界面到隔板的高度,m;

r_b——隔板到气井的径向距离(称为隔板半径),m。

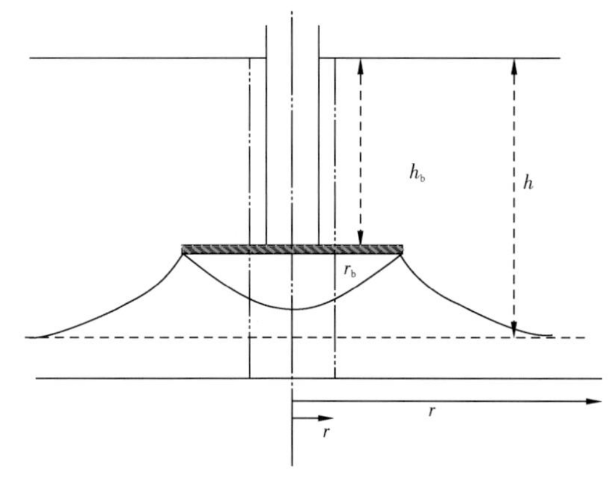

图5.35 存在隔板的水锥形态示意图

通过以上几种方法评价KL203、KL204井的临界产量与累计产气量关系。由于Meyer方法以及Schols方法未考虑各向异性,以KL203井来看,该井实际产量一直高于Meyer方法以及Schols方法计算的临界产量,但是该井实际见水时累计产气量却高于这两种方法见水时的累计产气量,计算结果明显与KL203井实际情况不符,故排除;Hoyland计算的临界产量最高,且以KL204井来看,该井实际产量一直低于Hoyland计算的临界产量,但实际上该井见水时累计产气量却低于Hoyland以临界产量生产时见水时候的累计产气量,故结果与KL204井实际情况不符,也排除。剩下的Chaperon方法考虑各向异性,且计算结果符合KL203井及KL204井实际情况,即KL203井、KL204井一直以高于Chaperon计算的临界产量生产,故实际这两口井见水时累计产气量低于Chaperon按临界产量生产见水时的累计产气量,该方法适用于克拉2气田水锥临界极限产量评价(图5.36、图5.37)。

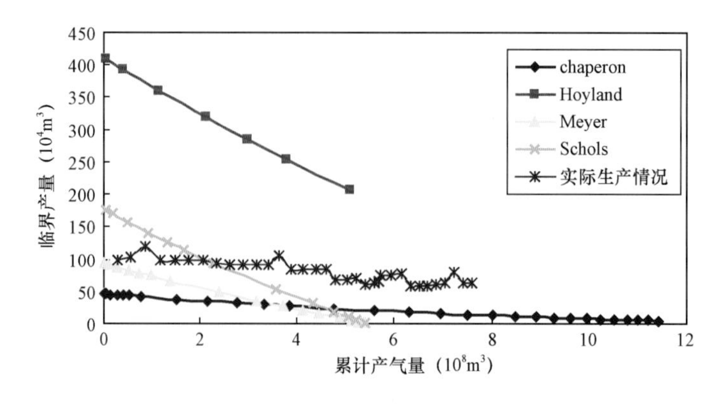

图5.36 KL203井临界产量与累计产气量关系

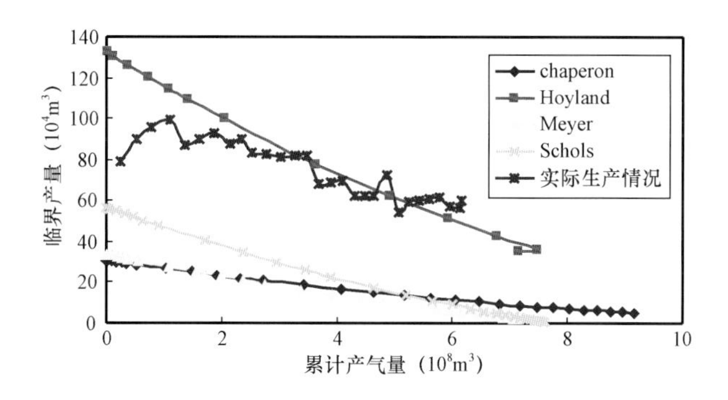

图 5.37　KL204 井临界产量与累计产气量关系

采用 Chaperon 方法计算了各单井的临界产量随开采的变化，图 5.38、图 5.39 分别为 KL2－6 及 KL2－12 井临界产量评价结果。通过水锥极限产量评价，气井共划分为三种类型（表 5.9），为合理单井配产、调产提供依据。

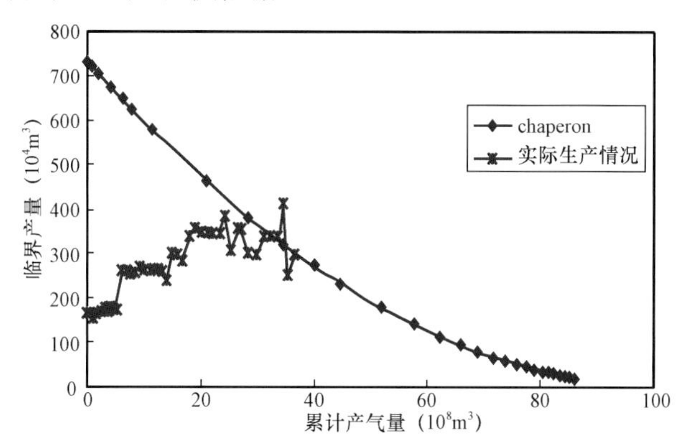

图 5.38　KL2－6 井临界水锥产量变化曲线

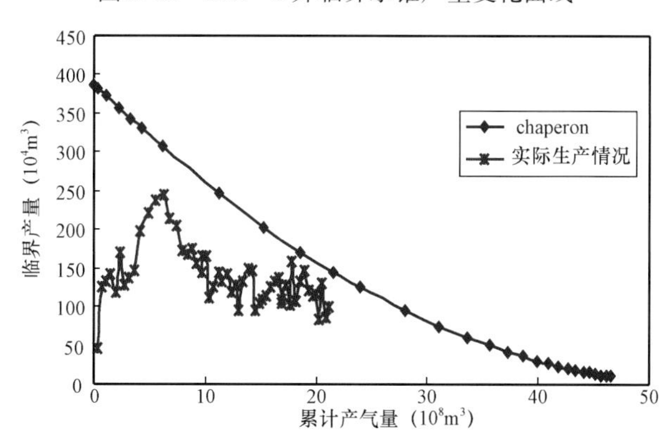

图 5.39　KL2－12 井临界水锥产量变化曲线

表 5.9　克拉 2 气田水锥极限产量评价单井分类

类型	生产井分类
高于临界产量生产	KL2－8、KL2－13、KL203、KL204、KL205
已达临界产量生产	KL2－6、KL2－7、KL2－12
低于临界产量生产	KL2－1、KL2－2、KL2－3、KL2－4、KL2－5、KL2－9、KL2－10、KL2－11、KL2－14

5.4.4 采气指示曲线法

从气井的产能方面考虑,气井的合理产量是指一口气井有较长的稳定生产时间并且能保持相对较高的产量。由气井二项式产能方程可以看出,气体从地层边界流向井底的过程中,消耗的压力由两部分组成:一部分是用来克服气流沿流程的黏滞阻力;另一部分是用来克服气流沿流程的惯性阻力。当气井产量很小时,地层中气流速度较低,主要是克服黏滞阻力,表现为气体在地层中是线性流动的,气井产量与拟压力的差之间呈线性关系;当气井产量逐渐增大,产量和拟压力之差不再遵循线性关系,而是呈抛物线关系表现为气体在地层中的非线性流动(图5.40)。很显然,如果气井配产超过了直线段,气藏就会把一部分能量消耗在气流克服惯性阻力上,即为非线性流动,从而产生了附加压力损失,单位生产压差采气增量越来越小,使得气井地层能量利用不够合理。因此,把直线段上最后一点所对应的产量作为气井的合理产量或线性流的临界产量,同时也将这一点的气体流速称为线性流的临界流速。由此把该临界点产量定为气井合理产量,此即是采气指示曲线法确定气井合理产量的原理。气井产量增加后,生产压差呈抛物线上升趋势,表明高速湍流效应引起了额外的压力损失,合理产量应该保持在直线范围内,如图5.39为KL2-4井采气指示曲线法评价结果。表5.10为采用指示曲线法评价的克拉2气田单井线性流的临界产量结果,合计气田合理产能为$2798.60\times10^4m^3/d$,明显高于临界产量配产结果。

表5.10 单井采气指示曲线法产量计算结果

井号	无阻流量($10^4m^3/d$)	产量上限($10^4m^3/d$)	生产压差(MPa)
气井1	76.68	17.16	4.49
气井2	764.72	174.06	4.49
气井3	3157.78	431.95	3.56
气井4	879.46	170.27	5.61
气井5	1405.05	316.04	4.20
气井6	1043.51	192.81	3.08
气井7	754.26	104.98	2.86
气井8	613.54	131.10	7.05
气井9	1203.53	206.76	2.45
气井10	1692.42	293.86	5.79
气井11	344.13	75.87	2.62
气井12	857.36	160.31	2.07
气井13	1188.53	162.02	2.97
气井14	262.24	52.70	2.70
气井15	276.86	59.90	3.26
气井16	43.97	11.91	6.80
气井17	1022.32	236.48	7.07

5.4.5 生产系统分析法

生产系统分析也称节点分析,于1954年由吉尔伯特(Gilbert)最早提出。气井生产系统由储层、井筒油管、针形阀、地面集气管线、分离器等多个部件串联组成。

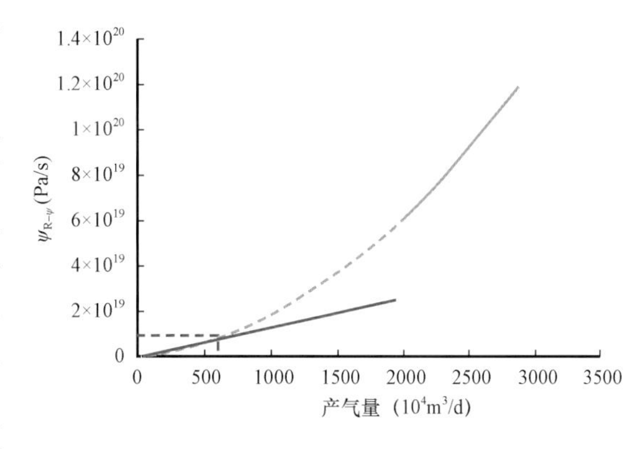

图 5.40 KL2－4 井采气指示曲线

气流从储层流到地面分离器一般要经历多个流动过程。不同的流动过程遵循不同的流动规律,它们相互联系、互为因果地处于同一气动力学系统。气体的流动包括从气藏外边界到钻开的气层表面的多孔介质中的渗流,从射孔完井段到井底并沿着管柱向上到达井口的垂直或倾斜管流,从井口经过集气管线到达分离器的水平或倾斜管流。由于流动规律不同,各个部分的压力损失不一样,而且与内部参数有关,气井生产系统分析方法正是利用这一思想来进行研究的。因此,这种方法属于一种压力分析方法。

(1)气藏中气体向气井的渗流。

气井一旦投入生产,气体将在气藏中通过孔隙或裂缝向井底流动。不同孔隙介质,不同流体介质(单相气流、气水两相流或气油两相流),不同驱动方式和驱动机理,不同开采方式,渗流阻力不一样,压力损失也就不同。影响这一阻力的因素相当多,同时还要考虑气体的非达西渗流,因此描述这一渗流过程相当复杂。

这一渗流过程的特性称为气井流入动态,它描述了气层产量与井底流压的基本关系,反映了气层向井供气的能力,对气井生产系统分析至关重要。这个基本问题搞不清楚,就不能对井筒和地面系统进行设计分析,很难对开采工艺措施做出选择,更不可能使系统达到最优化。

① 单相气体渗流。

长期以来,主要采用产能试井(例如系统试井、等时试井、修正等时试井),确定出指数式和二项式产能公式,获得气井流入动态。如果没有产能试井资料,可以选择单点法和琼斯(Jones)理论公式确定气井流入动态。它们对于均质气藏单相气体渗流是有效的。

对多层气藏和裂缝性等复杂类型气藏,气体在不同内外边界情况下的气井流入动态,可以采用两种方法来确定:一是不同气藏类型的现代试井理论模型,二是气井数值模拟。例如,对于低渗透气藏压裂气井,应考虑采用压裂井模型。

② 产水气井。

对于水驱气藏,气藏中的渗流属于两相流。对于两相流,气井一般采用 Vogel 方程确定两相流入动态。对于不同的边底水气藏和气水同层的气藏,气水在不同内外边界情况下的气井流入动态,可以采用气井单井数值模拟来确定。

(2)气体通过射孔井段的流动。

气井的完井方式一般有裸眼完井、射孔完井和砾石充填射孔完井三种类型。完井段的流动阻力损失与完井方式密切相关。通过分析各种完井方式下的总表皮系数,可以确定流体通过完井段的阻力损失。

射孔完井是目前应用最普遍的完井方法。影响射孔完井流入特性的主要参数有射孔密度、孔径、孔深、孔眼分布及压实损害的程度。

(3)气体沿垂直或倾斜油管的流动。

流体在油管中向上流动过程中流动状态是相当复杂的。人们研究了许多数学相关式来描述这一特性，但到目前为止，没有一种相关式适合所有类型气井。因此，必须十分慎重地使用它们。油管的压力损失是整个生产系统总压降的主要部分，主要包括举升压力损失和摩阻压力损失两项。对高产气井必须包括动能损失。为了正确地进行生产系统分析，预测不同开发模式的气井动态，必须弄清气体沿油管的压降损失。

对于单相气体，可采用库伦特—史密斯（Cullender & Smith）法和平均温度和偏差系数法等确定其压降损失。

对于气水两相流，目前广泛应用的模型有 Hagedorn - Brown、Duns - Ros、Orkiszewski、Beggs - Brill、Mukherjee - Brill、Aziz 等。另一种模型是机理模型，如 PEPITE、WELLSIM、TUFFP、OLGA、TACITE 等，可以较为正确地预测任何情况下管路及井的流态、持液率和压力损失。

(4)气体通过井口节流装置的流动。

气体通过井口针形阀或气嘴的流动属于节流过程。

(5)气体在地面水平管中的流动。

气体通过针形阀节流后，由地面水平集气管线流向集气站，压力损失主要是管内流动摩阻，这部分损失一般不大。

由此可见，气井的开采是一个连续的流动过程，是一个统一的整体，对于这样一个系统进行分析，是气井生产节点分析的任务。对实际的气井生产系统进行分析时，需要将实际系统加以抽象，以便能进行数学表述，这时的气井生产系统称为生产井模型。

气井生产系统分析是把气体从地层到地面的流动作为一个研究对象，对全系统的压力损耗进行综合分析。这一方法的基本思想是在系统中某部位（如井底）设置节点，将系统各部分的压力损失相互关联起来，对每一部分的压力损失进行定量评估，对影响流入和流出节点能量的各种因素进行逐一评价和优选，从而实现全系统的优化生产，发挥井的最大潜能。

系统分析的基本出发点可以概括为：一是系统中任何一点的压力是唯一的；二是在稳定的生产条件下，整个生产系统各个环节流入和流出流体的质量守恒。

气井节点系统分析就是将流入和流出动态特性综合在一起进行系统分析的一种方法。由于系统内每个参数的变化都会引起节点压力和流量的变化，因此，在进行气井节点分析时，通常将节点压力和流量绘成图，观察节点压力随流量和系统参数的变化，分析压力损失的大小。

在进行系统分析时，若所有的计算结果正确的话，则节点处的压力与产量的关系必须同时满足流入和流出两条动态曲线关系。如前所述，节点处的压力和产量都是唯一的，故只有两条曲线的交点才能满足上述条件。因此，我们把该交点称为协调点。协调点只反映气井在某一条件下的生产状态，并不是气井的最佳生产状态。气井节点分析过程就是协调流入曲线与流出动态曲线的流动状态，使之达到最佳协调点的过程。

具体计算方法及步骤如下：

① 给定地层压力，利用产能方程计算不同产量下的井底流压，即流入动态曲线（IPR 曲线）；

② 在给定油管尺寸和井口压力条件下，利用垂直管流方法计算不同产量下的井底流压，

即流出动态曲线(TPR 曲线);

③ 根据流入动态曲线和流出动态曲线的交点确定协调点产量及压力。

根据上述方法和步骤,计算了克拉 2 气田不同井口压力下的 IPR 曲线和三种油管尺寸(177.8mm,114.3mm,88.9mm)对应的 TPR 曲线,如图 5.41 至图 5.43 所示。根据 IPR 曲线和 TPR 曲线确定的最佳协调产量见表 5.11。

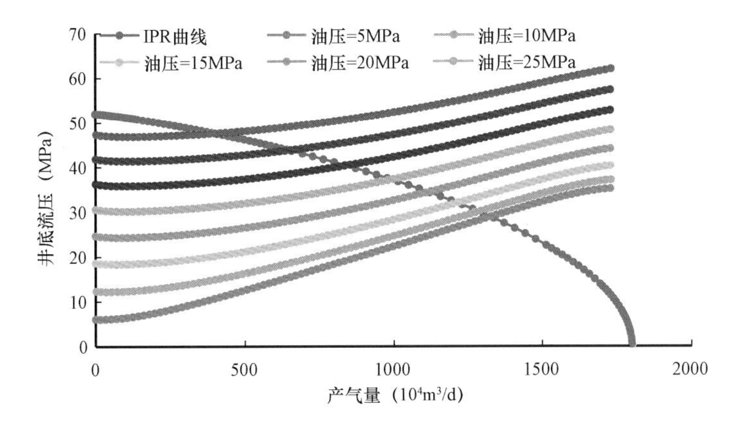

图 5.41　177.8mm 油管流入流出动态曲线

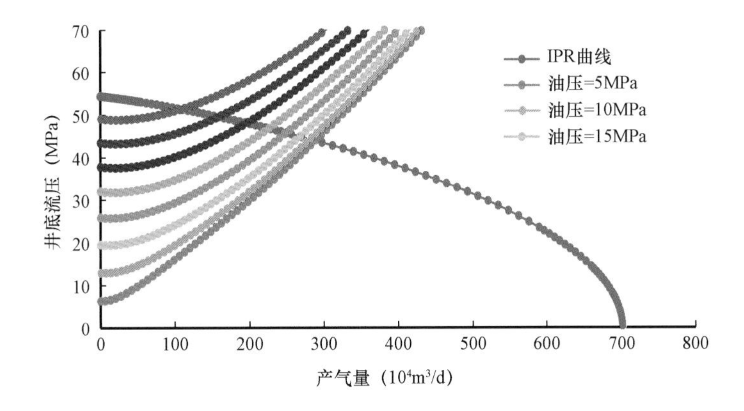

图 5.42　114.3mm 油管流入流出动态曲线

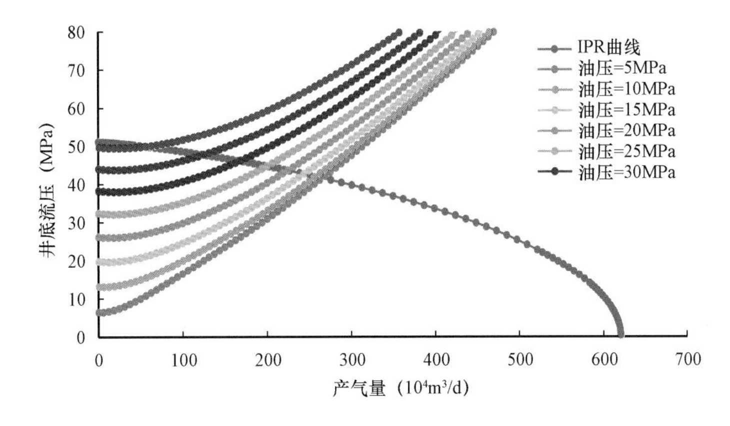

图 5.43　88.9mm 油管流入流出动态曲线

表 5.11　克拉 2 气田不同油管压力单井最大极限产量表

井号	油压 = 20MPa		油压 = 25MPa		油压 = 30MPa		油压 = 35MPa		油压 = 40MPa	
	产气量 ($10^4 m^3/d$)	井底流压 (MPa)	产气量 ($10^4 m^3/d$)	井底流压 (MPa)	产气量 ($10^4 m^3/d$)	井底流压 (MPa)	产气量 ($10^4 m^3/d$)	井底流压 (MPa)	产气量 ($10^4 m^3/d$)	井底流压 (MPa)
气井 1	1117.41	34.49	993.95	37.30	840.86	40.42	649.88	43.84	401.63	47.64
气井 2	600.76	29.22	509.61	33.66	399.69	38.35	268.92	43.27	112.33	48.51
气井 3	270.41	48.75	244.41	49.18	211.31	49.71	168.11	50.36	105.19	51.23
气井 4	941.98	34.26	846.39	37.66	726.23	41.30	573.02	45.14	363.30	49.18
气井 5	578.02	29.06	507.62	33.75	420.09	38.59	310.83	43.54	167.21	48.65
气井 6	427.07	27.44	360.33	32.56	280.53	37.78	186.89	43.11	77.00	48.62
气井 7	853.41	32.85	752.13	36.42	625.77	40.27	466.37	44.36	251.37	48.77
气井 8	714.58	30.76	622.43	34.85	509.10	39.20	369.97	43.77	192.97	48.63
气井 9	257.32	32.76	230.50	36.65	196.76	40.76	153.66	45.03	94.32	49.50
气井 10	264.18	48.07	238.92	48.67	206.86	49.38	165.05	50.22	104.09	51.27
气井 11	259.31	47.33	233.40	47.92	200.51	48.66	157.74	49.58	95.95	50.84
气井 12	201.04	40.07	177.58	41.88	148.15	44.02	110.57	46.54	58.47	49.69
气井 13	175.22	37.23	155.25	39.85	130.20	42.78	98.22	46.03	53.47	49.73
气井 14	38.61	26.39	32.96	32.19	26.29	37.90	18.55	43.57	9.72	49.20
气井 15	250.07	45.86	226.44	46.90	196.89	48.14	159.49	49.62	109.30	51.43
气井 16	68.16	26.31	59.59	32.14	49.04	37.86	36.05	43.55	19.45	49.20
气井 17	225.44	43.72	200.34	44.85	168.21	46.20	125.67	47.81	58.74	49.94

5.4.6　数值模拟法

考虑单井稳产期一致，控制生产压差保证底水及边水平稳推进，采用数值模拟法确定了单井合理配产，整个气田合理产能为 $2035 \times 10^4 m^3/d$，与水锥临界产量评价结果较一致，见表 5.12。

表 5.12　克拉 2 气田数值模拟法单井合理配产计算结果(部分井)

序号	井名	地层压力(MPa)	合理配产($10^4 m^3/d$)	合理压差(MPa)
1	气井 5	54.62	110	1.20
2	气井 6	55.13	210	0.80
3	气井 9	54.48	45	1.20
4	气井 10	55.73	90	0.88
5	气井 11	55.59	110	0.90
6	气井 12	55.53	100	1.62
7	气井 13	55.13	20	0.68
8	气井 14	55.47	30	3.00
9	气井 15	55.73	50	0.60

5.4.7 单井合理产能评价结果

综合以上论证结果,结合克拉2气田单井裂缝、断层、高渗透条带等地质因素及水侵机理分析结果,考虑气田均衡开采,延长单井无水采气期,主要考虑数值模拟法及水锥极限产量法结果进行了单井合理配产,确定了单井合理产能。考虑气藏均衡开采,单井应具备10年以上的稳产期,详细配产结果见表5.13。

表5.13 克拉2气田综合多种方法单井合理配产表($10^4m^3/d$)

序号	井号	无阻流量	1/6无阻流量	最小携液法	采气指示曲线法	节点分析法	合理生产压差
1	气井1	76.68	12.78	9.55	19.05	19.45	4.0
2	气井2	764.72	127.45	15.78	142.2	58.74	1.9
3	气井3	3157.78	526.30	38.18	243.77	401.63	2.5
4	气井4	879.46	146.58	38.18	180.35	112.33	5.2
5	气井5	1405.05	234.18	15.78	327.16	105.19	2.4
6	气井6	1043.51	173.92	38.18	199.46	363.3	4.2
7	气井7	754.26	125.71	38.18	107.19	167.21	2.6
8	气井8	613.54	102.26	38.18	142.05	77.00	6.5
9	气井9	1203.53	200.59	38.18	219.06	251.37	2.6
10	气井10	1692.42	282.07	38.18	181.08	192.97	3.7
11	气井11	344.13	57.36	9.55	79.66	94.32	2.1
12	气井12	857.36	142.89	15.78	183.75	104.09	1.5
13	气井13	1188.53	198.09	15.78	165.02	95.95	2.8
14	气井14	262.24	43.71	15.78	89.28	58.47	3.8
15	气井15	43.97	7.33	15.78	13.38	9.72	4.0
16	气井16	1022.32	170.39	9.55	165.31	109.30	2.9

参考文献

[1] 李明军,马勇新,李红东,等. 海上异常高压低渗透气藏应力敏感实验研究[J]. 钻采工艺,2014,37(1):88-90,16.

[2] 潘伟义,伦增珉,王卫红,等. 异常高压气藏应力敏感性实验研究[J]. 石油实验地质,2011,33(2):212-214.

[3] 董平川,江同文,唐明龙. 异常高压气藏应力敏感性研究[J]. 岩石力学与工程学报,2008,27(10):2087-2093.

[4] 杨胜来,肖香娇,王小强,等. 异常高压气藏岩石应力敏感性及其对产能的影响[J]. 天然气工业,2005(5):94-95,13.

[5] 杨胜来,王小强,汪德刚,等. 异常高压气藏岩石应力敏感性实验与模型研究[J]. 天然气工业,2005,25(2):107-109,213.

[6] 马时刚,苏彦春,王世民,等. 拟压力不同简化形式对气井产能计算的影响[J]. 天然气勘探与开发,2010,33(3):30-32,81-82.

[7] 胡建国,郭分乔,许进进. 计算天然气偏差因子的DAK方法的修正[J]. 石油与天然气地质,2013,34

(1):120 - 123.
[8] 胡建国. 计算天然气偏差因子的新方法[J]. 石油学报,2011,32(5):862 - 865.
[9] 冀光,夏静,罗凯,等. 超高压气藏气体偏差因子的求取方法[J]. 石油学报,2008,29(5):734 - 737,741.
[10] 许进进,李治平. 一种预测气体偏差因子的新方法[J]. 新疆石油地质,2008,29(4):500 - 501.
[11] 伍勇,杜志敏,郭肖,等. 异常高压气藏偏差因子计算方法[J]. 天然气工业,2008(6):105 - 107,155.
[12] 阳建平,肖香姣,张峰,等. 几种天然气偏差因子计算方法的适用性评价[J]. 天然气地球科学,2007,18(1):154 - 157.
[13] 张明禄,胡建国,屈雪峰. 应用状态方程计算天然气偏差因子的方法评价[J]. 天然气工业,2003,23(2):69 - 71,6 - 5.
[14] 张地洪,鄢友军,向新华,等. 天然气偏差因子的实验研究[J]. 天然气工业,2002(增刊1):107 - 109,3 - 2.
[15] 魏凯丰,宋少英,张作群. 天然气混合气体黏度和雷诺数计算研究[J]. 计量学报,2008(3):248 - 250.
[16] 魏凯丰,姚传荣,吕克桥. 天然气气体黏度和雷诺数计算[J]. 哈尔滨理工大学学报,2006(3):65 - 67.
[17] 朱刚,顾安忠,王向阳. 统一黏度模型预测天然气黏度[J]. 石油与天然气化工,2000(3):107 - 109.
[18] 罗光熹,刘学龙. 高压天然气黏度的计算[J]. 天然气工业,1989(4):58 - 62,9.
[19] 李勇,胡永乐,李保柱,等. 毛细管数效应对碳酸盐岩凝析气井产能的影响[J]. 西南石油大学学报(自然科学版),2009,31(5):97 - 100,201 - 202.
[20] 毕晓明,邵锐,高涛,等. 徐深气田火山岩气藏气井产能的影响因素[J]. 天然气工业,2009,29(8):75 - 78,141.
[21] 李汝勇,李中锋,何顺利,等. 气井产能的影响参数敏感性分析[J]. 大庆石油地质与开发,2006(2):34 - 36,105.
[22] 唐洪俊,钟水清,熊继有,等. 高压低渗气井产能预测方法研究与应用[J]. 天然气地球科学,2005(4):540 - 543.
[23] 黄全华,曹文江,杨凯雷,等. 气井产能确定新方法[J]. 天然气工业,2000,20(4):58 - 60,4.
[24] 赵庆波,单高军. 徐深气田气井多因素动态配产方法研究[J]. 西南石油大学学报(自然科学版),2013,35(3):111 - 116.
[25] 赵阳,赵冠军,石志良. 气井配产理论研究进展与展望[J]. 天然气勘探与开发,2013,36(2):44 - 47,86 - 87.
[26] 杨知盛,王小祥,张军,等. 徐深气田气井合理产量模式建立[J]. 大庆石油地质与开发,2008(2):84 - 87.
[27] 狄敏燕,顾春元,段志刚. 一种确定气井合理产量的新方法[J]. 石油钻探技术,2007(5):108 - 110.
[28] 姜必武,丘陵. 含水气藏合理产能新方法研究[J]. 天然气工业,2005(12):80 - 82,8.
[29] 孙龙德,宋文杰,江同文. 克拉2气田储层应力敏感性及对产能影响的实验研究[J]. 中国科学:D辑地球科学,2004(增刊1):134 - 142.
[30] API RP 14E,recommended practice for design and installation of offshore production platform piping systems,American Petroleum Institute,5th ed. ,1991
[31] 刘刚. 气井携液临界流量计算新方法[J]. 断块油气田,2014,21(3):339 - 340,343.
[32] 李元生,李相方,藤赛男,等. 气井携液临界流量计算方法研究[J]. 工程热物理学报,2014,35(2):291 - 294.
[33] 杨树人,花明星,崔哲. 气井携液临界流速公式的推导及影响因素分析[J]. 油气田地面工程,2011,30(10):20 - 21.
[34] 雷登生,杜志敏,单高军,等. 气藏水平井携液临界流量计算[J]. 石油学报,2010,31(4):637 - 639.
[35] 彭朝阳. 气井携液临界流量研究[J]. 新疆石油地质,2010,31(1):72 - 74.
[36] 王毅忠,刘庆文. 计算气井最小携液临界流量的新方法[J]. 大庆石油地质与开发,2007,26(6):82 - 85.

[37] Turner RG, Hubbard MG, Dukler AE. Analysis and prediction of minimum flow rate for the continuous removal of liquids from gas wells[J]. JPT, 1969, 21(11): 75 – 82.

[38] 李闽,郭平,谭光天. 气井携液新观点[J]. 石油勘探与开发,2001(5):105 – 106.

[39] 韩国锋,陈方方,刘曰武,等. 临界产量 Dupuit 公式的讨论及一种新的方法[J]. 力学学报,2015,47(5): 863 – 867.

[40] 易俊. 推导 Dupuit 临界产量的新方法[J]. 科技学院学报(自然科学版),1998(1):18 – 20.

[41] 李传亮. 修正 DUPUIT 临界产量公式[J]. 石油勘探与开发,1993(4):91 – 95.

[42] Chaperon I. Theoretical study of coning – toward horizontal and vertical wells in anisotropic formations: subcritical and critical rates, paper SPE 15377, presented at the SPE Annual Technical Conference and Exhibition, New Orleans, Louisiana, October 5 – 8, 1986.

[43] Karcher B J, Giger F M, Combe J. Some practical formulas to predict horizontal well behavior, paper SPE 15430, presented at the SPE 61st Annual Technical Conference and Exhibition, New Orleans, Louisiana, Oct. 5 – 8, 1986.

[44] Meyer H I, Garder A O. Mechanics of Two – Immiscble Fluid in Porous Media[J]. Journal of Applied Physics, 1954, 25(11): 1400 – 1406.

[45] Pirson S J. Oil reservoir engineering, Robert E. Krieger Publishing Company, Huntington, New York, 1977.

[46] Schols R S. Water Coning – An Empirical Formula for the Critical Oil – Production Rate[J]. Erdoel – Erdgas Zeitschrift, 1972, 88(1): 6 – 11.

[47] Muskat M, Wyckoff R D. An approximate theory of water coning in oil production[J]. Petroleum Development and Technology in Transactions of American Institute of Mining and Metallurgical Engineers, 1935, 114: 144 – 163.

[48] Hoyland L A, Papatzacos P, Skjaeveland S M. Critical rate for water coning: correlation and analytical solution [J]. SPE Reservoir Engineering, 1989: 495 – 502.

[49] Chierici G L, Ciucci G M, Pizzi, G. A systematic study of gas and water coning by potentiometric models[J]. JPT, 1964, 16(18): 923 – 929.

[50] Chierici G L. Principles of Petroleum Reservoir Engineering, Volume 2, Springer – Verlag, Berlin, 1995, p. 77 – 82.

[51] Pietraru V. Generalized analytical method for coning calculation. new solution to calculation both the gas coning, water coning and dual coning for vertical and horizontal wells[J], Oil & Gas Science and Technology – Rev. IFP, 1996, 51(4): 527 – 558.

[52] Pietraru V, Le Bares P. About kinds of breakthrough and maximum recovery factor in dual coning, SPE 37049, presented at the International Conference on Horizontal Well Technology, Calgary, Alberta, Canada, November, 1996: 18 – 20.

[53] Craft B C, Hawkins M F. Applied Petroleum Reservoir Engineering, Prentice – Hall, Englewood Cliffs, New Jersey, 1959.

[54] 李传亮,宋洪才,秦宏伟. 带隔板底水油藏油井临界产量计算公式[J]. 大庆石油地质与开发,1993(4): 43 – 46,7.

第6章　气井水侵模式及防治

气藏水侵是困扰气藏开发的主要难题之一，气藏水侵不仅会降低气井产能，缩短气井寿命，还会降低气藏开采程度和最终采收率。通过统计发现，国内外异常高压有水气藏占异常高压气藏总量的65%，因此，水侵现象是异常高压气藏生产过程中不可忽视的一个问题[1]。根据前文对国内外异常高压气藏的地质特点的讨论可知，该类气藏大多发育有裂缝，当储层发生水侵后，地层水首先占据大裂缝渗流通道，其次是中小裂缝，最后是微隙裂缝和孔隙[2]。对于有裂缝发育的气藏，水侵可分为两种形式：一是边、底水大面积侵入含气区，主要表现出"水侵"特征；二是生产压差使边、底水沿高渗透裂缝迅速窜至局部气井，表现出"水窜"特征。水窜会使气井短期内产出大量地层水，甚至发生水淹，导致气井报废。

6.1　异常高压气藏水侵模式

6.1.1　一般水侵模式

地下储层实际情况复杂，不同气藏地质特征差异较大，所以理论研究气藏水侵现象较为困难。前人将水侵模式进行了简化，以气井周围储层的地质特征为依据，归纳出以下几种水侵模式[3]。

(1)水锥型。

水锥型气井附近发育大量呈网状分布的微细裂缝，试井解释储层呈双重介质特征，微观上底水沿裂缝上窜，宏观上呈水锥推进。水锥型气井产水量小且上升缓慢，大都分布在气藏边部、翼部低渗透地区，但也有少数井分布在顶部高渗透地区。

(2)纵窜型。

纵窜型气井多位于高角度大缝区，大缝与井筒直接相连，底水沿大裂缝直接窜流进入井筒，十分活跃，甚至在井筒内表现出管流特征，产水迅猛且量大，对气井生产影响很大，短期内可使气井水淹。对于纵窜型气井，地层水的危害性很大，不仅危及本井，还可能会扩大到整片区域，转化为纵窜横侵型。

(3)横侵型。

横侵型气井附近低角度裂缝发育，且与有高角度裂缝的井相连，地层水由横向侵入，纵向上出现水层下又有气层交互分布的现象。横侵型气井底水大多不活跃，只有少量井较为活跃，主要分布在构造高点附近的中高渗透地带。

(4)复合型。

实际的裂缝型有水气藏极少存在单一的水侵模式，而是"横侵纵窜"复合型模式：一种是沿构造发育带或高渗透带选择性水侵；一种是沿断层裂缝带平行断层走向水窜，而断层裂缝不发育的翼部的水体在开发过程中基本不动。若出水井附近存在高渗透孔洞层，并与高角度大缝相连，则地层水会沿大缝上窜，再通过高渗透孔洞横向侵入气井，形成复合型的水侵模式。

通过上述几种水侵模式的描述可以看出，纵向和横向裂缝的相对发育程度决定了水侵活动的主要方向。

6.1.2 边底水气藏水侵模式

(1)底水气藏水侵模式。

底水气藏水侵模式[4]是非连续面的纵窜横侵复合式,基本不存在气水界面纵横向的整体推进,如图 6.1 所示。

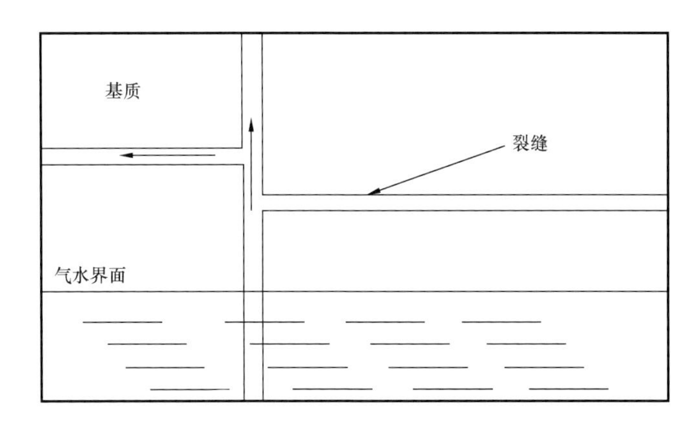

图 6.1 非连续面的纵窜横侵复合式

(2)边水气藏水侵模式。

非均质边水气藏水侵模式是非连续面河道状的纵窜横侵复合式[5],如图 6.2 所示。

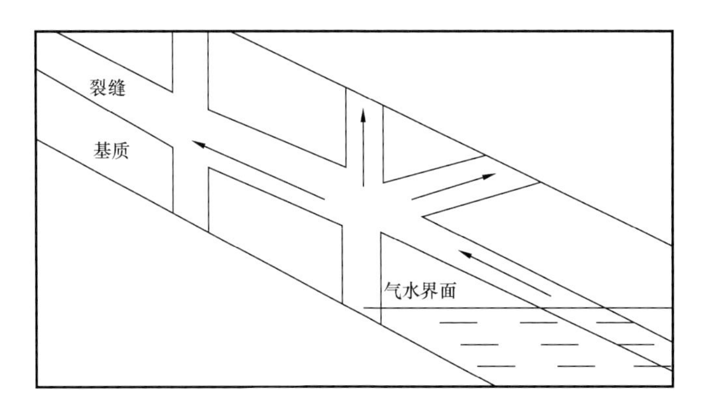

图 6.2 非连续面河道状的纵窜横侵复合式

可以看出,气藏水侵有一个明显的特征,即在气藏开发中边、底水首先沿高渗透的大裂缝或断裂发育部位及层段侵入,压降越大,水侵强度越高。

6.1.3 水侵影响因素

有水气藏在开发过程中水侵特征主要受两方面的影响:一是地质因素,即气藏储层的基质渗透率、裂缝大小和分布、水驱能量等;二是开发因素,包括采气速度、井网部署、气井单井配产等[6]。前人利用异常高压有水气藏水侵机理数值模拟模型,研究分析了影响水侵的五个方面的因素:

(1)储层基质渗透率越低,气井见水时间越早,采收率越低。

(2)裂缝性气藏,构造越平缓,气井见水时间越早,水淹情况越严重。

(3)裂缝是气藏水侵的主要决定因素,裂缝与基质渗透率比值越高或者裂缝长度越长,均会导致气井见水越快,无水采收期越短,水气比上升越快,气藏采收率越低。

(4)水体能量决定了水侵活跃程度,水体储量越大,气井见水时间越快,无水采气期越短,水气比上升越快,气藏采收率越低。

(5)采气速度是控制水侵的主要手段[7]。在气藏开发过程中,合理的采气速度可以较好地控制边水向气藏内部的侵入速度,延长气藏的无水采气期,改善气藏的开发效果。采气速度过大,气藏在开采过程中会形成较大的压降漏斗,会导致气井过早水淹,不利于气藏的有效开发。采气速度越低,见水时间越晚,但会影响气藏的采出程度。

6.2 水侵模式及不同模式的开发特征

根据克拉2气田见水井的地质特征、生产动态及测试资料,深入剖析见水井产水原因及水侵机理,分析存在三种水侵模式:

(1)井穿越与底水相连的断层导致底水直接上窜;

(2)井周围裂缝带与附近断层沟通形成快速水侵通道;

(3)沿相对高渗透条带窜进。

6.2.1 断层沟通边底水

KL204井周围发育正断层(图6.3、图6.4和图6.5),切穿气水界面,沟通边底水,距离边水仅有500m,避水高度低(51m),高渗透带($K>100$mD)处于气水界面附近,水体能量充足。该井射孔段与巴什基奇克组水层之间固井质量好,管外窜可能性不大。该井构造位置较低,隔层在气水界面以下,不具遮挡作用,推断水侵是以底水沿断层上窜为主,并造成水淹,属边底水综合作用[8-9]。

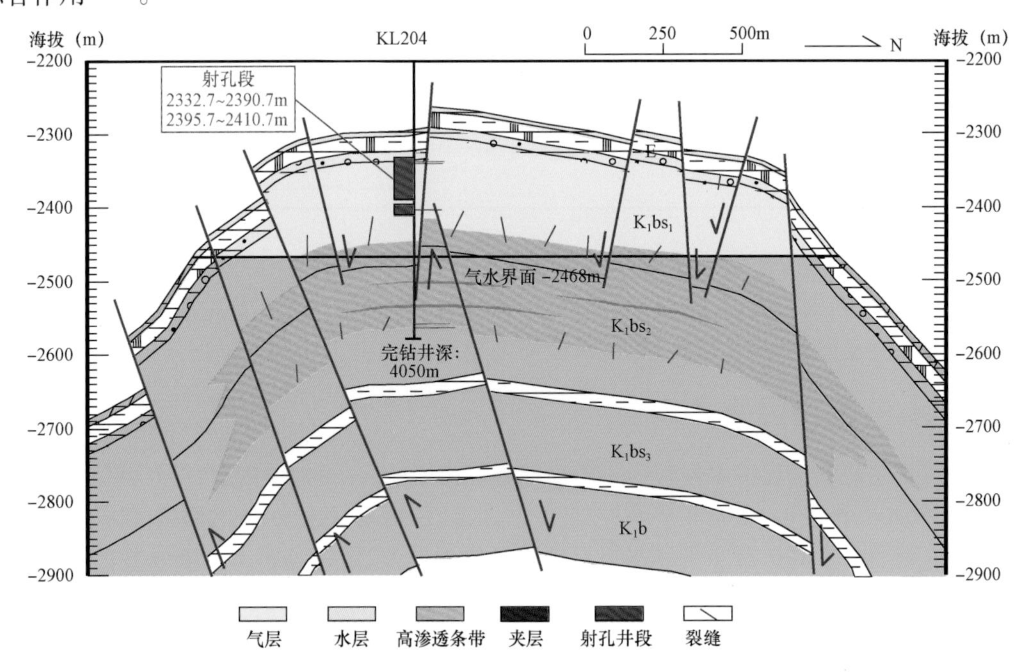

图6.3 过KL204井南北剖面

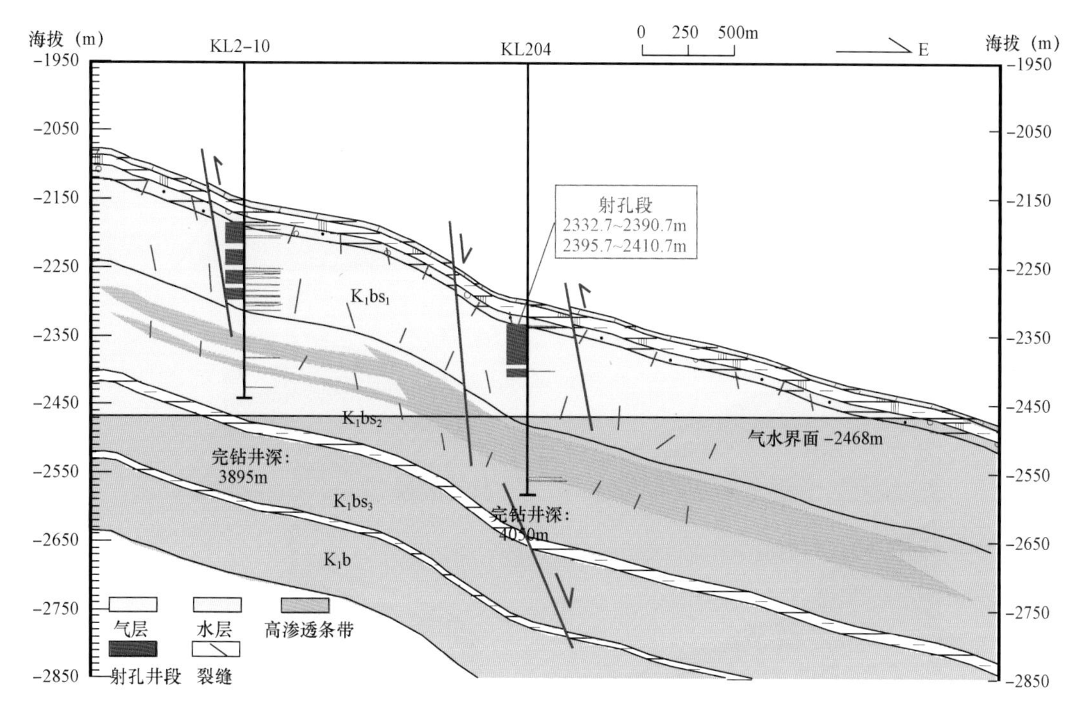

图 6.4　过 KL204 井东西剖面

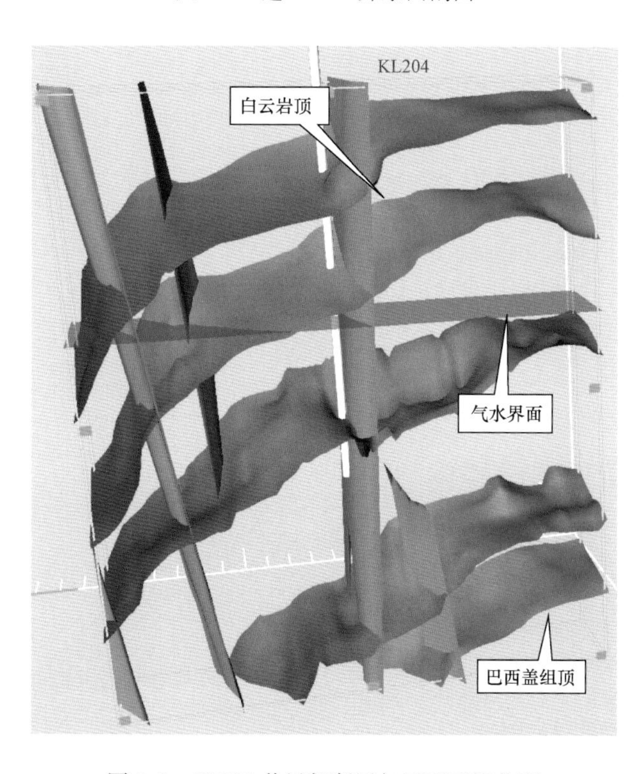

图 6.5　KL204 井局部断层与层面可视化图

图 6.6 为 KL204 井水侵动态变化过程，数值模拟结果表明，2010 年 KL204 井附近油水界面抬升了 132m 左右，射孔层位水淹，边、底水均到达生产层段，南北方向边水推进比东西快，东西方向底水锥进比边水推进快，属边底水沿断层综合推进。

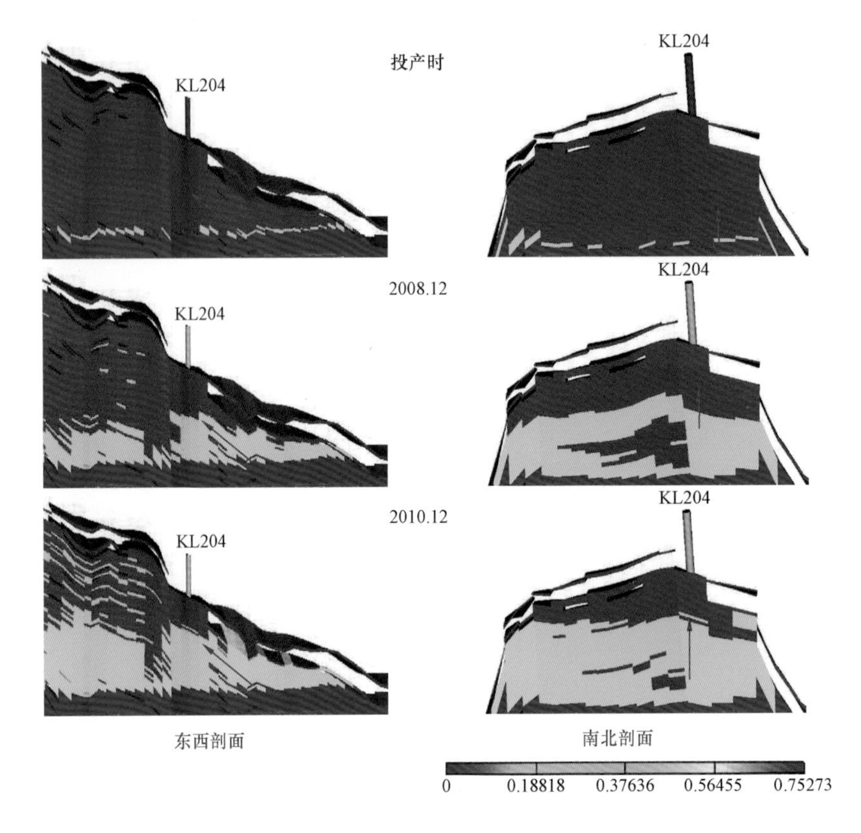

图 6.6　KL204 井含水饱和度分布

6.2.2　裂缝与断层沟通形成水窜通道

KL203 井附近有一条过井断层，并且裂缝较为发育，裂缝渗透率较高（100mD 以上，远大于基质渗透率 5～30mD），出水量较大（160m^3/d 左右）。该类型井产水程度取决于基质物性和裂缝的发育程度[10]，初步确定底水是沿断层及裂缝通道到达射孔层段（图 6.7、图 6.8）。

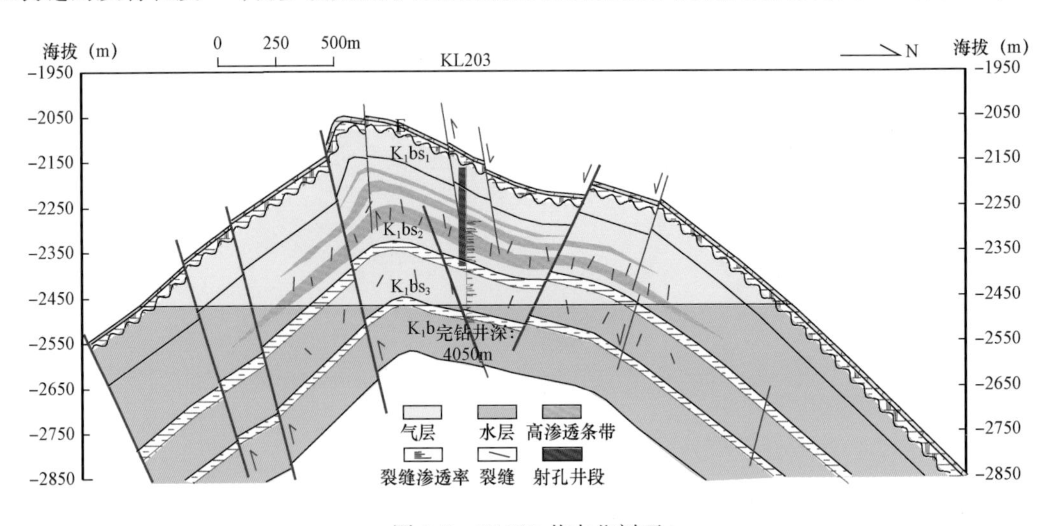

图 6.7　KL203 井南北剖面

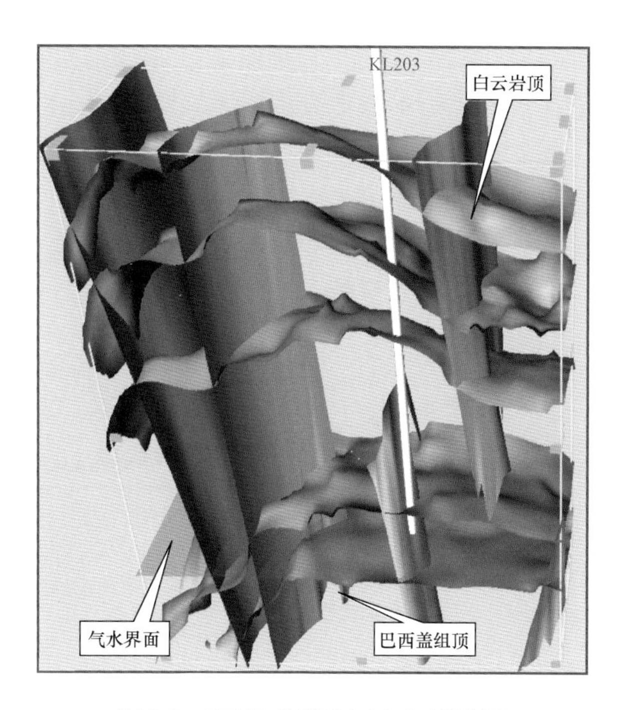

图 6.8　KL203 井断层与层面可视化图

图 6.9 为 KL203 井流动物质平衡分析曲线，实测数据先偏离直线上翘后下掉，与典型曲线对应，说明气井在生产过程中有水体能量补充且已经达到大量产水阶段。

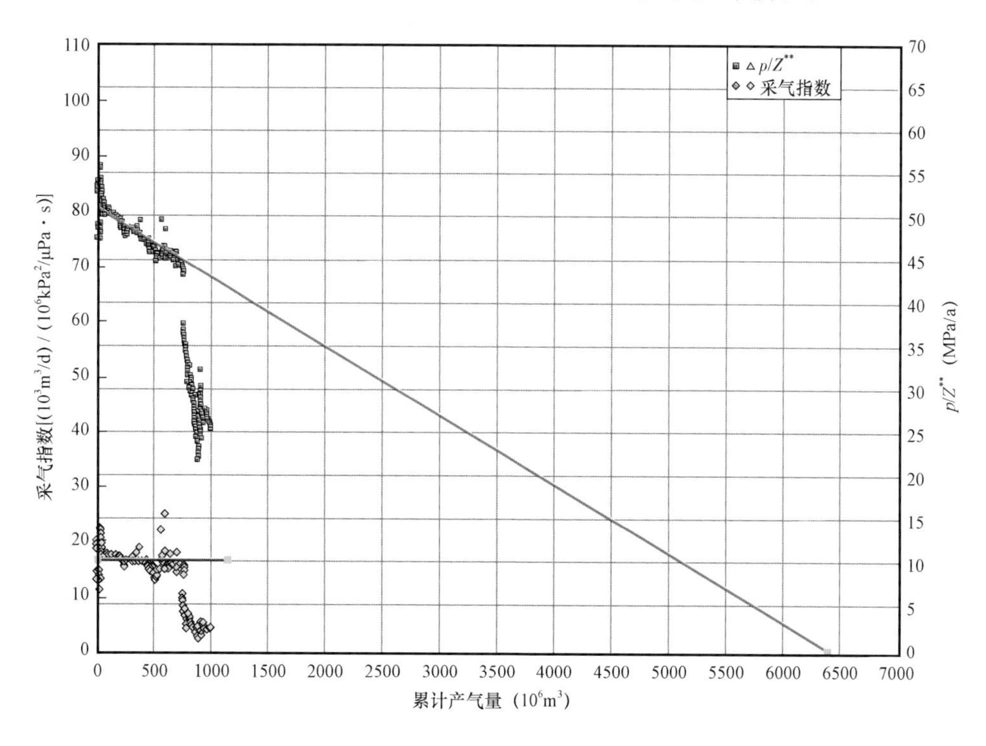

图 6.9　KL203 井流动物质平衡分析曲线

从水锥临界产量曲线(图 6.10)上可以看出，KL203 井实际产量一直高于其水锥临界产量，基本确定底水到达生产层段。

根据数值模拟的结果，从过 KL203 井的东西剖面来看，底水沿断层及裂缝通道锥进到达井底，从南北剖面来看，由于有断层遮挡，边水推进不明显（图 6.11）。

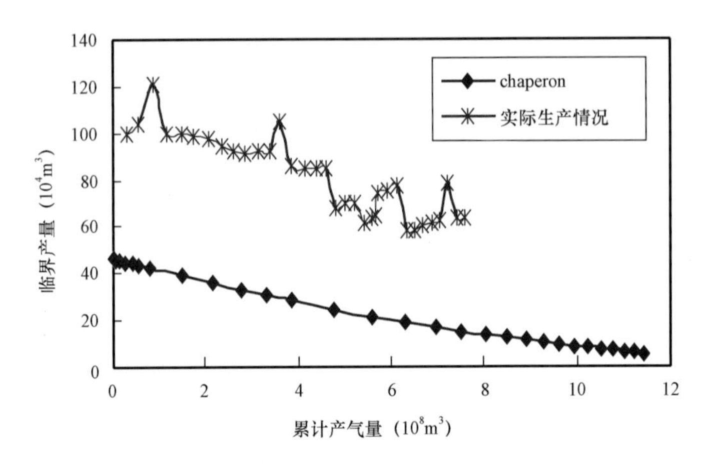

图 6.10　KL203 井水锥临界产量与累计产气量对比

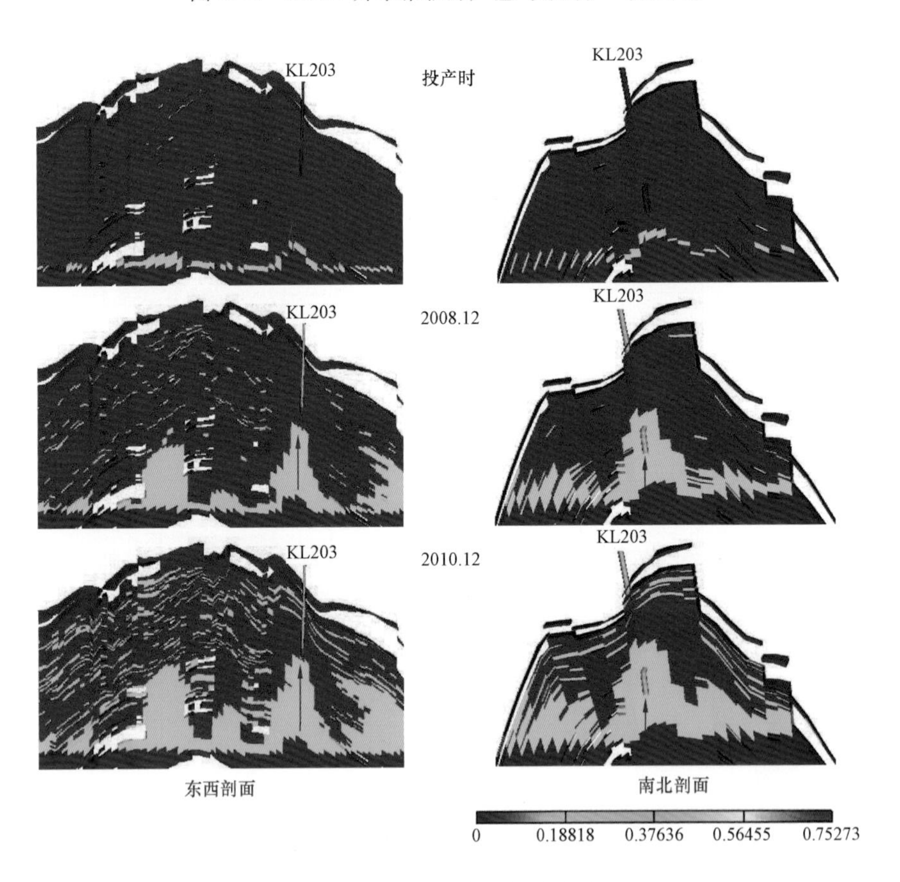

图 6.11　KL203 井含水饱和度分布

6.2.3　边水沿相对高渗透带指进

KL2－14 井射孔段以下基质渗透率 10～30mD，裂缝不发育，射孔段内基质渗透率约 10mD，水流动难度相对较大，不会发生明显的水窜现象。该井避水厚度达 158m，底水锥进可能性小。目前该井生产压差呈增大趋势,产水量缓慢增加,约为 6.33m^3/d,推测该井产水原因为边水沿高渗透带指进[11]

从流动物质平衡曲线(图 6.12)可以看出,实测数据后期偏离直线下掉,与典型曲线对应,说明后期有明显水侵。

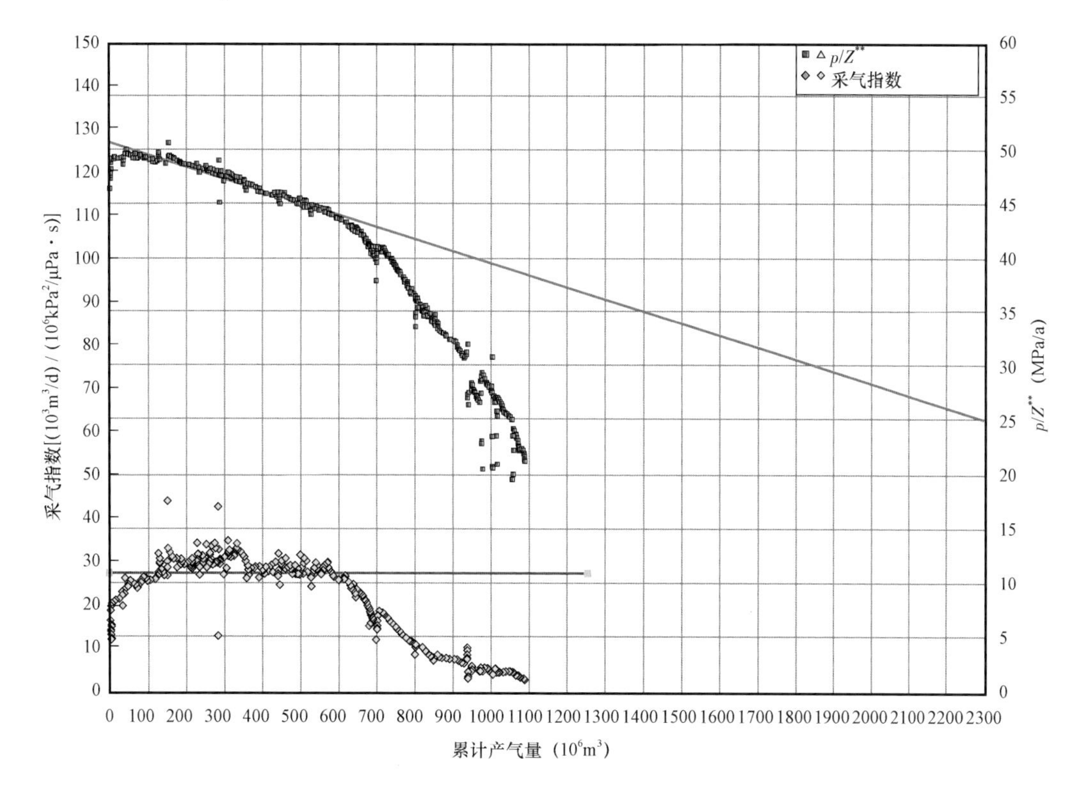

图 6.12 KL2-14 井流动物质平衡分析曲线

从水锥临界产量曲线(图 6.13)上可以看出,KL2-14 井实际产量一直低于其水锥临界产量,基本排除底水锥进的可能。

通过 KL2-14 两次产气剖面(图 6.14)监测结果来看,2010 年相比 2009 年产气量有降低的层段主要为 3774~3792m,即中间层段。综合 PNN 监测及产气剖面测试结果,证明出水层段为中间层,水侵模式为地层水沿高渗透条带推进。

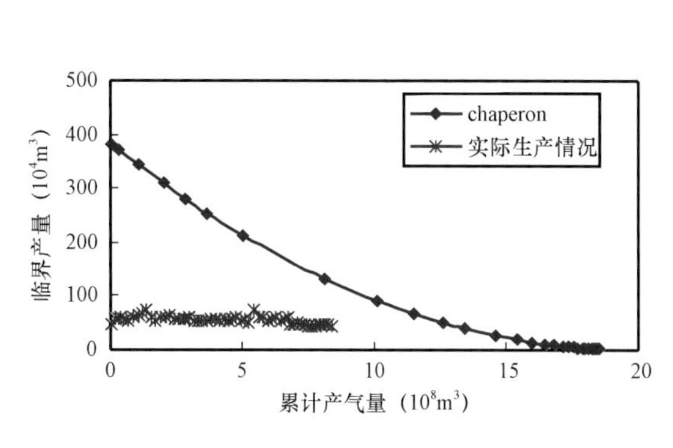

图 6.13 KL2-14 井水锥临界产量与累计产气量对比图

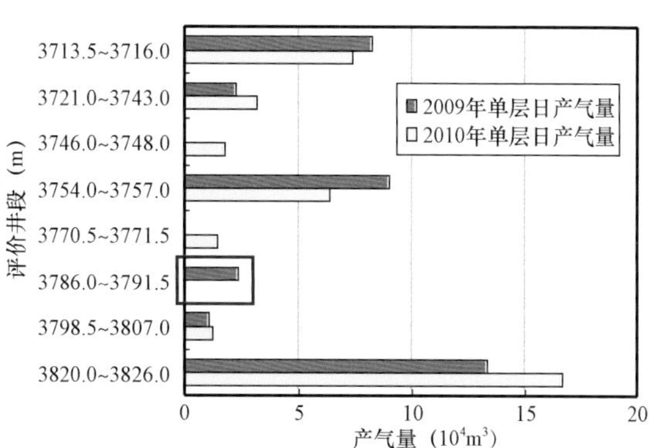

图 6.14 KL2-14 井产出剖面测试对比图

数模验证：从东西剖面看，地层水沿高渗透带存在舌进的趋势，从南北剖面看，基本没有舌进趋势，说明水是从东面推进的（图 6.15）。

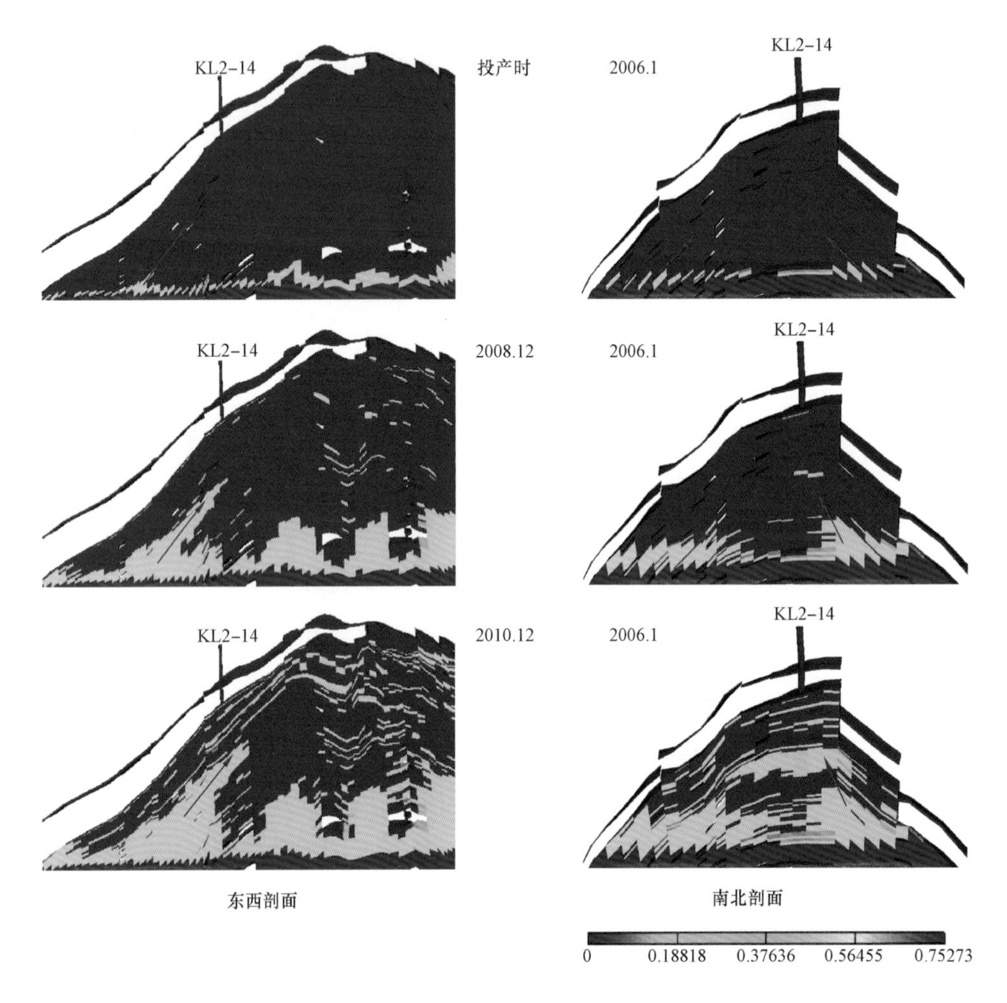

图 6.15　KL2－14 井含水饱和度分布图

6.3　不同水侵模式控水技术对策

6.3.1　控水技术

近年来国内外学者针对气藏出水问题开展了大量防水控水对策研究并取得了丰富的成果[12]，归纳起来可分为三类，即控水采气技术、堵水采气技术、排水采气技术。本部分结合克拉 2 气田水侵特征得出了合适的防水控水措施，并通过数值模拟进行效果验证。

（1）控水采气技术。

控水采气技术是通过控制井底回压来减小水侵压差，从而降低水侵影响的一种工艺措施，目的是尽量延长气井的无水采气期，目前国内外主要的控水采气技术见表 6.1。

表 6.1 国内外控水采气技术治水对策

措施名称		适应条件	实现方式	优点	缺点
控水采气技术	未来产水	水锥型	重点监测水样氯离子与总矿化度含量及水气比变化情况，控制临界生产压差	延长无水采气期，提高采收率等	气井能量较低时不适合开展
	产水井	纵窜横侵型	生产试验得出合理生产压差	提高单位压降采气量,减少地面污染	采气速度低
	气井放喷	边底水	在气井的井口位置放空	使井底得到净化	使大量的天然气资源被浪费
	以气带水	边底水	系统分析找到拐点	靠气藏自身能量，保持自然递减	不能作拐点试验且会加剧水侵情况
	更换小管径油管	气井的产量和压力都较低	更换小管径油管	适宜带水生产、不积液	要压井换油管

(2)堵水技术。

目前国内外应用较为广泛的堵水技术主要包括机械堵水技术和化学堵水技术两大类。

① 机械堵水技术。

机械堵水[13]是通过井下管柱来实现的,主要是为了解决层间矛盾。基本原理是利用封隔器将出水层卡住,而后用堵塞器封堵高含水层。机械堵水具有施工成本较低、无污染的特点。目前油气田生产现场广泛应用的,裸眼井段分层作业、分层卡堵的井下封隔器及配套工艺有以下几种。

a. HB－671 裸眼封隔器及相应的工艺管柱:投球憋压坐封,上提管柱解封,可多次解封。最高坐封温度 1500℃,适用于碳酸盐岩气藏的卡堵水。

b. HB－673 裸眼井封隔器及卡、酸、堵、采综合管柱:可实现一趟管柱多项作业,一次下井坐封后,分别对封隔器以下层段进行化学堵水,对上层段进行分层酸化,同时还可利用原管柱进行卡水采气、油套分采等。

c. HBL－456 综合型封隔器及其多功能工艺管柱:具有水力密封和水力压差双重特性,可不起管柱在井内重复坐封。可与开关阀、安全丢手接头、常关滑套等工具配合使用。

② 化学堵水技术[14]。

a. 堵剂。

在室内研究和现场试验的基础上,目前已研制出有机、无机堵剂达 10 多种(表 6.2)。根据堵剂对气水层的作用机理,目前应用于裂缝气藏的堵剂主要分为 4 大类,分别适用于非选择性堵水施工和选择性堵水施工。具体堵剂类型包括以下几种。

表 6.2 油气田现场常用堵剂

序号	堵剂名称	类型
1	ZD 系列	无机颗粒复合
2	TP 系列	有机体膨

续表

序号	堵剂名称	类型
3	DKD	无机颗粒
4	HPN	反应沉淀型
5	有机高温堵剂	高温聚合物凝胶
6	PH603	无机颗粒+纤维颗粒材料
7	水泥浆	
8	PWG	前置保护液
9	CA-1	反应型冻胶堵剂
10	KZ	无机封口剂
11	RF-1	水玻璃类
12	HLC-1	高温木钙类堵剂

无机颗粒型堵剂。包括ZD系列、DKD、PH603、水泥浆、KZ堵剂等5种系列，具有固结强度高、有效期长的特点，但选择性相对较差。

有机冻胶类。包括有机高温堵剂、CA-1、PWG、HLC-1及HPN等5种，SSD属于树脂类堵剂，固结强度要高于一般有机冻胶，且黏弹性较差，但其对储集体的作用机理和选择性特征与有机冻胶类似，因此归于一类中。该类堵剂遇水成胶，遇油收缩，具有较强的选择性堵水功能。

有机体膨类。主要是TP系列堵剂，是通过膨胀和形变进入裂缝并在其中形成架桥，该堵剂由于膨胀后颗粒没有相互作用，容易在生产过程中被返排出裂缝，因此不适合单独使用，一般与有机冻胶或无机固结体类堵剂组合形成封堵大裂缝的复合堵剂。但需要注意的是体膨型堵剂作为堵漏剂应用于第一段塞（前面可加地层预处理剂），在对裂缝实施架桥作用后，注入后续的堵剂，效果一般比较明显。

无机凝胶类。主要是RF-1堵剂，为水玻璃一类的堵剂，可以通过与地层水反应生成沉淀来实施封堵，因此具有一定的选择性和可控性。但由于其强度相对较弱，因此可用作地层预处理剂。

b. 非选择性堵水。

非选择性堵水是指在气井上采用适当的工艺措施分隔气水层，并用堵剂堵塞出水层的化学堵水方法，国内油田较为常用。常用堵剂有如下几种。

水泥浆封堵：利用水泥浆凝固后的不透水性可实现气水层封堵。通常用于打水泥塞封堵下层水，挤入窜槽井段封堵窜槽水，或挤入水层堵水。

树脂封堵：将液体树脂挤入水层，在固化剂的作用下，形成具有一定强度的固态树脂堵塞孔隙，以达到封堵目的。常用的有脉醛树脂、酚醛树脂以及由聚乙烯、乙烯醋酸乙烯酯和石蜡组成的热塑性树脂等。

硅酸钙堵水：利用密度为1.5~1.61g/cm^{3}的水玻璃（$NaZSO_3$）和密度为1.3~1.5g/cm^{3}的氯化钙注入井内相遇生成白色硅酸钙沉淀，堵塞地层孔隙。

其中水泥浆和硅酸钙堵剂耐高温性能比较好。树脂类堵剂中的酚醛树脂和热塑性树脂堵剂耐温也可以达到120~150℃。

c. 选择性堵水。

选择性堵水是指通过气井向生产层注入适当的化学剂,改变气、水、岩石之间的界面张力,降低气水同层的水相渗透率的化学堵水方法。国外油田的堵水以选择性堵水为主。常用堵剂有以下几种。

部分水解聚丙烯酰胺:部分水解聚丙烯酰胺上的亲水基团,使留在孔隙空间的不吸附部分向水中伸展,因而对水有较大的流动阻力,起到堵水作用。在土耳其的碳酸盐岩油田使用的交联型聚丙烯酰胺耐温可达130℃。

泡沫:由于泡沫是气体分散在水中所成的分散体系,它的分散介质是水,所以优先进入出水层,在出水层中泡沫通过气阻效应(即贾敏效应)的叠加产生堵塞。

聚氨基甲酸酯:聚氨基甲酸酯具有选择性作用是因为过剩的异氰酸基遇水发生一系列反应,所产生的氨基可继续与未反应的异氰酸基反应,变成不流动的体型聚氨基甲酸醋,将水层堵住。

除上述介绍的几类堵剂外,更多的时候现场会用到两种以上的复合堵剂以应对现场复杂的问题。比如水泥、石灰乳复合堵剂、聚丙烯酚胺、水玻璃复合堵剂等。这些复合堵剂对油层具有更强的适应性,应用越来越广泛。

(3)排水采气技术。

多年来,国内外学者在排水采气技术[16]方面不断探索研究,成果卓著。目前应用较为广泛的排水采气技术主要包括优选管柱排水采气、泡沫排水采气、气举排水采气、柱塞举升排水采气、机抽排水采气、电潜泵排水采气、水力射流泵排水采气等7种类型(表6.3)。针对具体产水气井,在甄选合适的排水采气方法时需要考虑三方面:① 气藏的地质特征;② 产水气井的生产状态;③ 经济投入。

表6.3 成熟排水采气技术概述

工艺技术	工艺原理	适用性	技术特点	实例
电潜泵排水采气	利用随油管下入井底的多级离心泵将井筒积液排出,减小对井底的回压以复产	适用于出水量大且快或水淹气井;气藏强排水;不可用于高含硫气井	施工、维修方便;参数可调性好;大排量,见效快;配套设备要求高,投资大	中原油田2-329井、2-305井
水力射流泵排水采气	地面泵通过喷嘴将位能转化为动力液动能,之后动力液在喉道内把动能传递给井液,最后通过扩散管将动能转为压能从而排出井筒积液	适用于水淹气井;适应高温、高气液比、含腐蚀性介质或出砂等复杂条件;可用于斜井或弯井	设计复杂,但可靠性好,维护简单;参数可调性好;投资高	川渝气田
优选管柱排水采气	调整自喷管柱尺寸,增大流体流速,减小滑脱损失,充分利用气井自身能量排出积液	适用于具备一定生产能力的低水量气井;可用于含硫气井	工艺成熟,施工简单且灵活,投资少,见效快,配套设备要求低	川南气田

续表

工艺技术	工艺原理	适用性	技术特点	实例
泡沫 排水采气	井筒内起泡剂在气流作用下产生大量轻质气泡，降低积液表面张力与界面张力，减弱气体滑脱效应，提高气体携液能力	适用于低产、低水量（日产水量低于120m^3）气井，尤其是弱喷或间歇自喷气水井；井深不限；不影响正常生产；可用于低含硫气井	设计、施工便利，经济高效，容易推广	平落坝气田
气举 排水采气	经气举阀向停喷井内注入高压气体，依靠气体能量排出井筒内液体复产	适用于弱喷、间歇自喷或水淹气井；排量大（300m^3/d），适用于气藏强排液；不限井深或井型；可用于低或中等含硫气井	设计、施工较简单，方便管理，经济高效	川东石炭系气藏
柱塞举升 排水采气	利用气井自身能量推动柱塞在油管卡定器和放喷器间往复运动，防止气体窜流和液体滑脱，提高举升效率	适用于弱喷或间歇自喷，低水量、中深产水井	设计简单，施工、维护方便，经济高效	苏里格气田
机抽 排水采气	深井泵下入井筒动液面下部，抽油机带动柱塞在泵筒内往复抽汲，达到油管排液、套管产气的目的	适用于弱喷或间歇自喷、产水量大、动液面较高、气举法已不合适的水淹气井	设计简单、施工方便；投资少	川南纳1井

6.3.2 断层沟通底水型水侵控水措施

对于断层沟通底水的水侵模式，由于断层渗透率远大于储层区域渗透率，且底水锥进主要沿裂缝和断层分布区域进行，因此，综合采用排水采气技术和凝胶堵水方法，可获得较好的控水和治水效果。

（1）排水采气法控水。

针对特定的水侵特征，可以将宏观控水和排水采气工艺结合应用，即通过在裂缝附近另钻一口排水井，利用排水采气工艺对该井进行排水，减弱或防止底水沿裂缝向生产井井底窜流的治水方法。此方法的特点是对主力井产水量控制较明显，可以有效地减缓见水时间，增加无水采气期，同时避免了生产井暴性水淹。缺点为成本较高，地质参数的精确性要求较高，布井位置要求较高。

基于之前模型的网格及参数，在模型中裂缝底部设置一排水井，改变排水量及排水时机来对比不同参数下的治水效果。取生产井开始生产时排水，得到不同排水速度下生产时间与产水量的关系(图 6.16)。同时,取排水速度为 1000m^3/d,得到排水时机与产水量关系如图 6.17 所示。

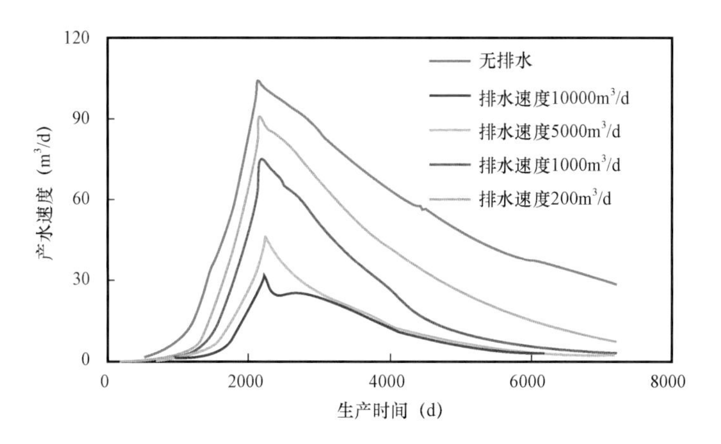

图 6.16　断层沟通底水型产水量与排水速度关系

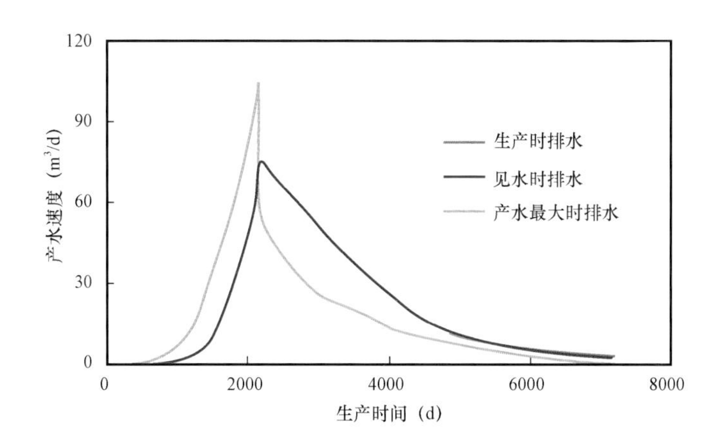

图 6.17　断层沟通底水产水量与排水时机关系
(生产时排水与见水时排水曲线基本重合)

取排水速度为 1000m^3/d,排水时机为生产时排水,与未排水采气进行效果对比,结果如图 6.18 所示。结果显示,排水采气治水方案中排水时机的把握空间较大,在气井见水之前进行排水采气明显优于见水之后,排水速度越大,生产井产水量越小。但是随着排水速度增大,经济成本也随之提高,结合经济成本可以确定最佳排水速度和排水时机。

(2)注凝胶堵水。

凝胶[17]作为堵水剂由于其桥键吸附作用使其在气藏堵水方面应用广泛,同时注入凝胶进行选择性堵水可以保证注入后对气体流动性影响极小。同样保持模型中其他参数不变,选择不同时机向地层中注入聚合物凝胶,浓度为 2.5kg/m^3,残余阻力系数为 500,注入时间为 150 天,得出不同注入时机和注入量下堵水效果。其技术难点在于凝胶类型的选取以及注入凝胶过程中对产量的影响,凝胶的选择堵水性较难控制,注入地层后对地层的损害以及实际效果还取决于具体的地层性质。通过数值模拟能够得出理想状态下凝胶的堵水作用,分别取生产前注入和注入速度 200m^3/d,得到不同参数的影响效果(图 6.19、图 6.20)。

(a) 未排水采气

(b) 排水采气

图 6.18　排水采气效果对比

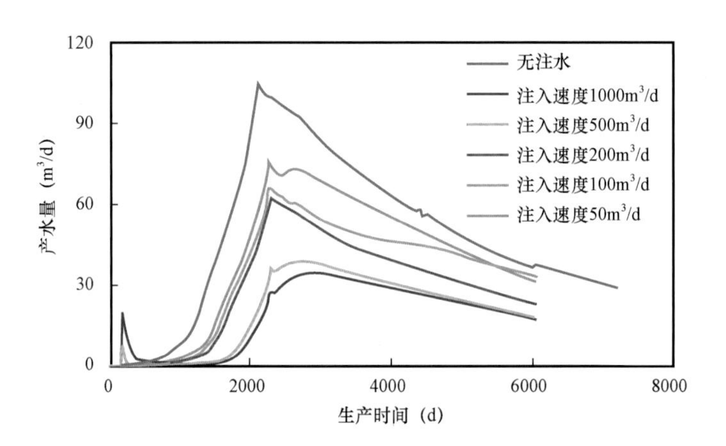

图 6.19　注凝胶堵水产水量与注入速度关系

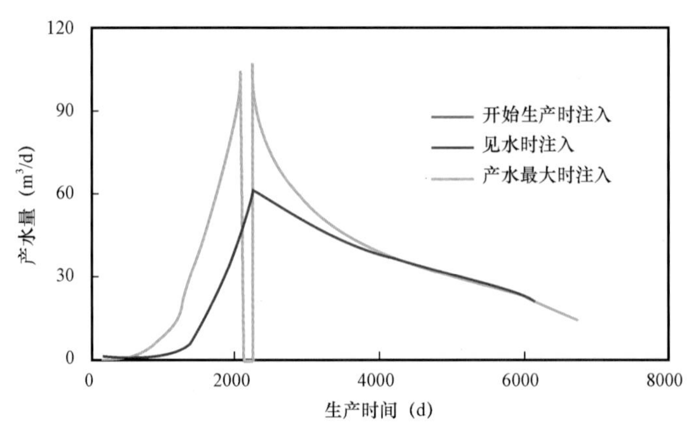

图 6.20　注凝胶堵水产水量与注入时机关系

（开始生产时注入与见水时注入曲线基本重合）

由图6.19和图6.20可知，产水量随注入凝胶速度增大而减小，同时见水之前注入效果好于见水之后，但是随注入速度增大所需注入压力也变大，在注入凝胶时还应考虑现场条件来确定。取注入速度为200m^3/d，注入时机为生产前注入，与未注入凝胶堵水进行效果对比，结果如图6.21所示。

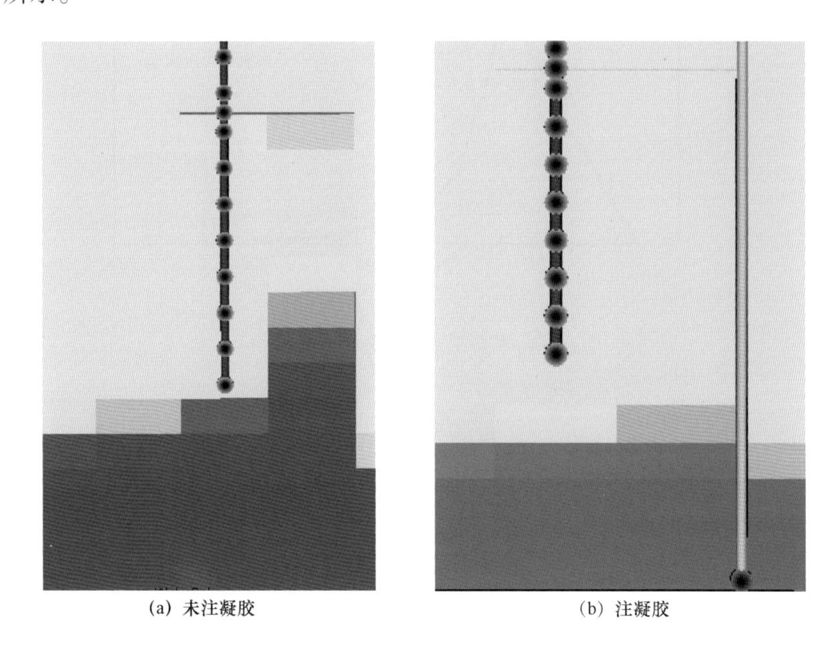

图6.21　注凝胶效果对比

6.3.3　周围裂缝沟通断层型水侵控水措施

对于断层—高渗透条带水侵模式，无论排水采气还是注入凝胶都要考虑两部分内容，即裂缝对水侵速度的主控性及高渗透层的导流能力的大小。对于底水沿裂缝上窜可以通过上述两种措施有效控制，但是当水进入高渗透层后，治水难度立即增加[18]。

(1)排水采气法控水。

基于之前模型的网格及参数，在模型中两条裂缝底部各设置一生产井。取生产井开始生产时排水，得到不同排水速度下生产时间与产水量的关系(图6.22)。同时，取排水速度为1000m^3/d，得到排水时机与产水量关系如图6.23所示。

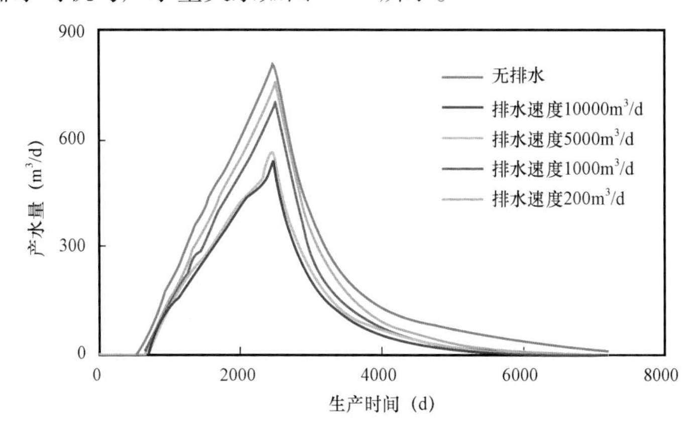

图6.22　排水速度与产水量关系

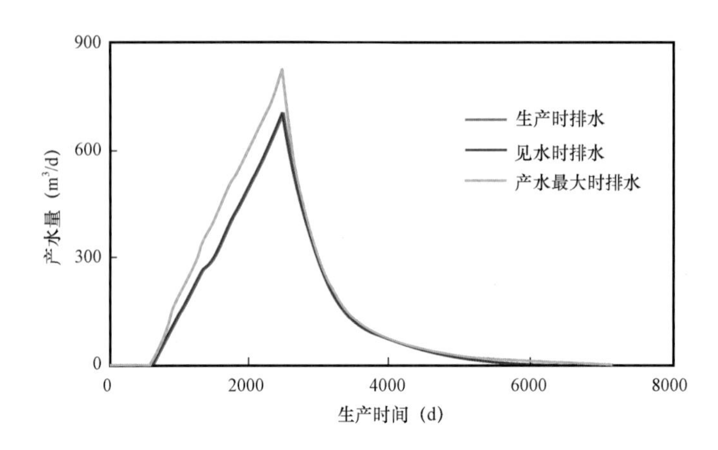

图 6.23　排水时机与产水量关系

（生产时排水与见水时排水曲线基本重合）

图 6.22 和图 6.23 显示由于断层的存在，断层—高渗透水侵模式排水采气所得结论与断层底水模型基本相同，但规律性较断层底水水侵模式明显减弱。说明高渗透带导流能力的数量级过大，导致高渗透层的水侵差别较小。取排水速度为 $1000m^3/d$ 时，排水时机为生产时排水，与未排水采气进行效果对比，结果如图 6.24 所示。

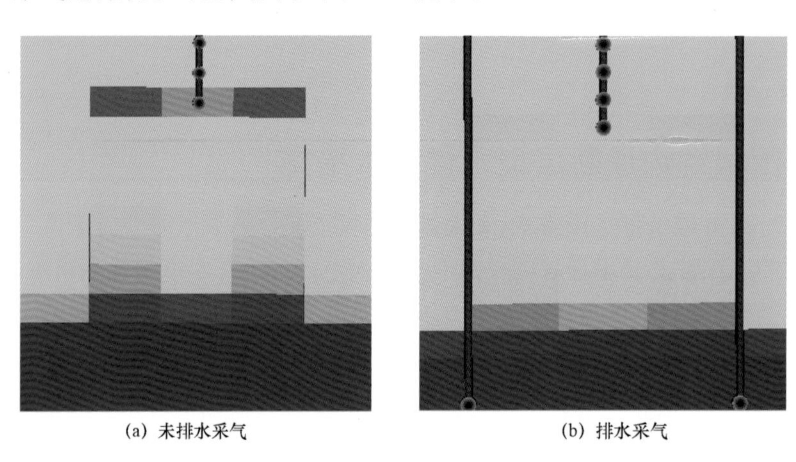

图 6.24　排水采气效果对比

（2）注凝胶堵水。

保持模型中其他参数不变，选择不同时机向地层中注入聚合物凝胶[19]，浓度为 $2.5kg/m^3$，残余阻力系数为 500，注入时间为 150 天，得出不同注入时机下堵水效果。利用数值模拟得出理想状态下凝胶的堵水作用，分别取生产前注入和注入速度 $200m^3/d$，得到不同参数的影响（图 6.25、图 6.26）。

由图 6.25 和图 6.26 分析可得，高渗透层导致凝胶堵水效果大幅下降，注入速度与时机对生产井产水影响也很小，在现场应用时对于高渗透带防水控水应选择机械堵水或完全堵水，或用水平井进行大范围注入。取注入速度为 $200m^3/d$，注入时机为生产前注入，与未注入凝胶堵水进行效果对比，结果如图 6.27 所示。

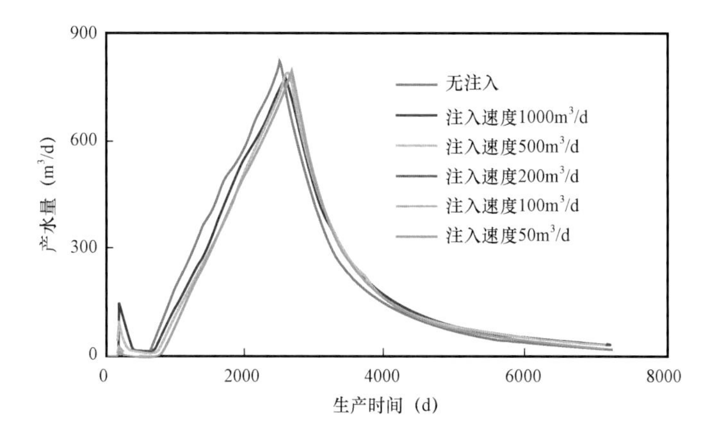

图 6.25　注入速度与产水量的关系

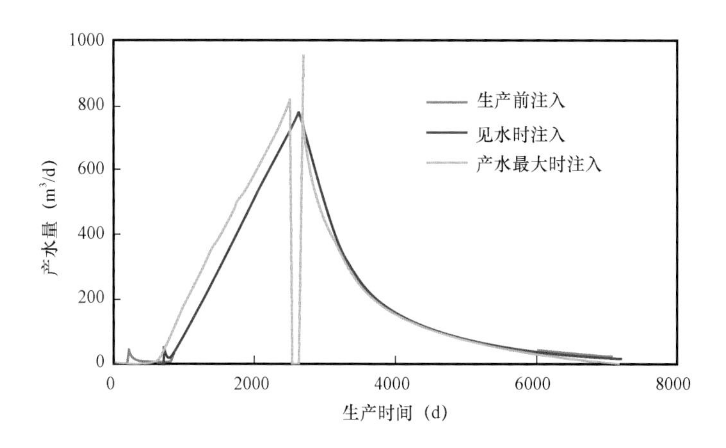

图 6.26　注入时机与产水量关系
（生产前注入与见水时注入曲线基本重合）

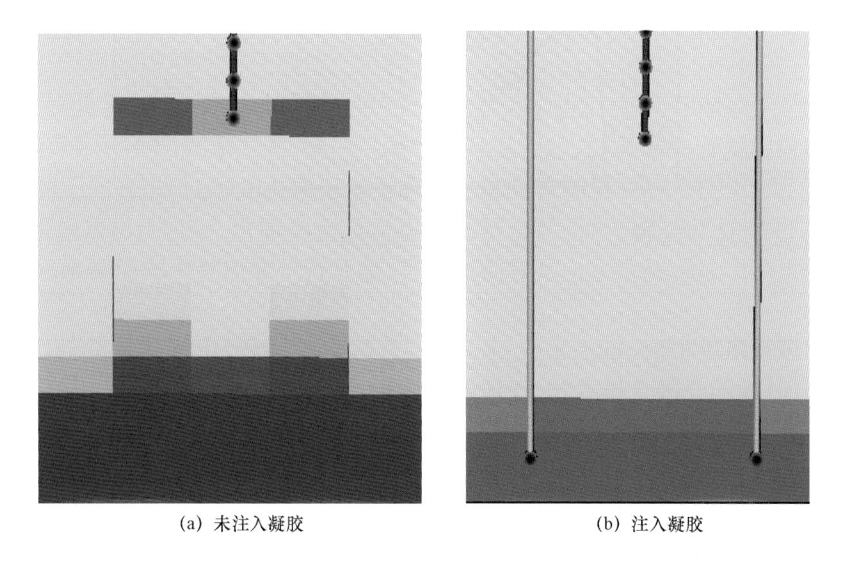

图 6.27　注入凝胶效果对比

6.3.4 沿相对高渗透条带窜进型水侵控水措施

(1)排水采气法控水。

针对高渗透条带窜进水侵模式,高渗透层储集能力远大于裂缝,其导流能力过强,治水难度增大。针对高渗透带指进的防水控水方法选择中,排水采气法效果较为明显。在模型中裂缝底部设置一生产井,取生产井开始生产时排水,得到不同排水速度下生产时间与产水量的关系(图6.28)。同时,取排水速度为1000m³/d,得到排水时机与产水量关系如图6.29所示。

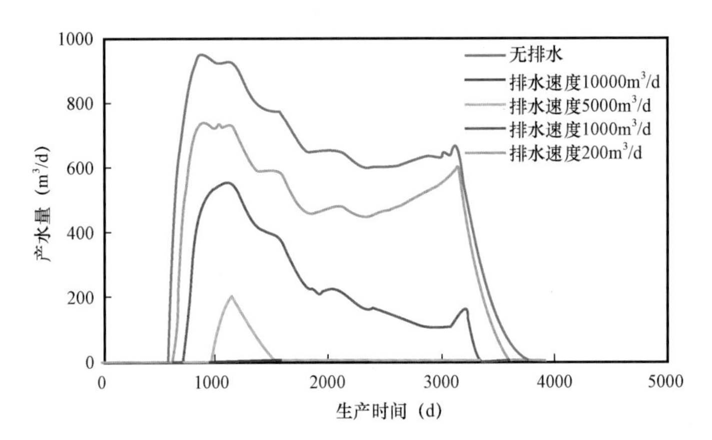

图6.28 排水速度与产水量关系

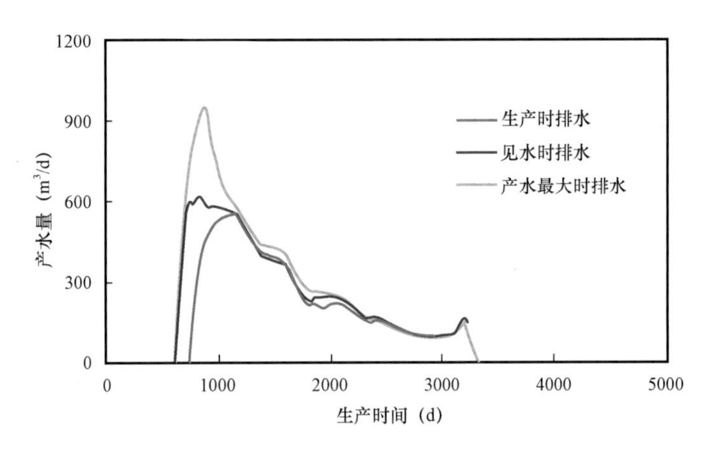

图6.29 排水时机与产水量关系

对于高渗透带窜进水侵,排水采气是一种较好的治水措施,由于排水井处于靠近底水一侧,则底水上升时大部分进入排水井,保证了主力生产井的产量不受影响。从图6.28中可以看出当排水速度大于10000m³/d时生产井产水为0,这是因为所设产水速度已大于底水上升速度,在实际情况中由于排水量的限制这种情况较为少见。所以合适的排水时机较为重要,其可以有效地减少产水量,从而控制水淹程度。取排水速度为1000m³/d,排水时机为生产时排水,与未排水采气进行效果对比,结果如图6.30所示。

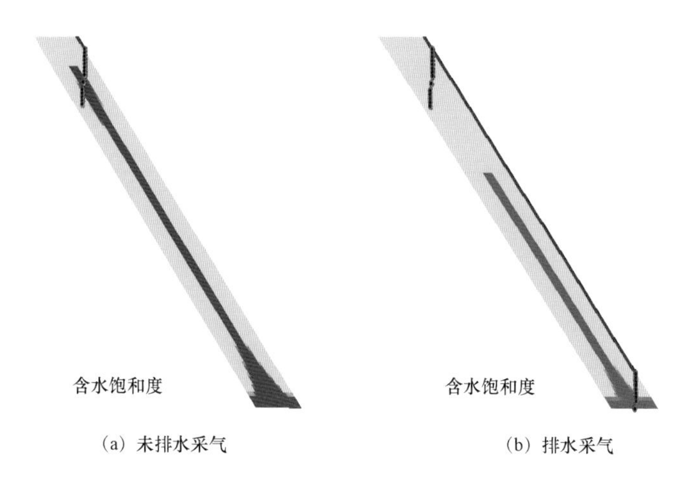

图 6.30　排水采气效果对比图

(2)注凝胶堵水。

前文分析认为在高渗透带中注入凝胶堵水效果不明显,故在高渗透带指进水侵中选择水平井模拟注入凝胶,沿模型 Y 方向设置一水平井,长度为 850m,以相同的速度向高渗透层中注入凝胶[20]。分别选取生产前注入及注入速度 200m³/d 为定值,高渗透带比例为 0.2,研究其他变量对产水的影响(图 6.31、图 6.32)。

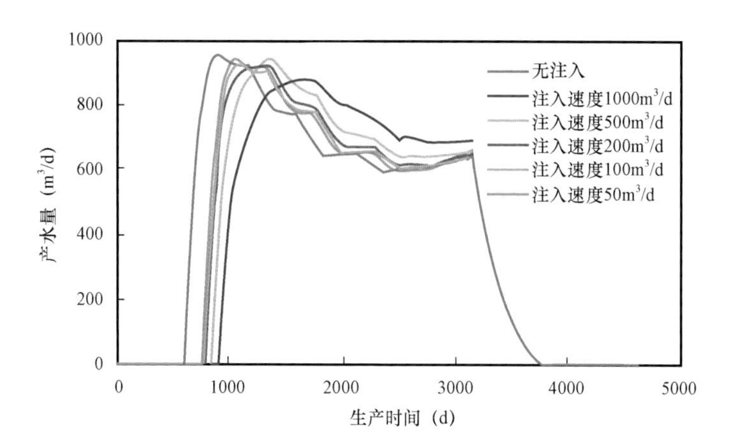

图 6.31　注入速度与产水量关系

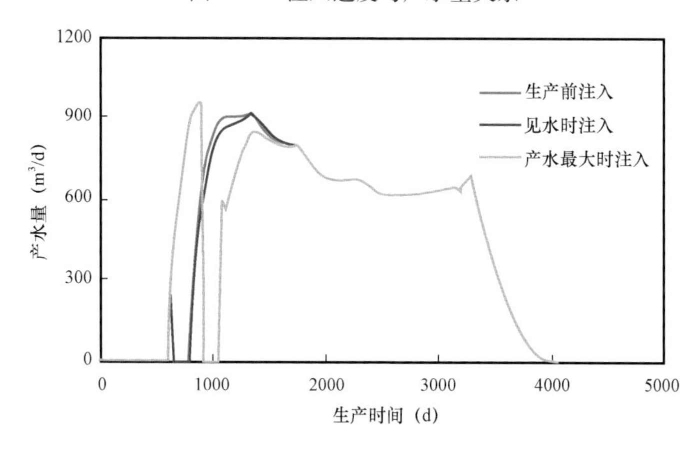

图 6.32　注入时机与产水量关系

随着注入速度改变，生产井产水量波动幅度较大且没有呈现稳定的变化趋势，所以此处引入累计产水量来分析堵水效果。在不同注入速度下累计产水量与生产时间的关系曲线如图6.33所示。

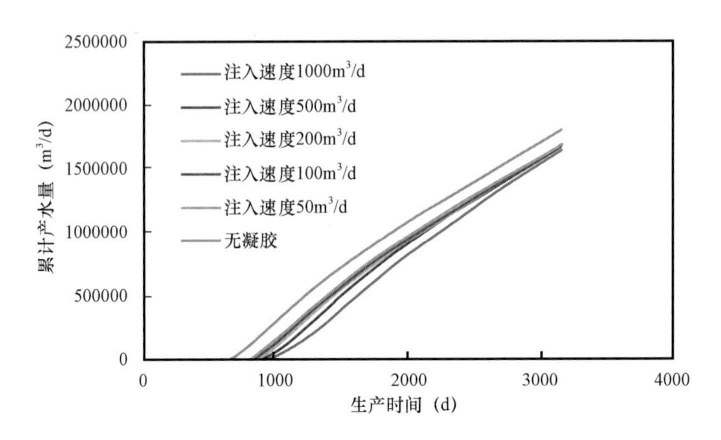

图6.33　注入速度与累计产水量关系

由累计产水量变化可以看出，尽管采用水平井大范围注入凝胶，但是堵水效果仍不理想。注入速度为1000m³/d时生产井累计产水量与未注入凝胶相比只是略微减小。注入时机的选择也较为困难，无论何时注入都不能保证产水量有大幅度下降，因此对于高渗透带指进水侵，排水采气方法要优于注入凝胶堵水方法。取凝胶注入时机为生产前注入，注入速度为200m³/d时，与未注入凝胶堵水进行效果对比，结果如图6.34所示。

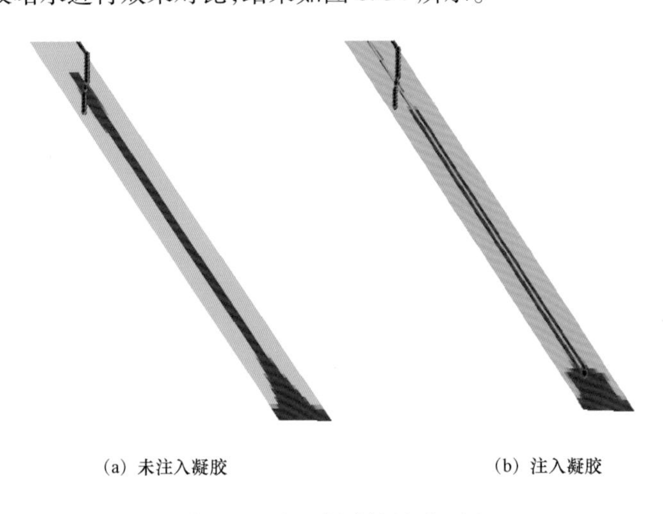

(a) 未注入凝胶　　(b) 注入凝胶

图6.34　注入凝胶效果对比图

由图6.34中可看出，凝胶注入后在局部产生阻水作用，含水饱和度在底部增加较多，但是由于高渗透带导流能力过强，底水仍会沿高渗透通道向上入侵，注入凝胶仅能延缓生产井见水时间，并无法根除暴性水淹。

除注入速度和注入时机外，在研究过程中发现高渗透带比例大小对凝胶堵水效果的影响也不可忽视。当高渗透带比例较小时，凝胶在其中分散距离较远，且高渗透层导流能力对堵水效果影响较小；但是当高渗透带比例过大时注入的凝胶无法全部封堵高渗透层，堵水效果较差（图6.35至图6.37）。在数值模拟中，取注入量1000m³/d，生产前注入，可以得到不同高渗透带比例下产水量随时间变化曲线。

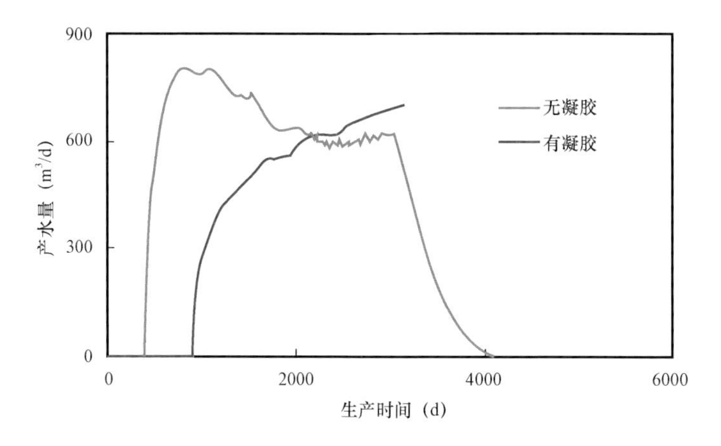

图 6.35　高渗透带比例为 0.1 时注凝胶效果对比

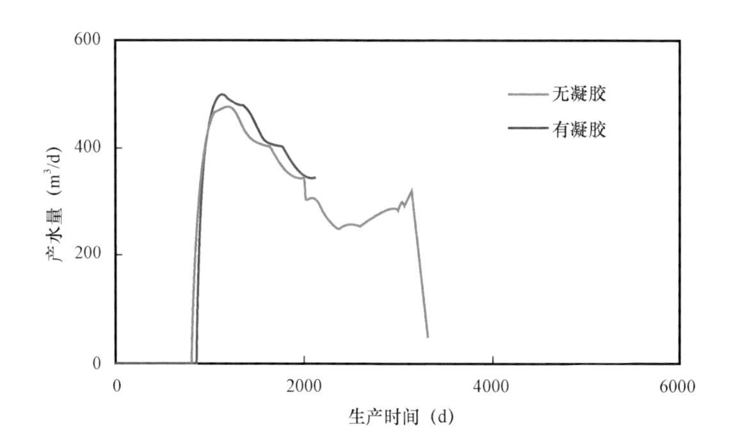

图 6.36　高渗透带比例为 0.3 时注凝胶效果对比

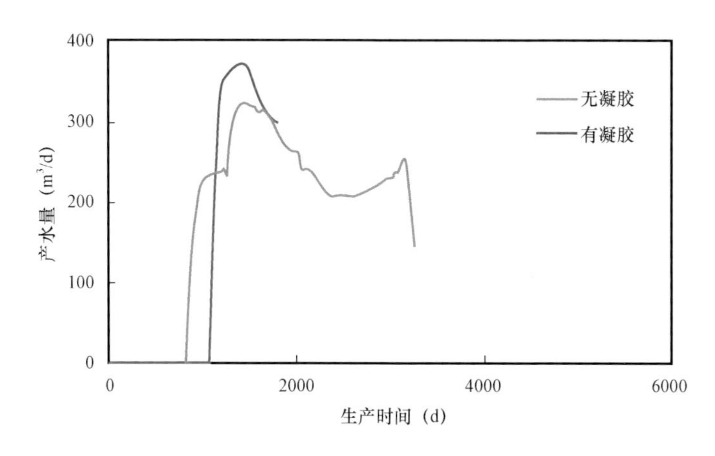

图 6.37　高渗透带比例为 0.4 时注凝胶效果

对比可知，当高渗透带比例大于等于 0.3 后凝胶堵水就不再适用于此类水侵模式，因为高渗透带宽度过大会导致其导流能力超高，同时凝胶主要集中分布在高渗透层中部区域，无法扩散至整个高渗透层，从而堵水能力下降。

参考文献

[1] 王振彪,孙雄伟,肖香姣. 超深超高压裂缝性致密砂岩气藏高效开发技术[J]. 开发工程,2018,38(4):87-95.

[2] 李凤颖,伊向艺,卢渊,等. 异常高压有水气藏水侵特征[J]. 特种油气藏,2011,18(5):89-92.

[3] 李治平,邬云龙,青永固,等. 气藏动态分析与预测方法[M]. 北京:石油工业出版社,2002.

[4] 孙敬,刘德华,程荣升,等. 底水凝析气藏水平井见水规律与储层关系研究[J]. 特种油气藏,2017,24(2):136-140.

[5] 何晓东,邹绍林,卢晓敏. 边水气藏水侵特征识别及机理初探[J]. 天然气工业,2006,26(3):87-89.

[6] 胡勇,李熙喆,万玉金,等. 裂缝气藏水侵机理及对开发影响实验研究[J]. 天然气地球科学,2016,27(5):911-917.

[7] 孙志道. 裂缝性有水气藏开采特征和开发方式优选[J]. 石油勘探与开发,2002,29(4):69-71.

[8] 熊钰,杨水清,乐宏,等. 裂缝型底水气藏水侵动态分析方法[J]. 开发工程,2010,30(1):61-64.

[9] 冯异勇,贺胜宁. 裂缝性底水气藏气井水侵动态研究[J]. 天然气工业,1998,18(3):40-44.

[10] 张新征,张烈辉,李玉林,等. 预测裂缝型有水气藏早期水侵动态的新方法[J]. 西南石油大学学报,2007,29(5):82-85.

[11] 郭珍珍,李治平,杨志浩,等. 羊塔1气藏生产动态资料判断水侵模式方法[J]. 科学技术与工程,2015,15(1):206-209.

[12] 李江涛,柴小颖,邓成刚,等. 提升水驱气藏开发效果的先期控水技术[J]. 天然气工业,2017,37(8):132-139.

[13] 陈宁,刘成双,陈恒,等. 一种新型分层可调找堵水工艺管柱[J]. 石油机械,2005,33(7):73-75.

[14] 熊春明,唐孝芬. 国内外堵水调剖技术最新进展及发展趋势[J]. 石油勘探与开发,2007,34(1):83-88.

[15] 赵先进,余百浩,耿新中. 凝析气井气举排水采气的工艺效果分析[J]. 天然气工业,1999,19(6):97-97.

[16] 陈玉飞,贺伟,罗涛. 裂缝水窜型出水气井的治水方法研究[J]. 钻采工艺与装备,1999,19(4):63-65.

[17] 朱怀江,王平美,刘强,等. 一种适用于高温高盐油藏的柔性堵剂[J]. 石油勘探与开发,2007,34(2):230-233.

[18] 刘义成,舒锦,廖仕孟. 裂缝水窜数值模拟在气藏提高采收率中的应用研究[J]. 天然气工业,2002,22(增刊):80-83.

[19] 朱怀江,龙球莲,罗健辉,等. 改性栲胶在缝洞型碳酸盐岩油藏中的堵水实验研究[J]. 石油学报,2009,30(4):564-569.

[20] 唐孝芬,刘玉章,刘戈辉. 配套暂堵实现强凝胶堵剂的选择性堵水实验研究[J]. 石油勘探与开发,2003,30(1):102-104.

第7章　国内外有水气藏开发实例分析

本章节介绍了几个典型的国内外有水气藏开发实例，分别是弱水体 Muspac 气田、强底水 Abumadi 气田、强边水 Aguarague 气田、牙哈凝析气田、克拉2气田和英买力气田。针对每个气田，研究了其地质条件和水体分布情况，对比了气田见水前后开发效果，分析了气井水侵特征、见水原因以及产水对生产的影响，可以为有水气藏的高效开发提供参考。

7.1　弱水体 Muspac 气田[1]

7.1.1　地质特征

Muspac 碳酸盐岩凝析气藏位于墨西哥境内东南地区的恰帕斯—塔巴斯科盆地。气藏总面积为 17.8km^2，于1982年发现，探明储量 $883\times10^8m^3$，到2010年采收率为76%。Muspac 为背斜气田，气藏北部和西部地层倾角大，东部和南部发育有封闭断层，有利于形成圈闭。同时，储层内部同样发育断层，西南部和东北方向发育逆断层，南部发育正断层，如图7.1所示。

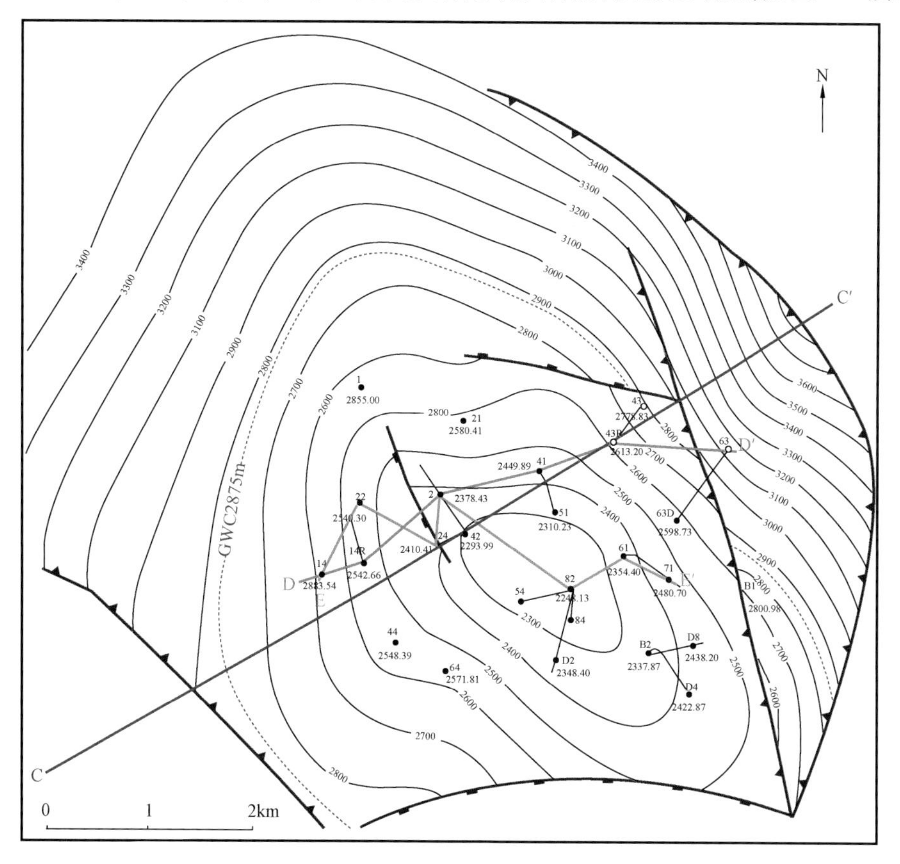

图7.1　Muspac 气田气藏顶面构造图

气藏顶面深度为 -2250m，储层倾角 22°，原始气水界面 -2875m，气柱总高度近 600m，平均厚度为 148m。气藏为弱边水气藏，气藏剖面如图 7.2 所示。储层内部石灰岩层和泥岩互层，从上往下分为 7 个 25 ~ 100m 厚度的小层，其中 1 ~4 小层为上白垩系，5 ~7 小层为中白垩系。其中第 5 层储层电性反应好，表现为低伽马、高中子孔隙度，如图 7.3 所示。

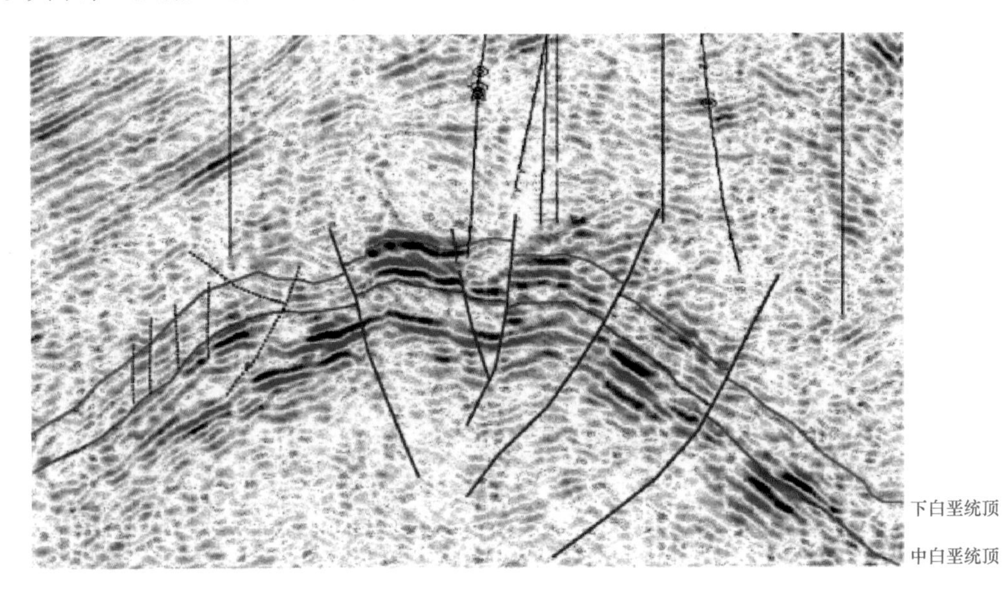

图 7.2 Muspac 气藏剖面图

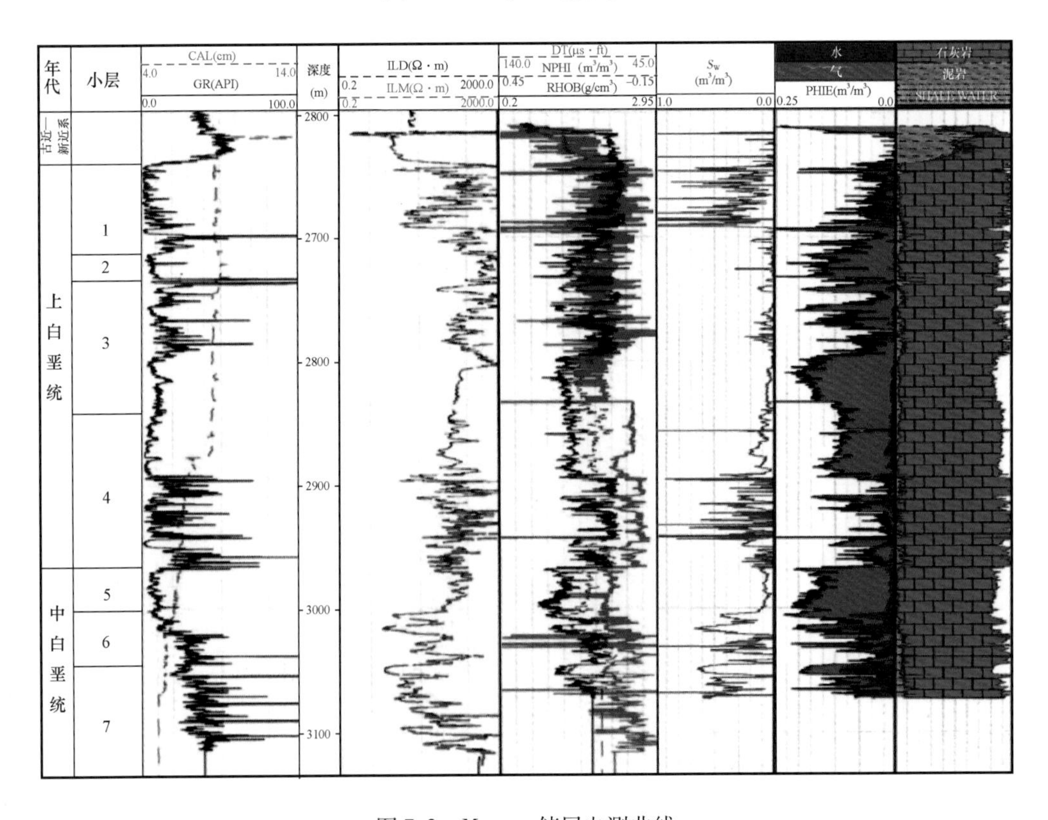

图 7.3 Muspac 储层电测曲线

各小层之间存在隔层，但是断层和裂缝可以连通各个小层，形成统一的压力系统。同时，裂缝也可以提高低孔隙度储层渗流能力。各个小层的储气能力取决于小层厚度、孔隙度和含水饱和度等指标，对比得出第4、第3、第2、第5小层储量最高。但各小层的产气能力主要由裂缝密度决定，例如第2和第3小层的孔隙度和厚度均高于第1小层，但第1小层的产气能力远高于第2和第3小层。

气藏储层孔隙度为4.4%～12.7%，其中第8小层平均孔隙度最小，第3小层平均孔隙度最大（表7.1）。储层平均渗透率为70mD，原始含水饱和度为15%。各个小层的渗透率差异较大，高角度裂缝多存在于孔隙度较低、泥质含量较高且厚度较小的小层。

表7.1 各小层平均孔隙度情况

沉积年代	上白垩统				中白垩统			
小层	1	2	3	4	5	6	7	8
层厚（m）	51	56	72	110	33.5	40	108	168
平均孔隙度（%）	7.8	12.2	12.7	12.3	12.1	8.2	7.7	4.4

7.1.2 开发概况及水侵特征

（1）开发概况。

气田开发分为上产、稳产和衰竭三个阶段。1982—1994年为上产阶段，共计11口生产井，日产气量$560\times10^4m^3$，累计产气$146\times10^8m^3$；1995—1999年为稳产阶段，新钻井15口，日产气量$693\times10^4m^3$，累计产气$278\times10^8m^3$；2000—2010年，21口井正常生产，4口井水淹关井，累计产气$423\times10^8m^3$。该气藏未采取任何提高采收率的措施，整个开采过程较为平稳。

（2）水侵特征。

气藏压降曲线如图7.4所示，由图7.4可知气藏存在弱水侵现象。弱水侵气藏气井的见水顺序主要由完井位置、储层裂缝展布和断层分布决定。总的来说，完井位置位于构造高部位或高孔隙度、低裂缝密度小层的单井无水采气期时间长。而位于储层内部断层附近的单井，无水采气时间很短。例如M－1井，由于完井位置位于气水界面附近，第7、第8小层位于气水界面以下（图7.5），M－1井投入生产后，边水沿着高角度裂缝逐渐形成水锥，在较短的时间内该井就开始产水。M－2井、M－44井和M－64井单井完井位置位于一条北西走向的断层附近，如图7.2所示，在投产后也都很快见水。

该气田整体开发过程较为平稳，无水产气期4年，见水后产水曲线缓慢上升，呈凹型，为典型弱水侵气藏生产动态特征，如图7.6所示。

2000年后，气田大部分井开始产水，尤其是位于高孔隙度、低裂缝密度储层（第3，第4小层）的产气井也开始见水后，气田产气量陡崖式下跌。2000年，日产气量维持在$2.2\times10^8ft^3$左右，2006年生产气量下降到$0.8\times10^8ft^3$，2010年下降到$0.25\times10^8ft^3$。

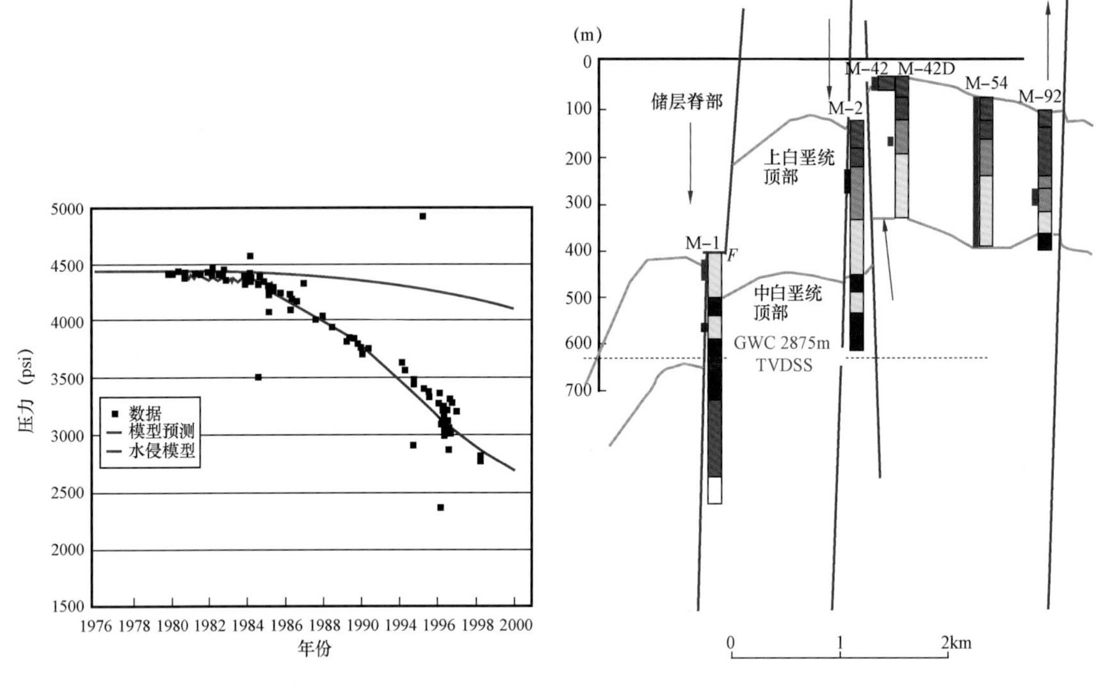

图 7.4　气藏历年压力变化图

图 7.5　Muspac 构造剖面图

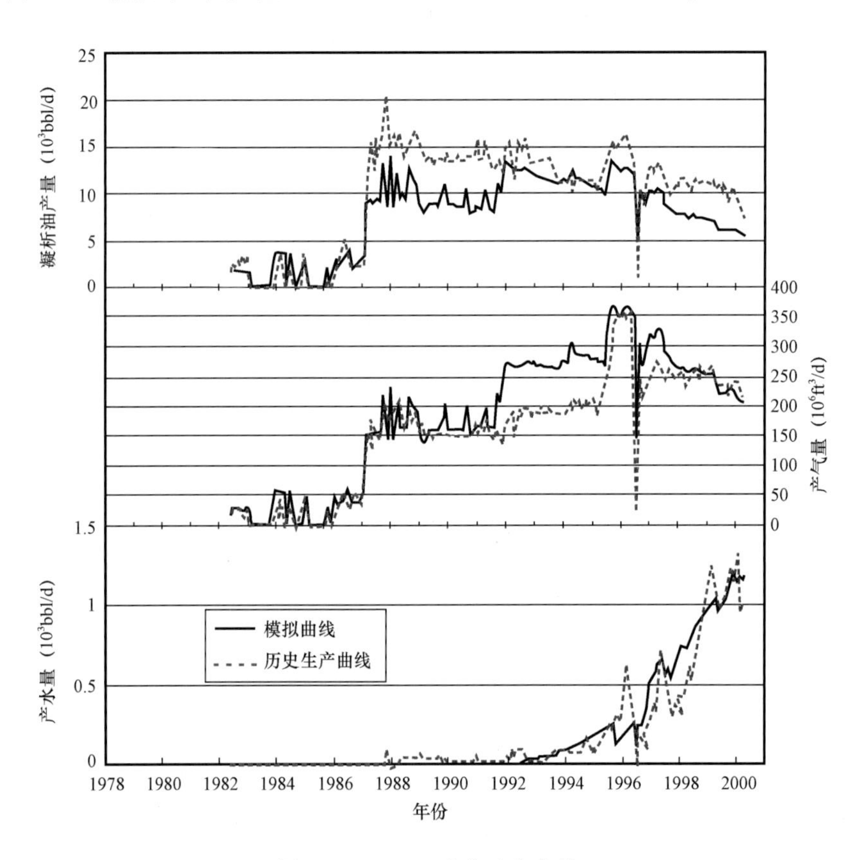

图 7.6　Muspac 生产动态曲线

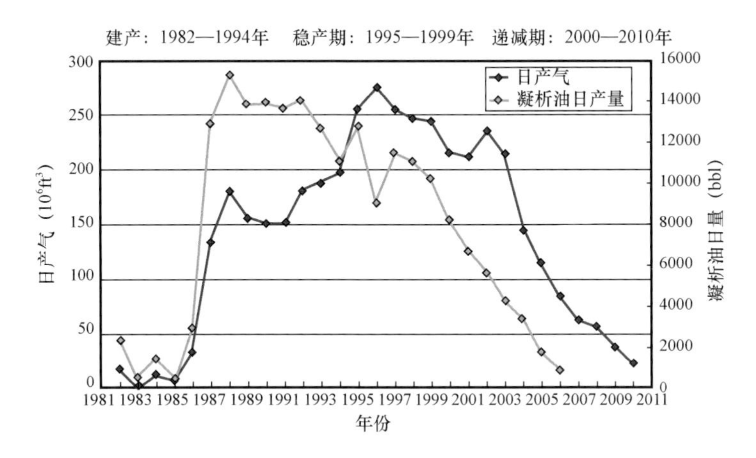

图 7.7　Muspac 历年产气曲线变化图

7.2　强底水 Abumadi 气田[2]

7.2.1　地质特征

Abumadi 气田位于埃及境内尼罗河盆地，其中 Levels Ⅲ 为强水体背斜气藏。该气藏为西北—东南走向，长 20km，宽 1.7～5.8km，面积约为 $64km^2$。气藏中部有一个北西走向马鞍形古隆起将气藏分为南北两部分，分别为 AM 区块和 EQ 区块，如图 7.8 所示。

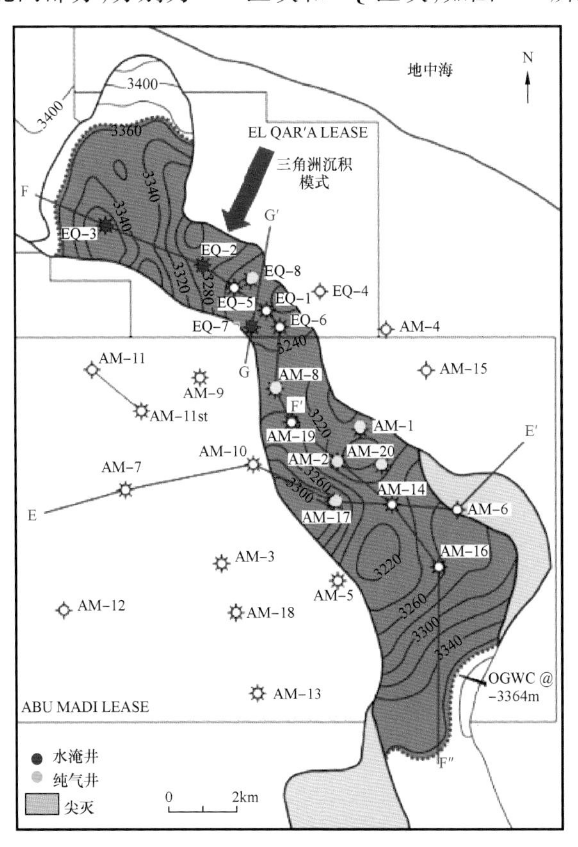

图 7.8　Abumadi 气田 Levels Ⅲ 气藏顶面构造图

天然气储量为934 ×10^8 m^3,储层总有效厚度介于100 ~210m之间。油藏剖面图如图7.9所示。发育河道沉积相,其中EQ区块中部为冲积扇沉积,其物性明显好于其余部分;纵向上分为上中下三段。上段平均厚度为40m,主要为细粒砂岩、粉砂岩和深灰色页岩,产气能力较弱。中段是LevelsⅢ的主要产层段,厚度达70m,为中粗粒砂岩,呈板状交错层理,孔隙度为15% ~25%,渗透率为400 ~1000mD。下段为砂岩和泥岩夹层,正旋回沉积,孔隙度为15% ~20%,渗透率为300mD,如图7.10所示。

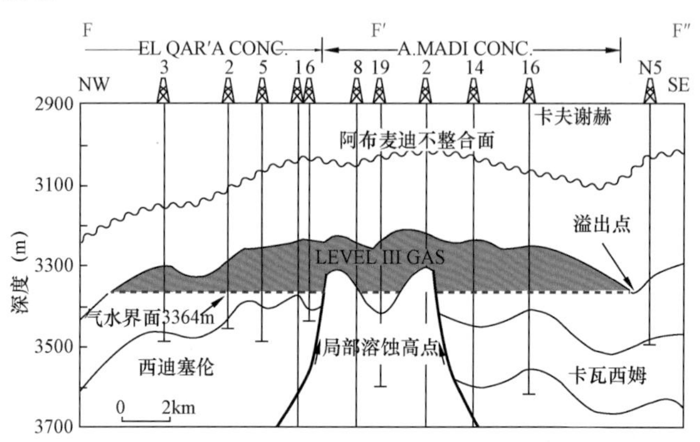

图7.9 LevelsⅢ油藏剖面图

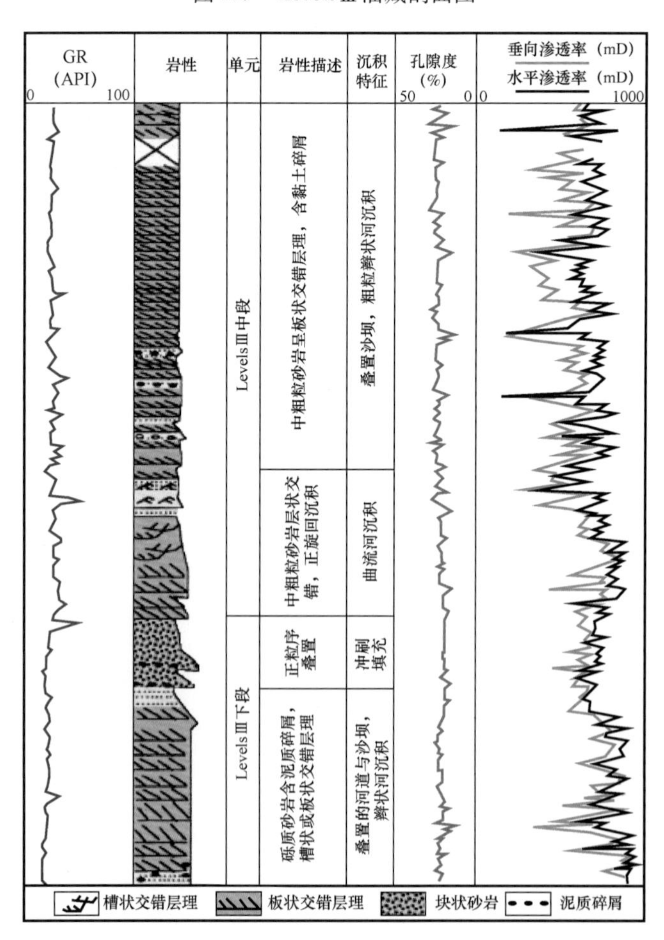

图7.10 LevelsⅢ(EQ-8井)中下段岩心和岩性测井曲线图

7.2.2 开发概况及水侵特征

(1)开发概况。

Abumadi 气田于1967年发现,发现井为AM-1井。根据开发方案,AM区块于1975年投入开发,EQ区块于1985年投入开发。到1994年,开发井共24口,之后9口井由于水侵关井,至2004年,生产井只剩15口。大多数井投产时日产气量为$(79 \sim 119) \times 10^4 m^3$。开采过程中,若单井未见水,则日产气量能始终保持在$69 \times 10^4 m^3$以上;若单井见水,其日产气量将迅速下降到$50 \times 10^4 m^3$以下。当单井含水率达到20%时,其日产气量跌至$1.7 \times 10^4 m^3$。气藏的开采方式为衰竭式开采,截至1995年,该气藏采收率63.67%。

(2)水侵特征。

古隆起将气藏分为AM和EQ南北两个区块,其水侵特征明显不同。北部EQ区块,无水采气期短于南部AM区块,开发过程中气水界面的抬升变化比AM区块复杂。

由于EQ区块储层沉积复杂,储层物性在纵向上和平面上的变化都比较大,导致平面上各个区域水侵程度不同,开发过程中不再具有统一气水界面。例如气藏原始气水界面为-3364m,1987年进行电测显示,EQ-2井气水界面上升至-3350m,其余区块未见明显上升,其原因在于EQ-2井位于冲积扇沉积相的储层,其物性最优,所以该井位置最先发生水侵。1991年,电测显示气藏有5个不同的气水界面,其中EQ-3井气水界面最低,为-3361m,EQ-2井气水界面上升至-3314m,比EQ-3井高47m。同时,储层内部多个隔夹层导致水侵过程变得复杂,使气藏气水界面有了差异性抬升,如图7.11所示。气水界面的变化统计结果如表7.2所示。

表7.2 Abumadi气田气水界面统计

井名	投产时间	原始气水界面(m)	气水界面(m)(1996年)	备注
AM-1	1967	G. D. T.	未检测	不含水
AM-2	1967	G. D. T.	未检测	不含水
AM-8	1980	G. D. T.	未检测	不含水
AM-14	1984	-3364	-3345	
EQ-1	1985	-3364	-3309	
EQ-2	1986	-3350		水淹
EQ-3	1987	-3361		水淹
AM-16	1987	-3364	-3345	
AM-17	1988	-3364	未检测	不含水
AM-20	1988	G. D. T.	未检测	不含水
AM-19	1988	-3362	-3340	
EQ-5	1991	-3364	-3294	
EQ-6	1991	-3333	-3309	
EQ-7	1992	-3364		水淹
EQ-8	1992	-3353	未检测	不含水

注:G. D. T. = GAS-down-to。

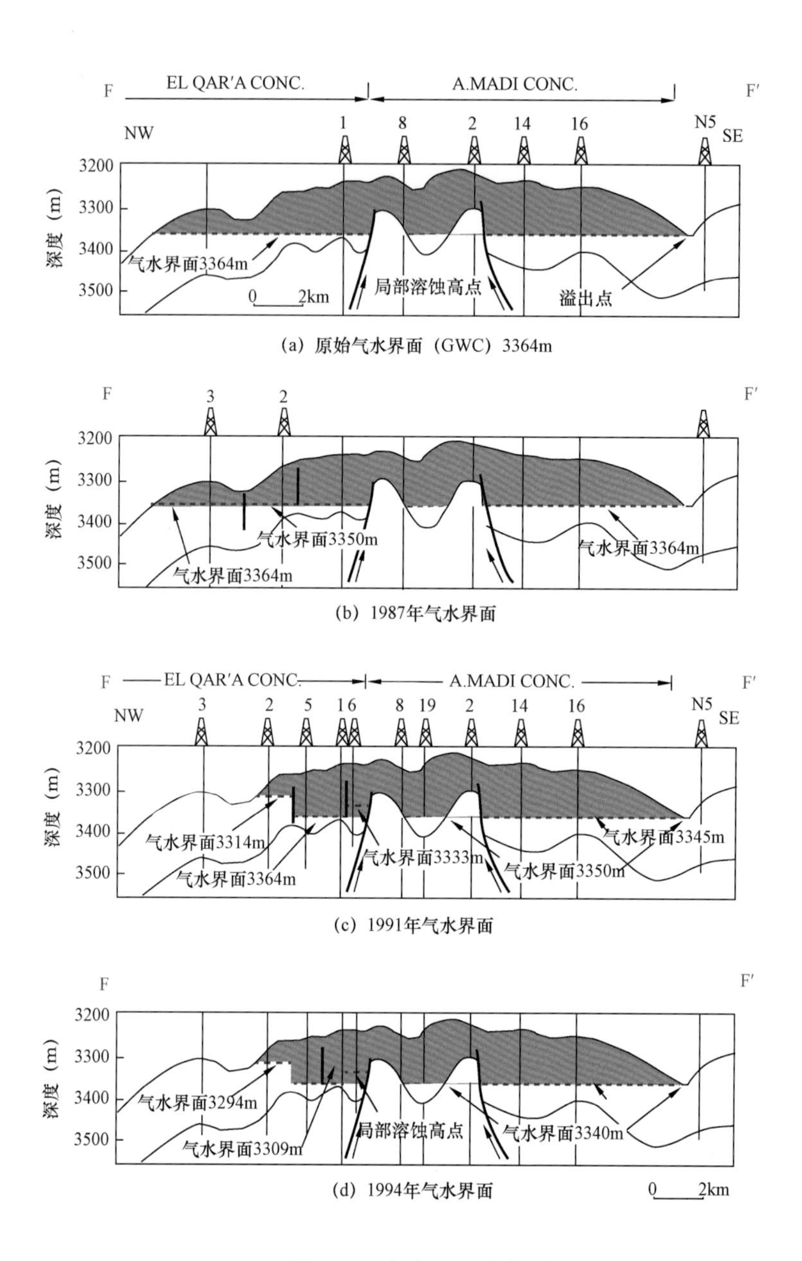

图 7.11　气水界面变化图

复杂的水侵特征也会影响后期的新井部署。1992 年 EQ-7 井投产后很快见水，两年后水淹关停。与之相距不到 1.5km 的 EQ-8 井，无水生产至 1996 年底，EQ-6 井也无水生产至 1995 年，如图 7.12 所示。

由于古隆起对水侵的阻挡，南部的 AM 区块无水开发期长达 10 年，且储层较均匀，气水界面抬升平稳。该区块 1975 年投产后，直至 1987 年，电测显示气水界面依旧维持在原始油水界面 -3364m，1991 年上升至 -3345m，1994 年上升至 -3340m。整个开发过程中，油水界面上升比较缓慢。比如 AM-16 井，在 1990 年电测显示其油水界面在 -3350m，但与其相距 2km、完井位置高 34m 的 AM-14 井，直到 1995 年才开始见水，如图 7.13 所示。

对于单井来说，强底水水侵对单井产气能力影响巨大。见水后，日产气量通常呈陡崖式下降。如 EQ-5 井，该井 1992 年 4 月投产，日产气量高达 $100 \times 10^4 m^3$，1993 年 6 月见水后，日产

气量由见水前的 $60\times10^4m^3$ 迅速下降至 $13\times10^4m^3$，如图 7.14 所示。AM-14 井则暴性水淹停产，如图 7.15 所示。

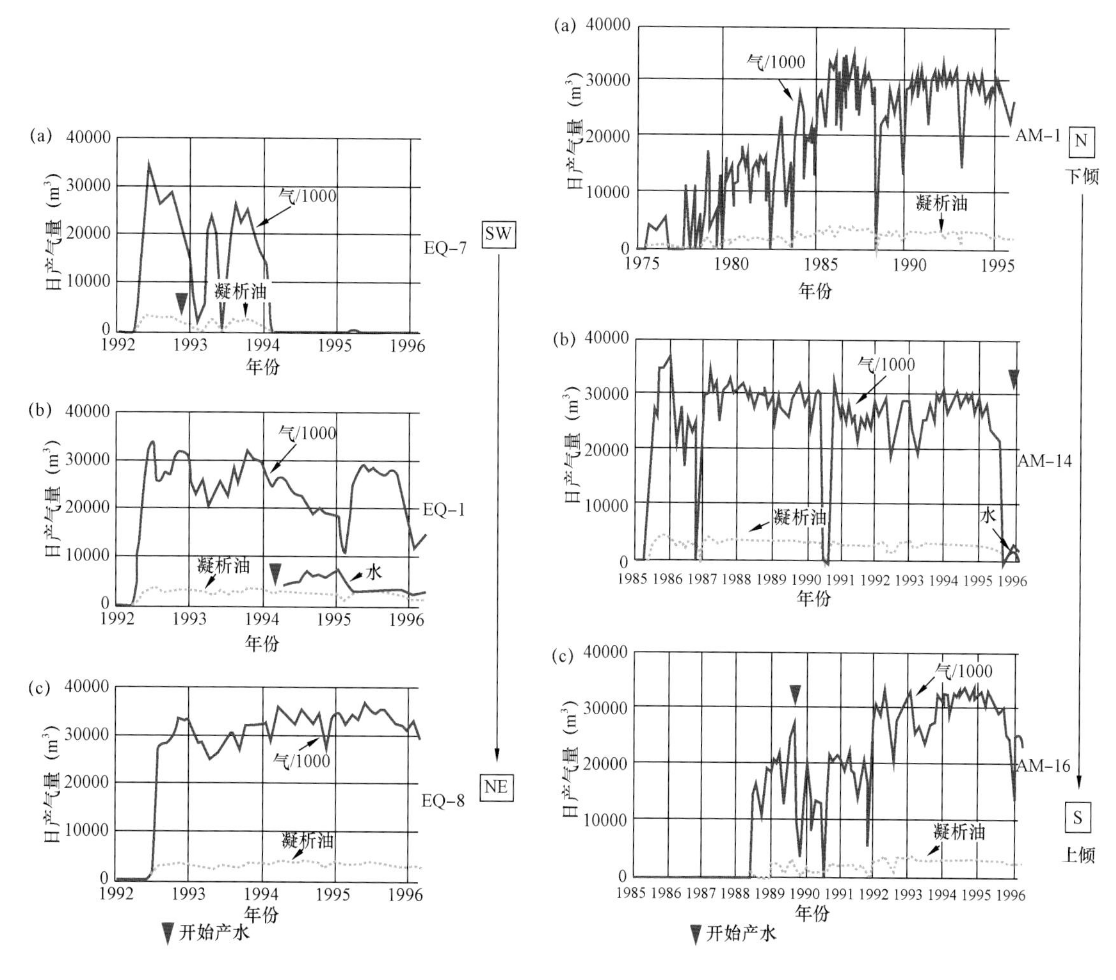

图 7.12　EQ 区块部分单井生产曲线图

图 7.13　AM 区块部分单井生产曲线图

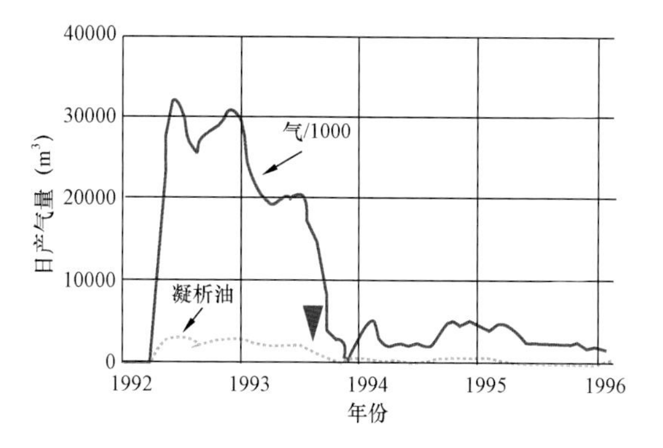

图 7.14　EQ-5 井生产动态曲线

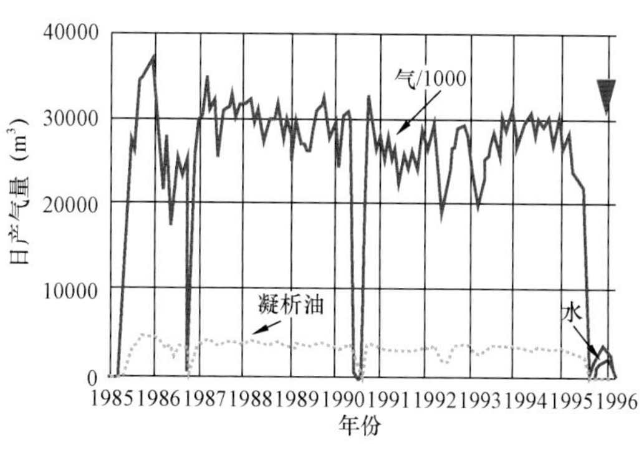

图 7.15　AM-14 井生产动态曲线

7.3 强边水 Aguarague 气田[3]

7.3.1 地质特征

Aguarague 气田位于塔里哈盆地南部，1979 年发现并投入开发。地质储量为 $647\times10^8m^3$，因为强边水的入侵，可采储量仅为 $254\times10^8m^3$，极限采收率只有 39.5%。该气田由 Huamampampa、Icla 和 Santa 三个相互独立的气藏组成。由于 Huamampampa 气藏储量占整个气田的 86%，故本节围绕 Huamampampa 气藏进行讨论。

Huamampampa 气藏是一个强边水气藏，构造剖面如图 7.16 所示。构造剖面表明该气藏是背斜气藏，地层倾角大（22°～50°）。该气藏为裂缝孔隙储层，总储量为 $558\times10^8m^3$，其中 83% 储存于基质孔隙中，17% 储存于裂缝中。基质孔隙度为 1.54%～6.19%，平均为 5.22%。裂缝孔隙度为 0.2%～1.2%，平均为 0.48%。基质渗透率为 0.7～23.9mD，平均为 4.04mD。电测显示气藏顶部深 3100m，气水界面深 3800m，气柱高度为 700m。

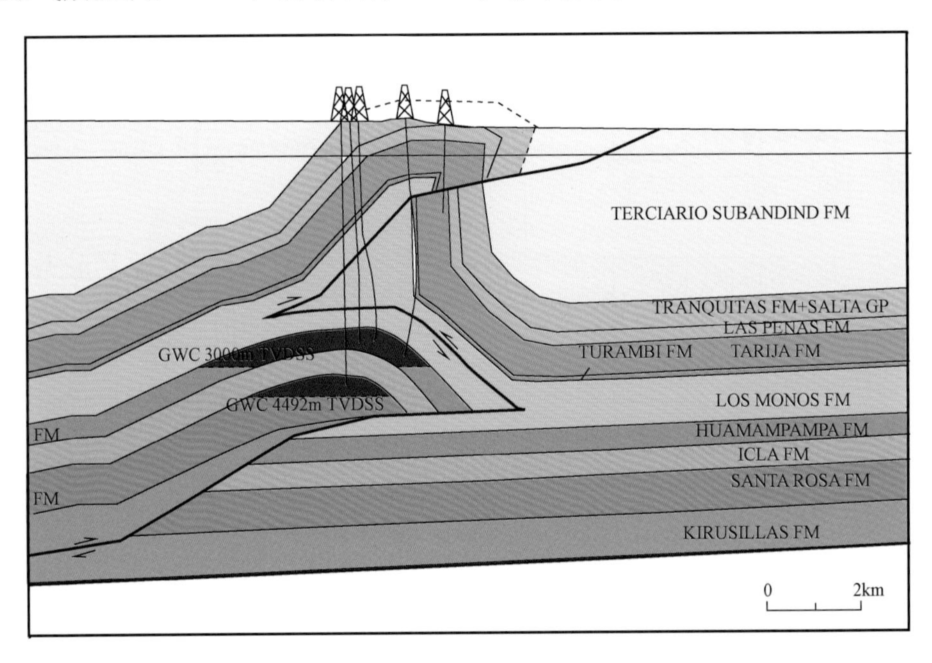

图 7.16　构造剖面图

7.3.2 开发概况及水侵特征

（1）开发概况。

该区块布井时遵循远边水、高部位布井原则，沿背斜脊线进行布井。气藏开发过程中共出现两次产量高峰，1979 年投产后，随着新井不断投产，产气量迅速上升，截至 1985 年共投产 10 口井，达到第一次产量高峰 $405\times10^4m^3/d$，之后产气量下降。直至 1991 年，又投产 6 口开发井，再次达到产量高峰 $350\times10^4m^3/d$。

1999 年气田共 16 口井生产，全部发生水淹，此时气藏一次采收率为 27.6%，为提高采收率，气田开始实施排水采气措施，效果显著，提高采收率 11.7%。

（2）水侵特征。

该气藏水侵顺序具有明显的方向性，气藏水体来自北部，越靠近北部的井越先见水，首批3口开发井中最靠近水体的CUX－2最先见水，之后CUX－1、CUX－3相继见水，如图7.17所示。

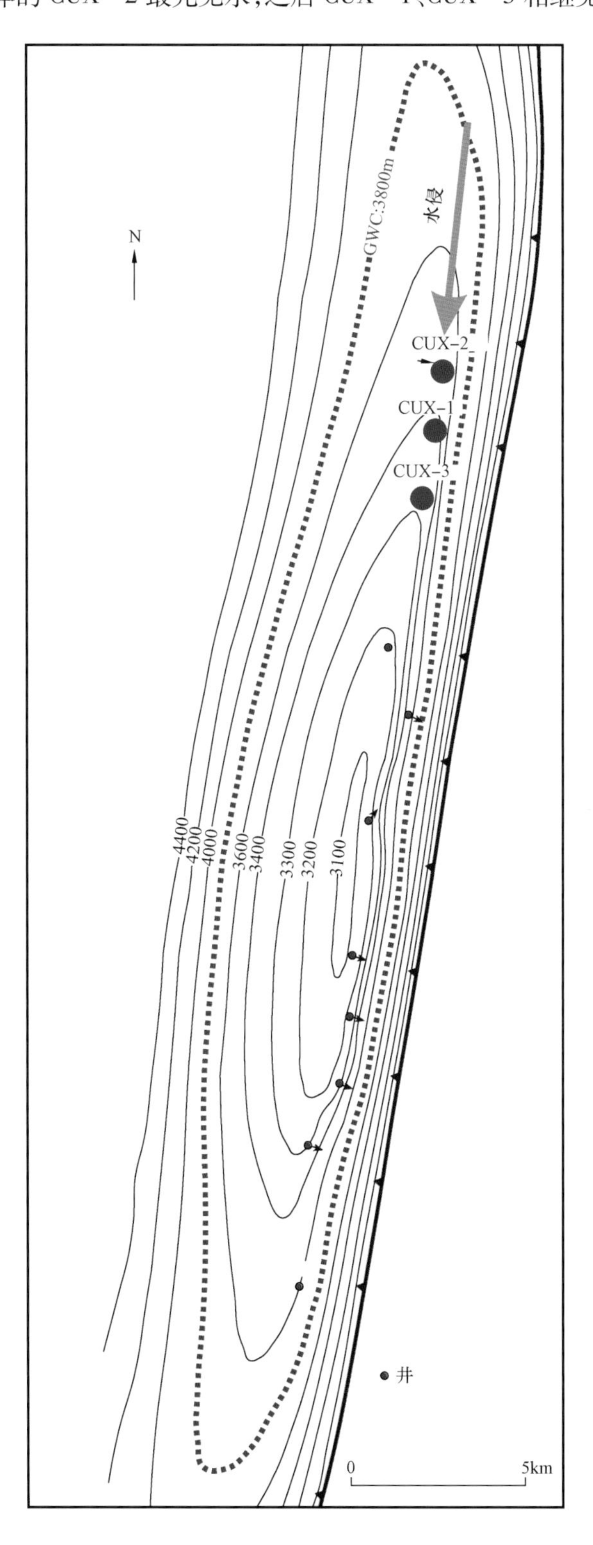

图7.17　气藏水侵方向示意图

水侵初期,由于强边水能量充足,产气量总体保持上升趋势。随着水侵不断发展,产气量迅速下降,水气比也发生明显变化。在第一阶段的开发中,新井均采取高部位完井,保证了避水高度,同时采取合适的采气速度,从而在一定程度上延缓水侵,水气比增加较慢。第二阶段开发过程中,气藏内部已经发生水侵,此时维持较高采气速度则需要更大的生产压差,从而会加剧水侵速度,水气比迅速升高,如图7.18所示。

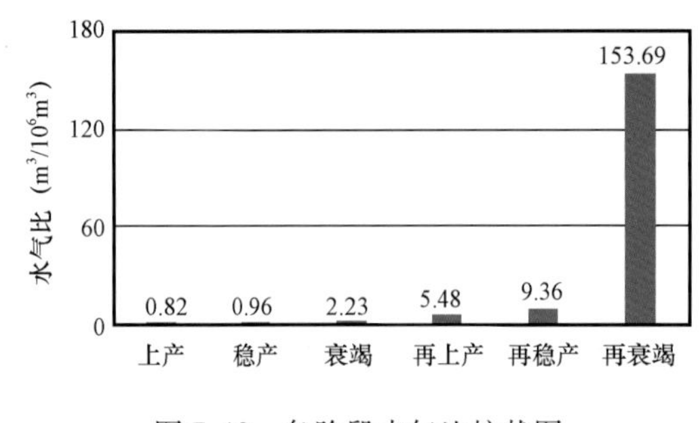

图7.18　各阶段水气比柱状图

气藏在开发过程中,地层水侵入井底后将会使单井产气能力急剧下降,第一阶段边水侵入井底后,日产气量从 $400 \times 10^4 m^3$ 迅速下降至 $170 \times 10^4 m^3$,第二阶段则由 $350 \times 10^4 m^3$ 下降到 $150 \times 10^4 m^3$,具体生产情况如图7.19所示。强水侵导致该气藏一次采收率仅为27.6%,远低于平均水平。

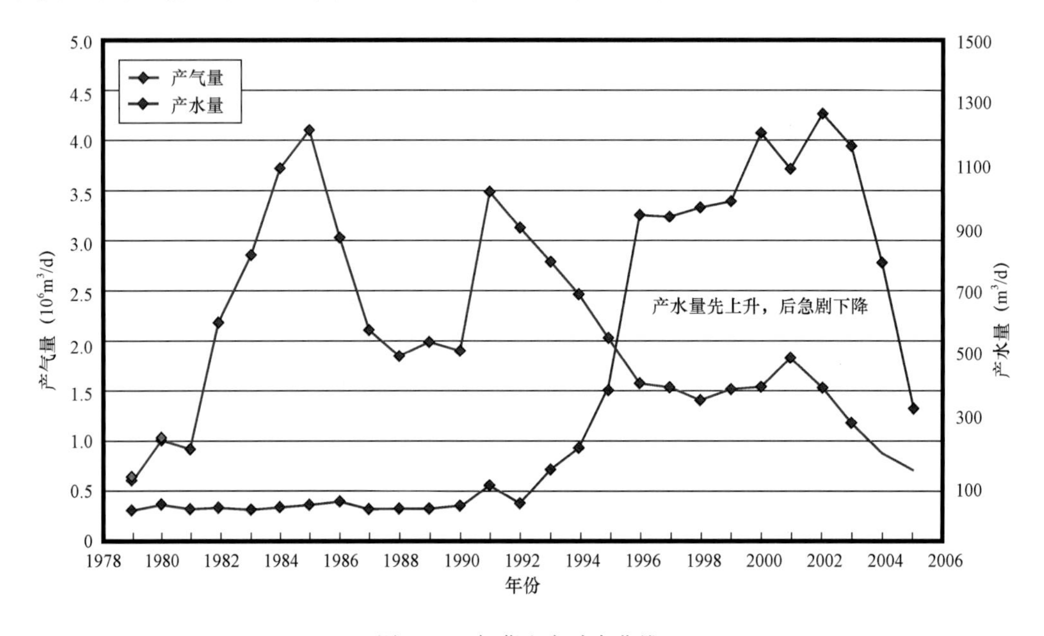

图7.19　气藏生产动态曲线

7.4　牙哈凝析气田

牙哈凝析气田是我国第一个大规模整装采用高压循环注气开发的凝析气田[4],自2000年投入开发以来,实际开发效果超出预期。同时,在循环注气提高凝析油采收率、中后期开发调整以及高压循环注气工艺技术等方面积累了丰富的经验。

7.4.1　地质特征

(1)构造特征。

牙哈凝析气田构造位于塔里木盆地塔北隆起轮台断隆中段牙哈断裂构造带上[5],中新生界共由6个主要圈闭组成，其中牙哈2区块为主力气藏。牙哈2区块整体为一个北东走向的长轴背斜，东段牙哈302井以东，南靠牙哈大断裂形成封堵，具有断鼻特征。以气水界面-4234m为闭合圈闭，气藏内构造局部形态和自生圈闭形态完全一致，局部发育8个高点，含气面积为41.46km^2，气柱高度为124m。牙哈2区块构造特征如图7.20所示。

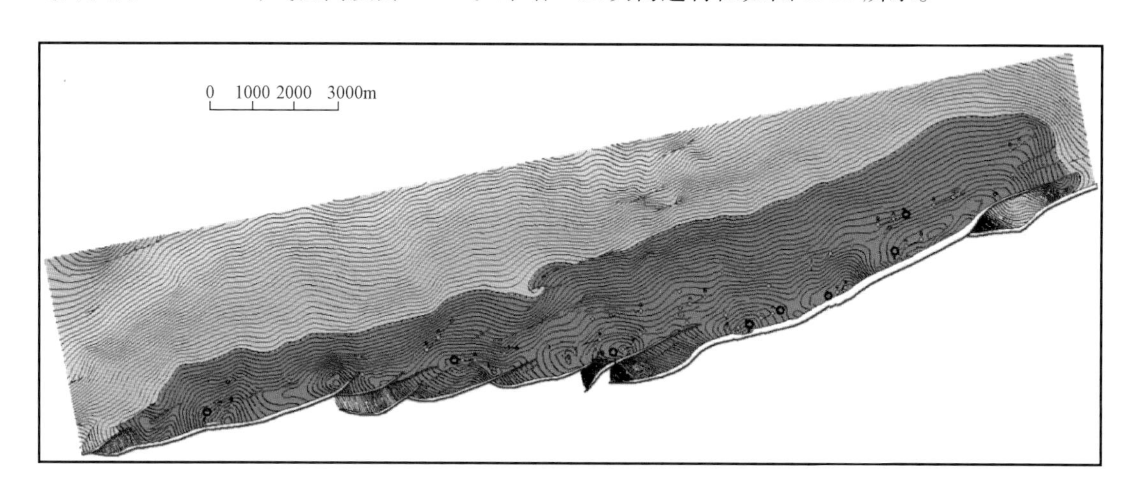

图7.20 牙哈2E+K凝析气藏顶面构造

(2)储层特征。

产层自上而下依次为吉迪克组底砂岩段(N_1j)、古近系底砂岩及白垩系顶部砂岩(E+K)，其中N_1j气藏储层岩性以中—粉砂质细砂岩为主。N_1j气藏和E+K气藏平均孔隙度分别为15.1%、16.2%，渗透率为51.1mD、69.2mD，属于中低孔中渗透储层(图7.21)。古近系底砂岩平均孔隙度为14.9%，渗透率为245.7mD，属中孔高渗透储层，均质程度好，连通性好。白垩系顶部砂岩平均孔隙度为13.9%，渗透率为47.1mD，属低孔中低渗透储层。牙哈2区块N_1j为边水凝析气藏，牙哈2区块E+K为底水凝析气藏(图7.21)。

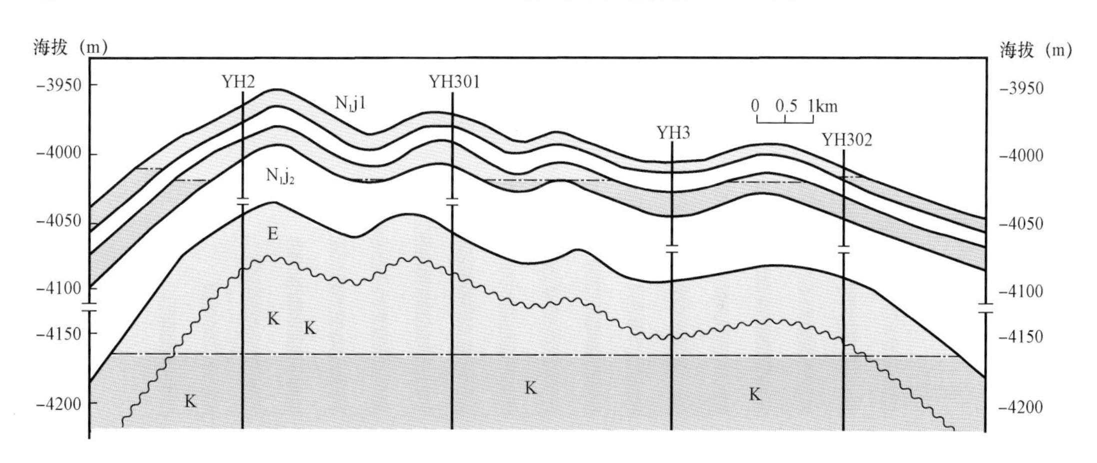

图7.21 牙哈2区块油藏剖面图

(3)流体性质。

牙哈凝析气田地下烃类流体均为高凝析油含量的凝析气[6](表7.3)。

表 7.3 牙哈凝析气田流体性质

油藏	原始地层压力（MPa）	露点压力（MPa）	凝析油含量（g/m^3）	初期气油比（m^3/t）	最大反凝析液量（%）	最大反凝析压力（MPa）
N_1j	55.5	51.06	665～724	1450	22.62	25
E	56.51	45.76	595	1680	18	30
K	57.12	47.6	612	1630	19.8	28

(4)地层温度、压力系统。

N_1j 气藏原始地层温度为 132.25℃，E+K 气藏原始地层温度为 136.76℃，地温梯度为 2.373℃/100m，属于正常温度系统。

N_1j 为单独的一套压力系统，古近系(E)与白垩系(K)为同一个压力系统，压力梯度都是 0.4MPa/100m，压力系数分别为 1.13 和 1.1，都属于正常压力系统。

7.4.2 开发部署及水侵特征

(1)方案部署。

由于凝析油含量高达 595～724g/m^3，初始开发方案设计采用了循环注气部分保压方式开发[7]，分 N_1j 和 E+K 两套开发层系，井网部署如图 7.20 所示。初始开发方案动用的地质储量为天然气 $226.51\times10^8m^3$，凝析油 1573.8×10^4t，总井数 23 口(新井 20 口、老井利用 3 口)，其中采气井 15 口、注气井 8 口，井距在 700～1100m 之间。建成年产凝析油 50×10^4t、天然气 $10.03\times10^8m^3$ 的生产规模；设计投产时即开始注气，年注气规模 $9\times10^8m^3$，9 年后转为衰竭式开发，预测凝析油采收率为 45%～57%、天然气采收率为 63%～69%。

(2)开发特征。

牙哈凝析气田自 2000 年 10 月底投产以来，年产凝析油 55×10^4t 以上，已稳产 16 年，高于方案设计年产油 50×10^4t 稳产 5 年的水平。2017 年 N_1j 和 E+K 两个气藏地层压力仍保持在较高水平，分别为 80% 和 71%，有效抑制了反凝析及凝析油的损失(图 7.22)。

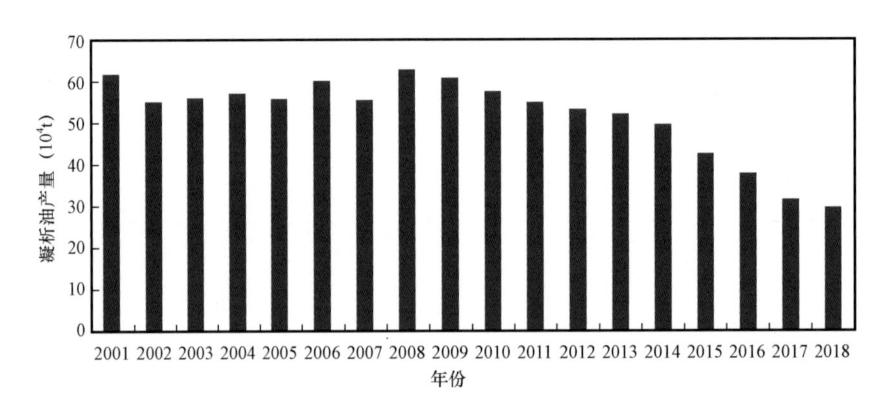

图 7.22 牙哈凝析气田产油量

2011 年由 YH3-1H 井监测资料证实重力超覆现象[8]，注入气在地下构造高点处聚集，形成注入气气顶，估算干气气顶体积已超过 $47.35\times10^8m^3$，占 E+K 地下体积的 1/4。随着注入气的增加，注入气气顶不断扩大，产层上部气油比高，气油比上升迅速。

(3)水侵特征。

① 水体能量评价。

牙哈2区块N_1j气藏水侵指数为0.42,属于偏活跃水体;牙哈2区块E+K开发层系循环注气部分水侵指数为0.23,属次活跃水体[9];牙哈7高点储层主要为古近系底砂岩,属中孔高渗透储层,水侵指数达到0.85,属于非常活跃水体。

② 底水特征。

牙哈2区块E+K气藏底水主要位于白垩系,物性差,夹层较为发育,因此底水纵向抬升存在较大阻力,底水锥进现象不明显。早期白垩系试油的数据显示,在生产压差达到10MPa的情况下,产水最高仅8.3m^3/d,产水量较低,充分说明底水对气藏的影响非常有限。

牙哈凝析气田近几年的新钻井资料以及PNN测井资料显示,气藏底水抬升了18.0~24.0m,总体来看气水界面抬升基本一致,年均约2.0m。目前纯气层底界在-4196~-4187m,2011年后完钻新井测试的气水界面对比如图7.23所示。

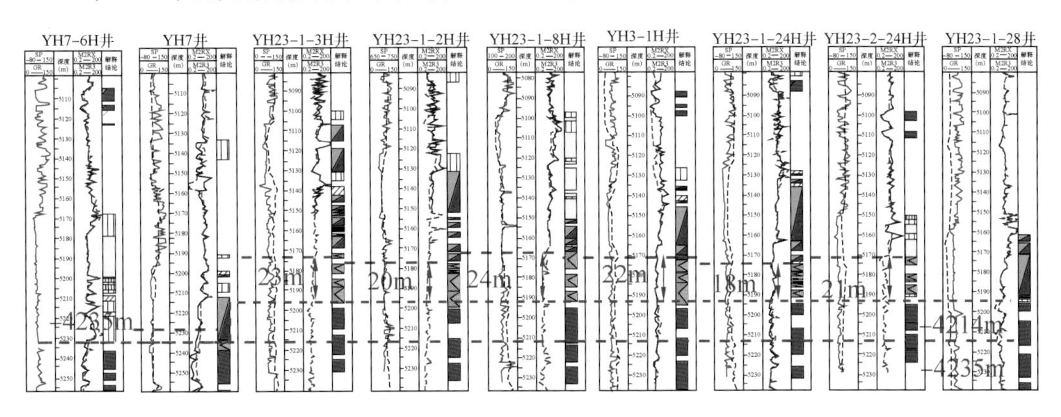

图7.23 完钻新井气水界面对比

③ 边水特征。

古近系平面连通性好,早期试油数据表明产水量较大,YH1井生产压差为3.77MPa,产水量为209.6m^3/d。

分析认为,已见水的井中YH23-2-4H、YH23-1-26H、YH23-1-30H与YH23-1-6生产层位都是物性较好的古近系储层,见水前生产压差仅0.8~2.6MPa,且实际产气量均低于水锥的临界产量,底水锥进的可能性较小,结合地质特征认为见水模式为边水指进,气井见水后日产水量增加迅速,并以高产水量继续保持生产(图7.24)。

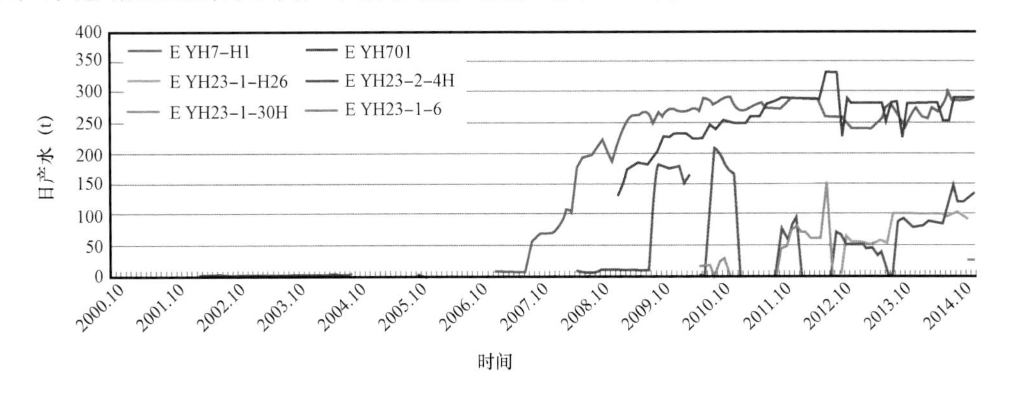

图7.24 牙哈凝析气田古近系气井见水后产水量变化

牙哈 7 井区水体能量普遍较为充足，见水后带水生产时间较长。如 YH7－H1 井，于 2003 年 8 月投产，2007 年 8 月开始产水，产水量逐渐升高，2008 年 5 月含水率达到 70.3%，水气比为 12.73t/10^4m^3。YH7－H1 井射孔段位于 E2，整体物性较好，且发育有高渗透层，射开井段 5225～5227m，渗透率 900mD，分析认为主要由于边水推进造成该井产水。2008 年 6 月封堵含水层，补孔 5192.5～5195.5m、5197.0～5203.5m、5203.5～5205.5m，作业后含水率仍较高。2010 年后含水趋于稳定，至 2012 年 6 月含水率达到 85.77%，日产水 257.17t，日产气 $8.9\times10^4m^3$，日产油 42.67t，气油比 $2082m^3/t$，水气比 28.95t/10^4m^3。累计产气 $4.92\times10^8m^3$，累计产油 32.48×10^4t，累计产水 40.76×10^4t（图 7.25、图 7.26）。

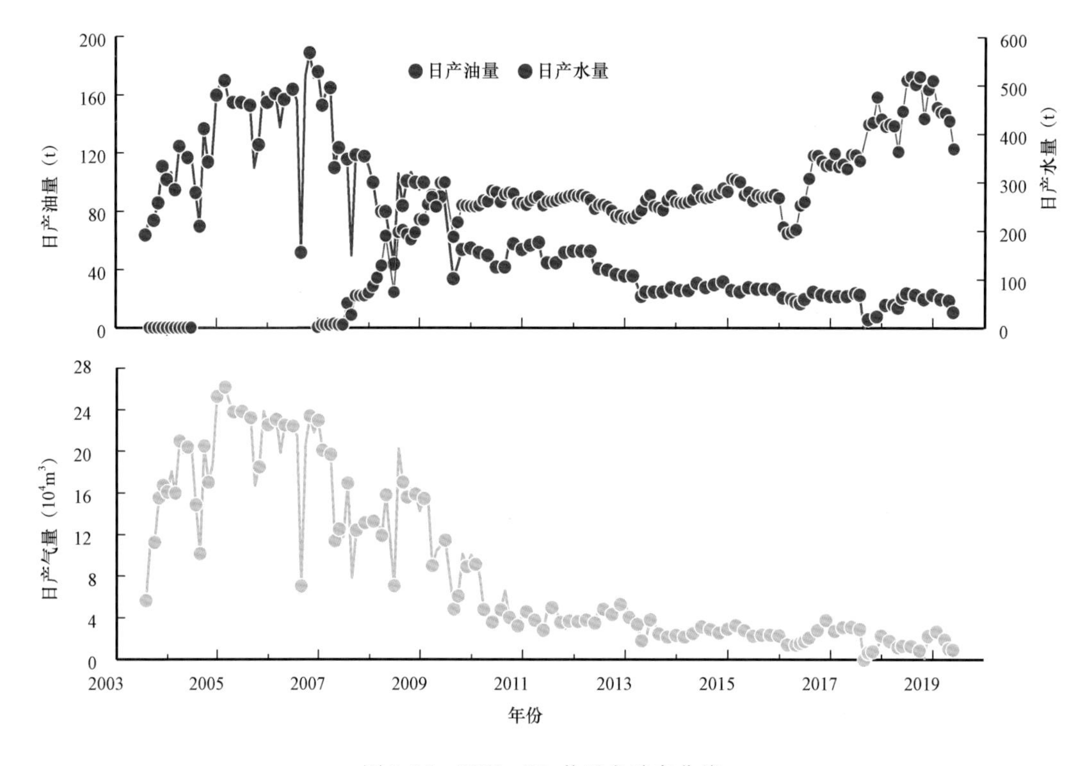

图 7.25　YH7－H1 井开发动态曲线

另外，通过时间推移试井分析生产井的移动边界特征，也可以证实边水的逐年推进。如 YH303 井 2006—2013 年试井解释边界向内移动了 132m，年均移动约 18.9m，气井见水风险逐年增大。

④ 水侵与注气对应关系。

通过对比历年水侵量与注采比可发现，二者呈反比关系。自 2004 年开始，N_1j 与 E＋K 的注采比逐渐降低，而其水侵量有逐年增大趋势；2009 年后两个气藏的注采比逐渐增高，其水侵量呈现逐年下降的趋势（图 7.27）。

因此，采用循环注气开发并保持较高的注采比是抑制水侵的关键点，不但可以有效控制底水抬升速度，也有助于缓解边水指进，从而提高整个凝析气藏的开发效果。

总体来说，牙哈凝析气田水体比较活跃，由于采用产出气部分循环注气地层压力逐渐下降，边、底水都有不同程度的推进。从牙哈 7 区块与牙哈 23 区块的生产情况对比可以看出，增加循环注气量是控制边底水推进的有力措施。

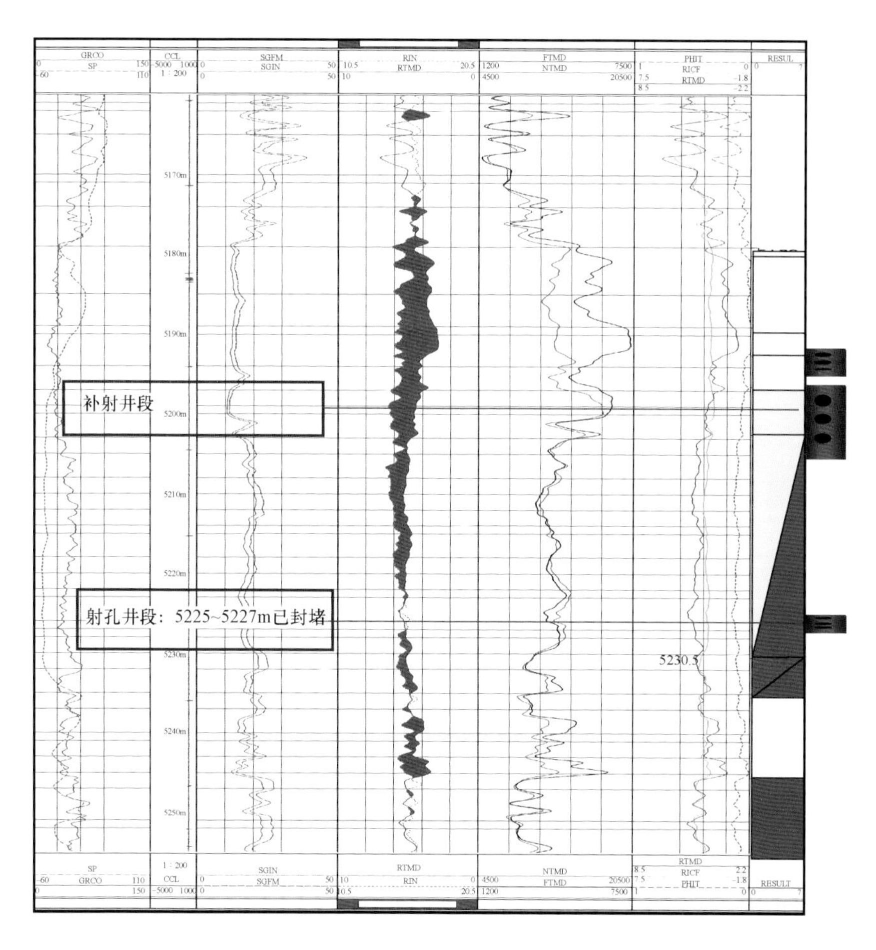

图 7.26 YH7－H1 井 2008 年中子寿命测井成果

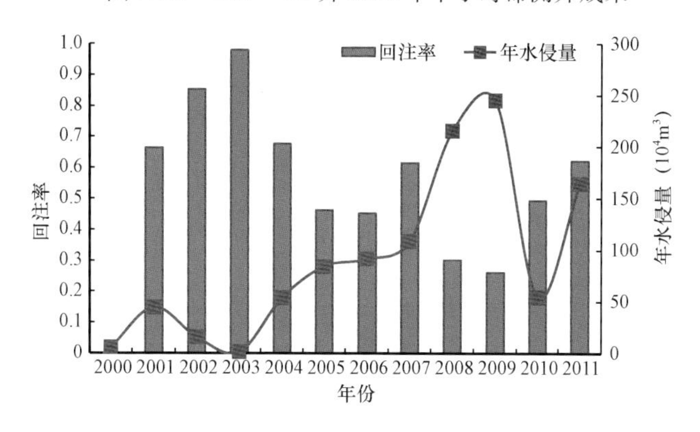

图 7.27 牙哈 23 区块 E＋K 凝析气藏年水侵量与回注率关系

7.5 克拉 2 气田

7.5.1 地质概况

克拉 2 气田属于塔里木盆地北部库车坳陷克拉苏构造带东段的一个局部构造[10]，位于克拉1与克拉3号构造之间。克拉2构造为被南北两条断裂夹持的完整背斜,在平面上克拉2背斜为一轴向近东西、两翼基本对称的长轴背斜,长轴长约18km,短轴长约3km,背斜东西两端宽缓,倾角较小,南北两翼较陡,倾角较大,背斜轴部呈扭动特征(图7.28)。

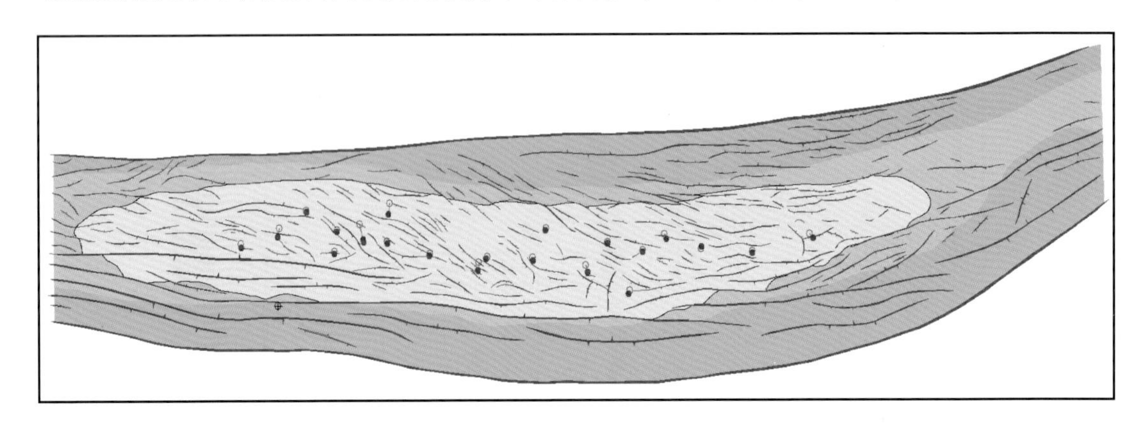

图7.28 克拉2气田第一岩性段顶面构造图

克拉2气田主要储层段划分为8段36层:库姆格列木群白云岩段1层,膏泥岩段1层,砂砾岩段1层;巴什基奇克组3段8个砂组29层;巴西盖组2段4层(图7.29)。地层对比结果表明气田西部巴什基奇克组顶部遭受剥蚀程度大,东部剥蚀程度小[11]。

克拉2气田碎屑岩储层物性差异较大[12],常规物性分析统计表明(表7.4),孔隙度最大值为22.39%,最小值为0.76%,平均12.44%,主要分布在8%~20%,峰值为15%;渗透率主要分布在0.1~1000mD,最大达1770.15mD,平均为49.42mD。直方图形态均呈单峰状,表现为正态分布特征,且孔渗线性关系好(图7.30),表明储层孔喉分布较均匀,储层物性较好。

表7.4 克拉2气田储层物性统计表

层位			孔隙度(%)			渗透率(mD)		
组	段	砂组	区间	平均	样品数	区间	平均	样品数
E_1km	E_1km_3		1.93~20.53	11.7	48	0.05~8.59	1.87	48
	E_1km_5		3.01~18.14	9.27	44	0.01~93.7	10.2	44
K_1bs	K_1bs_1	1	3.06~19.14	11.03	163	0.012~60	3.7	161
		2	3.6~21.12	15.14	231	0.015~306	33.7	231
	K_1bs_2	1	3.67~20.15	16.38	174	0.036~689	123.45	173
		2	3.16~22.39	14.48	448	0.021~1770	88.94	444
		3	4.48~17.7	12.98	147	0.017~129	28.48	145
		1						
	K_1bs_3	2	4.63~17.31	11.07	239	0.01~112.3	18.9	239
		3	3.05~7.62	4.73	127	0.01~25.5	0.64	127
K_1b	K_1b_2		3.05~13.08	9.8	116	0.025~12.7	1.29	116

*注:表中所列碎屑岩物性分布区间主要为孔隙度大于3%,渗透率大于0.01mD的样品

巴二段1、2砂层组和巴一段2砂层组物性最好,巴三段3砂层组物性最差。巴一、巴二段孔渗相关性好,库姆格列木群白云岩段、砂砾岩段和巴三段孔渗相关性差。

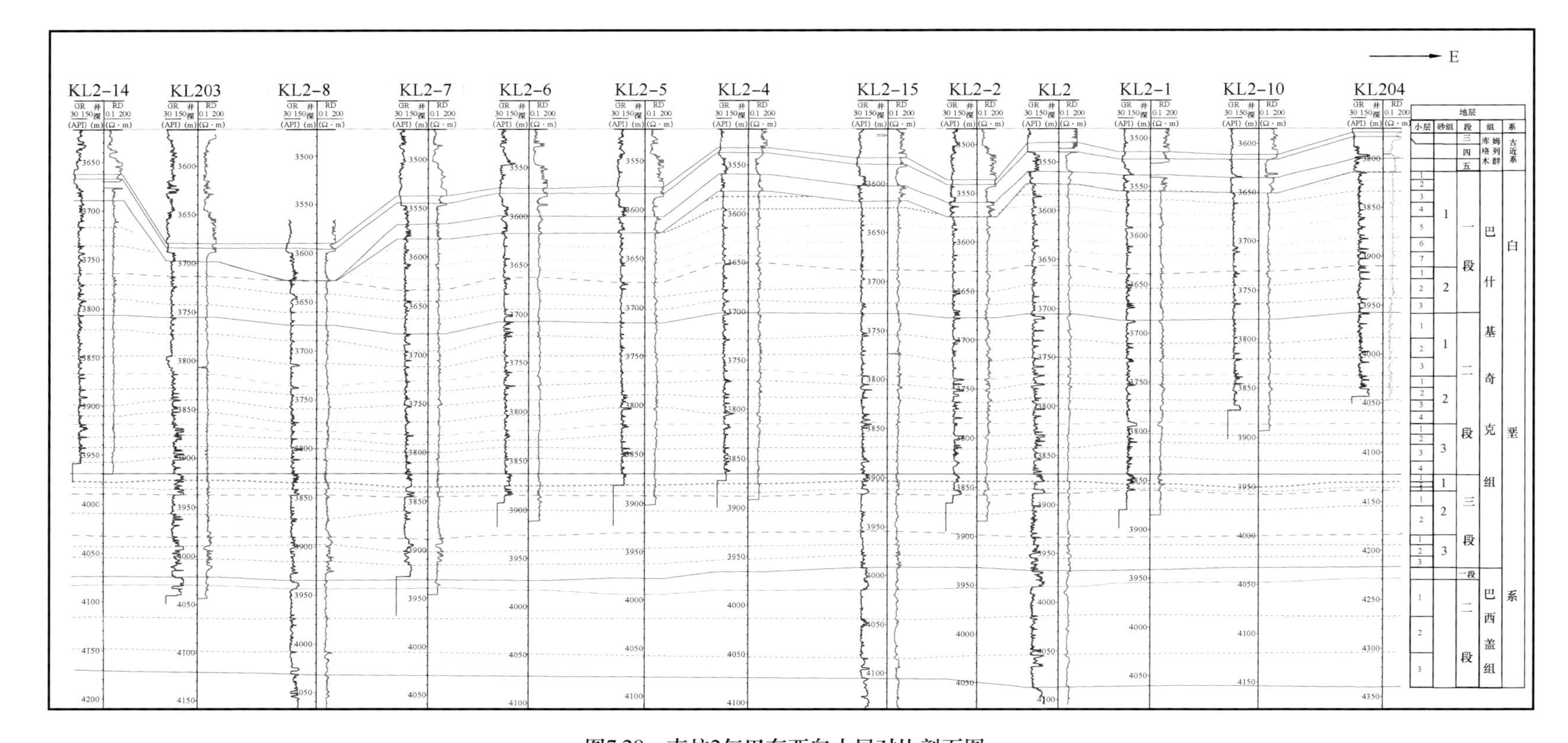

图7.29　克拉2气田东西向小层对比剖面图

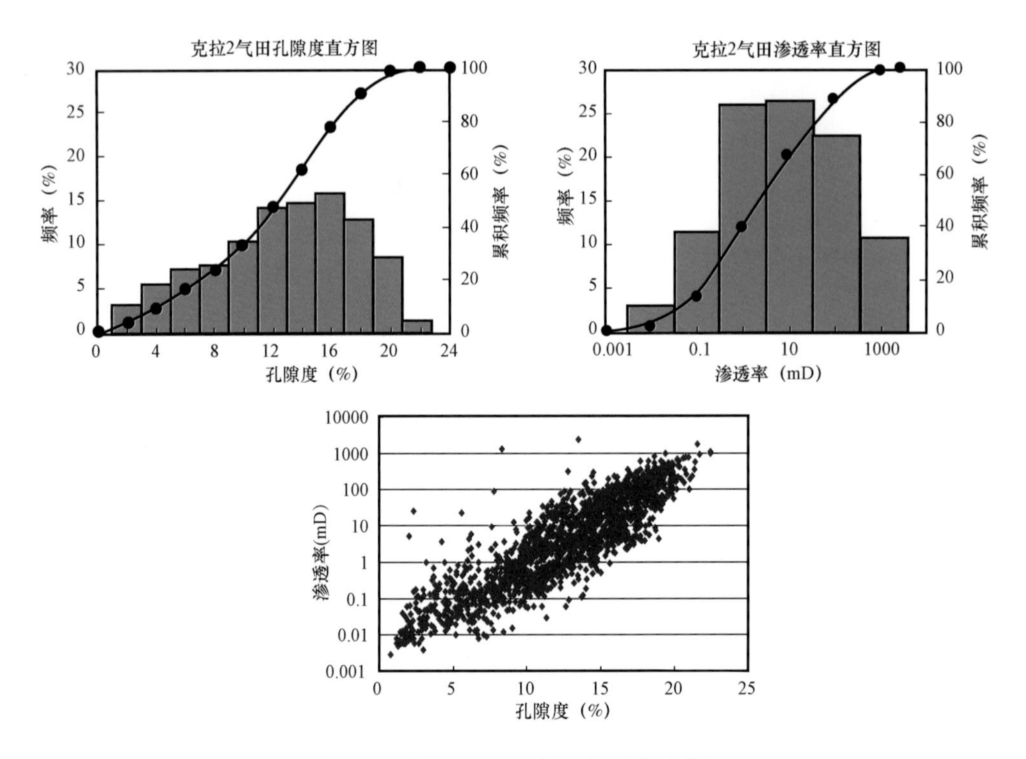

图 7.30　克拉 2 气田碎屑岩储层物性特征

7.5.2　开发动态特征及水侵特征

克拉 2 气田从 2004 年投产以来，产气量随开井数的增加而上升，2007 年全面投产后达到方案设计的产能规模，近几年产量均高于方案设计值，产量持续增长，实现了高产稳产[13-14]。

(1)气藏开发动态特征。

① 气藏开采均衡，单井压降幅度基本一致。

图 7.31 为各单井不同时间地层压力剖面图，可以看出，单井压降幅度基本一致，局部没有明显的压降漏斗出现，气藏开采比较均衡。井间差异较小，反映气藏平面连通性好，储量动用程度高。经过长期高速开发，目前地层压力 42.7MPa(原始 74.4MPa)，保持程度 57.5%，压力系数 1.13，但目前压力下降幅度变缓 1.3～2.0MPa/年，井口油压相对稳定。

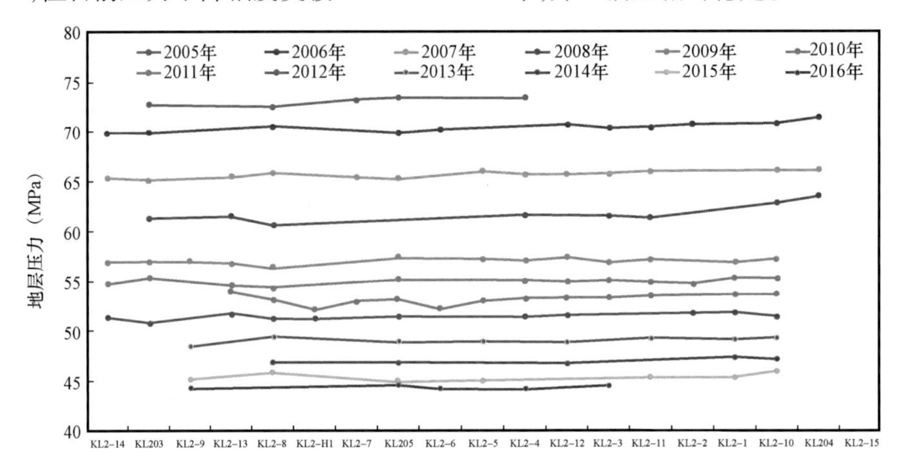

图 7.31　克拉 2 气田不同单井地层压力剖面变化图

② 开发动态符合异常高压气田开发特征。

国外也有类似克拉 2 气田地质条件的异常高压气田[15-16]（表 7.5），与国外气田开发动态对比（图 7.32）发现，克拉 2 气田生产动态与国外同类型气田相似，开发初期压降曲线呈直线，与国外同类型气藏压力变化一致。从开发动态上来看，克拉 2 气田符合异常高压气田的开发特征[17]。

表 7.5　国内外类似异常高压气藏基础参数表

气藏名称	安得森	克拉 2	路易斯安那
地理位置	美国	中国	美国
储层岩石	砂岩	砂岩	砂岩
气藏中深（m）	3403.7	3750	4053.8
原始压力（MPa）	64.67	74.35	78.9
压力系数	1.9	2.02	1.95
气藏温度（℃）	130	100	128.4
孔隙度（%）	24	16	18
S_{wi}（%）	35	29	22
岩石压缩系数（10^{-3}/MPa）	2.176	3.23	2.828
地层水压缩系数（10^{-4}/MPa）	4.41	5.64	4.35
容积法地质储量（$10^8 m^3$）	19.54	2286.36	131.15
计算地质储量（$10^8 m^3$）	21.12	2135	141.29
误差（%）	8.09	9.34	7.73

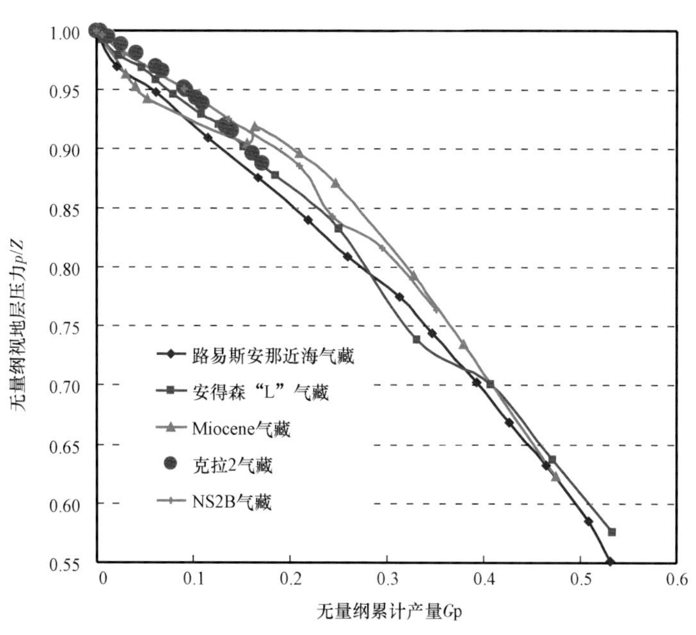

图 7.32　与国内外类似异常高压气藏压降对比曲线

（2）水侵特征。

克拉 2 气田气水界面整体抬升不均匀、水淹模式复杂、东西两端水淹严重，水侵表现为如下特征[18-20]。

① 见水井数逐年增加，边底水沿断裂纵窜横侵，气藏被侵入水切割包围的问题已经凸显，如图7.33所示。2011年起实行保护性开发，开发生产指标明显好转，但近年上产形势紧迫，仍然没有回归到位，根据数模预测，克拉2气田稳产难度大，见表7.6。

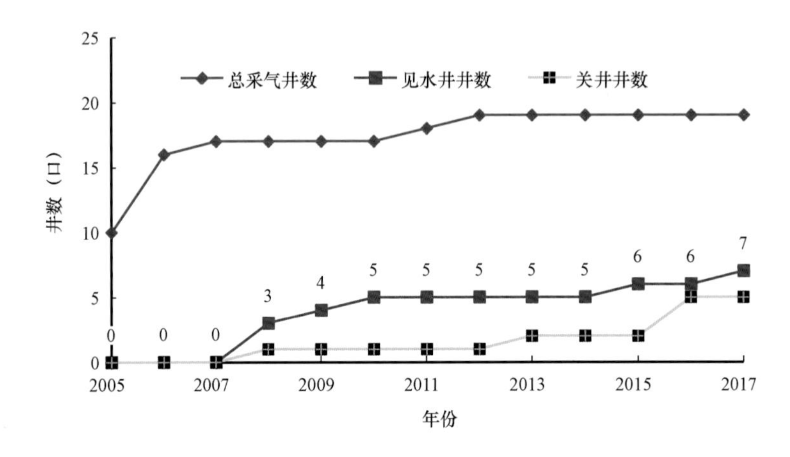

图7.33 克拉2气田见水井数曲线

表7.6 克拉2气田不同采气速度开发机理计算结果表

采气速度（%）	年产量（10^8m^3）	再稳产期（年）	稳产期累产气（10^8m^3）	稳产期采出程度（%）	累计产气（10^8m^3）	气采收率（%）
2.2	50	4	1102	49.21	1520	67.88
2.5	55	4	1122	50.10	1515	67.65
2.7	60	2	1022	45.64	1466	65.48

② 气藏水侵形势严峻，克拉2气田见水井7口，关停5口，带水生产2口，气藏最高日产水293t，目前日产水78t（地层水44t），水气比0.0488t/10^4m^3（图7.34）。从产水量来看，7口见水井由于见水模式不同，产水量差异较大，5口关停井中4口井关停前产水量较大，反映水体能量较强。2017年对西南区4口产水井进行地面核水，除KL2-8外，其余3口井由于水淹程度高，开井后油压较低，产气量少，无法生产。

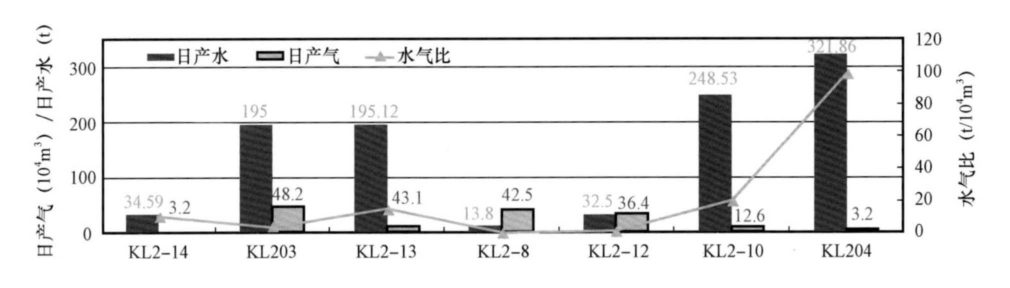

图7.34 克拉2气田见水井生产动态数据

③ 气藏底部和南北两侧属于封闭有限水体，能量有限，同时底部水层物性明显变差，隔夹层发育，水体能量表现出“两强三弱”特征，并且以正常边底水推进为主，局部高渗透条带和断裂的存在影响气水界面推进形态，如图7.35、图7.36所示。目前整个西南翼底水整体抬升

后，变为横向沿层推进特征，受重力和高渗透条带影响界面不平，主体部位气柱高度大，往气藏内部侵入速度变缓。饱和度测试表明气藏东部 KL2 – 10 边底水横侵特征明显，受高渗透条带和重力作用影响，水淹界面非均匀抬升，有阶梯状水淹特点。气藏北部由于边水能量弱，地层水主要沿高渗透条带推进，初期抬升速度较快，约 12 ~ 16m/年，随着水体能量释放，界面抬升速度降缓，直至基本不变。气藏南部控藏断裂有封堵性，KL2 – 11 井以底水作用为主，界面抬升速度慢(4 ~ 6m/年)且抬升均匀，接近气藏中部水侵规律。

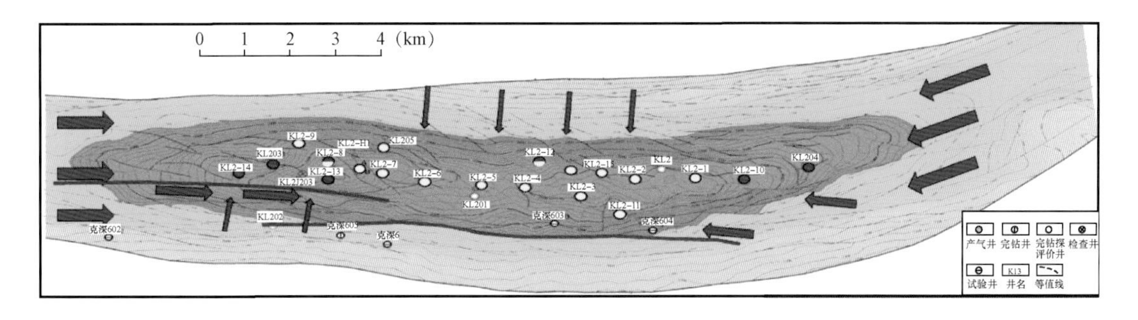

图 7.35　克拉 2 气田平面水侵模式示意图

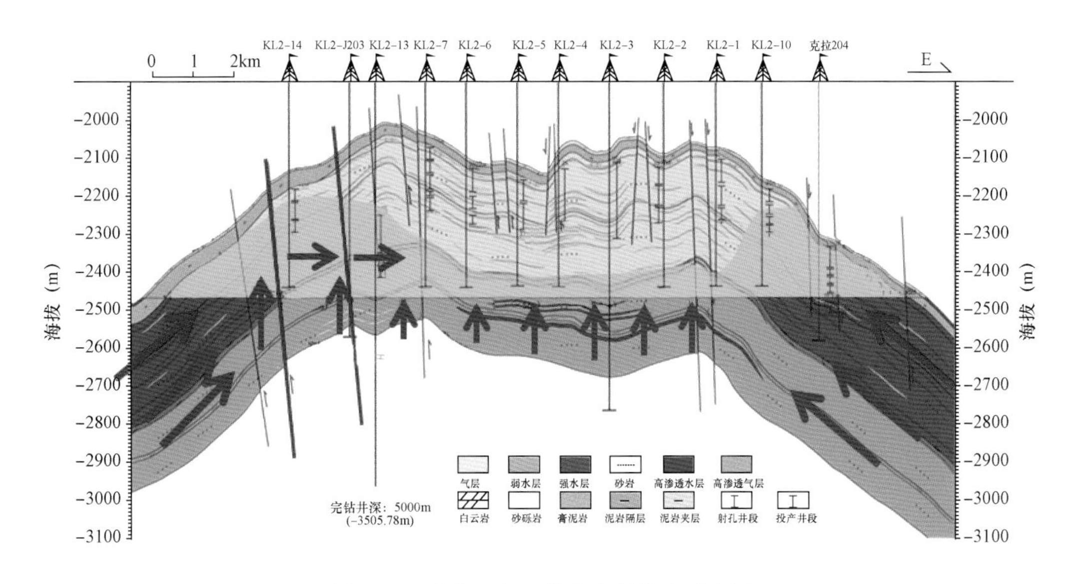

图 7.36　克拉 2 气田纵向水侵模式示意图

7.6　英买力气田群

7.6.1　地质概况

英买力气田群位于塔里木盆地北部，构造位置位于库车前陆盆地前缘隆起带西端，由英买 7、羊塔克、玉东 2 等共 7 个凝析气田组成，生产层位主要分布在古近系底砂岩和白垩系砂岩中[21]。

(1)英买 7 – 19 凝析气藏。

英买 7 – 19 凝析气藏是英买 7 凝析气田 4 个构造中最大的带油环凝析气藏，构造为古近系，构造图如图7.37所示。该构造位于英买7号断裂带的中东部，为一长轴断背斜。油水界面为-3719m，与构造最大圈闭线海拔深度基本一致（-3720m），构造基本全充满。该构造有两个高点，东高点的构造幅度为64m，油气柱高度63m，储层平均厚度53m，小于油气柱高度，底部均为泥岩所隔，为边水层状气藏。西高点的构造幅度为56m，储层厚度56m，顶部为膏泥岩和泥岩，底部为底水衬托，为底水块状气藏。据流体性质和试油结果，该构造古近系底砂岩上部为凝析气，东高点有5m厚的油环，西高点有5m厚的底油。所以总体上看，该油气藏属于带油环的边水层状凝析气藏。

图7.37　英买7-19构造古近系底砂岩顶面构造图

从英买7-19凝析气藏单砂体剖面图和连井对比图（图7.38）中可以看出，各井地层发育较完全，YM16和YM702井区沉积时处于低洼处，沉积厚度相对较厚，而YM701和7井区沉积时处于隆起位置，沉积厚度相对较薄。

英买7-19凝析气藏岩心物性分析结果显示，储层物性较好，为中孔高渗透储层。孔隙度分布范围为4.84%～28.26%，平均为19.72%；渗透率分布范围为0.27～13520mD，平均为1049.7mD。孔隙度、渗透率的分布范围较广，纵向上变化较大，见表7.7。

表7.7　英买7-19凝析气藏孔隙度—渗透率分布统计表

井号	孔隙度（%）				渗透率（mD）			
	样品数	最大	最小	平均	样品数	最大	最小	平均
YM701	224	24.77	6.78	18.83	210	6829.4	0.84	554.9
YM702	434	28.46	4.84	20.14	434	13520	0.27	1646
YM19	231	25.33	6.68	19.80	218	2895.9	0.1	339.2
合计	889	28.46	4.84	19.72	862	13520	0.27	1049.7

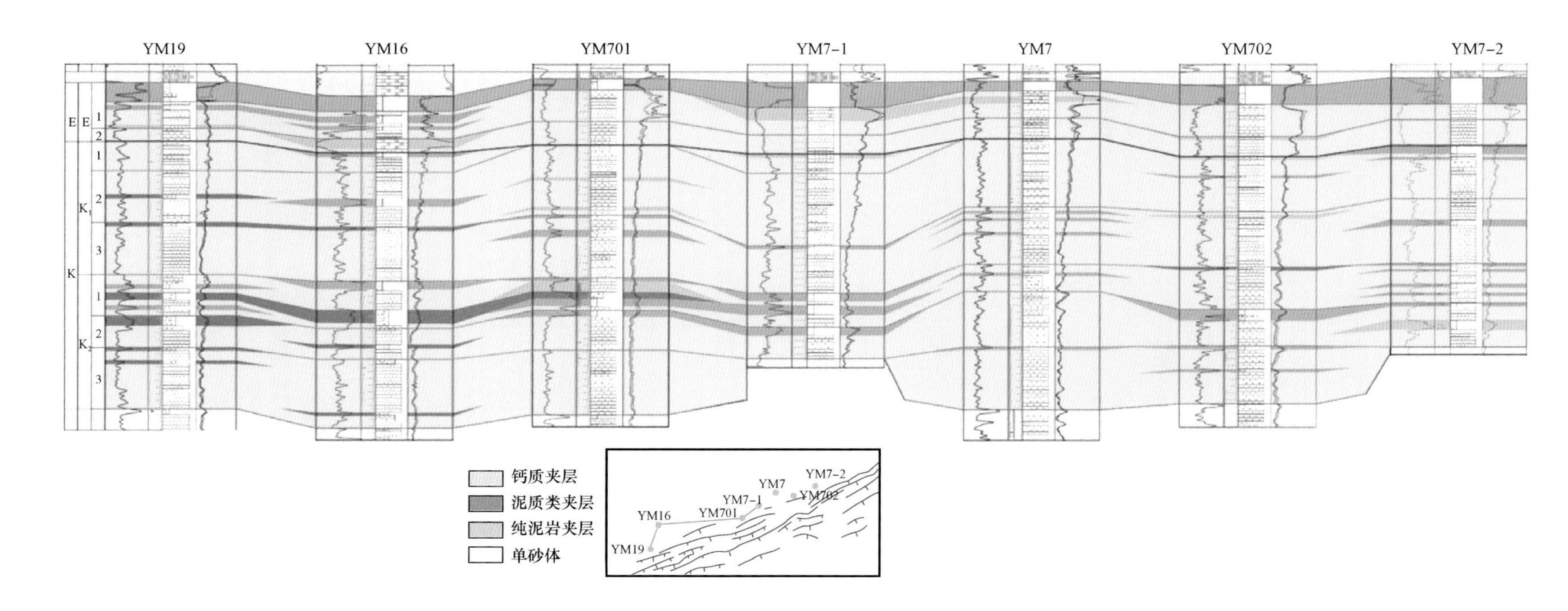

图7.38　英买7-19凝析气藏小层划分对比图

(2)羊塔1凝析气藏。

羊塔1凝析气藏位于新疆维吾尔自治区新和县县城西偏南约70km,北距乌喀公路约4.5km。构造位置位于羊塔克断裂构造带中部,为一断背斜,构造自西向东发育3个小高点,由西向东逐次增高。其中,$E_{1-2}km_4$砂岩气藏类型为常温常压层状边水凝析气藏,K_1bs砂岩气藏类型为带底油常温常压断鼻型块状底水凝析气藏,气藏构造图如图7.39所示。

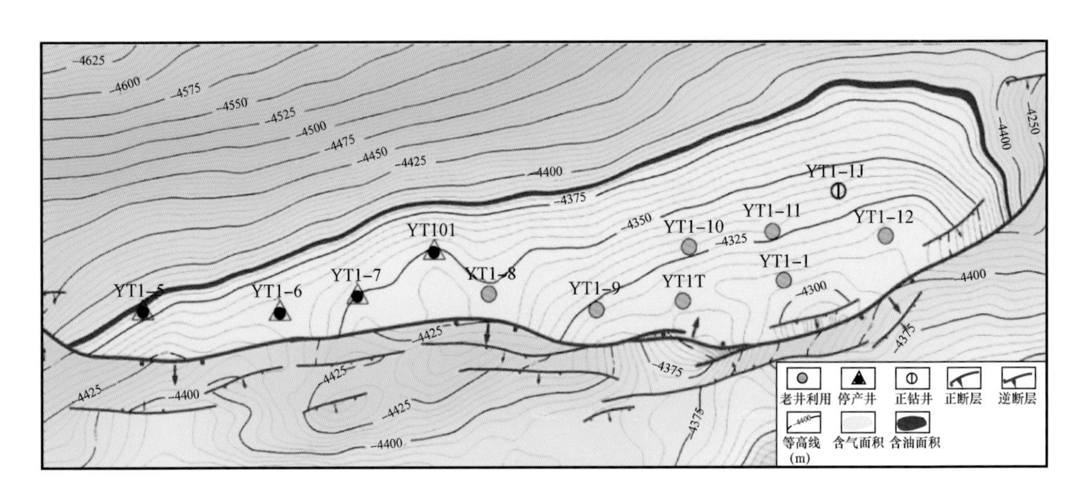

图7.39　羊塔1区块白垩系顶砂岩顶面构造图

从羊塔1凝析气藏单砂体剖面图和连井对比图(图7.40)中可以看出,各井地层发育较完全,YT101和YT1-1T井区在沉积时处于低洼处,沉积厚度相对较厚,而YT1和YT1-1井区在沉积时处于相对较高的位置,沉积厚度相对较薄。

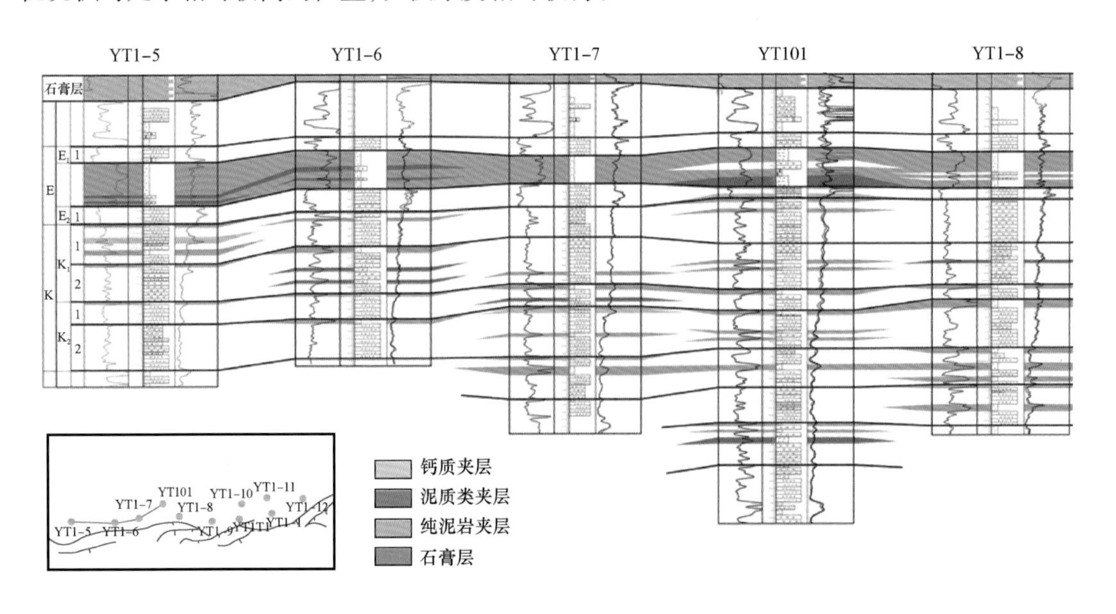

图7.40　羊塔1凝析气藏小层划分对比及夹层劈分图

根据取心井YT101井物性分析,该油藏古近系储层非均质性较强,其物性变化范围为:孔隙度3%~26%,峰值为19%;渗透率1~1400mD,峰值为50mD,属中孔中高渗透储层。白垩系物性变化范围为：孔隙度 3% ~25%，峰值为 22%；渗透率 1 ~2200mD，峰值为 50mD，属中孔高渗透储层。

(3) 玉东 2 气藏。

玉东 2 气田位于新疆维吾尔自治区温宿县玉尔滚乡，乌喀公路 881km 路碑南 26km，阿克苏以东约 90km，北距玉东 2 井 16.2km，东距英买 8 井 35.5km。构造位于塔北隆起西段、南喀 - 英买力低突起西北部，南喀背斜构造带玉东 2 号背斜高点略偏北，气藏构造图如图 7.41 所示。

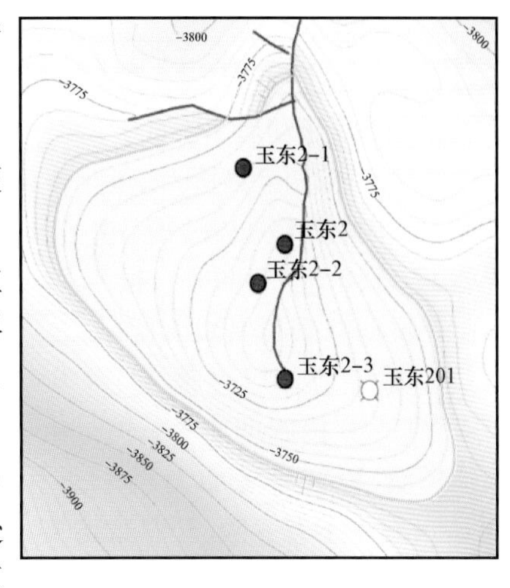

图 7.41　玉东 2 区块白垩系顶面构造

从玉东 2 气田单砂体剖面图和连井对比图(图 7.42)中可以看出，各井地层发育较完全，玉东 2 井区沉积时处于低洼处，沉积厚度相对较厚，而 YD2 -2 和 YD2 -3 井区沉积时处于隆起位置，沉积厚度相对较薄。

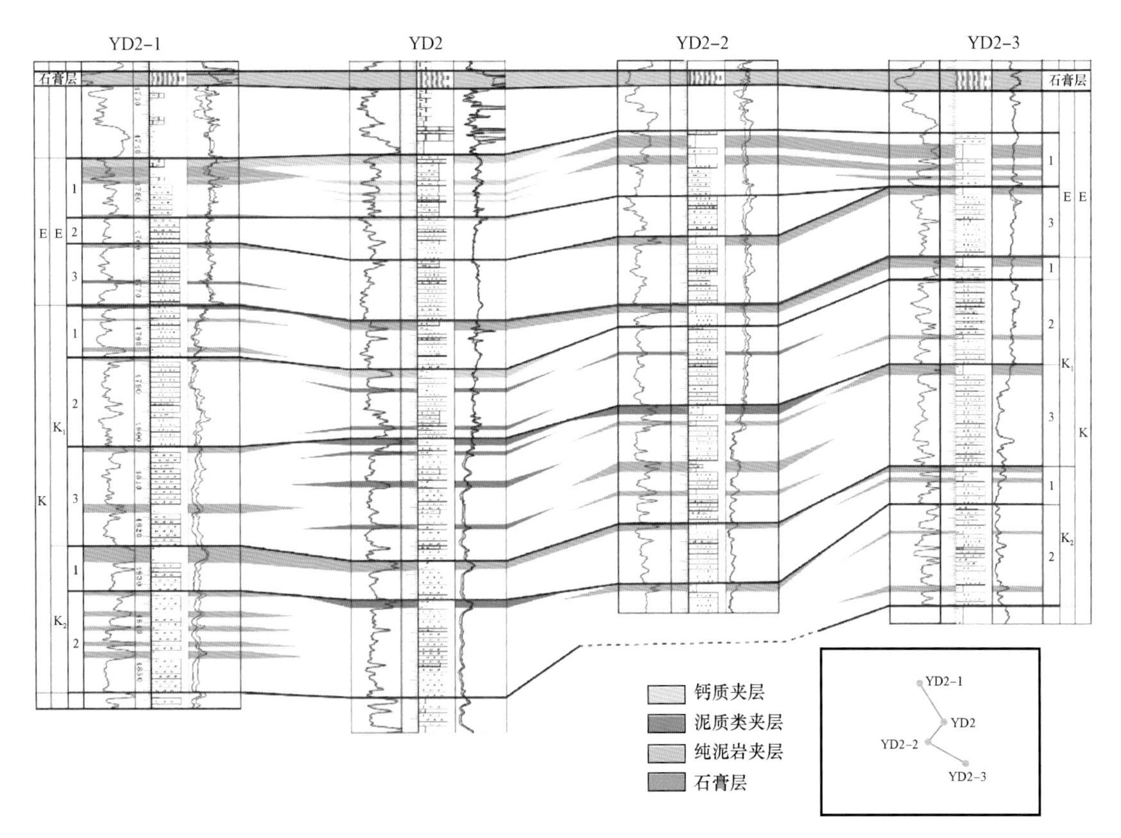

图 7.42　玉东 2 气田 YD2 -1—YD2—YD2 -2—YD2 -3 井小层划分对比及夹层劈分图

该气藏古近系孔隙度主要在 1.2% ~30.15% 之间，渗透率介于 1 ~1200mD 之间，渗透率与孔隙度表现出较好的相关性，渗透率随孔隙度的增大而增大。气藏白垩系孔隙度主要在 3% ~25% 之间，渗透率介于 1 ~1000mD 之间，渗透率与孔隙度同样表现出较好的相关性，相关系数达到 0.855，渗透率随孔隙度的增大而增大。

7.6.2 开发动态特征及水侵特征

(1)气藏开发动态特征。

2014 年按照老区降产、玉东 1 建产、周边滚动、保持稳产的思路完成英买力气田开发调整方案,设计新钻 15 口井,预计年产天然气 $23 \times 10^8 m^3$、原油 $35 \times 10^4 t$,稳产 6 年。目前实际部署实施 17 口(3 直 14 水平),投产 10 口,失利 3 口,正钻 2 口,待钻 2 口[22-23]。

开发动态表现出如下特征:

① 截止到 2017 年底,调整方案新井投产后,增油 330t(气油比 $1948m^3/t$);同时 YT1T、YD4、YT1-9 措施增油 30t;但是由于老区水淹加剧,见水井数逐年增多,见水后气田单井产能加剧降低,稳产难度加大,4 口井因高含水关井(YM7、YM468、YM7-5H、YM7-H6),减油 70t。表现出了总井数、开井数增多,日产油气水平逐渐下降,水气比上升、气油比下降的生产特征,生产动态曲线如图 7.43 所示。

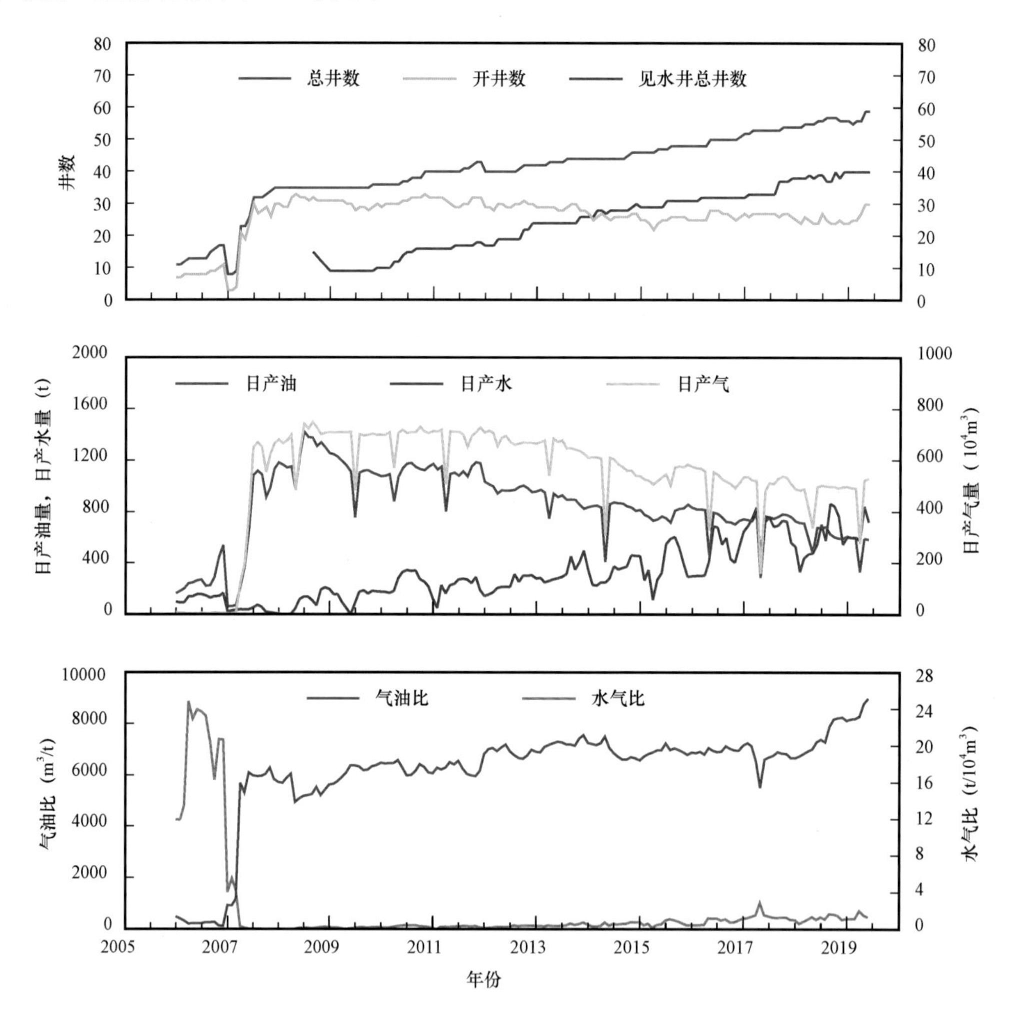

图 7.43 英买力气田群综合开采曲线

② 外围区块接替后,主力区块采气速度降低,4 个主力区块的采气速度下降见表 7.8;同时受边底水能量供给的影响,英买 7、羊塔 1 区块压降曲线呈上升趋势,如图 7.44 所示。

表 7.8 主力区块地层压力及采油气速度对比表

区块	地层压力(MPa)				压力保持程度(%)	方案采气速度(%)	实际采气速度(%)
	原始	目前	压降	年压降			
羊塔 1	58.43	48.13	10.3	1.03	82.37	3.85	1.53
英买 7	51.12	43.30	7.82	0.78	84.70	3.62	1.52
玉东 2	52.09	49.28	2.81	0.28	94.61	3.98	3.71
玉东 1	54.79	46.13	8.66	1.08	84.19	2.92	3.37

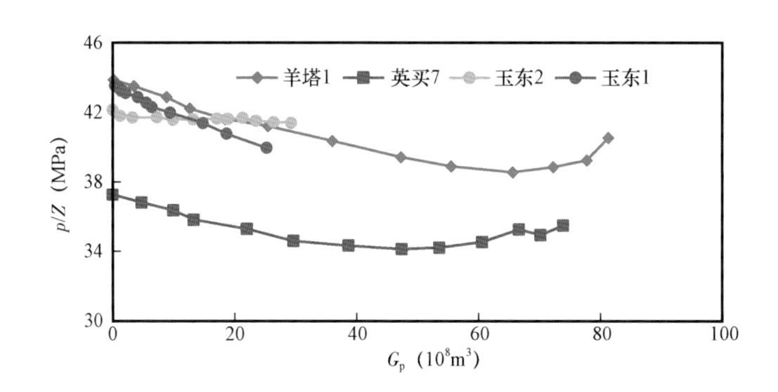

图 7.44 英买力气田主力区块压降曲线图

③ 目前英买力气田群总井数 64 口,见水井 45 口、见水井开井 16 口,日产水 812m^3,由于气田见水严重,关井数较多(图 7.45),老区产量递减大;仅外围英买 46、玉东 7 滚动开发,原油产量总体保持稳定,但是天然气产量接替难度大。

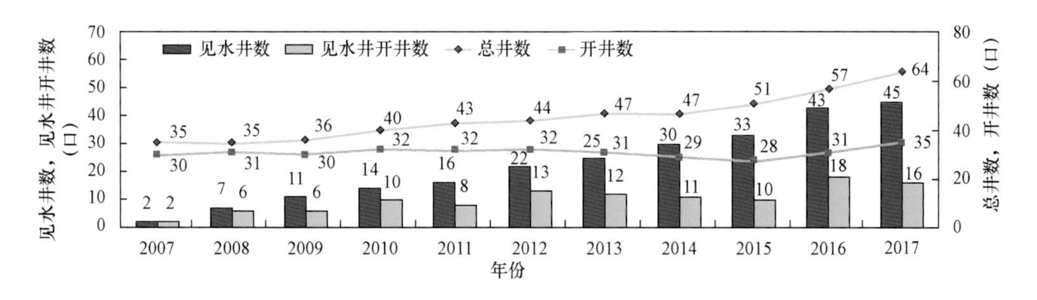

图 7.45 英买力气田总井数、开井数、见水井数、见水井开井数对比曲线

(2)水侵特征。

① 英买 7 凝析气藏水侵表现为整体抬升 + 井点局部锥进的特征[24],受前期开采底油影响,底水局部抬升幅度差异较大,同时存在单井锥进。产气剖面测试及饱和度监测(图 7.46)证实部分井发生底水锥进,结合数值模拟认识(图 7.47),目前气水界面为 -3711m,抬升 8.5m。

② 羊塔 1 气藏白垩系气层内夹层厚度较大,且分布范围较广,对底水有一定的封隔效果。E 层边水整体推进慢、单井见水模式为边水沿高渗透条带突进。目前边水整体推进了 525m,只推进到了 YT1 -5 井;上返单采 E 层 3 口井未见水。K 层底水整体抬升,单井底水不规则推进,羊塔 1 底水整体抬升 18m 左右,年均抬升 1.7m,如图 7.48 所示,生产井底水锥进高度普遍在 30m 左右,避水高度越大,距边底水越远,隔夹层越发育,单井见水时间越晚。

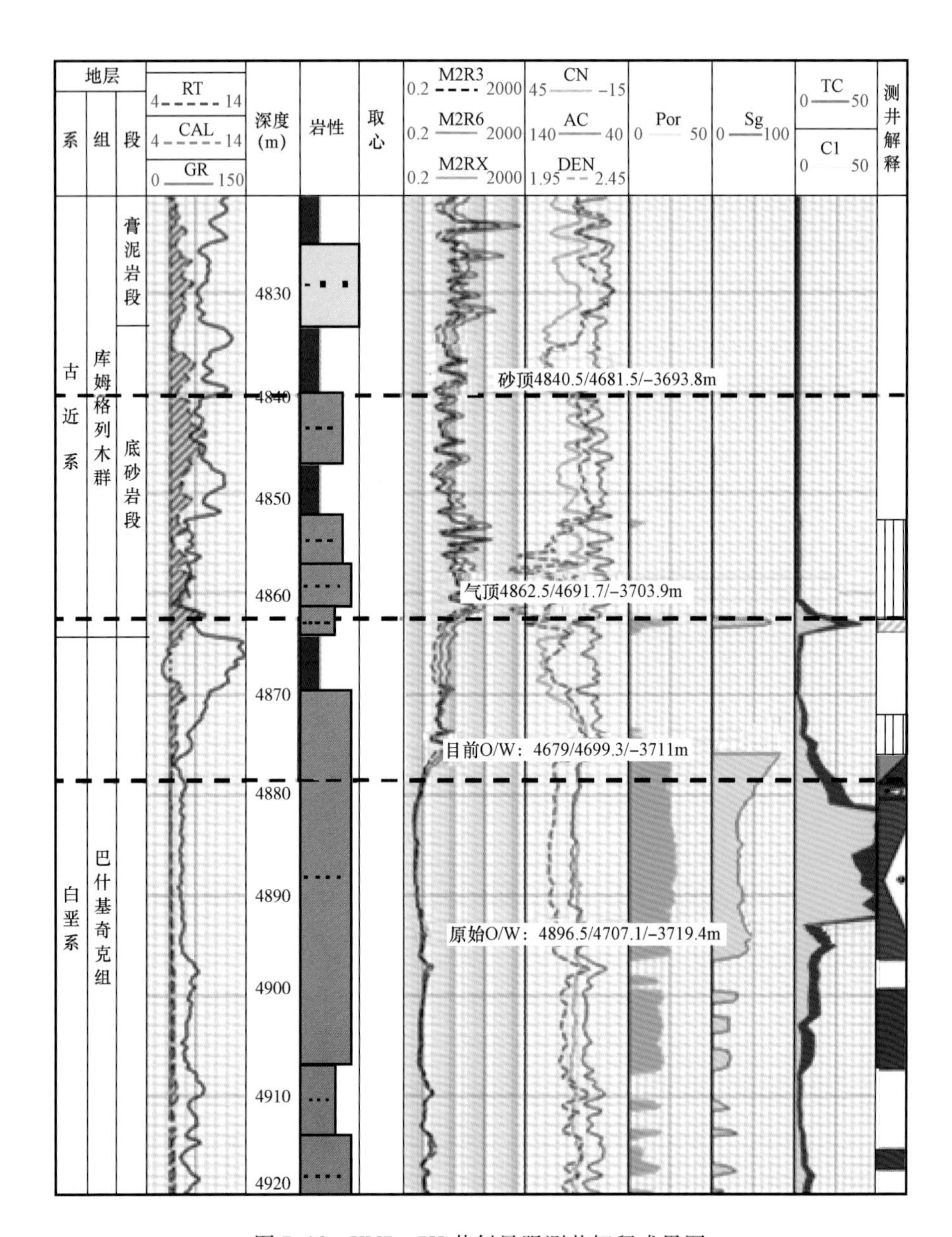

图 7.46　YM7-7H 井斜导眼测井解释成果图

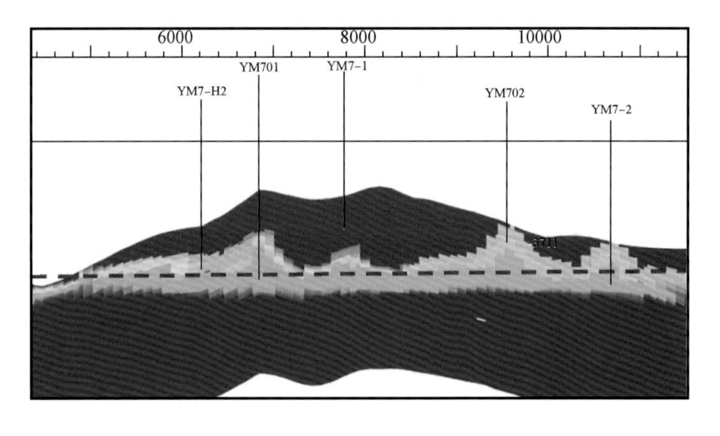

图 7.47　英买 7 气藏剩余油气分布剖面图

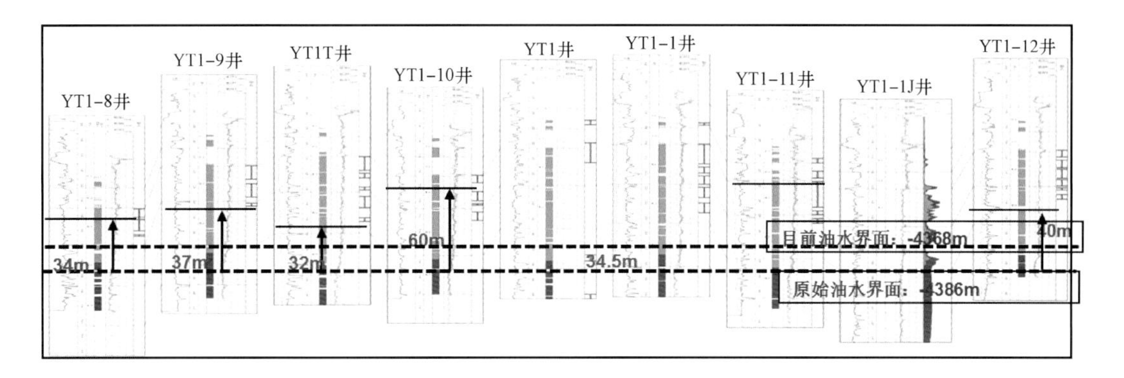

图 7.48　羊塔 1 区块射孔井段剖面对比

③ 玉东 1 为层状边水气藏，水体能量较弱。目前仅北部 YD102 井产水（27t），从数值模拟含水饱和度分布（图 7.49）可以分析得到见水主要原因为北部水体局部舌进，边水均匀向气区推进 0.28km。

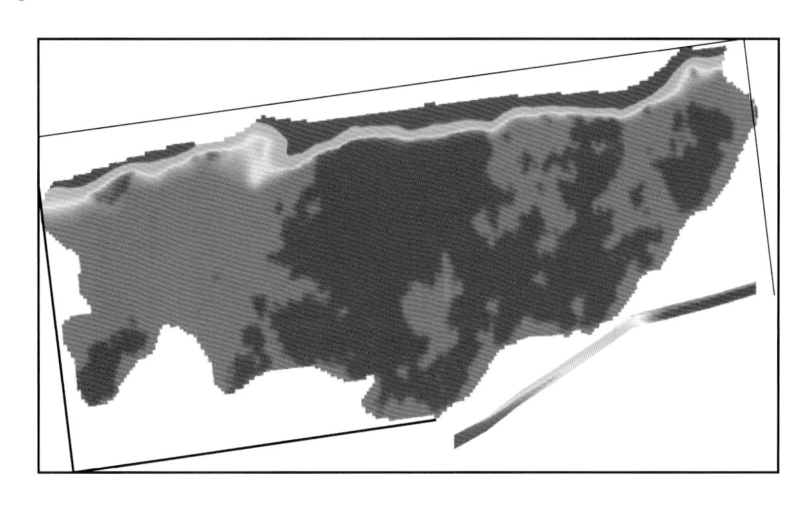

图 7.49　玉东 1 含水饱和度平面分布图

④ 玉东 2 区块产气剖面及饱和度监测结果证实见水模式为底水水锥 + 整体抬升，隔夹层较发育，见水后带水生产时间较长，生产相对稳定（YD2 - 3 井带水生产 1950 天）（图 7.50）。

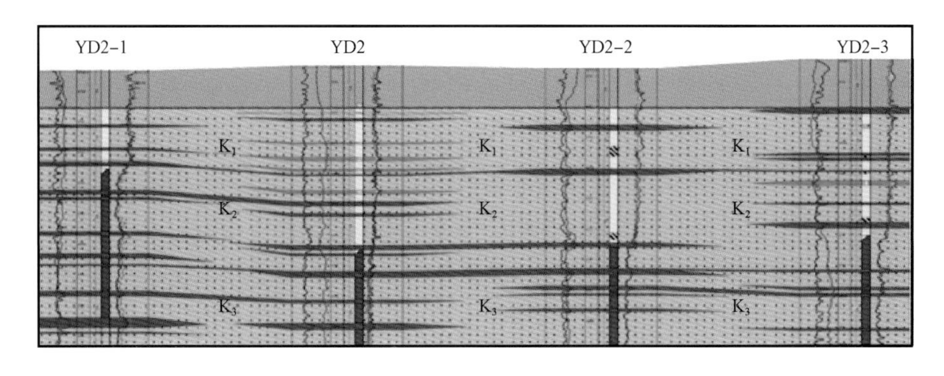

图 7.50　玉东 2 气藏隔夹层分布示意图

参考文献

[1] C&C reservoirs. Muspac Field, Chiapas - Tabasco Basin, Mexico. 2012.

[2] C&C reservoirs. Abu Madi - EI Qar'a Field, Onshore Nile Delta, Egypt. 2009.

[3] C&C reservoirs. Aguarague Field, Huamampampa Reservoir, Tarija Basin, Argentina. 2014.

[4] 宋文杰,江同文,冯积累,等. 塔里木盆地牙哈凝析气田地质特征与开发机理研究[J]. 地质科学,2005,40(2):274-283.

[5] 孙龙德. 塔里木盆地凝析气田开发[M]. 北京:石油工业出版社,2003.

[6] 陈文龙,廖发明,吕波,等. 牙哈凝析气藏注气开发过程反蒸发动态相态特征[J]. 开发工程,2012,32(8):67-71.

[7] 孙龙德,宋文杰,江同文,等. 塔里木盆地牙哈凝析气田循环注气开发研究[J]. 石油勘探与开发,2003,30(5):101-103.

[8] 江同文,王振彪,谢伟,等. 牙哈凝析气田循环注气开发实践及开发规律. 北京:石油工业出版社. 2018

[9] 肖香娇,姜汉桥,王洪峰,等. 牙哈23凝析气田有效水体及驱动能量评价[J]. 西南石油大学学报(自然科学版),2008,30(5):111-114.

[10] 周兴熙. 塔里木盆地克拉2气田成藏机制再认识[J]. 天然气地球科学,2003,14(5):354-360.

[11] 孙龙德,宋文杰. 塔里木盆地克拉2异常高压气田开发. 北京:石油工业出版社. 2011.

[12] 江同文,唐明龙,王洪峰. 克拉2气田稀井网储层精细三维地质建模[J]. 天然气工业,2008,28(10):11-15.

[13] 李保柱,朱忠谦,夏静,等. 克拉2煤成大气田开发模式与开发关键技术[J]. 石油勘探与开发,2009,36(3):392-397.

[14] 宋文杰,王振彪,李汝勇,等. 大型整装异常高压气田开采技术研究:以克拉2气田为例[J]. 天然气地球科学,2004,15(4):331-336

[15] 孙龙德,宋文杰,江同文. 克拉2气田储层应力敏感性及对产能影响的实验研究[J]. 中国科学:D辑地球科学),2004,34(增刊):134-142

[16] 谢兴礼,朱玉新,李保柱,等. 克拉2气田储层岩石的应力敏感性及其对生产动态的影响[J]. 大庆石油地质与开发,2005,24(1):46-49.

[17] 夏静,谢兴礼,冀光,等. 异常高压有水气藏物质平衡方程推导及应用[J]. 石油学报,2007,28(3):96-99

[18] 李汝勇,朱忠谦,武藏原,等. 克拉2气田压力动态监测方法[J]. 石油钻采工艺,2007,29(5):102-104.

[19] 江同文,张辉,王海应,等. 塔里木盆地克拉2气田断裂地质力学活动性对水侵的影响[J]. 天然气地球科学,2017,28(11):1735-1744.

[20] 陈胜,张辉,王海应,等. 塔里木盆地克拉2气田地应力对气田出水的影响[J]. 新疆石油地质,2016,37(5):571-574.

[21] 崔海峰,郑多明. 英买力—牙哈地区复式油气藏油气分布规律[J]. 石油地球物理勘探,2009,44(4):445-450.

[22] 洪玉娟,刘峰,高贵洪,等. 探讨提高英买力气田群底油采收率的方法[J]. 石油天然气学报,2007,29(3):315-317.

[23] 邹国庆,成荣红,施英,等. 利用水平井提高英买7凝析气藏采收率[J]. 天然气工业,2007,27(4):82-84.

[24] 刘峰,高贵洪,刘加元,等. 英买力复杂凝析气藏动态分析技术[J]. 天然气工业,2008,28(10):81-83.

第8章　结　　论

本书为作者课题组十余年对国内外有水气藏深入研究成果的一个总结。本书先从有水气藏的类型着手，分析了有水气藏中地层水的分类。随后从宏观和微观两个角度分析了有水气藏的水侵机理。然后，初步总结了不同强度水体能量的有水气藏的开发动态特征并对当前有水气藏相关动态分析和评价技术进行了概括和总结，从而使读者从总体把握和了解当前有水气藏的动态分析与评价技术。

气藏储量评价作为编制气田开发设计，确定气田建设规模和投资的依据是一项非常重要的工作。对于一个已经投入开发的气藏，动态储量的落实与评价更加重要，只有确定了准确的动态储量，才能够对气藏的开发动态特征、开采机理等进行分析，从而更加合理、高效的开发气藏。气藏动态储量评价方法主要有弹性二相法、压力恢复法、物质平衡法及产量不稳定分析等方法，对于有水气藏推荐采用水侵气藏的物质平衡及产量不稳定分析的方法，弹性二相法及压力恢复更适用于封闭无水气藏。物质平衡方法是应用最为广泛的动态储量计算方法，根据不同的气藏类型，对应不同的物质平衡方程计算通式。对于有水气藏，其难点在于合理估算水体能量与水侵量，本书介绍了基于岩石、水侵能量的近似线性关系来计算动态储量的新方法。物质平衡方法同样也可以适用于单井控制储量的计算。产量不稳定分析法，也称现代产量递减分析法、现代生产动态分析法，起源于传统 Arps 递减分析方法，考虑物质平衡、边界特征，并对压力产量进行规整化处理，来计算动态储量。

试井分析是认识油气藏渗流特征、评价单井及油气藏产能的重要手段。第三章从试井基础理论出发，分别介绍了试井解析模型和数值模型在有水气藏的试井分析中的模型建立、公式推导及方程求解等，并结合现场实例对有水气藏的试井曲线特征进行了分析评价。并提出了通过动态追踪试井技术评价有水气藏储层参数及边底水水侵动态变化的方法，评价结果直接为气藏合理开发技术政策的制定提供指导。随着气藏开发动态资料的积累，不同时间试井分析结果的对比可以更为准确地诊断气井、气藏存在的问题。

水侵动态识别及预警技术是本书的核心部分，在分析目前常规水侵识别以及水侵量计算方法的基础上，第四章重点介绍了基于产量不稳定分析方法以及典型图版进行气藏的水侵动态识别与预警的相关技术。该技术可将有水气藏中生产井的未见水生产阶段划分为三个部分——未水侵期阶段、水侵初期阶段及水侵中后期阶段，而通过识别曲线可以提前识别井所处的生产阶段并提前预警水侵。并结合地质静态因素，利用模糊评判及灰色评价对有水气藏的所有气井见水顺序进行定量评价，得出每一口单井的见水风险评价结果，同时也为气井合理配产提供了依据，合理调整以延缓水侵，取得更好的开发效果。

气井的产能评价在气田开发过程中起着十分重要的作用。气井的产能测试主要目的是确定在不同的地层压力和井底压力条件下气井的产气能力，得到适合气藏的产能方程并绘制流入动态曲线。水驱气藏单井产能的影响因素主要有应力敏感、水侵。第五章介绍了超高压有水气藏考虑储层应力敏感性及水侵耦合情况下的产能评价方法。结合应力敏感的渗流物理实验结果，通过对单井不同时间产能方程的对比，分析无阻流量及产能方程相关系数的变化，从而评价应力敏感、水侵、流体性质变化对产能的影响，确定影响产能变化的主要因素。产能变化规律的研究按未见水井、见水井两类进行分析，两种类型的产能变化影响因素不同。在本章详细论述了有水气藏合理产能的评价方法。并以克拉2气藏单井的压力、产量数据为例，穿插于本章节各种评价方法的介绍中，进行具体分析。

有水气藏高效开发最大难点在于水侵，水侵导致产能下降、采收率降低。因此对于气藏及气井水侵模式的分析研究至关重要。第六章首先总结了不同水侵模式下的开发特征，然后通过数值模拟方法，研究实际边底水气藏的水侵量、水侵动态及水侵规律，提出了断层沟通底水、裂缝水窜、边水指进等水侵模式。进而针对不同水侵模式，介绍了控水、堵水、排水采气技术，达到降低水侵影响，延长气井无水采气期的目的。

本书的最后一章介绍了六个典型的国内外有水气藏开发实例，包括了干气藏、凝析气藏、带油环凝析气藏多种类型，水侵模式也各有不同。分别是弱水体 Muspac 气田、强底水 Abumadi 气田、强边水 Aguarague 气田、牙哈凝析气田、克拉2气田和英买力气田。针对每个气田，研究了其地质条件和水体分布情况，对比了气田见水前后开发效果，分析了气井水侵特征、见水原因以及产水对生产的影响，可以为有水气藏的高效开发提供参考。